“十二五”普通高等教育本科国家级规划教材

线性代数学习指导

（第二版）

孟昭为　赵文玲
孙锦萍　徐　峰　张永凤　主编

科学出版社
北　京

内 容 简 介

本书为“十二五”普通高等教育本科国家级规划教材《线性代数(第三版)》(孟昭为等,科学出版社)的配套辅导教材,对相应的章节给出基本要求、内容提要、典型例题解析,对课后部分习题进行了解答,并加以自测题.对2010～2015年的研究生试题(线性代数部分)作了详细解答.书后还附有部分自测题参考答案.

本书可作为高等学校理工科非数学类专业本科生的教学参考书,也可供科学研究与工程技术人员学习参考.

图书在版编目(CIP)数据

线性代数学习指导/孟昭为等主编. —2版. —北京:科学出版社,2015.7
“十二五”普通高等教育本科国家级规划教材
ISBN 978-7-03-045268-9

Ⅰ.①线… Ⅱ.①孟… Ⅲ.①线性代数-高等学校-教学参考资料
Ⅳ.①O151.2

中国版本图书馆CIP数据核字(2015)第174649号

责任编辑:王 静/责任校对:邹慧卿
责任印制:徐晓晨/封面设计:陈 敬

科 学 出 版 社 出版
北京东黄城根北街16号
邮政编码:100717
http://www.sciencep.com
北京凌奇印刷有限责任公司 印刷
科学出版社发行 各地新华书店经销
*
2010年4月第 一 版 开本:720×1000 1/16
2015年7月第 二 版 印张:16 1/2
2021年1月第五次印刷 字数:332 000

定价:34.00元

(如有印装质量问题,我社负责调换)

第二版前言

本书是《线性代数(第三版)》(孟昭为等,科学出版社)的配套辅导教材. 书中设有基本要求、内容提要、典型例题解析、习题选解等板块,每章后有自测题,对教材中选编的全国硕士研究生入学考试线性代数试题作了详细的分析与解答.

作为教材的完善和补充,本书对教材的内容进行归纳总结,对典型例题给出一种或多种求解分析,并对教材中大部分习题给出详细的解答. 相信会对教师教学和学生深入学习提供指导.

本书被列入"十二五"普通高等教育本科国家级规划教材,并再次出版得到科学出版社、山东理工大学的领导和教师们的大力支持与帮助,在此深表感谢.

参加本书编写的有孟昭为、赵文玲、孙锦萍、徐峰、张永凤等. 朱训芝、张超也参加了再版工作.

编　者

2015 年 6 月

目　　录

第 1 章　行　列　式

一、基本要求

(1) 理解行列式的定义,熟悉元素的余子式、代数余子式的含义.

(2) 熟练掌握行列式的性质和行列式按行(列)展开定理,掌握利用行列式的性质和定理计算低阶和高阶行列式的方法.

(3) 掌握应用克拉默(Cramer)法则求解线性方程组.

二、内容提要

1. 概念

1) 行列式的概念

n 阶行列式

$$D_n = \begin{vmatrix} a_{11} & a_{12} & \cdots & a_{1n} \\ a_{21} & a_{22} & \cdots & a_{2n} \\ \vdots & \vdots & & \vdots \\ a_{n1} & a_{n2} & \cdots & a_{nn} \end{vmatrix}$$

的定义有两种方式.

定义 1.1　$n=2$ 时,定义二阶行列式

$$D_2 = \begin{vmatrix} a_{11} & a_{12} \\ a_{21} & a_{22} \end{vmatrix} = a_{11}a_{22} - a_{12}a_{21},$$

假设 $n-1$ 阶行列式已经定义,则定义 n 阶行列式

$$D_n = \begin{vmatrix} a_{11} & a_{12} & \cdots & a_{1n} \\ a_{21} & a_{22} & \cdots & a_{2n} \\ \vdots & \vdots & & \vdots \\ a_{n1} & a_{n2} & \cdots & a_{nn} \end{vmatrix} = \sum_{j=1}^{n} (-1)^{1+j} a_{1j} M_{1j}$$

$$= \sum_{j=1}^{n} a_{1j} A_{1j},$$

其中 M_{1j} 是元素 a_{1j} 的余子式,$A_{1j}=(-1)^{1+j}M_{1j}$ 为元素 a_{1j} $(j=1,2,\cdots,n)$ 的代数余子式.

定义 1.2 n 阶行列式可表示为如下形式：

$$D_n=\begin{vmatrix} a_{11} & a_{12} & \cdots & a_{1n} \\ a_{21} & a_{22} & \cdots & a_{2n} \\ \vdots & \vdots & & \vdots \\ a_{n1} & a_{n2} & \cdots & a_{nn} \end{vmatrix}=\sum_{p_1\cdots p_n}(-1)^{\tau(p_1\cdots p_n)}a_{1p_1}a_{2p_2}\cdots a_{np_n},$$

其中 $p_1p_2\cdots p_n$ 为自然数 $1,2,\cdots,n$ 的一个排列，$\sum\limits_{p_1p_2\cdots p_n}$ 表示对 n 个自然数 $1,2,\cdots,n$ 所有排列之和.

定义 1.2 和定义 1.1 等价. 定义 1.1 是采用归纳定义，用低阶行列式表示高阶行列式，展示了行列式计算的思维方法. 定义 1.2 说明 n 阶行列式是 $n!$ 项的代数和，每一项是位于不同行、不同列的 n 个元素的乘积，若行标按从小到大的标准次序排列，列标为偶排列时，该项前面取正号；列标为奇排列时，该项前面取负号.

2）余子式、代数余子式的概念

定义 1.3 把 n 阶行列式中元素 a_{ij} 所在的第 i 行和第 j 列元素删去后留下的 $n-1$ 阶行列式称为元素 a_{ij} 的余子式，记为 M_{ij}，即

$$M_{ij}=\begin{vmatrix} a_{11} & \cdots & a_{1j-1} & a_{1j+1} & \cdots & a_{1n} \\ \vdots & & \vdots & \vdots & & \vdots \\ a_{i-11} & \cdots & a_{i-1j-1} & a_{i-1j+1} & \cdots & a_{i-1n} \\ a_{i+11} & \cdots & a_{i+1j-1} & a_{i+1j+1} & \cdots & a_{i+1n} \\ \vdots & & \vdots & \vdots & & \vdots \\ a_{n1} & \cdots & a_{nj-1} & a_{nj+1} & \cdots & a_{nn} \end{vmatrix}.$$

并称

$$A_{ij}=(-1)^{i+j}M_{ij}$$

为元素 a_{ij} 的代数余子式.

2. 行列式的性质

性质 1.1 行列式 D 与它的转置行列式 D' 相等，即 $D=D'$.

性质 1.2 互换行列式两行(列)的元素，行列式变号.

性质 1.3 行列式中某一行(列)的所有元素都乘以同一个数 k，等于用数 k 乘以此行列式，即

$$\begin{vmatrix} a_{11} & a_{12} & \cdots & a_{1n} \\ \vdots & \vdots & & \vdots \\ ka_{i1} & ka_{i2} & \cdots & ka_{in} \\ \vdots & \vdots & & \vdots \\ a_{n1} & a_{n2} & \cdots & a_{nn} \end{vmatrix}=k\begin{vmatrix} a_{11} & a_{12} & \cdots & a_{1n} \\ \vdots & \vdots & & \vdots \\ a_{i1} & a_{i2} & \cdots & a_{in} \\ \vdots & \vdots & & \vdots \\ a_{n1} & a_{n2} & \cdots & a_{nn} \end{vmatrix}.$$

性质 1.4 若行列式中某一行(列)的元素 a_{ij} 都可分解为两元素 b_{ij} 与 c_{ij} 之和，即 $a_{ij}=b_{ij}+c_{ij}$ $(j=1,2,\cdots,n,1\leqslant i\leqslant n)$，则该行列式可分解为相应的两个行列式之和，即

$$\begin{vmatrix} a_{11} & a_{12} & \cdots & a_{1n} \\ \vdots & \vdots & & \vdots \\ b_{i1}+c_{i1} & b_{i2}+c_{i2} & \cdots & b_{in}+c_{in} \\ \vdots & \vdots & & \vdots \\ a_{n1} & a_{n2} & \cdots & a_{nn} \end{vmatrix}$$

$$=\begin{vmatrix} a_{11} & a_{12} & \cdots & a_{1n} \\ \vdots & \vdots & & \vdots \\ b_{i1} & b_{i2} & \cdots & b_{in} \\ \vdots & \vdots & & \vdots \\ a_{n1} & a_{n2} & \cdots & a_{nn} \end{vmatrix}+\begin{vmatrix} a_{11} & a_{12} & \cdots & a_{1n} \\ \vdots & \vdots & & \vdots \\ c_{i1} & c_{i2} & \cdots & c_{in} \\ \vdots & \vdots & & \vdots \\ a_{n1} & a_{n2} & \cdots & a_{nn} \end{vmatrix}.$$

性质 1.5 把行列式任一行(列)的各元素同乘以一个常数 k 加到另一行(列)对应的元素上，行列式的值不变，即

$$\begin{vmatrix} a_{11} & a_{12} & \cdots & a_{1n} \\ \vdots & \vdots & & \vdots \\ a_{i1} & a_{i2} & \cdots & a_{in} \\ \vdots & \vdots & & \vdots \\ a_{j1} & a_{j2} & \cdots & a_{jn} \\ \vdots & \vdots & & \vdots \\ a_{n1} & a_{n2} & \cdots & a_{nn} \end{vmatrix}=\begin{vmatrix} a_{11} & a_{12} & \cdots & a_{1n} \\ \vdots & \vdots & & \vdots \\ a_{i1}+ka_{j1} & a_{i2}+ka_{j2} & \cdots & a_{in}+ka_{jn} \\ \vdots & \vdots & & \vdots \\ a_{j1} & a_{j2} & \cdots & a_{jn} \\ \vdots & \vdots & & \vdots \\ a_{n1} & a_{n2} & \cdots & a_{nn} \end{vmatrix}.$$

3. 定理

利用行列式的定义 1.1 和行列式的性质可得到 n 阶行列式按任一行(列)展开的定理.

定理 1.1 n 阶行列式等于它的任一行(列)的各元素与其对应的代数余子式的乘积之和，即

$$D=a_{i1}A_{i1}+a_{i2}A_{i2}+\cdots+a_{in}A_{in}=\sum_{k=1}^{n}a_{ik}A_{ik}\quad(i=1,2,\cdots,n)$$

或

$$D=a_{1j}A_{1j}+a_{2j}A_{2j}+\cdots+a_{nj}A_{nj}=\sum_{k=1}^{n}a_{kj}A_{kj}\quad(j=1,2,\cdots,n).$$

定理 1.2 行列式中某一行(列)的元素与另一行(列)的对应元素的代数余子

式乘积之和等于零,即

$$a_{i1}A_{j1}+a_{i2}A_{j2}+\cdots+a_{in}A_{jn}=\sum_{k=1}^{n}a_{ik}A_{jk}=0\quad(i\neq j=1,2,\cdots,n)$$

或

$$a_{1i}A_{1j}+a_{2i}A_{2j}+\cdots+a_{ni}A_{nj}=\sum_{k=1}^{n}a_{ki}A_{kj}=0\quad(i\neq j=1,2,\cdots,n).$$

综合定理 1.1 和定理 1.2,对于代数余子式有如下重要结论:

$$\sum_{k=1}^{n}a_{ik}A_{jk}=D\sigma_{ij}$$

或

$$\sum_{k=1}^{n}a_{ki}A_{kj}=D\sigma_{ij},$$

其中

$$\sigma_{ij}=\begin{cases}1, & i=j,\\ 0, & i\neq j\end{cases}\quad(i,j=1,2,\cdots,n).$$

4. 几个特殊行列式

(1) 上三角行列式

$$\begin{vmatrix}a_{11} & a_{12} & \cdots & a_{1n}\\ 0 & a_{22} & \cdots & a_{2n}\\ \vdots & \vdots & & \vdots\\ 0 & 0 & \cdots & a_{nn}\end{vmatrix}=a_{11}a_{12}\cdots a_{nn}.$$

(2) 下三角行列式

$$\begin{vmatrix}a_{11} & 0 & \cdots & 0\\ a_{21} & a_{22} & \cdots & 0\\ \vdots & \vdots & & \vdots\\ a_{n1} & a_{n2} & \cdots & a_{nn}\end{vmatrix}=a_{11}a_{22}\cdots a_{nn}.$$

(3) 对角形行列式

$$\begin{vmatrix}a_{11} & 0 & \cdots & 0\\ 0 & a_{22} & \cdots & 0\\ \vdots & \vdots & & \vdots\\ 0 & 0 & \cdots & a_{nn}\end{vmatrix}=a_{11}a_{22}\cdots a_{nn}.$$

(4) n 阶范德蒙德(Vandermonde)行列式($n\geqslant 2$)

$$V_n=\begin{vmatrix}1 & 1 & \cdots & 1\\ x_1 & x_2 & \cdots & x_n\\ x_1^2 & x_2^2 & \cdots & x_n^2\\ \vdots & \vdots & & \vdots\\ x_1^{n-1} & x_2^{n-1} & \cdots & x_n^{n-1}\end{vmatrix}=\prod_{n\geqslant i>j\geqslant 1}(x_i-x_j).$$

(5)

$$\begin{vmatrix}a_{11} & \cdots & a_{1k} & 0 & \cdots & 0\\ \vdots & & \vdots & \vdots & & \vdots\\ a_{k1} & \cdots & a_{kk} & 0 & \cdots & 0\\ c_{k+11} & \cdots & c_{k+1k} & b_{11} & \cdots & b_{1n}\\ \vdots & & \vdots & \vdots & & \vdots\\ c_{k+n1} & \cdots & c_{k+nk} & b_{n1} & \cdots & b_{nn}\end{vmatrix}=\begin{vmatrix}a_{11} & \cdots & a_{1k}\\ \vdots & & \vdots\\ a_{k1} & \cdots & a_{kk}\end{vmatrix}\cdot\begin{vmatrix}b_{11} & \cdots & b_{1n}\\ \vdots & & \vdots\\ b_{n1} & \cdots & b_{nn}\end{vmatrix}.$$

5. 行列式的计算

行列式的计算是本章的重点,常用的方法有以下几种:

(1) 利用行列式的性质将行列式某一行(列)只保留一个非零元素,其余元素化为零,然后按该行(列)展开,通过降阶计算行列式的值.

(2) 利用行列式的性质将行列式化为上(下)三角行列式,其结果为对角线上元素的连乘积.

(3) 把行列式拆成几个行列式之和,再降阶求行列式的值.

(4) 找递推公式.对于 n 阶行列式 D_n,若不能直接利用行列式的性质求出行列式的值,可建立 D_n 与 D_i ($i<n$)的关系式,再由这个关系式解出所求的行列式 D_n.

(5) 升阶法(加边法).通过增加行列式 D_n 的一行和一列后,对高一阶行列式借助某种特殊的行列式求解.

(6) 数学归纳法.

6. 克拉默法则

对于含有 n 个未知量 n 个方程的线性方程组

$$\begin{cases}a_{11}x_1+a_{12}x_2+\cdots+a_{1n}x_n=b_1,\\ a_{21}x_1+a_{22}x_2+\cdots+a_{2n}x_n=b_2,\\ \qquad\cdots\cdots\\ a_{n1}x_1+a_{n2}x_2+\cdots+a_{nn}x_n=b_n.\end{cases}$$

若其系数行列式 $D\neq 0$,则该线性方程组有唯一解

$$x_j = \frac{D_j}{D} \quad (j = 1,2,\cdots,n),$$

其中 D_j 是把系数行列式 D 中第 j 列元素用常数项 $b_1,b_2,\cdots,b_n$ 代替后所得到的 n 阶行列式，即

$$D_j = \begin{vmatrix} a_{11} & \cdots & a_{1j-1} & b_1 & a_{1j+1} & \cdots & a_{1n} \\ a_{21} & \cdots & a_{2j-1} & b_2 & a_{2j+1} & \cdots & a_{2n} \\ \vdots & & \vdots & \vdots & \vdots & & \vdots \\ a_{n1} & \cdots & a_{nj-1} & b_n & a_{nj+1} & \cdots & a_{nn} \end{vmatrix}.$$

若线性方程组的常数项 $b_1=b_2=\cdots=b_n=0$，即

$$\begin{cases} a_{11}x_1 + a_{12}x_2 + \cdots + a_{1n}x_n = 0, \\ a_{21}x_1 + a_{22}x_2 + \cdots + a_{2n}x_n = 0, \\ \cdots\cdots \\ a_{n1}x_1 + a_{n2}x_2 + \cdots + a_{nn}x_n = 0, \end{cases}$$

称该线性方程组为齐次线性方程组，若系数行列式 $D\neq 0$，则齐次线性方程组仅有零解

$$x_1 = x_2 = \cdots = x_n = 0,$$

因此齐次线性方程组有非零解的充要条件是该方程组的系数行列式为零，即 $D=0$.

三、典型例题解析

例 1　证明在一个 n 阶行列式中，如果等于零的元素个数大于 n^2-n，那么这个行列式等于零.

证　因为 n 阶行列式中共有 n^2 个元素，若等于零的个数大于 n^2-n，则不等于零的元素的个数小于 n，因此行列式中至少有一行元素全为零，则该 n 阶行列式为零.

例 2　写出四阶行列式中所有带负号且包含因子 a_{23} 的项.

解　四阶行列式中所有包含 a_{23} 的项

$$(-1)^{\tau(p_1 3 p_3 p_4)} a_{1p_1} a_{23} a_{3p_3} a_{4p_4},$$

其中 p_1,p_3,p_4 取 1,2,4 三个数中的一个，即 $p_1\ 3\ p_3\ p_4$ 的可能排法有 6 种：1324，1342，2314，2341，4321，4312，且 $\tau(1324)=1$，$\tau(2341)=3$，$\tau(4312)=5$ 为奇排列.

故四阶行列式中所有带负号且包含因子 a_{23} 的项为

$$-a_{11}a_{23}a_{32}a_{44}, \quad -a_{12}a_{23}a_{34}a_{41}, \quad -a_{14}a_{23}a_{31}a_{42}.$$

例 3　设行列式

$$D = \begin{vmatrix} 3 & 0 & 4 & 0 \\ 2 & 2 & 2 & 2 \\ 0 & -7 & 0 & 0 \\ 5 & 3 & -2 & 2 \end{vmatrix},$$

求行列式第4行各元素余子式之和 $M_{41}+M_{42}+M_{43}+M_{44}$.

分析 这是考察基本概念的题目,知道余子式的概念就不难写出 M_{41},M_{42},M_{43},M_{44}的值.从而求出其和,另一方面也可利用行列式展开定理来解决.

解 解法一

$$M_{41}=\begin{vmatrix}0&4&0\\2&2&2\\-7&0&0\end{vmatrix}=-56,\quad M_{42}=\begin{vmatrix}3&4&0\\2&2&2\\0&0&0\end{vmatrix}=0,$$

$$M_{43}=\begin{vmatrix}3&0&0\\2&2&2\\0&-7&0\end{vmatrix}=42,\quad M_{44}=\begin{vmatrix}3&0&4\\2&2&2\\0&-7&0\end{vmatrix}=-14,$$

所以

$$M_{41}+M_{42}+M_{43}+M_{44}=-28.$$

解法二 由于

$$\sum_{j=1}^{4}(-1)^{4+j}M_{4j}=\sum_{j=1}^{4}A_{4j}=D,$$

所以构造4阶行列式

$$H=\begin{vmatrix}3&0&4&0\\2&2&2&2\\0&-7&0&0\\-1&1&-1&1\end{vmatrix},$$

H 的前3行与行列式 D 的前3行相同,因此 H 的第4行各元素的余子式与 D 的第4行各元素的余子式相同.所求 H 的第4行元素的余子式之和即为 D 的第4行元素的余子式之和.按 H 的第4行展开,得

$$\begin{aligned}H&=-A_{41}+A_{42}-A_{43}+A_{44}\\&=(-1)(-1)^{4+1}M_{41}+(-1)^{4+2}M_{42}+(-1)(-1)^{4+3}M_{43}+(-1)^{4+4}M_{44}\\&=M_{41}+M_{42}+M_{43}+M_{44}.\end{aligned}$$

而

$$H=7\begin{vmatrix}3&4&0\\2&2&2\\-1&-1&1\end{vmatrix}=-28.$$

所以 $M_{41}+M_{42}+M_{43}+M_{44}=-28$.

例 4　设函数 $F(x)=\begin{vmatrix} x & x^2 & x^3 & 1 \\ 1 & 2x & 3x^2 & 0 \\ 0 & 1 & 3x & 6x^2 \\ 0 & 0 & 1 & 4x \end{vmatrix}$，当 x 取什么值时，$F(x)$有最大值？

分析　当函数用行列式表示时，求函数 $F(x)=0$ 的根，函数的最值以及解有关的不等式问题，一般都归结为行列式的计算问题.

解　$$F(x)=\begin{vmatrix} x & x^2 & x^3 & 1 \\ 1 & 2x & 3x^2 & 0 \\ 0 & 1 & 3x & 6x^2 \\ 0 & 0 & 1 & 4x \end{vmatrix} \xlongequal[c_3-x^2c_1]{c_2-xc_1} \begin{vmatrix} x & 0 & 0 & 1 \\ 1 & x & 2x^2 & 0 \\ 0 & 1 & 3x & 6x^2 \\ 0 & 0 & 1 & 4x \end{vmatrix}$$

$$\xlongequal{c_3-2xc_2} \begin{vmatrix} x & 0 & 0 & 1 \\ 1 & x & 0 & 0 \\ 0 & 1 & x & 6x^2 \\ 0 & 0 & 1 & 4x \end{vmatrix} \xlongequal{c_4-6xc_3} \begin{vmatrix} x & 0 & 0 & 1 \\ 1 & x & 0 & 0 \\ 0 & 1 & x & 0 \\ 0 & 0 & 1 & -2x \end{vmatrix}$$

$$=-1-2x^4,$$

所以，当 $x=0$ 时，$F(x)$取得最大值-1.

例 5　证明

$$D=\begin{vmatrix} 1 & 1 & 1 & 1 \\ a & b & c & d \\ a^2 & b^2 & c^2 & d^2 \\ a^4 & b^4 & c^4 & d^4 \end{vmatrix}$$

$$=(a-b)(a-c)(a-d)(b-c)(b-d)(c-d)(a+b+c+d).$$

分析　该证明题归结为 4 阶行列式的计算，这种低阶行列式常常利用性质化简来求解；另外也可以根据行列式的特点，构造范德蒙德行列式求解.

证　证法一　直接利用行列式的性质.

可以利用第 1 列乘以-1，分别加到第 2，3，4 列上，降为三阶行列式，但很难得到等式的右端. 因此可采用如下方法化简：

$$D=\begin{vmatrix} 1 & 1 & 1 & 1 \\ a & b & c & d \\ a^2 & b^2 & c^2 & d^2 \\ a^4 & b^4 & c^4 & d^4 \end{vmatrix} \xlongequal[\substack{r_3-ar_2 \\ r_2-ar_1}]{r_4-a^2r_3} \begin{vmatrix} 1 & 1 & 1 & 1 \\ 0 & b-a & c-a & d-a \\ 0 & b(b-a) & c(c-a) & d(d-a) \\ 0 & b^2(b^2-a^2) & c^2(c^2-a^2) & d^2(d^2-a^2) \end{vmatrix}$$

$$=\begin{vmatrix} b-a & c-a & d-a \\ b(b-a) & c(c-a) & d(d-a) \\ b^2(b^2-a^2) & c^2(c^2-a^2) & d^2(d^2-a^2) \end{vmatrix}$$

$$= (b-a)(c-a)(d-a)\begin{vmatrix} 1 & 1 & 1 \\ b & c & d \\ b^2(b+a) & c^2(c+a) & d^2(d+a) \end{vmatrix}$$

$$\xlongequal[c_3-c_1]{c_2-c_1} (b-a)(c-a)(d-a)$$

$$\cdot \begin{vmatrix} 1 & 0 & 0 \\ b & c-b & d-b \\ b^2(b+a) & c^2(c+a)-b^2(b+a) & d^2(d+a)-b^2(b+a) \end{vmatrix}$$

$$= (b-a)(c-a)(d-a)(c-b)(d-b)$$

$$\cdot \begin{vmatrix} 1 & 1 \\ c^2+b^2+cb+ca+ab & d^2+b^2+db+da+ba \end{vmatrix}$$

$$= (b-a)(c-a)(d-a)(c-b)(d-b)[(d^2-c^2)+b(d-c)+a(d-c)]$$

$$= (a-b)(a-c)(a-d)(b-c)(b-d)(c-d)(a+b+c+d).$$

证法二 采用加边法，变成 5 阶范德蒙德行列式，记为 D_5，

$$D_5 = \begin{vmatrix} 1 & 1 & 1 & 1 & 1 \\ a & b & c & d & x \\ a^2 & b^2 & c^2 & d^2 & x^2 \\ a^3 & b^3 & c^3 & d^3 & x^3 \\ a^4 & b^4 & c^4 & d^4 & x^4 \end{vmatrix}.$$

若 D_5 按第 5 列展开得 x 的 4 次多项式，其中 x^3 的系数为行列式中 x^3 对应的代数余子式，即

$$(-1)^{4+5}D = -D, \tag{1.1}$$

另外，由范德蒙德行列式的结果，得

$$D_5 = (x-a)(x-b)(x-c)(x-d)(d-a)(d-b)(d-c)(c-a)(c-b)(b-a), \tag{1.2}$$

易知，(1.2)中 x^3 的系数应为

$$\begin{aligned} & -a(d-a)(d-b)(d-c)(c-a)(c-b)(b-a) \\ & -b(d-a)(d-b)(d-c)(c-a)(c-b)(b-a) \\ & -c(d-a)(d-b)(d-c)(c-a)(c-b)(b-a) \\ & -d(d-a)(d-b)(d-c)(c-a)(c-b)(b-a) \\ = & -(a-b)(a-c)(a-d)(b-c)(b-d)(c-d)(a+b+c+d), \end{aligned} \tag{1.3}$$

由(1.1)，(1.3)得

$$D = (a-b)(a-c)(a-d)(b-c)(b-d)(c-d)(a+b+c+d).$$

例 6　求 n 阶行列式 $D_n=\det(a_{ij})$ 的值，其中 $a_{ij}=|i-j|(i,j=1,2,\cdots,n)$.

分析　本题注意 n 阶行列式的简化符号表示. 对于较简单的 n 阶行列式可通过化简，直接利用行列式的性质，求出行列式的值.

解

$$D_n=\det(a_{ij})=\begin{vmatrix} a_{11} & a_{12} & a_{13} & \cdots & a_{1n} \\ a_{21} & a_{22} & a_{23} & \cdots & a_{2n} \\ a_{31} & a_{32} & a_{33} & \cdots & a_{3n} \\ \vdots & \vdots & \vdots & & \vdots \\ a_{n-11} & a_{n-12} & a_{n-13} & \cdots & a_{n-1n} \\ a_{n1} & a_{n2} & a_{n3} & \cdots & a_{nn} \end{vmatrix}$$

$$=\begin{vmatrix} 0 & 1 & 2 & \cdots & n-2 & n-1 \\ 1 & 0 & 1 & \cdots & n-3 & n-2 \\ 2 & 1 & 0 & \cdots & n-4 & n-3 \\ \vdots & \vdots & \vdots & & \vdots & \vdots \\ n-2 & n-3 & n-4 & \cdots & 0 & 1 \\ n-1 & n-2 & n-3 & \cdots & 1 & 0 \end{vmatrix}$$

$$\xlongequal[(i=n,n-1,\cdots,1)]{r_i-r_{i-1}}\begin{vmatrix} 0 & 1 & 2 & \cdots & n-2 & n-1 \\ 1 & -1 & -1 & \cdots & -1 & -1 \\ 1 & 1 & -1 & \cdots & -1 & -1 \\ \vdots & \vdots & \vdots & & \vdots & \vdots \\ 1 & 1 & 1 & \cdots & -1 & -1 \\ 1 & 1 & 1 & \cdots & 1 & -1 \end{vmatrix}$$

$$\xlongequal[(i=1,2,\cdots,n-1)]{c_i+c_n}\begin{vmatrix} n-1 & 1+(n-1) & 2+(n-1) & \cdots & n-2+(n-1) & n-1 \\ 0 & -2 & -2 & \cdots & -2 & -1 \\ 0 & 0 & -2 & \cdots & -2 & -1 \\ \vdots & \vdots & \vdots & & \vdots & \vdots \\ 0 & 0 & 0 & \cdots & -2 & -1 \\ 0 & 0 & 0 & \cdots & 0 & -1 \end{vmatrix}$$

$$=(n-1)\cdot(-2)^{n-2}\cdot(-1)=(-1)^{n-1}(n-1)2^{n-2}.$$

例 7　计算 n 阶行列式

$$D_n=\begin{vmatrix} 1+a_1 & a_2 & \cdots & a_n \\ a_1 & 1+a_2 & \cdots & a_n \\ \vdots & \vdots & & \vdots \\ a_1 & a_2 & \cdots & 1+a_n \end{vmatrix}.$$

分析 将行列式各行(列)都加到第1行(列)的方法是行列式化简中常用的方法;亦可以拆成两个行列式之和,找递推公式求出结果;还可以采用升阶法求行列式的值.

解 解法一 行列式中各列加到第1列,得

$$D_n=\begin{vmatrix} 1+\sum_{i=1}^{n}a_i & a_2 & \cdots & a_n \\ 1+\sum_{i=1}^{n}a_i & 1+a_2 & \cdots & a_n \\ \vdots & \vdots & & \vdots \\ 1+\sum_{i=1}^{n}a_i & a_2 & \cdots & 1+a_n \end{vmatrix}$$

$$=\left(1+\sum_{i=1}^{n}a_i\right)\begin{vmatrix} 1 & a_2 & \cdots & a_n \\ 1 & 1+a_2 & \cdots & a_n \\ \vdots & \vdots & & \vdots \\ 1 & a_2 & \cdots & 1+a_n \end{vmatrix}$$

$$\xlongequal[(i=2,\cdots,n)]{r_i-r_1}\left(1+\sum_{i=1}^{n}a_i\right)\begin{vmatrix} 1 & a_2 & \cdots & a_n \\ 0 & 1 & \cdots & 0 \\ \vdots & \vdots & & \vdots \\ 0 & 0 & \cdots & 1 \end{vmatrix}$$

$$=1+\sum_{i=1}^{n}a_i.$$

解法二

$$D_n=\begin{vmatrix} 1 & a_2 & \cdots & a_n \\ 0 & 1+a_2 & \cdots & a_n \\ \vdots & \vdots & & \vdots \\ 0 & a_2 & \cdots & 1+a_n \end{vmatrix}+\begin{vmatrix} a_1 & a_2 & \cdots & a_n \\ a_1 & 1+a_2 & \cdots & a_n \\ \vdots & \vdots & & \vdots \\ a_1 & a_2 & \cdots & 1+a_n \end{vmatrix}$$

$$=D_{n-1}+\begin{vmatrix} a_1 & a_2 & \cdots & a_n \\ 0 & 1 & \cdots & 0 \\ \vdots & \vdots & & \vdots \\ 0 & 0 & \cdots & 1 \end{vmatrix}=D_{n-1}+a_1.$$

递推公式

$$D_n=D_{n-1}+a_1=D_{n-2}+a_2+a_1=\cdots$$
$$=D_2+a_{n-2}+a_{n-3}+\cdots+a_2+a_1$$

$$=\begin{vmatrix}1+a_{n-1} & a_n\\ a_{n-1} & 1+a_n\end{vmatrix}+a_{n-2}+\cdots+a_2+a_1$$

$$=1+a_n+a_{n-1}+a_{n-2}+\cdots+a_2+a_1=1+\sum_{i=1}^{n}a_i.$$

解法三　构造 $n+1$ 阶行列式

$$H_{n+1}=\begin{vmatrix}1 & a_1 & \cdots & a_{n-1} & a_n\\ 0 & 1+a_1 & \cdots & a_{n-1} & a_n\\ \vdots & \vdots & & \vdots & \vdots\\ 0 & a_1 & \cdots & 1+a_{n-1} & a_n\\ 0 & a_1 & \cdots & a_{n-1} & a_n\end{vmatrix},$$

显然

$$D_n=H_{n+1}\xlongequal[(i=2,3,\cdots,n+1)]{r_i-r_1}\begin{vmatrix}1 & a_1 & \cdots & a_{n-1} & a_n\\ -1 & 1 & \cdots & 0 & 0\\ \vdots & \vdots & & \vdots & \vdots\\ -1 & 0 & \cdots & 1 & 0\\ -1 & 0 & \cdots & 0 & 1\end{vmatrix}$$

$$\xlongequal{c_1+c_2+\cdots+c_{n+1}}\begin{vmatrix}1+\sum\limits_{i=1}^{n}a_n & a_1 & \cdots & a_{n-1} & a_n\\ 0 & 1 & \cdots & 0 & 0\\ 0 & 0 & \cdots & 0 & 0\\ \vdots & \vdots & & \vdots & \vdots\\ 0 & 0 & \cdots & 1 & 0\\ 0 & 0 & \cdots & 0 & 1\end{vmatrix}$$

$$=1+\sum_{i=1}^{n}a_n.$$

例 8　计算 n 阶行列式

$$D_n=\begin{vmatrix}a & b & b & \cdots & b & b\\ c & a & b & \cdots & b & b\\ c & c & a & \cdots & b & b\\ \vdots & \vdots & \vdots & & \vdots & \vdots\\ c & c & c & \cdots & a & b\\ c & c & c & \cdots & c & a\end{vmatrix}.$$

分析　根据行列式的特点，主对角线上方的元素都为 b，主对角下方的元素都

为 c,直接找递推公式有很大的难度,利用行列式的性质 1.5 化简也很难达到解决问题的目的;可以考虑把行列式的某一行或列看成是两个元素的和,利用性质 1.4,分成两个行列式的和,得到递推公式.

解 把行列式中第 1 列元素写成两项的和,其中 $a=(a-c)+c$,$c=0+c$,即

$$D_n=\begin{vmatrix} a-c+c & b & b & \cdots & b & b \\ 0+c & a & b & \cdots & b & b \\ 0+c & c & a & \cdots & b & b \\ \vdots & \vdots & \vdots & & \vdots & \vdots \\ 0+c & c & c & \cdots & a & b \\ 0+c & c & c & \cdots & c & a \end{vmatrix}$$

$$=\begin{vmatrix} a-c & b & b & \cdots & b & b \\ 0 & a & b & \cdots & b & b \\ 0 & c & a & \cdots & b & b \\ \vdots & \vdots & \vdots & & \vdots & \vdots \\ 0 & c & c & \cdots & a & b \\ 0 & c & c & \cdots & c & a \end{vmatrix}+\begin{vmatrix} c & b & b & \cdots & b & b \\ c & a & b & \cdots & b & b \\ c & c & a & \cdots & b & b \\ \vdots & \vdots & \vdots & & \vdots & \vdots \\ c & c & c & \cdots & a & b \\ c & c & c & \cdots & c & a \end{vmatrix}$$

$$=(a-c)D_{n-1}+\begin{vmatrix} c & b & b & \cdots & b & b \\ 0 & a-b & 0 & \cdots & 0 & 0 \\ 0 & c-b & a-b & \cdots & 0 & 0 \\ \vdots & \vdots & \vdots & & \vdots & \vdots \\ 0 & c-b & c-b & \cdots & a-b & 0 \\ 0 & c-b & c-b & \cdots & c-b & a-b \end{vmatrix}$$

$$=(a-c)D_{n-1}+c(a-b)^{n-1},$$

即

$$D_n=(a-c)D_{n-1}+c(a-b)^{n-1}. \tag{1.4}$$

同理,把行列式中第一行元素看成两项之和,其中 $a=a-b+b$,$b=0+b$,得

$$D_n=(a-b)D_{n-1}+b(a-c)^{n-1}, \tag{1.5}$$

由(1.4),(1.5)解得

$$D_n=\frac{b(a-c)^n-c(a-b)^n}{b-c}\quad (b-c\neq 0).$$

当 $b=c$ 时,

$$D_n=[a+(n-1)b](a-b)^{n-1}.$$

例 9 证明 n 阶行列式

$$D_n=\begin{vmatrix} \alpha+\beta & \alpha\beta & 0 & \cdots & 0 & 0 \\ 1 & \alpha+\beta & \alpha\beta & \cdots & 0 & 0 \\ 0 & 1 & \alpha+\beta & \cdots & 0 & 0 \\ \vdots & \vdots & \vdots & & \vdots & \vdots \\ 0 & 0 & 0 & \cdots & 1 & \alpha+\beta \end{vmatrix}$$

$$=\frac{\alpha^{n+1}-\beta^{n+1}}{\alpha-\beta}\quad(\alpha\neq\beta).$$

分析　对于含 n 阶行列式的等式证明，可采用数学归纳法证，也可用递推公式推导出所要证明的等式.

证　证法一　用数学归纳法.

当 $n=1$ 时，显然结论成立.

假设对于阶数小于 n 的行列式结论成立.

对于 n 阶行列式，把 D_n 按第 1 行展开，得

$$D_n=(\alpha+\beta)D_{n-1}-\alpha\beta\begin{vmatrix} 1 & \alpha\beta & 0 & \cdots & 0 & 0 \\ 0 & \alpha+\beta & \alpha\beta & \cdots & 0 & 0 \\ \vdots & \vdots & \vdots & & \vdots & \vdots \\ 0 & 0 & 0 & \cdots & 1 & \alpha+\beta \end{vmatrix}$$

$$=(\alpha+\beta)D_{n-1}-\alpha\beta D_{n-2}.$$

由归纳假设知

$$D_{n-1}=\frac{\alpha^n-\beta^n}{\alpha-\beta},\quad D_{n-2}=\frac{\alpha^{n-1}-\beta^{n-1}}{\alpha-\beta},$$

故

$$D_n=(\alpha+\beta)\cdot\frac{\alpha^n-\beta^n}{\alpha-\beta}-\alpha\beta\cdot\frac{\alpha^{n-1}-\beta^{n-1}}{\alpha-\beta}$$

$$=\frac{1}{\alpha-\beta}(\alpha^{n+1}-\alpha\beta^n+\beta\alpha^n-\beta^{n+1}-\alpha^n\beta+\alpha\beta^n)$$

$$=\frac{\alpha^{n+1}-\beta^{n+1}}{\alpha-\beta}.$$

证法二　行列式按第 1 行展开，得

$$D_n=(\alpha+\beta)D_{n-1}-\alpha\beta D_{n-2},$$

变形，并且递推，得

$$D_n-\alpha D_{n-1}=\beta(D_{n-1}-\alpha D_{n-2})=\beta^2(D_{n-2}-\alpha D_{n-3})=\cdots$$

$$=\beta^{n-2}(D_2-\alpha D_1)=\beta^{n-2}[(\alpha+\beta)^2-\alpha\beta-\alpha(\alpha+\beta)]=\beta^n,$$

即

$$D_n - \alpha D_{n-1} = \beta^n. \tag{1.6}$$

由于行列式 D_n 中，α 和 β 的地位是一样的，故

$$D_n - \beta D_{n-1} = \alpha^n. \tag{1.7}$$

(1.7)×α−(1.6)×β，得

$$(\alpha-\beta)D_n = \alpha^{n+1} - \beta^{n+1},$$

所以

$$D_n = \frac{\alpha^{n+1} - \beta^{n+1}}{\alpha-\beta}.$$

例 10 讨论 λ 为何值时，下面的方程组有唯一解，并求出唯一解：

$$\begin{cases} \lambda x_1 + x_2 + x_3 = 1, \\ x_1 + \lambda x_2 + x_3 = \lambda, \\ x_1 + x_2 + \lambda x_3 = \lambda^2. \end{cases}$$

解 方程组的系数行列式

$$D = \begin{vmatrix} \lambda & 1 & 1 \\ 1 & \lambda & 1 \\ 1 & 1 & \lambda \end{vmatrix} \xlongequal[c_3 - c_1]{c_2 - c_1} \begin{vmatrix} \lambda & 1-\lambda & 1-\lambda \\ 1 & \lambda-1 & 0 \\ 1 & 0 & \lambda-1 \end{vmatrix}$$

$$= (\lambda-1)^2 \begin{vmatrix} \lambda & -1 & -1 \\ 1 & 1 & 0 \\ 1 & 0 & 1 \end{vmatrix}$$

$$\xlongequal{r_1 + r_3} (\lambda-1)^2 \begin{vmatrix} \lambda+1 & -1 & 0 \\ 1 & 1 & 0 \\ 1 & 0 & 1 \end{vmatrix}$$

$$= (\lambda-1)^2 \begin{vmatrix} \lambda+1 & -1 \\ 1 & 1 \end{vmatrix} = (\lambda-1)^2(\lambda+2).$$

由克拉默法则，当 $D\neq 0$，即 $\lambda\neq 1$ 且 $\lambda\neq -2$ 时，方程组有唯一解.

$$D_1 = \begin{vmatrix} 1 & 1 & 1 \\ \lambda & \lambda & 1 \\ \lambda^2 & 1 & \lambda \end{vmatrix} \xlongequal[c_3 - c_1]{c_2 - c_1} \begin{vmatrix} 1 & 0 & 0 \\ \lambda & 0 & 1-\lambda \\ \lambda^3 & 1-\lambda^2 & \lambda(1-\lambda) \end{vmatrix}$$

$$= \begin{vmatrix} 0 & 1-\lambda \\ 1-\lambda^2 & \lambda(1-\lambda) \end{vmatrix} = -(\lambda+1)(\lambda-1)^2,$$

$$D_2 = \begin{vmatrix} \lambda & 1 & 1 \\ 1 & \lambda & 1 \\ 1 & \lambda^2 & \lambda \end{vmatrix} = (\lambda-1)^2,$$

$$D_3=\begin{vmatrix}\lambda & 1 & 1\\ 1 & \lambda & 1\\ 1 & \lambda^2 & \lambda\end{vmatrix}=(\lambda+1)^2(\lambda-1)^2.$$

方程组的解为

$$x_1=\frac{D_1}{D}=-\frac{\lambda+1}{\lambda+2},$$
$$x_2=\frac{D_2}{D}=\frac{1}{\lambda+2},$$
$$x_3=\frac{D_3}{D}=\frac{(\lambda+1)^2}{\lambda+2}.$$

例 11　讨论当 λ,μ 取何值时，齐次线性方程组

$$\begin{cases}\lambda x_1+x_2+x_3=0,\\ x_1+\mu x_2+x_3=0,\\ x_1+2\mu x_2+x_3=0\end{cases}$$

有非零解.

解　齐次线性方程组有非零解的充要条件为系数行列式等于零，即

$$D=\begin{vmatrix}\lambda & 1 & 1\\ 1 & \mu & 1\\ 1 & 2\mu & 1\end{vmatrix}=-\mu(\lambda-1)=0.$$

故当 $\mu=0$ 或 $\lambda=1$ 时，方程组有非零解.

例 12　设 $a_1,a_2,\cdots,a_n$ 是互不相同的数，$b_1,b_2,\cdots,b_n$ 是任一组给定的数，证明存在唯一的次数小于 n 的多项式 $f(x)$，使 $f(a_i)=b_i(i=1,2,\cdots,n)$.

证　设 $f(x)=c_0+c_1x+c_2x^2+\cdots+c_nx^{n-1}$. 由 $f(a_i)=b_i$，得

$$\begin{cases}c_0+c_1a_1+c_2a_1^2+\cdots+c_na_1^{n-1}=b_1,\\ c_0+c_1a_2+c_2a_2^2+\cdots+c_na_2^{n-1}=b_2,\\ \cdots\cdots\\ c_0+c_1a_n+c_2a_n^2+\cdots+c_na_n^{n-1}=b_n.\end{cases}$$

把它看成关于 $c_0,c_1,\cdots,c_{n-1}$ 的线性方程组，其系数行列式为

$$D=\begin{vmatrix}1 & a_1 & a_1^2 & \cdots & a_1^{n-1}\\ 1 & a_2 & a_2^2 & \cdots & a_2^{n-1}\\ \vdots & \vdots & \vdots & & \vdots\\ 1 & a_n & a_n^2 & \cdots & a_n^{n-1}\end{vmatrix}.$$

显然行列式 D 是 n 阶范德蒙德行列式的转置，故

$$D=\prod_{n\geqslant i>j\geqslant 1}(a_i-a_j).$$

由已知条件,$a_1,a_2,\cdots,a_n$ 互不相等,因此

$$D\neq 0.$$

由克拉默法则知,以 $c_1,c_2,\cdots,c_n$ 为变量的线性方程组有唯一解,即所求多项式 $f(a_i)=b_i(i=1,2,\cdots,n)$是唯一的.

四、习题选解

1. 利用对角线法则计算三阶行列式:

(1) $\begin{vmatrix}2&0&1\\1&-4&-1\\-1&8&3\end{vmatrix}$; (2) $\begin{vmatrix}x&y&x+y\\y&x+y&x\\x+y&x&y\end{vmatrix}$; (3) $\begin{vmatrix}1&1&1\\a&b&c\\a^2&b^2&c^2\end{vmatrix}$.

解 (1) $\begin{vmatrix}2&0&1\\1&-4&-1\\-1&8&3\end{vmatrix}=2\times(-4)\times3+0\times(-1)\times(-1)+1\times1\times8$

$$-0\times1\times3-2\times(-1)\times8-1\times(-4)\times(-1)$$
$$=-24+8+16-4$$
$$=-4.$$

(2) $\begin{vmatrix}x&y&x+y\\y&x+y&x\\x+y&x&y\end{vmatrix}$

$=x(x+y)y+yx(x+y)+(x+y)yx-y^3-(x+y)^3-x^3$

$=3xy(x+y)-y^3-3x^2y-3y^2x-x^3-y^3-x^3$

$=-2(x^3+y^3)$.

(3) $\begin{vmatrix}1&1&1\\a&b&c\\a^2&b^2&c^2\end{vmatrix}=bc^2+ca^2+ab^2-ac^2-ba^2-cb^2$

$$=(a-b)(b-c)(c-a).$$

4. 证明

(1) $\begin{vmatrix}ax+by&ay+bz&az+bx\\ay+bz&az+bx&ax+by\\az+bx&ax+by&ay+bz\end{vmatrix}=(a^3+b^3)\begin{vmatrix}x&y&z\\y&z&x\\z&x&y\end{vmatrix}$;

(2) $\begin{vmatrix}1&1&1\\a&b&c\\a^3&b^3&c^3\end{vmatrix}=(a+b+c)(a-b)(a-c)(c-b)$;

(3) $\begin{vmatrix} x-2 & x-1 & x-2 & x-3 \\ 2x-2 & 2x-1 & 2x-2 & 2x-3 \\ 3x-3 & 3x-2 & 4x-5 & 3x-5 \\ 4x & 4x-3 & 5x-7 & 4x-3 \end{vmatrix}=5x(x-1)$；

(4) $\begin{vmatrix} a_0 & 1 & 1 & \cdots & 1 \\ 1 & a_1 & 0 & \cdots & 0 \\ \vdots & \vdots & \vdots & & \vdots \\ 1 & 0 & 0 & \cdots & a_n \end{vmatrix}=a_1a_2\cdots a_n\left(a_0-\sum_{i=1}^{n}\frac{1}{a_i}\right)$；

(5) $\begin{vmatrix} x & -1 & 0 & \cdots & 0 & 0 \\ 0 & x & -1 & \cdots & 0 & 0 \\ \vdots & \vdots & \vdots & & \vdots & \vdots \\ 0 & 0 & 0 & \cdots & x & -1 \\ a_n & a_{n-1} & a_{n-2} & \cdots & a_2 & x+a_1 \end{vmatrix}=x^n+a_1x^{n-1}+\cdots+a_{n-1}x+a_n.$

证 (1)

$$\begin{vmatrix} ax+by & ay+bz & az+bx \\ ay+bz & az+bx & ax+by \\ az+bx & ax+by & ay+bz \end{vmatrix}$$

$$=\begin{vmatrix} ax & ay+bz & az+bx \\ ay & az+bx & ax+by \\ az & ax+by & ay+bz \end{vmatrix}+\begin{vmatrix} by & ay+bz & az+bx \\ bz & az+bx & ax+by \\ bx & ax+by & ay+bz \end{vmatrix}$$

$$=a\begin{vmatrix} x & ay+bz & az \\ y & az+bx & ax \\ z & ax+by & ay \end{vmatrix}+b\begin{vmatrix} y & bz & az+bx \\ z & bx & ax+by \\ x & by & ay+bz \end{vmatrix}$$

$$=a^2\begin{vmatrix} x & ay & z \\ y & az & x \\ z & ax & y \end{vmatrix}+b^2\begin{vmatrix} y & z & bx \\ z & x & by \\ x & y & bz \end{vmatrix}$$

$$=a^3\begin{vmatrix} x & y & z \\ y & z & x \\ z & x & y \end{vmatrix}+b^3\begin{vmatrix} x & y & z \\ y & z & x \\ z & x & y \end{vmatrix}$$

$$=(a^3+b^3)\begin{vmatrix} x & y & z \\ y & z & x \\ z & x & y \end{vmatrix}.$$

(2) 证法一　利用行列式性质降阶

$$\begin{vmatrix}1&1&1\\a&b&c\\a^3&b^3&c^3\end{vmatrix}\xlongequal[r_2-ar_1]{r_3-a^2r_2}\begin{vmatrix}1&1&1\\0&b-a&c-a\\0&b^3-a^2b&c^3-a^2c\end{vmatrix}$$

$$=\begin{vmatrix}b-a&c-a\\b(b^2-a^2)&c(c^2-a^2)\end{vmatrix}=(b-a)(c-a)\begin{vmatrix}1&1\\b(b+a)&c(c+a)\end{vmatrix}$$

$$=(b-a)(c-a)[c^2+ac-b^2-ba]=(a+b+c)(a-b)(a-c)(c-b).$$

证法二 加边法，构造范德蒙德行列式，得

$$\begin{vmatrix}1&1&1&1\\a&b&c&x\\a^2&b^2&c^2&x^2\\a^3&b^3&c^3&x^3\end{vmatrix}=(a-b)(a-c)(a-x)(b-c)(b-x)(c-x).$$

上式左边的 4 阶行列式中，x^2 对应的代数余子式即为 x^2 的系数

$$(-1)^{3+4}\begin{vmatrix}1&1&1\\a&b&c\\a^3&b^3&c^3\end{vmatrix}.$$

由上式右边得 x^2 的系数为

$$(a-b)(a-c)(b-c)a+(a-b)(a-c)(b-c)b+(a-b)(a-c)(b-c)c$$
$$=-(a-b)(a-c)(c-b)(a+b+c).$$

所以

$$\begin{vmatrix}1&1&1\\a&b&c\\a^3&b^3&c^3\end{vmatrix}=(a-b)(a-c)(c-b)(a+b+c).$$

(3) $$\begin{vmatrix}x-2&x-1&x-2&x-3\\2x-2&2x-1&2x-2&2x-3\\3x-3&3x-2&4x-5&3x-5\\4x&4x-3&5x-7&4x-3\end{vmatrix}$$

$$\xlongequal{r_2-r_1}\begin{vmatrix}x-2&x-1&x-2&x-3\\x&x&x&x\\3x-3&3x-2&4x-5&3x-5\\4x&4x-3&5x-7&4x-3\end{vmatrix}$$

$$\xlongequal[\substack{c_3-c_1\\c_4-c_1}]{c_2-c_1}\begin{vmatrix}x-2&1&0&-1\\x&0&0&0\\3x-3&1&x-2&-2\\4x&-3&x-7&-3\end{vmatrix}\xlongequal{r_2\text{展开}}-x\begin{vmatrix}1&0&-1\\1&x-2&-2\\-3&x-7&-3\end{vmatrix}$$

$$\xlongequal{c_3+c_1}-x\begin{vmatrix}1&0&0\\1&x-2&-1\\3&x-7&-6\end{vmatrix}=-x\begin{vmatrix}x-2&-1\\x-7&-6\end{vmatrix}=5x(x-1).$$

(4)

$$\begin{vmatrix}a_0&1&1&\cdots&1&1\\1&a_1&0&\cdots&0&0\\1&0&a_2&\cdots&0&0\\\vdots&\vdots&\vdots&&\vdots&\vdots\\1&0&0&\cdots&0&a_n\end{vmatrix}=a_1a_2\cdots a_n\begin{vmatrix}a_0&1&1&\cdots&1\\\frac{1}{a_1}&1&0&\cdots&0\\\frac{1}{a_2}&0&1&\cdots&0\\\vdots&\vdots&\vdots&&\vdots\\\frac{1}{a_n}&0&0&\cdots&1\end{vmatrix}$$

$$\xlongequal[(i=2,\cdots,n+1)]{r_1-r_i}a_1a_2\cdots a_n\begin{vmatrix}a_0-\sum\limits_{i=1}^{n}\frac{1}{a_i}&0&0&\cdots&0\\\frac{1}{a_1}&1&0&\cdots&0\\\frac{1}{a_2}&0&1&\cdots&0\\\vdots&\vdots&\vdots&&\vdots\\\frac{1}{a_n}&0&0&\cdots&1\end{vmatrix}$$

$$=a_1a_2\cdots a_n\left(a_0-\sum_{i=1}^{n}\frac{1}{a_i}\right).$$

(5) 证法一　把行列式的第 n 列乘以 x 加到第 $n-1$ 列，再把第 $n-1$ 列乘以 x 加到第 $n-2$ 列上，以此类推，…，把第 2 列乘以 x 加到第 1 列上，得

$$D_n=\begin{vmatrix}0&\cdots&0&0\\0&\cdots&0&0\\0&\cdots&0&0\\\vdots&&\vdots&\vdots\\0&\cdots&-1&0\\0&\cdots&0&-1\\a_n+a_{n-1}x+\cdots+a_1x^{n-1}+x^n&\cdots&a_2+a_1x+x^2&x+a_1\end{vmatrix}$$

$$\xlongequal{\text{按 } c_1 \text{ 展开}} (-1)^{1+n}(a_n+a_{n-1}x+\cdots+a_1x^{n-1}+x^n)\begin{vmatrix} -1 & 0 & \cdots & 0 & 0 \\ 0 & -1 & \cdots & 0 & 0 \\ \vdots & \vdots & & \vdots & \vdots \\ 0 & 0 & \cdots & -1 & 0 \\ 0 & 0 & \cdots & 0 & -1 \end{vmatrix}$$

$$=(-1)^{1+n}(a_n+a_{n-1}x+\cdots+a_1x^{n-1}+x^n)\cdot(-1)^{n-1}$$

$$=a_n+a_{n-1}x+\cdots+a_1x^{n-1}+x^n.$$

证法二　将行列式按第1列展开,得

$$D_n=x\begin{vmatrix} x & -1 & 0 & \cdots & 0 & 0 \\ 0 & x & -1 & \cdots & 0 & 0 \\ \vdots & \vdots & \vdots & & \vdots & \vdots \\ 0 & 0 & 0 & \cdots & x & -1 \\ a_{n-1} & a_{n-2} & a_{n-3} & \cdots & a_2 & x+a_1 \end{vmatrix}$$

$$+(-1)^{n+1}a_n\begin{vmatrix} -1 & 0 & \cdots & 0 & 0 \\ x & -1 & \cdots & 0 & 0 \\ \vdots & \vdots & & \vdots & \vdots \\ 0 & 0 & \cdots & x & -1 \end{vmatrix}$$

$$=xD_{n-1}+(-1)^{n+1}a_n\cdot(-1)^{n-1},$$

由递推公式,得

$$\begin{aligned} D_n &= xD_{n-1}+a_n = x(xD_{n-2}+a_{n-1})+a_n \\ &= x^2D_{n-2}+xa_{n-1}+a_n \\ &= x^2(xD_{n-3}+a_{n-2})+xa_{n-1}+a_n \\ &= x^3D_{n-3}+x^2a_{n-2}+xa_{n-1}+a_n \\ &= \cdots = x^{n-2}D_2+x^{n-3}a_3+\cdots+xa_{n-1}+a_n \\ &= a_n+a_{n-1}x+\cdots+a_3x^{n-3}+x^{n-2}\begin{vmatrix} x & -1 \\ a_2 & x+a_1 \end{vmatrix} \\ &= a_n+a_{n-1}x+\cdots+a_1x^{n-1}+x^n. \end{aligned}$$

5. 已知 $\begin{vmatrix} x & 3 & 1 \\ y & 0 & -2 \\ z & 2 & -1 \end{vmatrix}=1$,求 $\begin{vmatrix} x+2 & y-4 & z-2 \\ 3 & 0 & 2 \\ -1 & 2 & 1 \end{vmatrix}$.

解 $\begin{vmatrix} x+2 & y-4 & z-2 \\ 3 & 0 & 2 \\ -1 & 2 & 1 \end{vmatrix}=\begin{vmatrix} x & y & z \\ 3 & 0 & 2 \\ -1 & 2 & 1 \end{vmatrix}+\begin{vmatrix} 2 & -4 & -2 \\ 3 & 0 & 2 \\ -1 & 2 & 1 \end{vmatrix}$

$$=-\begin{vmatrix} x & y & z \\ 3 & 0 & 2 \\ 1 & -2 & -1 \end{vmatrix}-2\begin{vmatrix} -1 & 2 & 1 \\ 3 & 0 & 2 \\ -1 & 2 & 1 \end{vmatrix}=-\begin{vmatrix} x & 3 & 1 \\ y & 0 & -2 \\ z & 2 & -1 \end{vmatrix}=-1.$$

8. 已知

$$D=\begin{vmatrix} 2 & 1 & 3 & -5 \\ 4 & 2 & 3 & 1 \\ 1 & 1 & 1 & 2 \\ 7 & 4 & 9 & 2 \end{vmatrix},$$

求 $A_{41}+A_{42}+A_{43}+A_{44}$.

解　由于 $A_{41}+A_{42}+A_{43}+2A_{44}=0$,所以

$$\begin{aligned} & A_{41}+A_{42}+A_{43}+A_{44} \\ =& -A_{44}=-\begin{vmatrix} 2 & 1 & 3 \\ 4 & 2 & 3 \\ 1 & 1 & 1 \end{vmatrix}=-\begin{vmatrix} 1 & 1 & 2 \\ 2 & 2 & 1 \\ 0 & 1 & 0 \end{vmatrix}=\begin{vmatrix} 1 & 2 \\ 2 & 1 \end{vmatrix}=-3. \end{aligned}$$

9. 计算下列行列式的值:

(1) $\begin{vmatrix} \frac{1}{3} & -\frac{5}{2} & \frac{2}{5} \\ \frac{1}{2} & -\frac{9}{2} & \frac{4}{5} \\ -\frac{1}{7} & \frac{5}{7} & -\frac{1}{7} \end{vmatrix}$;　(2) $\begin{vmatrix} 1 & 2 & -1 & 2 \\ 3 & 0 & 1 & 5 \\ 1 & -2 & 0 & 3 \\ -2 & -4 & 1 & 6 \end{vmatrix}$;

(3) $\begin{vmatrix} 3 & 1 & 1 & 1 \\ 1 & 3 & 1 & 1 \\ 1 & 1 & 3 & 1 \\ 1 & 1 & 1 & 3 \end{vmatrix}$;　(4) $\begin{vmatrix} a & 0 & b & 0 \\ 0 & c & 0 & d \\ y & 0 & x & 0 \\ 0 & w & 0 & u \end{vmatrix}$;

(5) $\begin{vmatrix} 1 & -1 & 1 & x-1 \\ 1 & -1 & x+1 & -1 \\ 1 & x-1 & 1 & -1 \\ x+1 & -1 & 1 & -1 \end{vmatrix}$;　(6) $D_n=\begin{vmatrix} a & 0 & 0 & \cdots & 0 & 1 \\ 0 & a & 0 & \cdots & 0 & 0 \\ 0 & 0 & a & \cdots & 0 & 0 \\ \vdots & \vdots & \vdots & & \vdots & \vdots \\ 0 & 0 & 0 & \cdots & a & 0 \\ 1 & 0 & 0 & \cdots & 0 & a \end{vmatrix}$;

(7) $D_n=\begin{vmatrix} 1+a_1 & 1 & \cdots & 1 \\ 1 & 1+a_2 & \cdots & 1 \\ \vdots & \vdots & & \vdots \\ 1 & 1 & \cdots & 1+a_n \end{vmatrix}$,　$a_1a_2\cdots a_n\neq 0$;

(8) $D_n=\begin{vmatrix} 0 & a_{12} & a_{13} & \cdots & a_{1n-1} & a_{1n} \\ -a_{12} & 0 & a_{23} & \cdots & a_{2n-1} & a_{2n} \\ \vdots & \vdots & \vdots & & \vdots & \vdots \\ -a_{1n-1} & -a_{2n-1} & -a_{3n-1} & \cdots & 0 & a_{n-1n} \\ -a_{1n} & -a_{2n} & -a_{3n} & \cdots & -a_{n+1n} & 0 \end{vmatrix}$ (n 为奇数)；

(9) $D_n=\begin{vmatrix} 2 & 1 & 0 & \cdots & 0 & 0 \\ 1 & 2 & 1 & \cdots & 0 & 0 \\ 0 & 1 & 2 & \cdots & 0 & 0 \\ \vdots & \vdots & \vdots & & \vdots & \vdots \\ 0 & 0 & 0 & \cdots & 2 & 1 \\ 0 & 0 & 0 & \cdots & 1 & 2 \end{vmatrix}$；

(10) $D_n=\begin{vmatrix} 0 & 1 & 2 & \cdots & n-2 & n-1 \\ 1 & 0 & 1 & \cdots & n-3 & n-2 \\ 2 & 1 & 0 & \cdots & n-4 & n-3 \\ \vdots & \vdots & \vdots & & \vdots & \vdots \\ n-1 & n-2 & n-3 & \cdots & 1 & 0 \end{vmatrix}$；

(11) $D_n=\begin{vmatrix} a & -1 & 0 & \cdots & 0 & 0 \\ ax & a & -1 & \cdots & 0 & 0 \\ \vdots & \vdots & \vdots & & \vdots & \vdots \\ ax^{n-1} & ax^{n-2} & ax^{n-3} & \cdots & a & -1 \\ ax^n & ax^{n-1} & ax^{n-2} & \cdots & ax & a \end{vmatrix}$.

解 (1) $\begin{vmatrix} \frac{1}{3} & -\frac{5}{2} & \frac{2}{5} \\ \frac{1}{2} & -\frac{9}{2} & \frac{4}{5} \\ -\frac{1}{7} & \frac{5}{7} & -\frac{1}{7} \end{vmatrix}=\frac{1}{7}\begin{vmatrix} \frac{1}{3} & -\frac{5}{2} & \frac{2}{5} \\ \frac{1}{2} & -\frac{9}{2} & \frac{4}{5} \\ -1 & 5 & -1 \end{vmatrix}$

$$=\frac{1}{7}\times\frac{1}{5}\begin{vmatrix} \frac{1}{3} & -\frac{5}{2} & 2 \\ \frac{1}{2} & -\frac{9}{2} & 4 \\ -1 & 5 & -5 \end{vmatrix}$$

$$=\frac{1}{7}\times\frac{1}{5}\times\frac{1}{2}\times\frac{1}{6}\begin{vmatrix} 2 & -15 & 12 \\ 1 & -9 & 8 \\ -1 & 5 & -5 \end{vmatrix}$$

$$=\frac{1}{420}\begin{vmatrix}0&-5&2\\0&-4&3\\-1&5&-5\end{vmatrix}=\frac{7}{420}.$$

(2) $$\begin{vmatrix}1&2&-1&2\\3&0&1&5\\1&-2&0&3\\-2&-4&1&6\end{vmatrix}=\begin{vmatrix}4&2&0&7\\3&0&1&5\\1&-2&0&3\\-5&-4&0&1\end{vmatrix}=-\begin{vmatrix}4&2&7\\1&-2&3\\-5&-4&1\end{vmatrix}$$

$$=-\begin{vmatrix}5&0&10\\1&-2&3\\-7&0&-5\end{vmatrix}=2\begin{vmatrix}5&10\\-7&-5\end{vmatrix}=90.$$

(3) $$\begin{vmatrix}3&1&1&1\\1&3&1&1\\1&1&3&1\\1&1&1&3\end{vmatrix}=\begin{vmatrix}6&1&1&1\\6&3&1&1\\6&1&3&1\\6&1&1&3\end{vmatrix}=6\begin{vmatrix}1&1&1&1\\1&3&1&1\\1&1&3&1\\1&1&1&3\end{vmatrix}=6\begin{vmatrix}1&1&1&1\\0&2&0&0\\0&0&2&0\\0&0&0&2\end{vmatrix}=48.$$

(4) $$\begin{vmatrix}a&0&b&0\\0&c&0&d\\y&0&x&0\\0&w&0&u\end{vmatrix}=a\begin{vmatrix}c&0&d\\0&x&0\\w&0&u\end{vmatrix}+b\begin{vmatrix}0&c&d\\y&0&0\\0&w&u\end{vmatrix}$$

$$=ax\begin{vmatrix}c&d\\w&u\end{vmatrix}-by\begin{vmatrix}c&d\\w&u\end{vmatrix}=(ax-by)(cu-dw).$$

(5) $$\begin{vmatrix}1&-1&1&x-1\\1&-1&x+1&-1\\1&x-1&1&-1\\x+1&-1&1&-1\end{vmatrix}\xlongequal[r_3-r_1\\r_4-r_1]{r_2-r_1}\begin{vmatrix}1&-1&1&x-1\\0&0&x&-x\\0&x&0&-x\\x&0&0&-x\end{vmatrix}$$

$$\xlongequal{c_4+c_3}\begin{vmatrix}1&-1&1&x\\0&0&x&0\\0&x&0&-x\\x&0&0&-x\end{vmatrix}=-x\begin{vmatrix}1&-1&x\\0&x&-x\\x&0&-x\end{vmatrix}$$

$$\xlongequal{c_3+c_2}-x\begin{vmatrix}1&-1&x-1\\0&x&0\\x&0&-x\end{vmatrix}=-x^2\begin{vmatrix}1&x-1\\x&-x\end{vmatrix}$$

$$=-x^2(-x-x^2+x)=x^4.$$

(6) $$D_n=\begin{vmatrix} a & 0 & 0 & \cdots & 0 & 1 \\ 0 & a & 0 & \cdots & 0 & 0 \\ 0 & 0 & a & \cdots & 0 & 0 \\ \vdots & \vdots & \vdots & & \vdots & \vdots \\ 0 & 0 & 0 & \cdots & a & 0 \\ 1 & 0 & 0 & \cdots & 0 & a \end{vmatrix} \xlongequal{\text{按最后一行展开}}$$

$$(-1)^{n+1}\begin{vmatrix} 0 & 0 & 0 & \cdots & 0 & 1 \\ a & 0 & 0 & \cdots & 0 & 0 \\ 0 & a & 0 & \cdots & 0 & 0 \\ \vdots & \vdots & \vdots & & \vdots & \vdots \\ 0 & 0 & 0 & \cdots & a & 0 \end{vmatrix}+(-1)^{2n}\cdot a\begin{vmatrix} a & 0 & 0 & \cdots & 0 & 0 \\ 0 & a & 0 & \cdots & 0 & 0 \\ 0 & 0 & a & \cdots & 0 & 0 \\ \vdots & \vdots & \vdots & & \vdots & \vdots \\ 0 & 0 & 0 & \cdots & 0 & a \end{vmatrix}$$

$$=(-1)^{n+1}\cdot(-1)^{n}\begin{vmatrix} a & 0 & 0 & \cdots & 0 & 0 \\ 0 & a & 0 & \cdots & 0 & 0 \\ 0 & 0 & a & \cdots & 0 & 0 \\ \vdots & \vdots & \vdots & & \vdots & \vdots \\ 0 & 0 & 0 & \cdots & 0 & a \end{vmatrix}+a^n=a^n-a^{n-2}=a^{n-2}(a^2-1);$$

(7) 解法一

$$D_n=\begin{vmatrix} 1 & 1 & 1 & \cdots & 1 & 1 \\ 1 & 1+a_2 & 1 & \cdots & 1 & 1 \\ 1 & 1 & 1+a_3 & \cdots & 1 & 1 \\ \vdots & \vdots & \vdots & & \vdots & \vdots \\ 1 & 1 & 1 & \cdots & 1 & 1+a_n \end{vmatrix}$$

$$+\begin{vmatrix} a_1 & 1 & 1 & \cdots & 1 & 1 \\ 0 & 1+a_2 & 1 & \cdots & 1 & 1 \\ 0 & 1 & 1+a_3 & \cdots & 1 & 1 \\ \vdots & \vdots & \vdots & & \vdots & \vdots \\ 0 & 1 & 1 & \cdots & 1 & 1+a_n \end{vmatrix}$$

$$=\begin{vmatrix} 1 & 1 & 1 & \cdots & 1 & 1 \\ 0 & a_2 & 0 & \cdots & 0 & 0 \\ 0 & 0 & a_3 & \cdots & 0 & 0 \\ \vdots & \vdots & \vdots & & \vdots & \vdots \\ 0 & 0 & 0 & \cdots & 0 & a_n \end{vmatrix}+a_1D_{n-1}$$

$$=a_2a_3\cdots a_n+a_1D_{n-1},$$

递推公式

$$\begin{aligned} D_n &= a_2a_3\cdots a_n + a_1D_{n-1} = a_2a_3\cdots a_n + a_1(a_3a_4\cdots a_n + a_2D_{n-2}) \\ &= a_2a_3\cdots a_n + a_1a_3a_4\cdots a_n + a_1a_2(a_4\cdots a_n + a_3D_{n-3}) \\ &= a_2a_3\cdots a_n + a_1a_3a_4\cdots a_n + \cdots + a_1a_2\cdots a_{n-3}a_{n-2}D_2. \end{aligned}$$

而 $D_2 = \begin{vmatrix} 1+a_{n-1} & 1 \\ 1 & 1+a_n \end{vmatrix} = a_n + a_{n-1} + a_{n-1}a_n$，所以

$$D_n = a_1a_2\cdots a_n\left(1 + \sum_{i=1}^{n}\frac{1}{a_i}\right).$$

解法二　先化简再拆项，

$$D_n \xlongequal[(i=2,3,\cdots,n)]{r_i - r_1} \begin{vmatrix} 1+a_1 & 1 & 1 & \cdots & 1 & 1 \\ -a_1 & a_2 & 0 & \cdots & 0 & 0 \\ -a_1 & 0 & a_3 & \cdots & 0 & 0 \\ \vdots & \vdots & \vdots & & \vdots & \vdots \\ -a_1 & 0 & 0 & \cdots & a_{n-1} & 0 \\ -a_1 & 0 & 0 & \cdots & 0 & a_n \end{vmatrix}$$

$$= \begin{vmatrix} 1 & 1 & 1 & \cdots & 1 & 1 \\ 0 & a_2 & 0 & \cdots & 0 & 0 \\ 0 & 0 & a_3 & \cdots & 0 & 0 \\ \vdots & \vdots & \vdots & & \vdots & \vdots \\ 0 & 0 & 0 & \cdots & a_{n-1} & 0 \\ 0 & 0 & 0 & \cdots & 0 & a_n \end{vmatrix} + \begin{vmatrix} a_1 & 1 & 1 & \cdots & 1 & 1 \\ -a_1 & a_2 & 0 & \cdots & 0 & 0 \\ -a_1 & 0 & a_3 & \cdots & 0 & 0 \\ \vdots & \vdots & \vdots & & \vdots & \vdots \\ -a_1 & 0 & 0 & \cdots & a_{n-1} & 0 \\ -a_1 & 0 & 0 & \cdots & 0 & a_n \end{vmatrix}$$

$$= a_2a_3\cdots a_n + a_1a_2\cdots a_n \begin{vmatrix} 1 & \frac{1}{a_2} & \frac{1}{a_3} & \cdots & \frac{1}{a_{n-1}} & \frac{1}{a_n} \\ -1 & 1 & 0 & \cdots & 0 & 0 \\ -1 & 0 & 1 & \cdots & 0 & 0 \\ \vdots & \vdots & \vdots & & \vdots & \vdots \\ -1 & 0 & 0 & \cdots & 1 & 0 \\ -1 & 0 & 0 & \cdots & 0 & 1 \end{vmatrix}$$

$$= a_2a_3\cdots a_n + a_1a_2\cdots a_n \begin{vmatrix} 1+\sum\limits_{i=2}^{n}\dfrac{1}{a_i} & \dfrac{1}{a_2} & \dfrac{1}{a_3} & \cdots & \dfrac{1}{a_{n-1}} & \dfrac{1}{a_n} \\ 0 & 1 & 0 & \cdots & 0 & 0 \\ 0 & 0 & 1 & \cdots & 0 & 0 \\ \vdots & \vdots & \vdots & & \vdots & \vdots \\ 0 & 0 & 0 & \cdots & 1 & 0 \\ 0 & 0 & 0 & \cdots & 0 & 1 \end{vmatrix}$$

$$= a_2a_3\cdots a_n + a_1a_2\cdots a_n\left(1+\sum_{i=2}^{n}\frac{1}{a_i}\right) = a_1a_2\cdots a_n\left(1+\sum_{i=1}^{n}\frac{1}{a_i}\right).$$

解法三 构造 $n+1$ 阶行列式

$$H_{n+1} = \begin{vmatrix} 1 & 1 & 1 & 1 & \cdots & 1 & 1 \\ 0 & 1+a_1 & 1 & 1 & \cdots & 1 & 1 \\ 0 & 1 & 1+a_2 & 1 & \cdots & 1 & 1 \\ \vdots & \vdots & \vdots & \vdots & & \vdots & \vdots \\ 0 & 1 & 1 & 1 & \cdots & 1+a_{n-1} & 1 \\ 0 & 1 & 1 & 1 & \cdots & 1 & 1+a_n \end{vmatrix},$$

显然

$$D_n = H_{n+1} \xlongequal[(i=2,3,\cdots,n+1)]{r_i - r_1} \begin{vmatrix} 1 & 1 & 1 & 1 & \cdots & 1 & 1 \\ -1 & a_1 & 0 & 0 & \cdots & 0 & 0 \\ -1 & 0 & a_2 & 0 & \cdots & 0 & 0 \\ \vdots & \vdots & \vdots & \vdots & & \vdots & \vdots \\ -1 & 0 & 0 & 0 & \cdots & a_{n-1} & 0 \\ -1 & 0 & 0 & 0 & \cdots & 0 & a_n \end{vmatrix}$$

$$\xlongequal[(i=2,3,\cdots,n+1)]{c_1 + c_i \cdot \frac{1}{a_i}} \begin{vmatrix} 1+\sum\limits_{i=1}^{n}\dfrac{1}{a_i} & 1 & 1 & \cdots & 1 \\ 0 & a_1 & 0 & \cdots & 0 \\ 0 & 0 & a_2 & \cdots & 0 \\ \vdots & \vdots & \vdots & & \vdots \\ 0 & 0 & 0 & \cdots & a_n \end{vmatrix}$$

$$= a_1a_2\cdots a_n\left(1+\sum_{i=1}^{n}\frac{1}{a_i}\right).$$

(8) $D_n=(-1)^nD_n'=(-1)^nD_n$，而 n 为奇数，则 $D_n=-D_n$，所以 $D_n=0$.

(9)

$$D_n = 2\begin{vmatrix} 2 & 1 & 0 & \cdots & 0 & 0 \\ 1 & 2 & 1 & \cdots & 0 & 0 \\ 0 & 1 & 2 & \cdots & 0 & 0 \\ \vdots & \vdots & \vdots & & \vdots & \vdots \\ 0 & 0 & 0 & \cdots & 2 & 1 \\ 0 & 0 & 0 & \cdots & 1 & 2 \end{vmatrix} - \begin{vmatrix} 1 & 0 & 0 & \cdots & 0 & 0 \\ 1 & 2 & 1 & \cdots & 0 & 0 \\ 0 & 1 & 2 & \cdots & 0 & 0 \\ \vdots & \vdots & \vdots & & \vdots & \vdots \\ 0 & 0 & 0 & \cdots & 2 & 1 \\ 0 & 0 & 0 & \cdots & 1 & 2 \end{vmatrix}$$

$$= 2D_{n-1} - D_{n-2},$$

即

$$D_n - D_{n-1} = D_{n-1} - D_{n-2} = \cdots = D_2 - D_1$$

$$= \begin{vmatrix} 2 & 1 \\ 1 & 2 \end{vmatrix} - 2 = 1,$$

所以

$$D_n = 1 + D_{n-1} = 2 + D_{n-2} = \cdots = n - 1 + D_1 = n + 1.$$

(10)

$$D_n \xlongequal[\substack{r_{n-1} - r_{n-2} \\ \vdots \\ r_2 - r_1}]{r_n - r_{n-1}} \begin{vmatrix} 0 & 1 & 2 & \cdots & n-2 & n-1 \\ 1 & -1 & -1 & \cdots & -1 & -1 \\ 1 & 1 & -1 & \cdots & -1 & -1 \\ \vdots & \vdots & \vdots & & \vdots & \vdots \\ 1 & 1 & 1 & \cdots & -1 & -1 \\ 1 & 1 & 1 & \cdots & 1 & -1 \end{vmatrix}$$

$$\xlongequal{\substack{c_1 + c_n \\ c_2 + c_n \\ \vdots \\ c_{n-1} + c_n}} \begin{vmatrix} n-1 & 1+(n-1) & 2+(n-1) & \cdots & n+2+(n-1) & n-1 \\ 0 & -2 & -2 & \cdots & -2 & -1 \\ 0 & 0 & -2 & \cdots & -2 & -1 \\ \vdots & \vdots & \vdots & & \vdots & \vdots \\ 0 & 0 & 0 & \cdots & -2 & -2 \\ 0 & 0 & 0 & \cdots & 0 & -1 \end{vmatrix}$$

$$= (n-1)(-2)^{n-2}(-1) = (-1)^{n-1}(n-1)2^{n-2}.$$

(11)

$$D_n \xlongequal[r_2 - xr_1]{\substack{r_n - xr_{n-1} \\ r_{n-1} - xr_{n-2} \\ \vdots}} \begin{vmatrix} a & -1 & 0 & \cdots & 0 & 0 \\ 0 & a+x & -1 & \cdots & 0 & 0 \\ \vdots & \vdots & \vdots & & \vdots & \vdots \\ 0 & 0 & 0 & \cdots & a+x & -1 \\ 0 & 0 & 0 & \cdots & 0 & a+x \end{vmatrix}$$

$$= a(a+x)^{n-1}.$$

11. 若三次多项式 $f(x)=a_3x^3+a_2x^2+a_1x+a_0$，当 $x=1,2,3,-1$ 时，其值分别为 $-3,5,35,5$，试求 $f(x)$ 在 $x=4$ 时的值.

解 由已知条件，得方程组

$$\begin{cases} a_0+a_1+a_2+a_3=-3, \\ a_0+2a_1+4a_2+8a_3=5, \\ a_0+3a_1+9a_2+27a_3=35, \\ a_0-a_1+a_2-a_3=5, \end{cases}$$

其系数行列式

$$D=\begin{vmatrix} 1 & 1 & 1 & 1 \\ 1 & 2 & 4 & 8 \\ 1 & 3 & 9 & 27 \\ 1 & -1 & 1 & -1 \end{vmatrix} = \begin{vmatrix} 1 & 1 & 1 & 1 \\ 0 & 1 & 3 & 7 \\ 0 & 1 & 5 & 19 \\ 0 & -2 & 0 & -2 \end{vmatrix}$$

$$=-2\begin{vmatrix} 1 & 3 & 7 \\ 1 & 5 & 19 \\ 1 & 0 & 1 \end{vmatrix} =-2\begin{vmatrix} 1 & 3 & 6 \\ 1 & 5 & 18 \\ 1 & 0 & 0 \end{vmatrix} =-2\begin{vmatrix} 3 & 6 \\ 5 & 18 \end{vmatrix}$$

$$=-48,$$

而

$$D_0=\begin{vmatrix} -3 & 1 & 1 & 1 \\ 5 & 2 & 4 & 8 \\ 35 & 3 & 9 & 27 \\ 5 & -1 & 1 & -1 \end{vmatrix} = \begin{vmatrix} -3 & 1 & 1 & 1 \\ 5 & 2 & 4 & 8 \\ 35 & 3 & 9 & 27 \\ 2 & 0 & 2 & 0 \end{vmatrix}$$

$$=2\begin{vmatrix} -4 & 1 & 1 & 1 \\ 1 & 2 & 4 & 8 \\ 26 & 3 & 9 & 27 \\ 0 & 0 & 1 & 0 \end{vmatrix} =-2\begin{vmatrix} -4 & 1 & 1 \\ 1 & 2 & 8 \\ 26 & 3 & 27 \end{vmatrix} =-2\begin{vmatrix} 0 & 1 & 0 \\ 9 & 2 & 6 \\ 38 & 3 & 24 \end{vmatrix}$$

$$=2\begin{vmatrix} 9 & 6 \\ 38 & 24 \end{vmatrix} =-24,$$

$$D_1=\begin{vmatrix}1 & -3 & 1 & 1\\1 & 5 & 4 & 8\\1 & 35 & 9 & 27\\1 & 5 & 1 & 1\end{vmatrix}=276,$$

$$D_2=\begin{vmatrix}1 & 1 & -3 & 1\\1 & 2 & 5 & 8\\1 & 3 & 35 & 27\\1 & -1 & 5 & 1\end{vmatrix}=-24,$$

$$D_3=\begin{vmatrix}1 & 1 & 1 & -3\\1 & 2 & 4 & 5\\1 & 3 & 9 & 35\\1 & -1 & 1 & 5\end{vmatrix}=-84.$$

由克拉默法则,得

$$a_0=\frac{D_0}{D}=\frac{1}{2},\quad a_1=\frac{D_1}{D}=\frac{-23}{4},$$
$$a_2=\frac{D_2}{D}=\frac{1}{2},\quad a_3=\frac{D_3}{D}=\frac{7}{4},$$

所求多项式

$$f(x)=\frac{1}{2}-\frac{23}{4}x+\frac{1}{2}x^2+\frac{7}{4}x^3,$$

故

$$f(4)=\frac{1}{2}-\frac{23}{4}\times 4+\frac{1}{2}\times 16+\frac{7}{4}\times 64=\frac{195}{2}.$$

12. 某工厂生产甲、乙、丙三种钢制品,已知甲、乙、丙三种产品的钢材利用率分别为60%,70%,80%,年进钢材总吨位为100万吨,年产品总吨位为67万吨,此外甲、乙两种产品必须配套生产,乙产品成品总质量是甲产品总质量的70%,已知生产甲、乙、丙三种产品每吨可获利分别为1万元、1.5万元、2万元.问该工厂本年度可获利润多少元?

解 设甲、乙、丙三种产品分别为 x,y,z 万吨.由题意得

$$\begin{cases}x+y+z=67,\\ \dfrac{x}{60\%}+\dfrac{y}{70\%}+\dfrac{z}{80\%}=100,\\ y=70\%\cdot x,\end{cases}$$

即

$$\begin{cases} x+y+z=67, \\ \dfrac{x}{6}+\dfrac{y}{7}+\dfrac{z}{8}=10, \\ x-\dfrac{10}{7}y=0, \end{cases}$$

系数行列式

$$D=\begin{vmatrix} 1 & 1 & 1 \\ \frac{1}{6} & \frac{1}{7} & \frac{1}{8} \\ 1 & -\frac{10}{7} & 0 \end{vmatrix}=\begin{vmatrix} 0 & 0 & 1 \\ \frac{2}{48} & \frac{1}{56} & \frac{1}{8} \\ 1 & -\frac{10}{7} & 0 \end{vmatrix}=\begin{vmatrix} \frac{2}{48} & \frac{1}{56} \\ 1 & -\frac{10}{7} \end{vmatrix}$$

$$=-\frac{13}{7\times8\times3}=-\frac{13}{168},$$

$$D_1=\begin{vmatrix} 67 & 1 & 1 \\ 10 & \frac{1}{7} & \frac{1}{8} \\ 0 & -\frac{10}{7} & 0 \end{vmatrix}=\frac{10}{7}\begin{vmatrix} 67 & 1 \\ 10 & \frac{1}{8} \end{vmatrix}=-\frac{10}{7}\times\frac{13}{8}=-\frac{65}{28},$$

$$D_2=\begin{vmatrix} 1 & 67 & 1 \\ \frac{1}{6} & 10 & \frac{1}{8} \\ 1 & 0 & 0 \end{vmatrix}=-\frac{13}{8},$$

$$D_3=\begin{vmatrix} 1 & 1 & 67 \\ \frac{1}{6} & \frac{1}{7} & 10 \\ 1 & -\frac{10}{7} & 0 \end{vmatrix}=-\frac{26}{21}.$$

由克拉默法则,得

$$x=\frac{D_1}{D}=30,\quad y=\frac{D_2}{D}=21,\quad z=\frac{D_3}{D}=16.$$

所以甲、乙、丙三种产品分别为 30 万吨、21 万吨、16 万吨,该工厂本年度可获利润为

$$30+1.5\times21+2\times16=93.5(\text{亿元}).$$

13. 问 λ 取何值时,齐次线性方程组

$$\begin{cases} (\lambda+3)x_1+x_2+2x_3=0, \\ \lambda x_1+(\lambda-1)x_2+x_3=0, \\ 3(\lambda+1)x_1+\lambda x_2+(\lambda+3)x_3=0 \end{cases}$$

有非零解?

解 若方程组有非零解,则方程组的系数行列式等于零,即

$$\begin{vmatrix} \lambda+3 & 1 & 2 \\ \lambda & \lambda-1 & 1 \\ 3(\lambda+1) & \lambda & \lambda+3 \end{vmatrix} \xlongequal{c_1-c_2} \begin{vmatrix} \lambda+2 & 1 & 2 \\ 1 & \lambda-1 & 1 \\ 2\lambda+3 & \lambda & \lambda+3 \end{vmatrix}$$

$$\xlongequal{c_1-c_3} \begin{vmatrix} \lambda & 1 & 2 \\ 0 & \lambda-1 & 1 \\ \lambda & \lambda & \lambda+3 \end{vmatrix} \xlongequal{r_3-r_1} \begin{vmatrix} \lambda & 1 & 2 \\ 0 & \lambda-1 & 1 \\ 0 & \lambda-1 & \lambda+1 \end{vmatrix}$$

$$=\lambda \begin{vmatrix} \lambda-1 & 1 \\ \lambda-1 & \lambda+1 \end{vmatrix} = \lambda^2(\lambda-1)=0,$$

则 $\lambda=0$ 或 $\lambda=1$.

故当 $\lambda=0$ 或 $\lambda=1$ 时,方程解有非零解.

14. 证明无论 a 取何值,线性方程组

$$\begin{cases} (a^2-2)x_1+x_2-2x_3=0, \\ -5x_1+(a^3+3)x_2-3x_3=0, \\ x_1+(a^2-2)x_3=0 \end{cases}$$

只有零解.

解 系数行列式

$$D=\begin{vmatrix} a^2-2 & 1 & -2 \\ -5 & a^2+3 & -3 \\ 1 & 0 & a^2+2 \end{vmatrix} = \begin{vmatrix} a^2+1 & 1 & -2 \\ a^2+1 & a^2+3 & -3 \\ -(a^2+1) & 0 & a^2+2 \end{vmatrix}$$

$$=(a^2+1)\begin{vmatrix} 1 & 1 & -2 \\ 1 & a^2+3 & -3 \\ -1 & 0 & a^2+2 \end{vmatrix} = (a^2+1)\begin{vmatrix} 1 & 1 & -2 \\ 0 & a^2+2 & -3 \\ 0 & 1 & a^2 \end{vmatrix} = (a^2+1)^3 \neq 0,$$

故线性方程组有唯一解,即零解.

五、自测题

1. 填空题

(1) 排列 134782695 的逆序数为________.

(2) 已知 $\begin{vmatrix} 1 & 0 & 2 \\ x & 3 & 1 \\ 4 & x & 2 \end{vmatrix}$ 的代数余子式 $A_{12}=0$,则代数余子式 $A_{21}=$________.

(3) $\begin{vmatrix} a+1 & b+2 & c+3 \\ ka & kb & kc \\ 1 & 2 & 3 \end{vmatrix}=$________.

(4) 设方程 $\begin{vmatrix} 1 & x & x^2 & \cdots & x^{n-1} \\ 1 & a_1 & a_1^2 & \cdots & a_1^{n-1} \\ 1 & a_2 & a_2^2 & \cdots & a_2^{n-1} \\ \vdots & \vdots & \vdots & & \vdots \\ 1 & a_{n-1} & a_{n-1}^2 & \cdots & a_{n-1}^{n-1} \end{vmatrix}=0$,其中 $a_i(i=1,2,\cdots,n-1)$互不相等,则方程的全部解为________.

(5) 设 $D=\begin{vmatrix} 1 & 2 & 3 & 4 & 5 \\ 5 & 5 & 5 & 3 & 3 \\ 3 & 2 & 5 & 4 & 2 \\ 2 & 2 & 2 & 1 & 1 \\ 4 & 6 & 5 & 2 & 3 \end{vmatrix}$,则 $A_{31}+A_{32}+A_{33}=$________,$A_{34}+A_{35}=$________,$A_{31}+A_{32}+A_{33}+A_{34}+A_{35}=$________.

2. 选择题

1. n 阶行列式 D 非零的充要条件是________.

A. D 的所有元素非零

B. D 至少有 n 个元素非零

C. D 的任意两列元素之间不成比例

D. 以 D 为系数行列式的线性方程组有唯一解

(2) 已知齐次线性方程组 $\begin{cases} \lambda x+y+z=0, \\ \lambda x+3y-z=0, \\ -y+\lambda z=0 \end{cases}$ 仅有零解,则________.

A. $\lambda\neq0$ 且 $\lambda\neq1$　B. $\lambda\neq0$ 或 $\lambda\neq1$　C. $\lambda=0$ 且 $\lambda=1$　D. $\lambda=0$ 或 $\lambda=1$

(3) $\begin{vmatrix} x & y & y \\ y & x & y \\ y & y & x \end{vmatrix}=$________.

A. $(x-y)^3$　B. $(x+2y)(x+y)^2$

C. $(x+2y)(x-y)^2$　D. $(x-2y)(x+y)^2$

(4) 若 $D=\begin{vmatrix} a_{11} & a_{12} & a_{13} \\ a_{21} & a_{22} & a_{23} \\ a_{31} & a_{32} & a_{33} \end{vmatrix}$,$D_1=\begin{vmatrix} 2a_{11} & 2a_{12} & 2a_{13} \\ 2a_{21} & 2a_{22} & 2a_{23} \\ 2a_{31} & 2a_{32} & 2a_{33} \end{vmatrix}$,则 $D_1=$________.

A. $2D$　B. $-2D$　C. $8D$　D. $-8D$

3. 计算行列式

(1) $\begin{vmatrix} 103 & 100 & 204 \\ 199 & 200 & 395 \\ 301 & 300 & 600 \end{vmatrix}$;　(2) $\begin{vmatrix} 1 & 2 & -1 & 2 \\ 3 & 0 & 1 & 5 \\ 1 & -2 & 0 & 3 \\ -2 & -4 & 1 & 6 \end{vmatrix}$;

(3) $\begin{vmatrix} 1 & -1 & 1 & x-1 \\ 1 & -1 & x+1 & -1 \\ 1 & x-1 & 1 & -1 \\ x+1 & -1 & 1 & -1 \end{vmatrix}$;

(4) $\begin{vmatrix} 1-a & a & 0 & 0 & 0 \\ -1 & 1-a & a & 0 & 0 \\ 0 & -1 & 1-a & a & 0 \\ 0 & 0 & -1 & 1-a & a \\ 0 & 0 & 0 & -1 & 1-a \end{vmatrix}$;

(5) $\begin{vmatrix} a_1+1 & 1 & 1 & \cdots & 1 \\ 1 & a_2+1 & 1 & \cdots & 1 \\ \vdots & \vdots & \vdots & & \vdots \\ 1 & 1 & 1 & \cdots & a_n+1 \end{vmatrix}$, $a_1a_2\cdots a_n\neq 0$.

4. 证明题

(1) 证明 $\begin{vmatrix} by+az & bz+ax & bx+ay \\ bx+ay & by+az & bz+ax \\ bz+ax & bx+ay & by+az \end{vmatrix}=(a^3+b^3)\begin{vmatrix} x & y & z \\ z & x & y \\ y & z & x \end{vmatrix}$;

(2) 求证 $D=\begin{vmatrix} a_0 & 1 & 1 & \cdots & 1 \\ 1 & a_1 & 0 & \cdots & 0 \\ 1 & 0 & a_2 & \cdots & 0 \\ \vdots & \vdots & \vdots & & \vdots \\ 1 & 0 & 0 & \cdots & a_n \end{vmatrix}=a_1a_2\cdots a_n\left(a_0-\sum_{i=1}^{n}\frac{1}{a_i}\right)$.

5. (1) 用克拉默法则解方程组

$$\begin{cases} x_1+2x_2-x_3+3x_4=2, \\ 2x_1-x_2+3x_3-2x_4=7, \\ 3x_2-x_3+x_4=6, \\ x_1-x_2+x_3+4x_4=-4; \end{cases}$$

(2) 已知方程组 $\begin{cases} x+y+z=a, \\ x+y-z=b, \\ x-y+z=c \end{cases}$ 有唯一解,且 $x=1$,计算 $\begin{vmatrix} a & b & c \\ 3 & 1 & 1 \\ 1 & 1 & -1 \end{vmatrix}$.

6. 问 λ,μ 取何值时,齐次线性方程组 $\begin{cases} \lambda x_1+x_2+x_3=0, \\ x_1+\mu x_2+x_3=0, \\ x_1+2\mu x_2+x_3=0 \end{cases}$ 有非零解?

第 2 章　矩阵与向量

一、基本要求

（1）了解线性方程组的加减消元法与矩阵的初等行变换的关系.

（2）熟悉掌握向量的线性运算及其运算律.

（3）熟练掌握用矩阵的初等变换将矩阵化为阶梯形矩阵以及行最简形的方法.

（4）熟悉向量线性组合以及线性相关性的概念、性质、定理和有关结论，并能用以判断向量组的线性相关性.

（5）熟悉向量组等价的概念、性质以及常用结论，并能用以判断向量组是否等价.

（6）熟悉向量组的最大无关组的概念、性质，掌握求向量组的最大无关组的方法.

（7）了解向量组和矩阵的秩的概念，并能熟练地使用矩阵的初等行变换求秩.

（8）重点掌握用向量组的秩判断向量组线性相关性、用初等行变换求向量组的最大无关组的方法，以及用初等变换找出向量间的线性关系的方法.

（9）初步了解向量空间、基、维数、子空间等概念，会求向量在一个基下的坐标.

二、内容提要

1. 概念

1）矩阵

由 $m\times n$ 个数 $a_{ij}(i=1,2,\cdots,m;j=1,2,\cdots,n)$ 排成的 m 行 n 列的数表

$$A=\begin{bmatrix} a_{11} & a_{12} & \cdots & a_{1n} \\ a_{21} & a_{22} & \cdots & a_{2n} \\ \vdots & \vdots & & \vdots \\ a_{m1} & a_{m2} & \cdots & a_{mn} \end{bmatrix}$$

称为 m 行 n 列矩阵，简记为 $A=(a_{ij})_{m\times n}$ 或 $A_{m\times n}$.

2）阶梯形矩阵

形如

$$\begin{bmatrix} c_{11} & c_{12} & \cdots & c_{1r} & c_{1r+1} & \cdots & c_{1n} \\ 0 & c_{22} & \cdots & c_{2r} & c_{2r+1} & \cdots & c_{2n} \\ \vdots & \vdots & & \vdots & \vdots & & \vdots \\ 0 & 0 & \cdots & c_{rr} & c_{rr+1} & \cdots & c_{rn} \\ 0 & 0 & \cdots & 0 & 0 & \cdots & 0 \\ \vdots & \vdots & & \vdots & \vdots & & \vdots \\ 0 & 0 & \cdots & 0 & 0 & \cdots & 0 \end{bmatrix}$$

的矩阵称为阶梯形矩阵.

阶梯形矩阵的特点为:每个阶梯只有一行;元素不全为零的行(非零行)的第一个非零元素所在列的下标随着行标的增大而严格增大(列标一定不小于行标);元素全为零的行(如果有的话)必在矩阵的最下面.

3) 行最简形

在阶梯形矩阵中,若非零行的第一个非零元素全为 1,且这个 1 所在列的其余元素全为零,则该矩阵称为行最简形.

4) 标准形

矩阵

$$I_{m\times n}=\begin{bmatrix} 1 & 0 & \cdots & 0 & 0 & \cdots & 0 \\ 0 & 1 & \cdots & 0 & 0 & \cdots & 0 \\ \vdots & \vdots & & \vdots & \vdots & & \vdots \\ 0 & 0 & \cdots & 1 & 0 & \cdots & 0 \\ 0 & 0 & \cdots & 0 & 0 & \cdots & 0 \\ \vdots & \vdots & & \vdots & \vdots & & \vdots \\ 0 & 0 & \cdots & 0 & 0 & \cdots & 0 \end{bmatrix}$$

称为矩阵 $A_{m\times n}$ 的标准形.

5) 初等变换

下列三种变换称为矩阵的初等行(列)变换:

(1) 交换矩阵的 i,j 两行(列),记作 $r_i\leftrightarrow r_j(c_i\leftrightarrow c_j)$;

(2) 以非零数 k 乘以矩阵的第 i 行(列)的所有元素,记作 $r_i\times k(c_i\times k)$;

(3) 把第 j 行(列)所有元素的 k 倍加到第 i 行(列)的对应元素上,记作 $r_i+kr_j(c_i+kc_j)$.

矩阵的初等行、列变换统称为矩阵的初等变换.

6) 矩阵的等价

矩阵 A 经过初等变换化为矩阵 B,称 A 与 B 等价,记作 $A\sim B$.

7）向量

n 个实数构成的有序数组$(a_1,a_2,\cdots,a_n)$称为一个 n 维行向量，记作 $\boldsymbol{\alpha}$，即

$$\boldsymbol{\alpha}=(a_1,a_2,\cdots,a_n).$$

称

$$\begin{bmatrix} a_1 \\ a_2 \\ \vdots \\ a_n \end{bmatrix}=(a_1,a_2,\cdots,a_n)'$$

为 n 维列向量.

以上实数 a_i 称为向量 $\boldsymbol{\alpha}$ 的第 i 个分量.

所有分量均为零的向量称为零向量，记作 $\mathbf{0}=(0,0,\cdots,0)$.

n 维向量 $\boldsymbol{\alpha}=(a_1,a_2,\cdots,a_n)$的负向量$-\boldsymbol{\alpha}=(-a_1,-a_2,\cdots,-a_n)$.

如果 n 维向量 $\boldsymbol{\alpha}=(a_1,a_2,\cdots,a_n)$，$\boldsymbol{\beta}=(b_1,b_2,\cdots,b_n)$的对应分量都相等，即

$$a_i=b_i,\quad i=1,2,\cdots,n,$$

则称向量 $\boldsymbol{\alpha}$ 与 $\boldsymbol{\beta}$ 相等，记作 $\boldsymbol{\alpha}=\boldsymbol{\beta}$.

8）向量的线性运算

设向量 $\boldsymbol{\alpha}=(a_1,a_2,\cdots,a_n)$，$\boldsymbol{\beta}=(b_1,b_2,\cdots,b_n)$.

(1) 加法：$\boldsymbol{\alpha}+\boldsymbol{\beta}=(a_1+b_1,a_2+b_2,\cdots,a_n+b_n)$.

(2) 数与向量的乘法：$\lambda\boldsymbol{\alpha}=(\lambda a_1,\lambda a_2,\cdots,\lambda a_n)(\lambda\in\mathbf{R})$.

9）线性组合

对于向量 $\boldsymbol{\alpha},\boldsymbol{\alpha}_1,\boldsymbol{\alpha}_2,\cdots,\boldsymbol{\alpha}_m$，如果存在一组数 $k_1,k_2,\cdots,k_m$，使得

$$\boldsymbol{\alpha}=k_1\boldsymbol{\alpha}_1+k_2\boldsymbol{\alpha}_2+\cdots+k_m\boldsymbol{\alpha}_m$$

成立，则称向量 $\boldsymbol{\alpha}$ 是向量 $\boldsymbol{\alpha}_1,\boldsymbol{\alpha}_2,\cdots,\boldsymbol{\alpha}_m$ 的线性组合，或称向量 $\boldsymbol{\alpha}$ 可由向量组 $\boldsymbol{\alpha}_1,\boldsymbol{\alpha}_2,\cdots,\boldsymbol{\alpha}_m$ 线性表示.

10）向量组的等价

若向量组 $\boldsymbol{\alpha}_1,\boldsymbol{\alpha}_2,\cdots,\boldsymbol{\alpha}_s$ 中的每个向量 $\boldsymbol{\alpha}_i(i=1,2,\cdots,s)$都可由向量组 $\boldsymbol{\beta}_1,\boldsymbol{\beta}_2,\cdots,\boldsymbol{\beta}_t$ 线性表示，则称向量组 $\boldsymbol{\alpha}_1,\boldsymbol{\alpha}_2,\cdots,\boldsymbol{\alpha}_s$ 可由向量组 $\boldsymbol{\beta}_1,\boldsymbol{\beta}_2,\cdots,\boldsymbol{\beta}_t$ 线性表示.

如果两个向量组可以互相线性表示，则称这两个向量组等价.

11）线性相关性

对于向量组 $\boldsymbol{\alpha}_1,\boldsymbol{\alpha}_2,\cdots,\boldsymbol{\alpha}_m$，如果存在不全为零的数 $k_1,k_2,\cdots,k_m$，使得

$$k_1\boldsymbol{\alpha}_1+k_2\boldsymbol{\alpha}_2+\cdots+k_m\boldsymbol{\alpha}_m=\mathbf{0}$$

成立,则称向量组 $\boldsymbol{\alpha}_1,\boldsymbol{\alpha}_2,\cdots,\boldsymbol{\alpha}_m$ 线性相关;否则,即仅当 $k_1,k_2,\cdots,k_m$ 全为零时上式成立,称向量组 $\boldsymbol{\alpha}_1,\boldsymbol{\alpha}_2,\cdots,\boldsymbol{\alpha}_m$ 线性无关.

12) 最大无关组

若向量组 T 的一个部分组 $\boldsymbol{\alpha}_1,\boldsymbol{\alpha}_2,\cdots,\boldsymbol{\alpha}_r$ 同时满足:

(1) $\boldsymbol{\alpha}_1,\boldsymbol{\alpha}_2,\cdots,\boldsymbol{\alpha}_r$ 线性无关;

(2) $\forall\boldsymbol{\alpha}\in T$,向量组 $\boldsymbol{\alpha},\boldsymbol{\alpha}_1,\boldsymbol{\alpha}_2,\cdots,\boldsymbol{\alpha}_r$ 线性相关(或向量 $\boldsymbol{\alpha}$ 可由向量组 $\boldsymbol{\alpha}_1,\boldsymbol{\alpha}_2,\cdots,\boldsymbol{\alpha}_r$ 线性表示),则称向量组 $\boldsymbol{\alpha}_1,\boldsymbol{\alpha}_2,\cdots,\boldsymbol{\alpha}_r$ 为向量组 T 的一个最大无关向量组,简称最大无关组.

13) 向量组的秩

向量组 T 的最大无关组 $\boldsymbol{\alpha}_1,\boldsymbol{\alpha}_2,\cdots,\boldsymbol{\alpha}_r$ 所含向量的个数 r 称为向量组 T 的秩,记作 $\mathrm{R}(T)$,即 $\mathrm{R}(T)=r$.

只含零向量的向量组的秩规定为 0.

14) k 阶子式

在矩阵 $A_{m\times n}$ 中,任取 k 行 k 列($k\leqslant\min\{m,n\}$),位于这些行和列的交叉处的 k^2 个元素,不改变它们在矩阵 $A_{m\times n}$ 中所处的位置次序而得到的 k 阶行列式,称为矩阵 $A_{m\times n}$ 的 k 阶子式.

15) 矩阵的秩

矩阵 A 的行、列向量组的秩相等,统称为矩阵 A 的秩,记作 $\mathrm{R}(A)$.

矩阵的秩也可这样定义:矩阵 A 的不为零的最高阶子式的阶数 r 称为矩阵 A 的秩,记作 $\mathrm{R}(A)$,即 $\mathrm{R}(A)=r$.

16) 向量空间、基、维数、子空间

若 n 维非空向量集合 V 对于向量的加法及数与向量的乘法运算封闭,则称 V 为向量空间.

向量空间 V 的一个最大无关组称为 V 的一个基;基中所含向量的个数(即向量组 V 的秩)称为向量空间 V 的维数.

若向量空间 $V_1\subset V_2$,则称 V_1 是 V_2 的子空间.

2. 性质

向量的线性运算满足以下运算规律(其中 $\boldsymbol{\alpha},\boldsymbol{\beta},\boldsymbol{\gamma},\boldsymbol{0}$ 是同维数的行或列向量,λ,μ 是数):

(1) $\boldsymbol{\alpha}+\boldsymbol{\beta}=\boldsymbol{\beta}+\boldsymbol{\alpha}$;

(2) $\boldsymbol{\alpha}+(\boldsymbol{\beta}+\boldsymbol{\gamma})=(\boldsymbol{\alpha}+\boldsymbol{\beta})+\boldsymbol{\gamma}$;

(3) $\boldsymbol{\alpha}+\boldsymbol{0}=\boldsymbol{\alpha}$;

(4) $\boldsymbol{\alpha}+(-\boldsymbol{\alpha})=\boldsymbol{0}$;

(5) $\lambda(\boldsymbol{\alpha}+\boldsymbol{\beta})=\lambda\boldsymbol{\alpha}+\lambda\boldsymbol{\beta}$;

(6) $(\lambda+\mu)\boldsymbol{\alpha}=\lambda\boldsymbol{\alpha}+\mu\boldsymbol{\alpha}$;

(7) $\lambda(\mu\boldsymbol{\alpha})=(\lambda\mu)\boldsymbol{\alpha}$;

(8) $1\boldsymbol{\alpha}=\boldsymbol{\alpha}$.

3. 定理

定理 2.1　任一矩阵可经有限次初等行变换化为阶梯形矩阵.

推论　任一矩阵可经有限次初等行变换化为行最简形.

定理 2.2　任一矩阵可经有限次初等变换化为标准形.

定理 2.3　向量组 $\boldsymbol{\alpha}_1,\boldsymbol{\alpha}_2,\cdots,\boldsymbol{\alpha}_m$ 线性相关$\Leftrightarrow\boldsymbol{\alpha}_1,\boldsymbol{\alpha}_2,\cdots,\boldsymbol{\alpha}_m$ 中至少有一个向量可由其余 $m-1$ 个向量线性表示.

定理 2.4　若向量组 $\boldsymbol{\alpha}_1,\boldsymbol{\alpha}_2,\cdots,\boldsymbol{\alpha}_m$ 线性无关,而向量组 $\boldsymbol{\alpha}_1,\boldsymbol{\alpha}_2,\cdots,\boldsymbol{\alpha}_m,\boldsymbol{\alpha}$ 线性相关,则向量 $\boldsymbol{\alpha}$ 能由向量组 $\boldsymbol{\alpha}_1,\boldsymbol{\alpha}_2,\cdots,\boldsymbol{\alpha}_m$ 线性表示,且表达式是唯一的.

定理 2.5　若线性无关的向量组 $\boldsymbol{\alpha}_1,\boldsymbol{\alpha}_2,\cdots,\boldsymbol{\alpha}_r$ 可由向量组 $\boldsymbol{\beta}_1,\boldsymbol{\beta}_2,\cdots,\boldsymbol{\beta}_s$ 线性表示,则 $r\leqslant s$.

推论 1　等价的线性无关的向量组含有相同个数的向量.

推论 2　等价向量组的最大无关组含有相同个数的向量.

推论 3　等价向量组的秩相等.

推论 4　向量组 $\boldsymbol{\alpha}_1,\boldsymbol{\alpha}_2,\cdots,\boldsymbol{\alpha}_m$ 线性无关$\Leftrightarrow \mathrm{R}(\boldsymbol{\alpha}_1,\boldsymbol{\alpha}_2,\cdots,\boldsymbol{\alpha}_m)=m$.

定理 2.6　初等变换不改变矩阵的秩.

定理 2.7　初等行(列)变换不改变矩阵列(行)向量间的线性关系.

推论　若矩阵 $A\sim B$,则 $\mathrm{R}(A)=\mathrm{R}(B)$.

4. 常用结论

(1) 一个向量 $\boldsymbol{\alpha}$ 线性相关$\Leftrightarrow\boldsymbol{\alpha}=\mathbf{0}$.

(2) 如果向量组 $\boldsymbol{\alpha}_1,\boldsymbol{\alpha}_2,\cdots,\boldsymbol{\alpha}_m$ 中有两个向量 $\boldsymbol{\alpha}_i,\boldsymbol{\alpha}_j\,(i\neq j)$ 的对应分量成比例,那么 $\boldsymbol{\alpha}_1,\boldsymbol{\alpha}_2,\cdots,\boldsymbol{\alpha}_m$ 线性相关.

(3) 含有零向量的向量组必线性相关.

(4) 若向量组的一个部分组线性相关,那么,该向量组线性相关. 或者说,线性无关向量组的任意一个部分组必定线性无关.

(5) n 维向量组

$$\boldsymbol{\alpha}_i=(a_{i1},a_{i2},\cdots,a_{in})\quad(i=1,2,\cdots,n)\text{ 线性无关}$$

$$\Leftrightarrow\text{行列式}\begin{vmatrix} a_{11} & a_{12} & \cdots & a_{1n}\\ a_{21} & a_{22} & \cdots & a_{2n}\\ \vdots & \vdots & & \vdots\\ a_{n1} & a_{n2} & \cdots & a_{nn}\end{vmatrix}\neq 0.$$

(6) 任意 $n+1$ 个 n 维向量必定线性相关.

(7) 设有 r 维向量组

$$\boldsymbol{\alpha}_i=(a_{i1},a_{i2},\cdots,a_{ir}),\quad i=1,2,\cdots,s$$

及 $n(>r)$维向量组

$$\boldsymbol{\alpha}'_i=(a_{i1},a_{i2},\cdots,a_{ir},a_{ir+1}\cdots,a_{in}),\quad i=1,2,\cdots,s,$$

如果向量组 $\boldsymbol{\alpha}_1,\boldsymbol{\alpha}_2,\cdots,\boldsymbol{\alpha}_s$ 线性无关，则向量组 $\boldsymbol{\alpha}'_1,\boldsymbol{\alpha}'_2,\cdots,\boldsymbol{\alpha}'_s$线性无关.

(8) 向量组与其最大无关组等价.

(9) 同一个向量组的任意两个最大无关组等价.

(10) 设 A 是非零矩阵，则 $\mathrm{R}(A)=r\Leftrightarrow A$ 的不为零的子式的最高阶数是 r（即 A 至少存在一个不为零的 r 阶子式，而所有的 $r+1$ 阶子式全为零）.

(11) n 维单位坐标向量组

$$\boldsymbol{\varepsilon}_1=\begin{bmatrix}1\\0\\\vdots\\0\end{bmatrix},\quad \boldsymbol{\varepsilon}_2=\begin{bmatrix}0\\1\\\vdots\\0\end{bmatrix},\quad\cdots,\quad \boldsymbol{\varepsilon}_n=\begin{bmatrix}0\\0\\\vdots\\1\end{bmatrix}$$

是线性无关向量组. 由此生成的向量空间

$$\mathbf{R}^n=\{\boldsymbol{\alpha}=a_1\boldsymbol{\varepsilon}_1+a_2\boldsymbol{\varepsilon}_2+\cdots+a_n\boldsymbol{\varepsilon}_n\mid a_1,a_2,\cdots,a_n\in\mathbf{R}\}$$

称为 n 维向量空间，数 $a_1,a_2,\cdots,a_n$ 称为向量 $\boldsymbol{\alpha}$ 在基 $\boldsymbol{\varepsilon}_1,\boldsymbol{\varepsilon}_2,\cdots,\boldsymbol{\varepsilon}_n$ 下的坐标.

(12) 设 $\boldsymbol{\alpha}_1,\boldsymbol{\alpha}_2,\cdots,\boldsymbol{\alpha}_r;\boldsymbol{\beta}_1,\boldsymbol{\beta}_2,\cdots,\boldsymbol{\beta}_r$ 都是 r 维向量空间 V 的基，且

$$\begin{cases}\boldsymbol{\beta}_1=c_{11}\boldsymbol{\alpha}_1+c_{12}\boldsymbol{\alpha}_2+\cdots+c_{1r}\boldsymbol{\alpha}_r,\\ \boldsymbol{\beta}_2=c_{21}\boldsymbol{\alpha}_1+c_{22}\boldsymbol{\alpha}_2+\cdots+c_{2r}\boldsymbol{\alpha}_r,\\ \qquad\cdots\cdots\\ \boldsymbol{\beta}_r=c_{r1}\boldsymbol{\alpha}_1+c_{r2}\boldsymbol{\alpha}_2+\cdots+c_{rr}\boldsymbol{\alpha}_r.\end{cases}$$

称矩阵

$$C=\begin{bmatrix}c_{11}&c_{12}&\cdots&c_{1r}\\c_{21}&c_{22}&\cdots&c_{2r}\\\vdots&\vdots&&\vdots\\c_{r1}&c_{r2}&\cdots&c_{rr}\end{bmatrix}$$

为由基 $\boldsymbol{\alpha}_1,\boldsymbol{\alpha}_2,\cdots,\boldsymbol{\alpha}_r$ 到基 $\boldsymbol{\beta}_1,\boldsymbol{\beta}_2,\cdots,\boldsymbol{\beta}_r$ 的过渡矩阵.

5. *方法归纳*

1) 一个向量 $\boldsymbol{\beta}$ 能否由向量组 $\boldsymbol{\alpha}_1,\boldsymbol{\alpha}_2,\cdots,\boldsymbol{\alpha}_m$ 线性表示？如何表示？

方法一　用定义.

由于

$$k_1\boldsymbol{\alpha}_1+k_2\boldsymbol{\alpha}_2+\cdots+k_m\boldsymbol{\alpha}_m=\boldsymbol{\beta}\Leftrightarrow(\boldsymbol{\alpha}_1\quad\boldsymbol{\alpha}_2\quad\cdots\quad\boldsymbol{\alpha}_m)\boldsymbol{x}=\boldsymbol{\beta},$$

其中$(\boldsymbol{\alpha}_1\quad\boldsymbol{\alpha}_2\quad\cdots\quad\boldsymbol{\alpha}_m)$是以 $\boldsymbol{\alpha}_1,\boldsymbol{\alpha}_2,\cdots,\boldsymbol{\alpha}_m$ 为列向量构成的矩阵,向量 $\boldsymbol{x}=\begin{bmatrix}k_1\\k_2\\\vdots\\k_m\end{bmatrix}$.

若方程组$(\boldsymbol{\alpha}_1\quad\boldsymbol{\alpha}_2\quad\cdots\quad\boldsymbol{\alpha}_m)\boldsymbol{x}=\boldsymbol{\beta}$无解,则 $\boldsymbol{\beta}$ 不能由 $\boldsymbol{\alpha}_1,\boldsymbol{\alpha}_2,\cdots,\boldsymbol{\alpha}_m$ 线性表示.

若方程组$(\boldsymbol{\alpha}_1\quad\boldsymbol{\alpha}_2\quad\cdots\quad\boldsymbol{\alpha}_m)\boldsymbol{x}=\boldsymbol{\beta}$有解,则 $\boldsymbol{\beta}$ 可由 $\boldsymbol{\alpha}_1,\boldsymbol{\alpha}_2,\cdots,\boldsymbol{\alpha}_m$ 线性表示,且方程组有唯一的解时,表示法唯一;方程组有无穷多解时,表示法不唯一.

方法二　用初等行变换.

以 $\boldsymbol{\alpha}_1,\boldsymbol{\alpha}_2,\cdots,\boldsymbol{\alpha}_m,\boldsymbol{\beta}$ 为列向量构成矩阵$(\boldsymbol{\alpha}_1\quad\boldsymbol{\alpha}_2\quad\cdots\quad\boldsymbol{\alpha}_m\quad\boldsymbol{\beta})$后,用初等行变换将其化为阶梯形矩阵,并求 $\mathrm{R}(\boldsymbol{\alpha}_1\quad\boldsymbol{\alpha}_2\quad\cdots\quad\boldsymbol{\alpha}_m)$及 $\mathrm{R}(\boldsymbol{\alpha}_1\quad\boldsymbol{\alpha}_2\quad\cdots\quad\boldsymbol{\alpha}_m\quad\boldsymbol{\beta})$.

若 $\mathrm{R}(\boldsymbol{\alpha}_1\quad\boldsymbol{\alpha}_2\quad\cdots\quad\boldsymbol{\alpha}_m)<\mathrm{R}(\boldsymbol{\alpha}_1\quad\boldsymbol{\alpha}_2\quad\cdots\quad\boldsymbol{\alpha}_m\quad\boldsymbol{\beta})$,则 $\boldsymbol{\beta}$ 不能由 $\boldsymbol{\alpha}_1,\boldsymbol{\alpha}_2,\cdots,\boldsymbol{\alpha}_m$ 线性表示.

若 $\mathrm{R}(\boldsymbol{\alpha}_1\quad\boldsymbol{\alpha}_2\quad\cdots\quad\boldsymbol{\alpha}_m)=\mathrm{R}(\boldsymbol{\alpha}_1\quad\boldsymbol{\alpha}_2\quad\cdots\quad\boldsymbol{\alpha}_m\quad\boldsymbol{\beta})$,则 $\boldsymbol{\beta}$ 可由 $\boldsymbol{\alpha}_1,\boldsymbol{\alpha}_2,\cdots,\boldsymbol{\alpha}_m$ 线性表示. 此时,继续用初等行变换将矩阵$(\boldsymbol{\alpha}_1\quad\boldsymbol{\alpha}_2\quad\cdots\quad\boldsymbol{\alpha}_m\quad\boldsymbol{\beta})$化为行最简形后,行最简形第 $m+1$ 列的数即为将 $\boldsymbol{\beta}$ 用 $\boldsymbol{\alpha}_1,\boldsymbol{\alpha}_2,\cdots,\boldsymbol{\alpha}_m$ 线性表示时相应的系数.

特别地,取 n 维单位坐标向量组 $\boldsymbol{\varepsilon}_1,\boldsymbol{\varepsilon}_2,\cdots,\boldsymbol{\varepsilon}_n$ 作为 $\mathbf{R}^n$ 的一个最大无关组时,对 $\forall\begin{bmatrix}a_1\\a_2\\\vdots\\a_n\end{bmatrix}\in\mathbf{R}^n$,有

$$\begin{bmatrix}a_1\\a_2\\\vdots\\a_n\end{bmatrix}=a_1\boldsymbol{\varepsilon}_1+a_2\boldsymbol{\varepsilon}_2+\cdots+a_n\boldsymbol{\varepsilon}_n.$$

2) 向量组 $\boldsymbol{\beta}_1,\boldsymbol{\beta}_2,\cdots,\boldsymbol{\beta}_s$ 能否由向量组 $\boldsymbol{\alpha}_1,\boldsymbol{\alpha}_2,\cdots,\boldsymbol{\alpha}_m$ 线性表示?

方法一　用定义.

证明每一个向量 $\boldsymbol{\beta}_i(i=1,2,\cdots,s)$均可由 $\boldsymbol{\alpha}_1,\boldsymbol{\alpha}_2,\cdots,\boldsymbol{\alpha}_m$ 线性表示.

方法二　用向量组的秩.

向量组 $\boldsymbol{\beta}_1,\boldsymbol{\beta}_2,\cdots,\boldsymbol{\beta}_s$ 能由向量组 $\boldsymbol{\alpha}_1,\boldsymbol{\alpha}_2,\cdots,\boldsymbol{\alpha}_m$ 线性表示

$$\Leftrightarrow\mathrm{R}(\boldsymbol{\beta}_1,\boldsymbol{\beta}_2,\cdots,\boldsymbol{\beta}_s)\leqslant\mathrm{R}(\boldsymbol{\alpha}_1,\boldsymbol{\alpha}_2,\cdots,\boldsymbol{\alpha}_m)=\mathrm{R}(\boldsymbol{\alpha}_1,\boldsymbol{\alpha}_2,\cdots,\boldsymbol{\alpha}_m,\boldsymbol{\beta}_1,\boldsymbol{\beta}_2,\cdots,\boldsymbol{\beta}_s).$$

3) 两向量组 $\boldsymbol{\alpha}_1,\boldsymbol{\alpha}_2,\cdots,\boldsymbol{\alpha}_m;\boldsymbol{\beta}_1,\boldsymbol{\beta}_2,\cdots,\boldsymbol{\beta}_s$ 是否等价?

方法一　用定义.

证明每一个向量 $\boldsymbol{\beta}_i(i=1,2,\cdots,s)$ 均可由向量组 $\boldsymbol{\alpha}_1,\boldsymbol{\alpha}_2,\cdots,\boldsymbol{\alpha}_m$ 线性表示,且每一个向量 $\boldsymbol{\alpha}_i(i=1,2,\cdots,m)$ 均可由向量组 $\boldsymbol{\beta}_1,\boldsymbol{\beta}_2,\cdots,\boldsymbol{\beta}_s$ 线性表示.

方法二　用向量组的秩.

若两个向量组的秩相等,且其中一个向量组可由另一向量组线性表示,则这两个向量组等价.

方法三　用有关结论.

向量组与其最大无关组等价;同一个向量组的任意两个最大无关组等价;等价向量组的两个最大无关组等价等.

4) 求向量组(或矩阵)的秩的一般方法

方法一　用初等变换.

用已知向量 $\boldsymbol{\alpha}_1,\boldsymbol{\alpha}_2,\cdots,\boldsymbol{\alpha}_m$ 构成矩阵 A,并用初等变换将 A 化为阶梯形矩阵.设阶梯形矩阵的非零行数为 r,则

$$\mathrm{R}(\boldsymbol{\alpha}_1,\boldsymbol{\alpha}_2,\cdots,\boldsymbol{\alpha}_m)=\mathrm{R}(A)=r.$$

方法二　用有关结论.

等价向量组(或矩阵)的秩相等;向量组(Ⅰ)可由向量组(Ⅱ)线性表示,则R(Ⅰ)≤R(Ⅱ);可逆矩阵是满秩矩阵等.

5) 判断向量组线性相关性的一般方法

方法一　以下命题等价:

(1) 向量组 $\boldsymbol{\alpha}_1=\begin{bmatrix}a_{11}\\a_{12}\\\vdots\\a_{1r}\end{bmatrix},\boldsymbol{\alpha}_2=\begin{bmatrix}a_{21}\\a_{22}\\\vdots\\a_{2r}\end{bmatrix},\cdots,\boldsymbol{\alpha}_m=\begin{bmatrix}a_{m1}\\a_{m2}\\\vdots\\a_{mr}\end{bmatrix}$ 线性无关;

(2) 仅当 $k_1,k_2,\cdots,k_m$ 全为零时,有 $k_1\boldsymbol{\alpha}_1+k_2\boldsymbol{\alpha}_2+\cdots+k_m\boldsymbol{\alpha}_m=\mathbf{0}$;

(3) 齐次线性方程组 $\begin{cases}a_{11}k_1+a_{21}k_2+\cdots+a_{m1}k_m=0,\\a_{12}k_1+a_{22}k_2+\cdots+a_{m2}k_m=0,\\\cdots\cdots\\a_{1r}k_1+a_{2r}k_2+\cdots+a_{mr}k_m=0\end{cases}$ 仅有零解;

(4) 向量组 $\boldsymbol{\alpha}_1,\boldsymbol{\alpha}_2,\cdots,\boldsymbol{\alpha}_m$ 为最大无关组;

(5) $\mathrm{R}(\boldsymbol{\alpha}_1,\boldsymbol{\alpha}_2,\cdots,\boldsymbol{\alpha}_m)=\mathrm{R}\left(\begin{bmatrix}a_{11}&a_{21}&\cdots&a_{m1}\\a_{12}&a_{22}&\cdots&a_{m2}\\\vdots&\vdots&&\vdots\\a_{1r}&a_{2r}&\cdots&a_{mr}\end{bmatrix}\right)=m.$

特别地，

$$\text{向量组 } \boldsymbol{\alpha}_1=\begin{bmatrix}a_{11}\\a_{12}\\\vdots\\a_{1r}\end{bmatrix},\boldsymbol{\alpha}_2=\begin{bmatrix}a_{21}\\a_{22}\\\vdots\\a_{2r}\end{bmatrix},\cdots,\boldsymbol{\alpha}_r=\begin{bmatrix}a_{r1}\\a_{r2}\\\vdots\\a_{rr}\end{bmatrix}\text{线性无关}$$

$$\Leftrightarrow\text{行列式}\begin{vmatrix}a_{11}&a_{21}&\cdots&a_{m1}\\a_{12}&a_{22}&\cdots&a_{m2}\\\vdots&\vdots&&\vdots\\a_{1m}&a_{2m}&\cdots&a_{mm}\end{vmatrix}=\begin{vmatrix}a_{11}&a_{12}&\cdots&a_{1m}\\a_{21}&a_{22}&\cdots&a_{2m}\\\vdots&\vdots&&\vdots\\a_{m1}&a_{m2}&\cdots&a_{mm}\end{vmatrix}\neq 0.$$

方法二　用有关结论.

可逆矩阵的行(列)向量组是线性无关组(第 3 章)；若 $B_{n\times m}A_{m\times n}=E(n\leqslant m)$，则矩阵 $A_{m\times n}$的列向量组线性无关(第 3 章)；齐次线性方程组的基础解系是线性无关组(第 4 章)；与一方阵不同特征值对应的特征向量是线性无关的(第 5 章)；正交向量组是线性无关组(第 5 章)等.

6) 求向量组的最大无关组的一般方法

方法一　用定义逐个选录.

方法二　用初等变换.

用已知向量构成矩阵，并用初等变换将其化为阶梯形矩阵. 此时，阶梯形矩阵的每一非零行的第一个非零元素所在行或列对应的原向量组中的向量构成了向量组的一个最大无关组.

方法三　用有关结论.

在用已知向量构成的矩阵中，找出一个阶数最高的非零子式，与这个子式的行或列对应的原向量组中的向量就是向量组的一个最大无关组；齐次线性方程组的一个基础解系是其全部解向量的一个最大无关组等.

三、典型例题解析

例 1　讨论下列向量组的线性相关性：

(1) (1,2,1),(2,4,5);

(2) (1,1,−1),(0,2,3),(2,1,2);

(3) (1,1,0),(1,1,1),(1,0,0),(3,4,5);

(4) (1,2,1,2),(0,1,−1,1),(1,3,0,3).

分析　上述向量组的线性相关性均可利用矩阵的初等变换，求出每个向量组的秩后进行判断. 考虑到向量组线性相关性的判定方法有很多，以下仅就每个向量组的特点给出一种解法.

解　(1) 向量组仅含两个向量,其对应分量不成比例,故向量组(1)线性无关.

(2) 向量组由 3 个三维向量组成. 由行列式

$$\begin{vmatrix} 1 & 1 & -1 \\ 0 & 2 & 3 \\ 2 & 1 & 2 \end{vmatrix} = 11 \neq 0$$

可知,向量组(2)线性无关.

(3) 向量组由 4 个三维向量组成,故线性相关.

(4) 对向量组中的向量构成的矩阵进行初等变换如下:

$$\begin{bmatrix} 1 & 2 & 1 & 2 \\ 0 & 1 & -1 & 1 \\ 1 & 3 & 0 & 3 \end{bmatrix} \overset{r_3 - r_1}{\sim} \begin{bmatrix} 1 & 2 & 1 & 2 \\ 0 & 1 & -1 & 1 \\ 0 & 1 & -1 & 1 \end{bmatrix} \overset{r_3 - r_2}{\sim} \begin{bmatrix} 1 & 2 & 1 & 2 \\ 0 & 1 & -1 & 1 \\ 0 & 0 & 0 & 0 \end{bmatrix}$$

$$\left(\text{或} \begin{bmatrix} 1 & 0 & 1 \\ 2 & 1 & 3 \\ 1 & -1 & 0 \\ 2 & 1 & 3 \end{bmatrix} \underset{r_4 - 2r_1}{\overset{r_2 - 2r_1 \atop r_3 - r_1}{\sim}} \begin{bmatrix} 1 & 0 & 1 \\ 0 & 1 & 1 \\ 0 & -1 & -1 \\ 0 & 1 & 1 \end{bmatrix} \underset{r_4 - r_2}{\overset{r_3 + r_2}{\sim}} \begin{bmatrix} 1 & 0 & 1 \\ 0 & 1 & 1 \\ 0 & 0 & 0 \\ 0 & 0 & 0 \end{bmatrix} \right).$$

右端阶梯形矩阵的非零行数 2 就是该向量组的秩,它小于向量组中向量的个数 3,故向量组线性相关.

注　求向量组的秩时,用已知向量作为矩阵的行向量还是列向量,对矩阵进行的初等变换是行变换还是列变换,均不影响矩阵或向量组的秩.

例 2　判断向量组:

$$\boldsymbol{\alpha}_1 = (1, -2, 3, -1, 2)', \quad \boldsymbol{\alpha}_2 = (3, -1, 5, -3, -1)',$$
$$\boldsymbol{\alpha}_3 = (5, 0, 7, -5, -4)', \quad \boldsymbol{\alpha}_4 = (2, 1, 2, -2, -3)'$$

的线性相关性,求其秩及一个最大无关组,并将剩余向量用最大无关组线性表示.

分析　判断向量组线性相关性有多种方法,解题时可根据需要,尽量选用一法多解(即用一种方法能同时解决求向量组的秩、判断线性相关性、求最大无关组,以及将剩余向量用最大无关组线性表示)的方法.

解　解法一　逐个选取.

向量 $\boldsymbol{\alpha}_1 \neq \mathbf{0}$,故 $\mathrm{R}(\boldsymbol{\alpha}_1, \boldsymbol{\alpha}_2, \boldsymbol{\alpha}_3, \boldsymbol{\alpha}_4) \geqslant 1$;由向量 $\boldsymbol{\alpha}_1, \boldsymbol{\alpha}_2$ 的对应分量不成比例知,$\boldsymbol{\alpha}_1, \boldsymbol{\alpha}_2$ 线性无关,$\mathrm{R}(\boldsymbol{\alpha}_1, \boldsymbol{\alpha}_2, \boldsymbol{\alpha}_3, \boldsymbol{\alpha}_4) \geqslant 2$;而由 $\boldsymbol{\alpha}_3 = 2\boldsymbol{\alpha}_2 - \boldsymbol{\alpha}_1$ 以及 $\boldsymbol{\alpha}_4 = \boldsymbol{\alpha}_2 - \boldsymbol{\alpha}_1$ 知,向量组 $\boldsymbol{\alpha}_1, \boldsymbol{\alpha}_2, \boldsymbol{\alpha}_3, \boldsymbol{\alpha}_4$ 线性相关,且 $\mathrm{R}(\boldsymbol{\alpha}_1, \boldsymbol{\alpha}_2, \boldsymbol{\alpha}_3, \boldsymbol{\alpha}_4) = 2$.

取 $\boldsymbol{\alpha}_1, \boldsymbol{\alpha}_2$ 作为向量组 $\boldsymbol{\alpha}_1, \boldsymbol{\alpha}_2, \boldsymbol{\alpha}_3, \boldsymbol{\alpha}_4$ 一个最大无关组时,有

$$\boldsymbol{\alpha}_3 = 2\boldsymbol{\alpha}_2 - \boldsymbol{\alpha}_1, \quad \boldsymbol{\alpha}_4 = \boldsymbol{\alpha}_2 - \boldsymbol{\alpha}_1.$$

解法二　将 $\boldsymbol{\alpha}_1, \boldsymbol{\alpha}_2, \boldsymbol{\alpha}_3, \boldsymbol{\alpha}_4$ 作为矩阵的列向量,并对矩阵作初等行变换如下:

$$\begin{bmatrix}1&3&5&2\\-2&-1&0&1\\3&5&7&2\\-1&-3&-5&-2\\2&-1&-4&-3\end{bmatrix}\xrightarrow[\substack{r_4+r_1\\r_5-2r_1}]{\substack{r_2+2r_1\\r_3-3r_1}}\begin{bmatrix}1&3&5&2\\0&5&10&5\\0&-4&-8&-4\\0&0&0&0\\0&-7&-14&-7\end{bmatrix}$$

$$\xrightarrow{r_2\times\frac{1}{5}}\begin{bmatrix}1&3&5&2\\0&1&2&1\\0&-4&-8&-4\\0&0&0&0\\0&-7&-14&-7\end{bmatrix}\xrightarrow[r_5+7r_2]{r_3+4r_2}\begin{bmatrix}1&3&5&2\\0&1&2&1\\0&0&0&0\\0&0&0&0\\0&0&0&0\end{bmatrix}.$$

右端阶梯形矩阵有 2 个非零行，故 $R(\boldsymbol{\alpha}_1,\boldsymbol{\alpha}_2,\boldsymbol{\alpha}_3,\boldsymbol{\alpha}_4)=2$，它小于向量组中向量的个数 4，所以向量组 $\boldsymbol{\alpha}_1,\boldsymbol{\alpha}_2,\boldsymbol{\alpha}_3,\boldsymbol{\alpha}_4$ 线性相关.

取阶梯形矩阵的两个非零行的首个非零数所在列对应的原向量组中向量 $\boldsymbol{\alpha}_1$，$\boldsymbol{\alpha}_2$ 作为一个最大无关组时，为将剩余的向量 $\boldsymbol{\alpha}_3,\boldsymbol{\alpha}_4$ 分别用最大无关组线性表示，继续对阶梯形矩阵作初等行变换如下：

$$\begin{bmatrix}1&3&5&2\\-2&-1&0&1\\3&5&7&2\\-1&-3&-5&-2\\2&-1&-4&-3\end{bmatrix}\sim\begin{bmatrix}1&3&5&2\\0&1&2&1\\0&0&0&0\\0&0&0&0\\0&0&0&0\end{bmatrix}\xrightarrow{r_1-3r_2}\begin{bmatrix}1&0&-1&-1\\0&1&2&1\\0&0&0&0\\0&0&0&0\\0&0&0&0\end{bmatrix}.$$

由以上行最简形的列向量之间的线性关系：

$$\begin{bmatrix}-1\\2\\0\\0\\0\end{bmatrix}=-\begin{bmatrix}1\\0\\0\\0\\0\end{bmatrix}+2\begin{bmatrix}0\\1\\0\\0\\0\end{bmatrix},\quad\begin{bmatrix}-1\\1\\0\\0\\0\end{bmatrix}=-\begin{bmatrix}1\\0\\0\\0\\0\end{bmatrix}+\begin{bmatrix}0\\1\\0\\0\\0\end{bmatrix},$$

即得

$$\boldsymbol{\alpha}_3=-\boldsymbol{\alpha}_1+2\boldsymbol{\alpha}_2,\quad \boldsymbol{\alpha}_4=-\boldsymbol{\alpha}_1+\boldsymbol{\alpha}_2.$$

解法三　将 $\boldsymbol{\alpha}_1,\boldsymbol{\alpha}_2,\boldsymbol{\alpha}_3,\boldsymbol{\alpha}_4$ 作为矩阵的行向量，并对矩阵作初等行变换如下：

$$\begin{bmatrix}1&-2&3&-1&2\\3&-1&5&-3&-1\\5&0&7&-5&-4\\2&1&2&-2&-3\end{bmatrix}\begin{matrix}\boldsymbol{\alpha}_1\\\boldsymbol{\alpha}_2\\\boldsymbol{\alpha}_3\\\boldsymbol{\alpha}_4\end{matrix}\xrightarrow[r_4-2r_1]{\substack{r_2-3r_1\\r_3-5r_1}}\begin{bmatrix}1&-2&3&-1&2\\0&5&-4&0&-7\\0&10&-8&0&-14\\0&5&-4&0&-7\end{bmatrix}\begin{matrix}\boldsymbol{\alpha}_1\\\boldsymbol{\alpha}_2-3\boldsymbol{\alpha}_1\\\boldsymbol{\alpha}_3-5\boldsymbol{\alpha}_1\\\boldsymbol{\alpha}_4-2\boldsymbol{\alpha}_1\end{matrix}$$

$$\xrightarrow[r_4-r_2]{r_3-2r_2}\begin{bmatrix}1 & -2 & 3 & -1 & 2\\ 0 & 5 & -4 & 0 & -7\\ 0 & 0 & 0 & 0 & 0\\ 0 & 0 & 0 & 0 & 0\end{bmatrix}\begin{matrix}\boldsymbol{\alpha}_1\\ \boldsymbol{\alpha}_2-3\boldsymbol{\alpha}_1\\ \boldsymbol{\alpha}_3-2\boldsymbol{\alpha}_2+\boldsymbol{\alpha}_1\\ \boldsymbol{\alpha}_4-\boldsymbol{\alpha}_2+\boldsymbol{\alpha}_1\end{matrix}.$$

右端阶梯形矩阵有 2 个非零行，故 $R(\boldsymbol{\alpha}_1,\boldsymbol{\alpha}_2,\boldsymbol{\alpha}_3,\boldsymbol{\alpha}_4)=2$，它小于向量组中向量的个数 4，所以向量组 $\boldsymbol{\alpha}_1,\boldsymbol{\alpha}_2,\boldsymbol{\alpha}_3,\boldsymbol{\alpha}_4$ 线性相关.

取阶梯形矩阵的两个非零行对应的原向量组中向量 $\boldsymbol{\alpha}_1,\boldsymbol{\alpha}_2$ 作为一个最大无关组时，由

$$\boldsymbol{\alpha}_3-2\boldsymbol{\alpha}_2+\boldsymbol{\alpha}_1=\mathbf{0},\quad \boldsymbol{\alpha}_4-\boldsymbol{\alpha}_2+\boldsymbol{\alpha}_1=\mathbf{0},$$

即得

$$\boldsymbol{\alpha}_3=2\boldsymbol{\alpha}_2-\boldsymbol{\alpha}_1,\quad \boldsymbol{\alpha}_4=\boldsymbol{\alpha}_2-\boldsymbol{\alpha}_1.$$

注　该向量组的全部最大无关组为 $\boldsymbol{\alpha}_1,\boldsymbol{\alpha}_2$；$\boldsymbol{\alpha}_1,\boldsymbol{\alpha}_3$；$\boldsymbol{\alpha}_1,\boldsymbol{\alpha}_4$；$\boldsymbol{\alpha}_2,\boldsymbol{\alpha}_3$；$\boldsymbol{\alpha}_2,\boldsymbol{\alpha}_4$；$\boldsymbol{\alpha}_3,\boldsymbol{\alpha}_4$.

例 3　设向量组 $\boldsymbol{\alpha}_1,\boldsymbol{\alpha}_2,\boldsymbol{\alpha}_3,\boldsymbol{\alpha}_4$ 线性无关，则下列线性无关的向量组是______.

A. $\boldsymbol{\alpha}_1-\boldsymbol{\alpha}_2,\boldsymbol{\alpha}_2-\boldsymbol{\alpha}_3,\boldsymbol{\alpha}_3-\boldsymbol{\alpha}_4,\boldsymbol{\alpha}_4-\boldsymbol{\alpha}_1$

B. $\boldsymbol{\alpha}_1+\boldsymbol{\alpha}_2,\boldsymbol{\alpha}_2+\boldsymbol{\alpha}_3,\boldsymbol{\alpha}_3+\boldsymbol{\alpha}_4,\boldsymbol{\alpha}_4+\boldsymbol{\alpha}_1$

C. $\boldsymbol{\alpha}_1+\boldsymbol{\alpha}_2,\boldsymbol{\alpha}_2+\boldsymbol{\alpha}_3,\boldsymbol{\alpha}_3-\boldsymbol{\alpha}_4,\boldsymbol{\alpha}_4-\boldsymbol{\alpha}_1$

D. $\boldsymbol{\alpha}_1+\boldsymbol{\alpha}_2,\boldsymbol{\alpha}_2-\boldsymbol{\alpha}_3,\boldsymbol{\alpha}_3-\boldsymbol{\alpha}_4,\boldsymbol{\alpha}_4-\boldsymbol{\alpha}_1$

分析　A 中 $(\boldsymbol{\alpha}_1-\boldsymbol{\alpha}_2)+(\boldsymbol{\alpha}_2-\boldsymbol{\alpha}_3)+(\boldsymbol{\alpha}_3-\boldsymbol{\alpha}_4)+(\boldsymbol{\alpha}_4-\boldsymbol{\alpha}_1)=\mathbf{0}$.

B 中 $(\boldsymbol{\alpha}_1+\boldsymbol{\alpha}_2)-(\boldsymbol{\alpha}_2+\boldsymbol{\alpha}_3)+(\boldsymbol{\alpha}_3+\boldsymbol{\alpha}_4)-(\boldsymbol{\alpha}_4+\boldsymbol{\alpha}_1)=\mathbf{0}$.

C 中 $(\boldsymbol{\alpha}_1+\boldsymbol{\alpha}_2)-(\boldsymbol{\alpha}_2+\boldsymbol{\alpha}_3)+(\boldsymbol{\alpha}_3-\boldsymbol{\alpha}_4)+(\boldsymbol{\alpha}_4-\boldsymbol{\alpha}_1)=\mathbf{0}$.

由定义可知，向量组 A、B、C 均线性相关，用排除法应选 D.

解　选 D.

注　此例是利用每组向量的特点找到相互间关系的等式，用定义判定其线性相关性的，该方法需要一定的技巧.

一般地，若已知向量组 $\boldsymbol{\alpha}_1,\boldsymbol{\alpha}_2,\cdots,\boldsymbol{\alpha}_r$ 线性无关，向量组 $\boldsymbol{\beta}_1,\boldsymbol{\beta}_2,\cdots,\boldsymbol{\beta}_r$ 可由向量组 $\boldsymbol{\alpha}_1,\boldsymbol{\alpha}_2,\cdots,\boldsymbol{\alpha}_r$ 线性表示，即有

$$\begin{cases}\boldsymbol{\beta}_1=c_{11}\boldsymbol{\alpha}_1+c_{12}\boldsymbol{\alpha}_2+\cdots+c_{1r}\boldsymbol{\alpha}_r,\\ \boldsymbol{\beta}_2=c_{21}\boldsymbol{\alpha}_1+c_{22}\boldsymbol{\alpha}_2+\cdots+c_{2r}\boldsymbol{\alpha}_r,\\ \quad\cdots\cdots\\ \boldsymbol{\beta}_r=c_{r1}\boldsymbol{\alpha}_1+c_{r2}\boldsymbol{\alpha}_2+\cdots+c_{rr}\boldsymbol{\alpha}_r,\end{cases}$$

则向量组 $\boldsymbol{\beta}_1,\boldsymbol{\beta}_2,\cdots,\boldsymbol{\beta}_r$ 线性无关 $\Leftrightarrow R\left(\begin{bmatrix}c_{11} & c_{12} & \cdots & c_{1r}\\ c_{21} & c_{22} & \cdots & c_{2r}\\ \vdots & \vdots & & \vdots\\ c_{r1} & c_{r2} & \cdots & c_{rr}\end{bmatrix}\right)=r$.

例 4　设向量组 $\boldsymbol{\alpha}_1,\boldsymbol{\alpha}_2,\cdots,\boldsymbol{\alpha}_m$ 线性无关,向量 $\boldsymbol{\beta}_1$ 可由 $\boldsymbol{\alpha}_1,\boldsymbol{\alpha}_2,\cdots,\boldsymbol{\alpha}_m$ 线性表示,而向量 $\boldsymbol{\beta}_2$ 不能由 $\boldsymbol{\alpha}_1,\boldsymbol{\alpha}_2,\cdots,\boldsymbol{\alpha}_m$ 线性表示,考察向量组 $\boldsymbol{\alpha}_1,\boldsymbol{\alpha}_2,\cdots,\boldsymbol{\alpha}_m,\boldsymbol{\beta}_1+\boldsymbol{\beta}_2$ 的线性相关性.

分析　一个向量组不是线性相关,就是线性无关.若在假设 $\boldsymbol{\alpha}_1,\boldsymbol{\alpha}_2,\cdots,\boldsymbol{\alpha}_m,\boldsymbol{\beta}_1+\boldsymbol{\beta}_2$ 线性相关的条件下,推出与已知条件相矛盾的结果,则可断定向量组 $\boldsymbol{\alpha}_1,\boldsymbol{\alpha}_2,\cdots,\boldsymbol{\alpha}_m,\boldsymbol{\beta}_1+\boldsymbol{\beta}_2$ 线性无关.

解　假设 $\boldsymbol{\alpha}_1,\boldsymbol{\alpha}_2,\cdots,\boldsymbol{\alpha}_m,\boldsymbol{\beta}_1+\boldsymbol{\beta}_2$ 线性相关.由已知向量组 $\boldsymbol{\alpha}_1,\boldsymbol{\alpha}_2,\cdots,\boldsymbol{\alpha}_m$ 线性无关得向量 $\boldsymbol{\beta}_1+\boldsymbol{\beta}_2$ 可由 $\boldsymbol{\alpha}_1,\boldsymbol{\alpha}_2,\cdots,\boldsymbol{\alpha}_m$ 线性表示,即存在一组数 $k_1,k_2,\cdots,k_m$ 使得

$$\boldsymbol{\beta}_1+\boldsymbol{\beta}_2=k_1\boldsymbol{\alpha}_1+k_2\boldsymbol{\alpha}_2+\cdots+k_m\boldsymbol{\alpha}_m \tag{2.1}$$

成立.

已知 $\boldsymbol{\beta}_1$ 可由 $\boldsymbol{\alpha}_1,\boldsymbol{\alpha}_2,\cdots,\boldsymbol{\alpha}_m$ 线性表示,即存在一组数 $l_1,l_2,\cdots,l_m$ 使得

$$\boldsymbol{\beta}_1=l_1\boldsymbol{\alpha}_1+l_2\boldsymbol{\alpha}_2+\cdots+l_m\boldsymbol{\alpha}_m \tag{2.2}$$

成立.

(2.1)−(2.2)得

$$\boldsymbol{\beta}_2=(k_1-l_1)\boldsymbol{\alpha}_1+(k_2-l_2)\boldsymbol{\alpha}_2+\cdots+(k_m-l_m)\boldsymbol{\alpha}_m.$$

该式表明,向量 $\boldsymbol{\beta}_2$ 可由向量 $\boldsymbol{\alpha}_1,\boldsymbol{\alpha}_2,\cdots,\boldsymbol{\alpha}_m$ 线性表示,此与已知"向量 $\boldsymbol{\beta}_2$ 不能由 $\boldsymbol{\alpha}_1,\boldsymbol{\alpha}_2,\cdots,\boldsymbol{\alpha}_m$ 线性表示"矛盾,故"假设 $\boldsymbol{\alpha}_1,\boldsymbol{\alpha}_2,\cdots,\boldsymbol{\alpha}_m,\boldsymbol{\beta}_1+\boldsymbol{\beta}_2$ 线性相关"不成立,即向量组 $\boldsymbol{\alpha}_1,\boldsymbol{\alpha}_2,\cdots,\boldsymbol{\alpha}_m,\boldsymbol{\beta}_1+\boldsymbol{\beta}_2$ 线性无关.

注　此例可推广为:若向量组 $\boldsymbol{\alpha}_1,\boldsymbol{\alpha}_2,\cdots,\boldsymbol{\alpha}_m$ 线性无关,向量组 $\boldsymbol{\beta}_1,\boldsymbol{\beta}_2,\cdots,\boldsymbol{\beta}_t$ 可由 $\boldsymbol{\alpha}_1,\boldsymbol{\alpha}_2,\cdots,\boldsymbol{\alpha}_m$ 线性表示,而向量 $\boldsymbol{\beta}_{t+1}$ 不能由 $\boldsymbol{\alpha}_1,\boldsymbol{\alpha}_2,\cdots,\boldsymbol{\alpha}_m$ 线性表示,则向量组 $\boldsymbol{\alpha}_1,\boldsymbol{\alpha}_2,\cdots,\boldsymbol{\alpha}_m,l_1\boldsymbol{\beta}_1+l_2\boldsymbol{\beta}_2+\cdots+l_t\boldsymbol{\beta}_t+\boldsymbol{\beta}_{t+1}$ 线性无关.

例 5　设向量组

$$\boldsymbol{\alpha}_1=\begin{bmatrix}1+\lambda\\1\\1\end{bmatrix},\quad \boldsymbol{\alpha}_2=\begin{bmatrix}1\\1+\lambda\\1\end{bmatrix},\quad \boldsymbol{\alpha}_3=\begin{bmatrix}1\\1\\1+\lambda\end{bmatrix},\quad \boldsymbol{\beta}=\begin{bmatrix}0\\\lambda\\\lambda^2\end{bmatrix}.$$

问 λ 取何值时,

(1) $\boldsymbol{\beta}$ 可由 $\boldsymbol{\alpha}_1,\boldsymbol{\alpha}_2,\boldsymbol{\alpha}_3$ 线性表示,且表示式唯一;

(2) $\boldsymbol{\beta}$ 可由 $\boldsymbol{\alpha}_1,\boldsymbol{\alpha}_2,\boldsymbol{\alpha}_3$ 线性表示,但表示式不唯一;

(3) $\boldsymbol{\beta}$ 不能由 $\boldsymbol{\alpha}_1,\boldsymbol{\alpha}_2,\boldsymbol{\alpha}_3$ 线性表示.

分析　一个向量与一组向量的关系必为且仅为以上三种情形之一.

若考虑用定义求解,此时往往要用到线性方程组的有关理论.若注意到 $\boldsymbol{\beta}$ 能否由 $\boldsymbol{\alpha}_1,\boldsymbol{\alpha}_2,\boldsymbol{\alpha}_3$ 线性表示⇔向量组 $\boldsymbol{\alpha}_1,\boldsymbol{\alpha}_2,\boldsymbol{\alpha}_3$ 与 $\boldsymbol{\alpha}_1,\boldsymbol{\alpha}_2,\boldsymbol{\alpha}_3,\boldsymbol{\beta}$ 是否等价? 而向量组 $\boldsymbol{\alpha}_1,\boldsymbol{\alpha}_2,\boldsymbol{\alpha}_3$ 与 $\boldsymbol{\alpha}_1,\boldsymbol{\alpha}_2,\boldsymbol{\alpha}_3,\boldsymbol{\beta}$ 是否等价取决于 $\mathrm{R}(\boldsymbol{\alpha}_1,\boldsymbol{\alpha}_2,\boldsymbol{\alpha}_3)=\mathrm{R}(\boldsymbol{\alpha}_1,\boldsymbol{\alpha}_2,\boldsymbol{\alpha}_3,\boldsymbol{\beta})$? 当已知 $\boldsymbol{\beta}$

可由 $\boldsymbol{\alpha}_1,\boldsymbol{\alpha}_2,\boldsymbol{\alpha}_3$ 线性表示时,表示式是否唯一$\Leftrightarrow\boldsymbol{\alpha}_1,\boldsymbol{\alpha}_2,\boldsymbol{\alpha}_3$ 是否线性无关,故亦可用初等变换的方法求解.

解 解法一 假设有一组数 k_1,k_2,k_3,使得 $k_1\boldsymbol{\alpha}_1+k_2\boldsymbol{\alpha}_2+k_3\boldsymbol{\alpha}_3=\boldsymbol{\beta}$,即

$$\begin{bmatrix}1+\lambda & 1 & 1\\ 1 & 1+\lambda & 1\\ 1 & 1 & 1+\lambda\end{bmatrix}\begin{bmatrix}k_1\\ k_2\\ k_3\end{bmatrix}=\begin{bmatrix}0\\ \lambda\\ \lambda^2\end{bmatrix}$$

成立. 该方程组的系数行列式

$$D=\begin{vmatrix}1+\lambda & 1 & 1\\ 1 & 1+\lambda & 1\\ 1 & 1 & 1+\lambda\end{vmatrix}=\lambda^2(\lambda+3).$$

(1) 若 $\lambda\neq0$ 且 $\lambda\neq-3$,则 $D\neq0$. 此时,方程组有唯一的解,即 $\boldsymbol{\beta}$ 可由 $\boldsymbol{\alpha}_1,\boldsymbol{\alpha}_2,\boldsymbol{\alpha}_3$ 线性表示,且表示式唯一.

(2) 若 $\lambda=0$,则对应的齐次线性方程组的系数矩阵

$$\begin{bmatrix}1 & 1 & 1\\ 1 & 1 & 1\\ 1 & 1 & 1\end{bmatrix}\sim\begin{bmatrix}1 & 1 & 1\\ 0 & 0 & 0\\ 0 & 0 & 0\end{bmatrix}.$$

由于系数矩阵的秩 1 小于方程组的未知量的个数 3,故方程组有无穷多解,即 $\boldsymbol{\beta}$ 可由 $\boldsymbol{\alpha}_1,\boldsymbol{\alpha}_2,\boldsymbol{\alpha}_3$ 线性表示,但表示式不唯一.

(3) 若 $\lambda=-3$,则对应的非齐次线性方程组的增广矩阵

$$\begin{bmatrix}-2 & 1 & 1 & 0\\ 1 & -2 & 1 & -3\\ 1 & 1 & -2 & 9\end{bmatrix}\sim\begin{bmatrix}1 & 1 & -2 & 9\\ 0 & 1 & -1 & 4\\ 0 & 0 & 0 & 6\end{bmatrix}.$$

由于系数矩阵的秩为 2,而增广矩阵的秩为 3,故方程组无解,即 $\boldsymbol{\beta}$ 不能由 $\boldsymbol{\alpha}_1,\boldsymbol{\alpha}_2,\boldsymbol{\alpha}_3$ 线性表示.

解法二 用向量 $\boldsymbol{\alpha}_1,\boldsymbol{\alpha}_2,\boldsymbol{\alpha}_3,\boldsymbol{\beta}$ 作成矩阵并对其进行初等行变换如下:

$$\begin{bmatrix}1+\lambda & 1 & 1 & 0\\ 1 & 1+\lambda & 1 & \lambda\\ 1 & 1 & 1+\lambda & \lambda^2\end{bmatrix}\xrightarrow{r_1\leftrightarrow r_2}\begin{bmatrix}1 & 1+\lambda & 1 & \lambda\\ 1+\lambda & 1 & 1 & 0\\ 1 & 1 & 1+\lambda & \lambda^2\end{bmatrix}$$

$$\xrightarrow[r_3-r_1]{r_2-(1+\lambda)r_1}\begin{bmatrix}1 & 1+\lambda & 1 & \lambda\\ 0 & -\lambda^2-2\lambda & -\lambda & -\lambda^2-\lambda\\ 0 & -\lambda & \lambda & \lambda^2-\lambda\end{bmatrix}\xrightarrow{r_2\leftrightarrow r_3}\begin{bmatrix}1 & 1+\lambda & 1 & \lambda\\ 0 & -\lambda & \lambda & \lambda(1-\lambda)\\ 0 & -\lambda(\lambda+2) & -\lambda & -\lambda(\lambda+1)\end{bmatrix}$$

$$\xrightarrow{r_3-(\lambda+2)r_2}\begin{bmatrix}1 & 1+\lambda & 1 & \lambda\\ 0 & -\lambda & \lambda & \lambda(1-\lambda)\\ 0 & 0 & -\lambda(\lambda+3) & -\lambda(\lambda^2+2\lambda-1)\end{bmatrix}.$$

(1) 若 $\lambda\neq0$ 且 $\lambda\neq-3$，则 $R(\boldsymbol{\alpha}_1,\boldsymbol{\alpha}_2,\boldsymbol{\alpha}_3)=R(\boldsymbol{\alpha}_1,\boldsymbol{\alpha}_2,\boldsymbol{\alpha}_3,\boldsymbol{\beta})=3$（向组量 $\boldsymbol{\alpha}_1,\boldsymbol{\alpha}_2,\boldsymbol{\alpha}_3$ 线性无关，而 $\boldsymbol{\alpha}_1,\boldsymbol{\alpha}_2,\boldsymbol{\alpha}_3,\boldsymbol{\beta}$ 线性相关）. 此时，$\boldsymbol{\beta}$ 可由 $\boldsymbol{\alpha}_1,\boldsymbol{\alpha}_2,\boldsymbol{\alpha}_3$ 线性表示，且表示式唯一.

(2) 若 $\lambda=0$，则 $R(\boldsymbol{\alpha}_1,\boldsymbol{\alpha}_2,\boldsymbol{\alpha}_3)=R(\boldsymbol{\alpha}_1,\boldsymbol{\alpha}_2,\boldsymbol{\alpha}_3,\boldsymbol{\beta})=1<3$（向量组 $\boldsymbol{\alpha}_1,\boldsymbol{\alpha}_2,\boldsymbol{\alpha}_3$ 及 $\boldsymbol{\alpha}_1,\boldsymbol{\alpha}_2,\boldsymbol{\alpha}_3,\boldsymbol{\beta}$ 都线性相关，向量组 $\boldsymbol{\alpha}_1,\boldsymbol{\alpha}_2,\boldsymbol{\alpha}_3$ 中任何一个非零向量都可作为两个向量组的一个最大无关组）. 此时，$\boldsymbol{\beta}$ 可由 $\boldsymbol{\alpha}_1,\boldsymbol{\alpha}_2,\boldsymbol{\alpha}_3$ 线性表示，但表示式不唯一.

(3) 若 $\lambda=-3$，则 $R(\boldsymbol{\alpha}_1,\boldsymbol{\alpha}_2,\boldsymbol{\alpha}_3)=2\neq R(\boldsymbol{\alpha}_1,\boldsymbol{\alpha}_2,\boldsymbol{\alpha}_3,\boldsymbol{\beta})=3$（向量组 $\boldsymbol{\alpha}_1,\boldsymbol{\alpha}_2,\boldsymbol{\alpha}_3,\boldsymbol{\beta}$ 的最大无关组含有 3 个向量，其中必有向量 $\boldsymbol{\beta}$）. 此时，$\boldsymbol{\beta}$ 不能由 $\boldsymbol{\alpha}_1,\boldsymbol{\alpha}_2,\boldsymbol{\alpha}_3$ 线性表示.

注 一般地，在用定义讨论向量 $\boldsymbol{\beta}$ 能否由向量组 $\boldsymbol{\alpha}_1,\boldsymbol{\alpha}_2,\cdots,\boldsymbol{\alpha}_m$ 线性表示时，应先假设等式

$$k_1\boldsymbol{\alpha}_1+k_2\boldsymbol{\alpha}_2+\cdots+k_m\boldsymbol{\alpha}_m=\boldsymbol{\beta}$$

成立. 当上式对应的线性方程组有解时，假设成立，即向量 $\boldsymbol{\beta}$ 能由向量组 $\boldsymbol{\alpha}_1,\boldsymbol{\alpha}_2,\cdots,\boldsymbol{\alpha}_m$ 线性表示；当上式对应的线性方程组无解时，该假设不成立，即向量 $\boldsymbol{\beta}$ 不能由向量组 $\boldsymbol{\alpha}_1,\boldsymbol{\alpha}_2,\cdots,\boldsymbol{\alpha}_m$ 线性表示.

在用定义讨论向量组 $\boldsymbol{\alpha}_1,\boldsymbol{\alpha}_2,\cdots,\boldsymbol{\alpha}_m$ 线性相关性时，只需设等式

$$k_1\boldsymbol{\alpha}_1+k_2\boldsymbol{\alpha}_2+\cdots+k_m\boldsymbol{\alpha}_m=\mathbf{0}$$

成立. 此时，上式对应的是齐次线性方程组，该方程组必定有解，且当解唯一（仅有零解）时，向量组线性无关；解不唯一时，向量组线性相关.

例 6 若两个向量组的秩相等，且其中一个向量组可由另一向量组线性表示，则这两个向量组等价.

分析 由于向量组与其最大无关组等价，故两个向量组是否等价可转化为它们的最大无关组是否等价来讨论.

证 不妨设两个向量组的最大无关组分别为 $\boldsymbol{\alpha}_1,\boldsymbol{\alpha}_2,\cdots,\boldsymbol{\alpha}_r$ 和 $\boldsymbol{\beta}_1,\boldsymbol{\beta}_2,\cdots,\boldsymbol{\beta}_r$，且以 $\boldsymbol{\alpha}_1,\boldsymbol{\alpha}_2,\cdots,\boldsymbol{\alpha}_r$ 为最大无关组的向量组可由另一向量组线性表示（此时，$\boldsymbol{\alpha}_1,\boldsymbol{\alpha}_2,\cdots,\boldsymbol{\alpha}_r$ 可由 $\boldsymbol{\beta}_1,\boldsymbol{\beta}_2,\cdots,\boldsymbol{\beta}_r$ 线性表示）.

构造向量组：

$$\boldsymbol{\alpha}_1,\boldsymbol{\alpha}_2,\cdots,\boldsymbol{\alpha}_r,\boldsymbol{\beta}_1,\boldsymbol{\beta}_2,\cdots,\boldsymbol{\beta}_r.$$

由 $\boldsymbol{\beta}_1,\boldsymbol{\beta}_2,\cdots,\boldsymbol{\beta}_r$ 线性无关及 $\boldsymbol{\alpha}_1,\boldsymbol{\alpha}_2,\cdots,\boldsymbol{\alpha}_r$ 可由 $\boldsymbol{\beta}_1,\boldsymbol{\beta}_2,\cdots,\boldsymbol{\beta}_r$ 线性表示可知，$\boldsymbol{\beta}_1,\boldsymbol{\beta}_2,\cdots,\boldsymbol{\beta}_r$ 是上述向量组的一个最大无关组，故

$$R(\boldsymbol{\alpha}_1,\boldsymbol{\alpha}_2,\cdots,\boldsymbol{\alpha}_r,\boldsymbol{\beta}_1,\boldsymbol{\beta}_2,\cdots,\boldsymbol{\beta}_r)=r.$$

再由 $R(\boldsymbol{\alpha}_1,\boldsymbol{\alpha}_2,\cdots,\boldsymbol{\alpha}_r)=r$ 可知，线性无关的向量组 $\boldsymbol{\alpha}_1,\boldsymbol{\alpha}_2,\cdots,\boldsymbol{\alpha}_r$ 亦可作为向量组 $\boldsymbol{\alpha}_1\boldsymbol{\alpha}_2,\cdots,\boldsymbol{\alpha}_r,\boldsymbol{\beta}_1,\boldsymbol{\beta}_2,\cdots,\boldsymbol{\beta}_r$ 的一个最大无关组. 由同一个向量组的任意两个最

大无关组等价可知，向量组 $\boldsymbol{\alpha}_1,\boldsymbol{\alpha}_2,\cdots,\boldsymbol{\alpha}_r$ 与 $\boldsymbol{\beta}_1,\boldsymbol{\beta}_2,\cdots,\boldsymbol{\beta}_r$ 等价.

注　在证明与向量组的线性相关性、向量组的秩，以及向量组的等价性有关的问题中，往往可用构造辅助向量组的方法来解决.

例 7　已知 n 维向量组

（Ⅰ）$\boldsymbol{\alpha}_1,\boldsymbol{\alpha}_2,\cdots,\boldsymbol{\alpha}_s$，

（Ⅱ）$\boldsymbol{\beta}_1,\boldsymbol{\beta}_2,\cdots,\boldsymbol{\beta}_t$

都是线性无关组，且 $s+t>n$. 证明：存在非零向量 $\boldsymbol{\gamma}$ 既可由向量组（Ⅰ）线性表示，也可由向量组（Ⅱ）线性表示.

分析　注意到 $s+t$ 恰好是两个向量组的向量总数，故可考虑用构造辅助向量组的方法解决.

证　构造向量组

（Ⅲ）$\boldsymbol{\alpha}_1,\boldsymbol{\alpha}_2,\cdots,\boldsymbol{\alpha}_s,\boldsymbol{\beta}_1,\boldsymbol{\beta}_2,\cdots,\boldsymbol{\beta}_t$.

由 $s+t>n$ 可知，n 维向量组（Ⅲ）线性相关，即存在不全为零的数 $k_1,k_2,\cdots,k_s,l_1,l_2,\cdots,l_t$，使得

$$k_1\boldsymbol{\alpha}_1+k_2\boldsymbol{\alpha}_2+\cdots+k_s\boldsymbol{\alpha}_s+l_1\boldsymbol{\beta}_1+l_2\boldsymbol{\beta}_2+\cdots+l_t\boldsymbol{\beta}_t=\mathbf{0},$$

即

$$k_1\boldsymbol{\alpha}_1+k_2\boldsymbol{\alpha}_2+\cdots+k_s\boldsymbol{\alpha}_s=-(l_1\boldsymbol{\beta}_1+l_2\boldsymbol{\beta}_2+\cdots+l_t\boldsymbol{\beta}_t)$$

成立.

若 $k_1\boldsymbol{\alpha}_1+k_2\boldsymbol{\alpha}_2+\cdots+k_s\boldsymbol{\alpha}_s=\mathbf{0}$，则 $l_1\boldsymbol{\beta}_1+l_2\boldsymbol{\beta}_2+\cdots+l_t\boldsymbol{\beta}_t=\mathbf{0}$. 且由（Ⅰ）、（Ⅱ）都是线性无关组知，必有 $k_1=k_2=\cdots=k_s=0,l_1=l_2=\cdots=l_t=0$. 此与 $k_1,k_2,\cdots,k_s,l_1,l_2,\cdots,l_t$ 不全为零矛盾，故 $k_1\boldsymbol{\alpha}_1+k_2\boldsymbol{\alpha}_2+\cdots+k_s\boldsymbol{\alpha}_s\neq\mathbf{0}$. 于是，非零向量

$$\boldsymbol{\gamma}=k_1\boldsymbol{\alpha}_1+k_2\boldsymbol{\alpha}_2+\cdots+k_s\boldsymbol{\alpha}_s=-(l_1\boldsymbol{\beta}_1+l_2\boldsymbol{\beta}_2+\cdots+l_t\boldsymbol{\beta}_t)$$

即为所求.

注　该例中构造的向量组（Ⅲ）中可以有重复的向量.

例 8　设有向量组

（Ⅰ）$\boldsymbol{\alpha}_1,\boldsymbol{\alpha}_2,\cdots,\boldsymbol{\alpha}_s$，

（Ⅱ）$\boldsymbol{\beta}_1,\boldsymbol{\beta}_2,\cdots,\boldsymbol{\beta}_t$，

（Ⅲ）$\boldsymbol{\alpha}_1,\boldsymbol{\alpha}_2,\cdots,\boldsymbol{\alpha}_s,\boldsymbol{\beta}_1,\boldsymbol{\beta}_2,\cdots,\boldsymbol{\beta}_t$.

证明：向量组（Ⅰ）能由向量组（Ⅱ）线性表示⇔R（Ⅱ）＝R（Ⅲ）.

分析　这是关于两向量组线性表示与其秩的关系的常用结论之一，其中向量组（Ⅲ）由向量组（Ⅰ）与（Ⅱ）构成（相同的向量不重复合并）.

证　必要性. 显然，向量组（Ⅱ）能由向量组（Ⅲ）线性表示. 由向量组（Ⅰ）可由（Ⅱ）线性表示知，向量组（Ⅲ）必定可由（Ⅱ）线性表示. 于是向量组（Ⅱ）与（Ⅲ）等价，故

$$R(\text{Ⅱ}) = R(\text{Ⅲ}).$$

充分性. 由向量组(Ⅱ)是(Ⅲ)的一个部分组，且 R(Ⅱ)=R(Ⅲ)知，向量组(Ⅱ)的最大无关组(Ⅱ′)亦是(Ⅲ)的最大无关组，因此，向量组(Ⅲ)中的向量 $\boldsymbol{\alpha}_1, \boldsymbol{\alpha}_2, \cdots, \boldsymbol{\alpha}_s$ 可由最大无关组(Ⅱ′)线性表示，亦可由向量组(Ⅱ)线性表示，即向量组(Ⅰ)可由(Ⅱ)线性表示.

注　一般地，若向量组(Ⅰ)能由向量组(Ⅱ)线性表示，则 R(Ⅰ)⩽R(Ⅱ).

特别地，向量组(Ⅰ)与(Ⅱ)等价⇔R(Ⅰ)=R(Ⅱ)=R(Ⅰ Ⅱ).

例 9　设有向量组

(Ⅰ) $\boldsymbol{\alpha}_1=(1,0,2)', \boldsymbol{\alpha}_2=(1,1,3)', \boldsymbol{\alpha}_3=(1,-1,a+2)'$；

(Ⅱ) $\boldsymbol{\beta}_1=(1,2,a+3)', \boldsymbol{\beta}_2=(2,1,a+6)', \boldsymbol{\beta}_3=(2,1,a+4)'$.

试问：当 a 为何值时，向量组(Ⅰ)与(Ⅱ)等价？当 a 为何值时，向量组(Ⅰ)与(Ⅱ)不等价？

分析　此题直接的做法是，选择 a 的值，使得两个向量组能够互相线性表示. 但亦可通过使得

$$R(\text{Ⅰ}) = R(\text{Ⅱ}) = R(\boldsymbol{\alpha}_1, \boldsymbol{\alpha}_2, \boldsymbol{\alpha}_3, \boldsymbol{\beta}_1, \boldsymbol{\beta}_2, \boldsymbol{\beta}_3)$$

成立的方法来确定 a 的值.

解　对矩阵 $[\boldsymbol{\alpha}_1 \quad \boldsymbol{\alpha}_2 \quad \boldsymbol{\alpha}_3 \quad \boldsymbol{\beta}_1 \quad \boldsymbol{\beta}_2 \quad \boldsymbol{\beta}_3]$ 作初等行变换如下：

$$[\boldsymbol{\alpha}_1 \quad \boldsymbol{\alpha}_2 \quad \boldsymbol{\alpha}_3 \quad \boldsymbol{\beta}_1 \quad \boldsymbol{\beta}_2 \quad \boldsymbol{\beta}_3] = \begin{bmatrix} 1 & 1 & 1 & 1 & 2 & 2 \\ 0 & 1 & -1 & 2 & 1 & 1 \\ 2 & 3 & a+2 & a+3 & a+6 & a+4 \end{bmatrix}$$

$$\xrightarrow{r_3-2r_1} \begin{bmatrix} 1 & 1 & 1 & 1 & 2 & 2 \\ 0 & 1 & -1 & 2 & 1 & 1 \\ 0 & 1 & a & a+1 & a+2 & a \end{bmatrix} \xrightarrow{r_3-r_2} \begin{bmatrix} 1 & 1 & 1 & 1 & 2 & 2 \\ 0 & 1 & -1 & 2 & 1 & 1 \\ 0 & 0 & a+1 & a-1 & a+1 & a-1 \end{bmatrix}.$$

当 $a+1\neq 0$ 即 $a\neq -1$ 时，$R(\text{Ⅰ})=R(\boldsymbol{\alpha}_1, \boldsymbol{\alpha}_2, \boldsymbol{\alpha}_3, \boldsymbol{\beta}_1, \boldsymbol{\beta}_2, \boldsymbol{\beta}_3)=3$.

再由行列式

$$|\boldsymbol{\beta}_1 \quad \boldsymbol{\beta}_2 \quad \boldsymbol{\beta}_3| = \begin{vmatrix} 1 & 2 & 2 \\ 2 & 1 & 1 \\ a+3 & a+6 & a+4 \end{vmatrix} = 6 \neq 0$$

知，R(Ⅱ)=3. 从而

$$R(\text{Ⅰ}) = R(\text{Ⅱ}) = R(\boldsymbol{\alpha}_1, \boldsymbol{\alpha}_2, \boldsymbol{\alpha}_3, \boldsymbol{\beta}_1, \boldsymbol{\beta}_2, \boldsymbol{\beta}_3) = 3,$$

即 $a\neq -1$ 时，向量组(Ⅰ)与(Ⅱ)等价.

当 $a+1=0$，即 $a=-1$ 时，

$$[\boldsymbol{\alpha}_1\quad \boldsymbol{\alpha}_2\quad \boldsymbol{\alpha}_3\quad \boldsymbol{\beta}_1\quad \boldsymbol{\beta}_2\quad \boldsymbol{\beta}_3]\sim\begin{bmatrix}1&1&1&1&2&2\\0&1&-1&2&1&1\\0&0&0&-2&0&-2\end{bmatrix}.$$

由于 R(Ⅰ)$=2\neq$R$(\boldsymbol{\alpha}_1,\boldsymbol{\alpha}_2,\boldsymbol{\alpha}_3,\boldsymbol{\beta}_1,\boldsymbol{\beta}_2,\boldsymbol{\beta}_3)=3$. 此时,向量组(Ⅰ)与(Ⅱ)不等价.

注　例 8 关于向量组相互线性表示与其秩的关系的结论使得此类题目的证明或计算大为简化.

例 10　已知向量组

(Ⅰ) $(0,1,2,3)',(3,0,1,2)',(2,3,0,1)'$;

(Ⅱ) $(2,1,1,2)',(0,-2,1,1)',(4,4,1,3)'$.

证明:向量组(Ⅱ)能由(Ⅰ)线性表示,但向量组(Ⅰ)不能由(Ⅱ)线性表示.

分析　向量组(Ⅱ)能由(Ⅰ)线性表示⇔R(Ⅰ)=R(Ⅱ Ⅰ).

向量组(Ⅰ)不能由(Ⅱ)线性表示⇔R(Ⅱ)<R(Ⅱ Ⅰ).

向量组(Ⅱ) 能由(Ⅰ) 线性表示,但向量组(Ⅰ) 不能由(Ⅱ) 线性表示⇔R(Ⅱ) < R(Ⅰ) = R(Ⅱ Ⅰ).

证　对向量组(Ⅱ)、(Ⅰ)构成的矩阵进行初等行变换如下:

$$\begin{bmatrix}2&0&4&0&3&2\\1&-2&4&1&0&3\\1&1&1&2&1&0\\2&1&3&3&2&1\end{bmatrix}\xrightarrow{r_1\leftrightarrow r_3}\begin{bmatrix}1&1&1&2&1&0\\1&-2&4&1&0&3\\2&0&4&0&3&2\\2&1&3&3&2&1\end{bmatrix}$$

$$\xrightarrow[\substack{r_3-2r_1\\r_4-2r_1}]{r_2-r_1}\begin{bmatrix}1&1&1&2&1&0\\0&-3&3&-1&-1&3\\0&-2&2&-4&1&2\\0&-1&1&-1&0&1\end{bmatrix}\xrightarrow{r_2\leftrightarrow r_4}\begin{bmatrix}1&1&1&2&1&0\\0&-1&1&-1&0&1\\0&-2&2&-4&1&2\\0&-3&3&-1&-1&3\end{bmatrix}$$

$$\xrightarrow[r_4-3r_2]{r_3-2r_2}\begin{bmatrix}1&1&1&2&1&0\\0&-1&1&-1&0&1\\0&0&0&-2&1&0\\0&0&0&2&-1&0\end{bmatrix}\xrightarrow{r_4+r_3}\begin{bmatrix}1&1&1&2&1&0\\0&-1&1&-1&0&1\\0&0&0&-2&1&0\\0&0&0&0&0&0\end{bmatrix}.$$

由此可知,R(Ⅱ)=2,R(Ⅱ Ⅰ)=3.

在以上初等行变换的基础上,仅对向量组(Ⅰ)构成的矩阵继续进行初等行变换如下:

$$\begin{bmatrix}0&3&2\\1&0&3\\2&1&0\\3&2&1\end{bmatrix}\sim\begin{bmatrix}2&1&0\\-1&0&1\\-2&1&0\\0&0&0\end{bmatrix}\xrightarrow{r_1\leftrightarrow r_2}\begin{bmatrix}-1&0&1\\2&1&0\\-2&1&0\\0&0&0\end{bmatrix}$$

$$\xrightarrow[r_3-2r_1]{r_2+2r_1}\begin{bmatrix}-1&0&1\\0&1&2\\0&1&-2\\0&0&0\end{bmatrix}\xrightarrow{r_3-r_2}\begin{bmatrix}-1&0&1\\0&1&2\\0&0&-4\\0&0&0\end{bmatrix}.$$

于是，R(Ⅰ)=3.

由于 R(Ⅱ)<R(Ⅰ)=R(Ⅱ Ⅰ)，故向量组(Ⅱ)能由(Ⅰ)线性表示，但向量组(Ⅰ)不能由(Ⅱ)线性表示.

注　在涉及向量组等价或矩阵等价时，应注意以下几个问题：

(1) 秩相等的两个向量组未必等价.

例如，将四维单位坐标向量组分成两个向量组：$\boldsymbol{\varepsilon}_1,\boldsymbol{\varepsilon}_2$ 与 $\boldsymbol{\varepsilon}_3,\boldsymbol{\varepsilon}_4$. 显然有

$$\mathrm{R}(\boldsymbol{\varepsilon}_1,\boldsymbol{\varepsilon}_2)=\mathrm{R}(\boldsymbol{\varepsilon}_3,\boldsymbol{\varepsilon}_4)=2,$$

但向量组 $\boldsymbol{\varepsilon}_1,\boldsymbol{\varepsilon}_2$ 与 $\boldsymbol{\varepsilon}_3,\boldsymbol{\varepsilon}_4$ 不等价.

(2) 两个向量组等价时，两向量组分别构成的矩阵未必等价.

例如，向量组 $\boldsymbol{\varepsilon}_1=(1,0),\boldsymbol{\varepsilon}_2=(0,1)$ 与向量组 $\boldsymbol{\varepsilon}_1=(1,0),\boldsymbol{\varepsilon}_2=(0,1),\boldsymbol{\varepsilon}=(0,0)$ 等价，但它们分别构成的矩阵

$$\begin{bmatrix}1&0\\0&1\end{bmatrix}\quad 与\quad \begin{bmatrix}1&0\\0&1\\0&0\end{bmatrix}\quad \left(或\begin{bmatrix}1&0\\0&1\end{bmatrix}\quad 与\quad \begin{bmatrix}1&0&0\\0&1&0\end{bmatrix}\right)$$

不等价.

(3) 当两个向量组等价，且向量组中所含向量的个数相等时，两向量组构成的矩阵等价.

(4) 两个矩阵等价时，以它们的每一行(或列)为向量分别构成的两个向量组未必等价.

例如，矩阵

$$\begin{bmatrix}0&0\\0&1\\1&0\end{bmatrix}\xrightarrow{r_3\leftrightarrow r_1}\begin{bmatrix}1&0\\0&1\\0&0\end{bmatrix}.$$

但两个矩阵的列向量组

$$\boldsymbol{\varepsilon}_3=\begin{bmatrix}0\\0\\1\end{bmatrix},\quad \boldsymbol{\varepsilon}_2=\begin{bmatrix}0\\1\\0\end{bmatrix}\quad 与\quad \boldsymbol{\varepsilon}_1=\begin{bmatrix}1\\0\\0\end{bmatrix},\quad \boldsymbol{\varepsilon}_2=\begin{bmatrix}0\\1\\0\end{bmatrix}$$

不等价.

例 11　设向量组

（Ⅰ）$\boldsymbol{\alpha}_1,\boldsymbol{\alpha}_2,\boldsymbol{\alpha}_3$；

（Ⅱ）$\boldsymbol{\alpha}_1,\boldsymbol{\alpha}_2,\boldsymbol{\alpha}_3,\boldsymbol{\alpha}_4$；

（Ⅲ）$\boldsymbol{\alpha}_1,\boldsymbol{\alpha}_2,\boldsymbol{\alpha}_3,\boldsymbol{\alpha}_5$.

若已知 R(Ⅰ)=R(Ⅱ)=3，R(Ⅲ)=4，证明：$R(\boldsymbol{\alpha}_1,\boldsymbol{\alpha}_2,\boldsymbol{\alpha}_3,\boldsymbol{\alpha}_5-\boldsymbol{\alpha}_4)=4$.

分析　$R(\boldsymbol{\alpha}_1,\boldsymbol{\alpha}_2,\boldsymbol{\alpha}_3,\boldsymbol{\alpha}_5-\boldsymbol{\alpha}_4)=4\Leftrightarrow$向量组 $\boldsymbol{\alpha}_1,\boldsymbol{\alpha}_2,\boldsymbol{\alpha}_3,\boldsymbol{\alpha}_5-\boldsymbol{\alpha}_4$ 线性无关$\Leftrightarrow$向量组 $\boldsymbol{\alpha}_1,\boldsymbol{\alpha}_2,\boldsymbol{\alpha}_3,\boldsymbol{\alpha}_5-\boldsymbol{\alpha}_4$ 与向量组(Ⅲ)等价.

证　证法一　用定义.

设

$$k_1\boldsymbol{\alpha}_1+k_2\boldsymbol{\alpha}_2+k_3\boldsymbol{\alpha}_3+k_4(\boldsymbol{\alpha}_5-\boldsymbol{\alpha}_4)=\mathbf{0}. \tag{2.3}$$

由 R(Ⅰ)=R(Ⅱ)=3，即向量组 $\boldsymbol{\alpha}_1,\boldsymbol{\alpha}_2,\boldsymbol{\alpha}_3$ 线性无关，向量组 $\boldsymbol{\alpha}_1,\boldsymbol{\alpha}_2,\boldsymbol{\alpha}_3,\boldsymbol{\alpha}_4$ 线性相关可知，向量 $\boldsymbol{\alpha}_4$ 可由 $\boldsymbol{\alpha}_1,\boldsymbol{\alpha}_2,\boldsymbol{\alpha}_3$ 线性表示. 设

$$\boldsymbol{\alpha}_4=\lambda_1\boldsymbol{\alpha}_1+\lambda_2\boldsymbol{\alpha}_2+\lambda_3\boldsymbol{\alpha}_3$$

并代入式(2.3)得

$$(k_1-\lambda_1k_4)\boldsymbol{\alpha}_1+(k_2-\lambda_2k_4)\boldsymbol{\alpha}_2+(k_3-\lambda_3k_4)\boldsymbol{\alpha}_3+k_4\boldsymbol{\alpha}_5=\mathbf{0}. \tag{2.4}$$

由 R(Ⅲ)=4，即向量组 $\boldsymbol{\alpha}_1,\boldsymbol{\alpha}_2,\boldsymbol{\alpha}_3,\boldsymbol{\alpha}_5$ 线性无关可知，式(2.4)仅当

$$\begin{cases}k_1-\lambda_1k_4=0,\\ k_2-\lambda_2k_4=0,\\ k_3-\lambda_3k_4=0,\\ k_4=0\end{cases}$$

时成立. 而该齐次线性方程组仅有零解：$k_1=k_2=k_3=k_4=0$，故向量组 $\boldsymbol{\alpha}_1,\boldsymbol{\alpha}_2,\boldsymbol{\alpha}_3,\boldsymbol{\alpha}_5-\boldsymbol{\alpha}_4$ 线性无关，从而

$$R(\boldsymbol{\alpha}_1,\boldsymbol{\alpha}_2,\boldsymbol{\alpha}_3,\boldsymbol{\alpha}_5-\boldsymbol{\alpha}_4)=4.$$

证法二　用向量组等价.

显然，要证向量组(Ⅲ)$\boldsymbol{\alpha}_1,\boldsymbol{\alpha}_2,\boldsymbol{\alpha}_3,\boldsymbol{\alpha}_5$ 可由向量组 $\boldsymbol{\alpha}_1,\boldsymbol{\alpha}_2,\boldsymbol{\alpha}_3,\boldsymbol{\alpha}_5-\boldsymbol{\alpha}_4$ 线性表示，只需证明向量 $\boldsymbol{\alpha}_5$ 可由向量组 $\boldsymbol{\alpha}_1,\boldsymbol{\alpha}_2,\boldsymbol{\alpha}_3,\boldsymbol{\alpha}_5-\boldsymbol{\alpha}_4$ 线性表示.

事实上，由 R(Ⅰ)=R(Ⅱ)=3，即向量组 $\boldsymbol{\alpha}_1,\boldsymbol{\alpha}_2,\boldsymbol{\alpha}_3$ 线性无关，向量组 $\boldsymbol{\alpha}_1,\boldsymbol{\alpha}_2,\boldsymbol{\alpha}_3,\boldsymbol{\alpha}_4$ 线性相关可知，向量 $\boldsymbol{\alpha}_4$ 可由 $\boldsymbol{\alpha}_1,\boldsymbol{\alpha}_2,\boldsymbol{\alpha}_3$ 线性表示. 若设

$$\boldsymbol{\alpha}_4=\lambda_1\boldsymbol{\alpha}_1+\lambda_2\boldsymbol{\alpha}_2+\lambda_3\boldsymbol{\alpha}_3,$$

即

$$\mathbf{0}=\lambda_1\boldsymbol{\alpha}_1+\lambda_2\boldsymbol{\alpha}_2+\lambda_3\boldsymbol{\alpha}_3-\boldsymbol{\alpha}_4,$$

则

$$\boldsymbol{\alpha}_5=\mathbf{0}+\boldsymbol{\alpha}_5=\lambda_1\boldsymbol{\alpha}_1+\lambda_2\boldsymbol{\alpha}_2+\lambda_3\boldsymbol{\alpha}_3+(\boldsymbol{\alpha}_5-\boldsymbol{\alpha}_4).$$

故 $\boldsymbol{\alpha}_5$ 可由 $\boldsymbol{\alpha}_1,\boldsymbol{\alpha}_2,\boldsymbol{\alpha}_3,\boldsymbol{\alpha}_5-\boldsymbol{\alpha}_4$ 线性表示.

要证向量组 $\boldsymbol{\alpha}_1,\boldsymbol{\alpha}_2,\boldsymbol{\alpha}_3,\boldsymbol{\alpha}_5-\boldsymbol{\alpha}_4$ 可由向量组(Ⅲ)$\boldsymbol{\alpha}_1,\boldsymbol{\alpha}_2,\boldsymbol{\alpha}_3,\boldsymbol{\alpha}_5$ 线性表示，只需证明向量 $\boldsymbol{\alpha}_5-\boldsymbol{\alpha}_4$ 可由 $\boldsymbol{\alpha}_1,\boldsymbol{\alpha}_2,\boldsymbol{\alpha}_3,\boldsymbol{\alpha}_5$ 线性表示.

事实上，向量 $\boldsymbol{\alpha}_4$ 可由 $\boldsymbol{\alpha}_1,\boldsymbol{\alpha}_2,\boldsymbol{\alpha}_3$ 线性表示，故 $\boldsymbol{\alpha}_4$ 可由 $\boldsymbol{\alpha}_1,\boldsymbol{\alpha}_2,\boldsymbol{\alpha}_3,\boldsymbol{\alpha}_5$ 线性表示. 显然，向量 $\boldsymbol{\alpha}_5$ 可由 $\boldsymbol{\alpha}_1,\boldsymbol{\alpha}_2,\boldsymbol{\alpha}_3,\boldsymbol{\alpha}_5$ 线性表示，故向量 $\boldsymbol{\alpha}_5-\boldsymbol{\alpha}_4$ 可由 $\boldsymbol{\alpha}_1,\boldsymbol{\alpha}_2,\boldsymbol{\alpha}_3,\boldsymbol{\alpha}_5$ 线性表示.

综上所述，向量组(Ⅲ)与向量组 $\boldsymbol{\alpha}_1,\boldsymbol{\alpha}_2,\boldsymbol{\alpha}_3,\boldsymbol{\alpha}_5-\boldsymbol{\alpha}_4$ 等价. 于是

$$\mathrm{R}(\boldsymbol{\alpha}_1,\boldsymbol{\alpha}_2,\boldsymbol{\alpha}_3,\boldsymbol{\alpha}_5-\boldsymbol{\alpha}_4)=\mathrm{R}(\text{Ⅲ})=4.$$

证法三　用反证法.

假设向量组 $\boldsymbol{\alpha}_1,\boldsymbol{\alpha}_2,\boldsymbol{\alpha}_3,\boldsymbol{\alpha}_5-\boldsymbol{\alpha}_4$ 线性相关，则由 $\boldsymbol{\alpha}_1,\boldsymbol{\alpha}_2,\boldsymbol{\alpha}_3$ 线性无关可知，向量 $\boldsymbol{\alpha}_5-\boldsymbol{\alpha}_4$ 可由 $\boldsymbol{\alpha}_1,\boldsymbol{\alpha}_2,\boldsymbol{\alpha}_3$ 线性表示.

因为向量组 $\boldsymbol{\alpha}_1,\boldsymbol{\alpha}_2,\boldsymbol{\alpha}_3,\boldsymbol{\alpha}_4$ 线性相关，$\boldsymbol{\alpha}_1,\boldsymbol{\alpha}_2,\boldsymbol{\alpha}_3$ 线性无关，故 $\boldsymbol{\alpha}_4$ 可由 $\boldsymbol{\alpha}_1,\boldsymbol{\alpha}_2,\boldsymbol{\alpha}_3$ 线性表示. 由上述向量 $\boldsymbol{\alpha}_5-\boldsymbol{\alpha}_4$ 可由 $\boldsymbol{\alpha}_1,\boldsymbol{\alpha}_2,\boldsymbol{\alpha}_3$ 线性表示可知：向量 $\boldsymbol{\alpha}_5$ 可由 $\boldsymbol{\alpha}_1,\boldsymbol{\alpha}_2,\boldsymbol{\alpha}_3$ 线性表示，从而向量组 $\boldsymbol{\alpha}_1,\boldsymbol{\alpha}_2,\boldsymbol{\alpha}_3,\boldsymbol{\alpha}_5$ 线性相关. 此与 R(Ⅲ)=4，即 $\boldsymbol{\alpha}_1,\boldsymbol{\alpha}_2,\boldsymbol{\alpha}_3,\boldsymbol{\alpha}_5$ 线性无关矛盾. 于是，向量组 $\boldsymbol{\alpha}_1,\boldsymbol{\alpha}_2,\boldsymbol{\alpha}_3,\boldsymbol{\alpha}_5-\boldsymbol{\alpha}_4$ 线性无关，故

$$\mathrm{R}(\boldsymbol{\alpha}_1,\boldsymbol{\alpha}_2,\boldsymbol{\alpha}_3,\boldsymbol{\alpha}_5-\boldsymbol{\alpha}_4)=4.$$

证法四　用初等变换.

由证法一知：$\boldsymbol{\alpha}_4=\lambda_1\boldsymbol{\alpha}_1+\lambda_2\boldsymbol{\alpha}_2+\lambda_3\boldsymbol{\alpha}_3$. 不妨设 $\boldsymbol{\alpha}_i$ 为行向量，将向量组 $\boldsymbol{\alpha}_1,\boldsymbol{\alpha}_2,\boldsymbol{\alpha}_3,\boldsymbol{\alpha}_5-\boldsymbol{\alpha}_4$ 做成的矩阵进行初等行变换如下：

$$\begin{bmatrix}\boldsymbol{\alpha}_1\\ \boldsymbol{\alpha}_2\\ \boldsymbol{\alpha}_3\\ \boldsymbol{\alpha}_5-\boldsymbol{\alpha}_4\end{bmatrix}=\begin{bmatrix}\boldsymbol{\alpha}_1\\ \boldsymbol{\alpha}_2\\ \boldsymbol{\alpha}_3\\ \boldsymbol{\alpha}_5-\lambda_1\boldsymbol{\alpha}_1-\lambda_2\boldsymbol{\alpha}_2-\lambda_3\boldsymbol{\alpha}_3\end{bmatrix}\xrightarrow[r_4-\lambda_3r_3]{\substack{r_4-\lambda_1r_1\\ r_4-\lambda_2r_2}}\begin{bmatrix}\boldsymbol{\alpha}_1\\ \boldsymbol{\alpha}_2\\ \boldsymbol{\alpha}_3\\ \boldsymbol{\alpha}_5\end{bmatrix}.$$

由初等变换不改变矩阵的秩(即行向量组及列向量组的秩)可知

$$\mathrm{R}(\boldsymbol{\alpha}_1,\boldsymbol{\alpha}_2,\boldsymbol{\alpha}_3,\boldsymbol{\alpha}_5-\boldsymbol{\alpha}_4)=\mathrm{R}(\text{Ⅲ})=4.$$

注　证法四亦可用于将向量 $\boldsymbol{\alpha}_i$ 作为矩阵的列向量并对矩阵进行初等列变换求秩：

$$[\boldsymbol{\alpha}_1\ \ \boldsymbol{\alpha}_2\ \ \boldsymbol{\alpha}_3\ \ \boldsymbol{\alpha}_5-\boldsymbol{\alpha}_4]=[\boldsymbol{\alpha}_1\ \ \boldsymbol{\alpha}_2\ \ \boldsymbol{\alpha}_3\ \ \boldsymbol{\alpha}_5-\lambda_1\boldsymbol{\alpha}_1-\lambda_2\boldsymbol{\alpha}_2-\lambda_3\boldsymbol{\alpha}_3]\xrightarrow[c_4-\lambda_3c_3]{\substack{c_4-\lambda_1c_1\\ c_4-\lambda_2c_2}}[\boldsymbol{\alpha}_1\ \ \boldsymbol{\alpha}_2\ \ \boldsymbol{\alpha}_3\ \ \boldsymbol{\alpha}_5].$$

例 12　判断以下三维向量集合是否是 $\mathbf{R}^3$ 的子空间. 若是子空间，求其维数及一个基.

(1) $W_1=\{(x,y,z)\mid x+y-2z=0\}$；

(2) $W_2=\left\{(x,y,z)\left|\frac{x-1}{2}=\frac{y}{-1}=z+2\right.\right\}$.

分析　由于 $W_i\subset\mathbf{R}^3$，故向量集合 $W_i(i=1,2)$ 是 $\mathbf{R}^3$ 的子空间$\Leftrightarrow W_i$ 同时对向量的加法以及数与向量的乘法运算封闭.

解　(1) $\forall\boldsymbol{\alpha}_1=(x_1,y_1,z_1)\in W_1,\boldsymbol{\alpha}_2=(x_2,y_2,z_2)\in W_1$，其中

$$x_1+y_1-2z_1=0,\quad x_2+y_2-2z_2=0,$$

于是

$$\boldsymbol{\alpha}_1+\boldsymbol{\alpha}_2=(x_1+x_2,y_1+y_2,z_1+z_2),\quad \lambda\boldsymbol{\alpha}_1=(\lambda x_1,\lambda y_1,\lambda z_1),\quad \lambda\in\mathbf{R}.$$

由于

$$(x_1+x_2)+(y_1+y_2)-2(z_1+z_2)=(x_1+y_1-2z_1)+(x_2+y_2-2z_2)=0,$$
$$\lambda x_1+\lambda y_1-2\lambda z_1=\lambda(x_1+y_1-2z_1)=0,$$

所以 $\boldsymbol{\alpha}_1+\boldsymbol{\alpha}_2\in W_1,\lambda\boldsymbol{\alpha}_1\in W_1$，即 W_1 是 $\mathbf{R}^3$ 的一个子空间.

方程 $x+y-2z=0$ 的任意一组解 $(x,y,z)\in W_1$. 由 $\mathbf{0}\neq(2,0,1)\in W_1$ 知 $\mathrm{R}(W_1)\geqslant1$；取 $(0,2,1)\in W_1$，由 $(2,0,1),(0,2,1)$ 线性无关可知：$\mathrm{R}(W_1)\geqslant2$.

$\forall(x,y,z)\in W_1$，其中 $x+y-2z=0$. 考察向量组

$$(2,0,1),\quad (0,2,1),\quad (x,y,z)$$

的线性相关性. 由

$$\begin{bmatrix}2&0&x\\0&2&y\\1&1&z\end{bmatrix}\xrightarrow{r_1\leftrightarrow r_3}\begin{bmatrix}1&1&z\\0&2&y\\2&0&x\end{bmatrix}\xrightarrow{r_3-2r_1}\begin{bmatrix}1&1&z\\0&2&y\\0&-2&x-2z\end{bmatrix}$$
$$\xrightarrow{r_3+r_2}\begin{bmatrix}1&1&z\\0&2&y\\0&0&x+y-2z\end{bmatrix}=\begin{bmatrix}1&1&z\\0&2&y\\0&0&0\end{bmatrix}$$

可知，向量组 $(2,0,1),(0,2,1),(x,y,z)$ 线性相关，故 $\mathrm{R}(W_1)=2$，即向量空间 W_1 的维数是 2，其中向量 $(2,0,1),(0,2,1)$ 即为 W_1 的一个基.

(2) 使得 $\frac{x-1}{2}=\frac{y}{-1}=z+2$ 成立的一组数 $(x,y,z)\in W_2$. 若取 $(1,0,-2)\in W_2,(3,-1,-1)\in W_2$，则 $(1,0,-2)+(3,-1,-1)=(4,-1,-3)$. 由于 $x=4$，$y=-1,z=-3$ 不满足等式 $\frac{x-1}{2}=\frac{y}{-1}=z+2$，故 $(4,-1,-3)\notin W_2$，即 W_2 对向量的加法不封闭. 所以，向量集合 W_2 不构成向量空间.

注　一般地，向量空间的子空间的维数不大于空间的维数.

四、习题选解

3. 填空题

(2) 当 $k=$ ________ 时,向量 $\boldsymbol{\beta}=(1,k,5)$ 能由 $\boldsymbol{\alpha}_1=(1,-3,2)$,$\boldsymbol{\alpha}_2=(2,-1,1)$ 线性表示.

解 $\begin{bmatrix}1 & 2 & 1\\ -3 & -1 & k\\ 2 & 1 & 5\end{bmatrix}\sim\begin{bmatrix}1 & 2 & 1\\ 0 & 1 & -1\\ 0 & 0 & 8+k\end{bmatrix}$,$\boldsymbol{\beta}$ 能由 $\boldsymbol{\alpha}_1,\boldsymbol{\alpha}_2$ 线性表示 $\Rightarrow\boldsymbol{\beta},\boldsymbol{\alpha}_1,\boldsymbol{\alpha}_2$ 线性相关 $\Rightarrow \mathrm{R}(\boldsymbol{\beta},\boldsymbol{\alpha}_1,\boldsymbol{\alpha}_2)=2<3\Rightarrow 8+k=0\Rightarrow k=-8$.

(3) 若使向量组 $\left(c,-\frac{1}{2},-\frac{1}{2}\right)$,$\left(-\frac{1}{2},c,-\frac{1}{2}\right)$,$\left(-\frac{1}{2},-\frac{1}{2},c\right)$ 线性相关,则 $c=$ ________.

解 由 $\begin{vmatrix}c & -\frac{1}{2} & -\frac{1}{2}\\ -\frac{1}{2} & c & -\frac{1}{2}\\ -\frac{1}{2} & -\frac{1}{2} & c\end{vmatrix}=\left(c+\frac{1}{2}\right)^2(c-1)=0$,即得 $c=-\frac{1}{2}$ 或 $c=1$.

(4) 已知向量组 $\boldsymbol{\alpha}_1=(1,2,3,4)$,$\boldsymbol{\alpha}_2=(2,3,4,5)$,$\boldsymbol{\alpha}_3=(3,4,5,6)$,$\boldsymbol{\alpha}_4=(4,5,6,t)$,且 $\mathrm{R}(\boldsymbol{\alpha}_1,\boldsymbol{\alpha}_2,\boldsymbol{\alpha}_3,\boldsymbol{\alpha}_4)=2$,则 $t=$ ________.

解 $\begin{bmatrix}1 & 2 & 3 & 4\\ 2 & 3 & 4 & 5\\ 3 & 4 & 5 & 6\\ 4 & 5 & 6 & t\end{bmatrix}\sim\begin{bmatrix}1 & 2 & 3 & 4\\ 0 & 1 & 2 & 3\\ 0 & 0 & 0 & t-7\\ 0 & 0 & 0 & 0\end{bmatrix}$,由 $\mathrm{R}(\boldsymbol{\alpha}_1,\boldsymbol{\alpha}_2,\boldsymbol{\alpha}_3,\boldsymbol{\alpha}_4)=2\Rightarrow t-7=0\Rightarrow t=7$.

(5) 设有以下向量组:

(Ⅰ) $\boldsymbol{\alpha}_1,\boldsymbol{\alpha}_2,\boldsymbol{\alpha}_3$　(Ⅱ) $\boldsymbol{\alpha}_1,\boldsymbol{\alpha}_2,\boldsymbol{\alpha}_3,\boldsymbol{\alpha}_4$　(Ⅲ) $\boldsymbol{\alpha}_1,\boldsymbol{\alpha}_2,\boldsymbol{\alpha}_3,\boldsymbol{\alpha}_5$　(Ⅳ) $\boldsymbol{\alpha}_1,\boldsymbol{\alpha}_2,\boldsymbol{\alpha}_3,\boldsymbol{\alpha}_5-\boldsymbol{\alpha}_4$

若 R(Ⅰ)=R(Ⅱ)=3, R(Ⅲ)=4, 则 R(Ⅳ)= ________.

解 由 R(Ⅰ)=R(Ⅱ)=3 可知,向量 $\boldsymbol{\alpha}_4$ 必定可由线性无关向量组(Ⅰ)线性表示.

假设 R(Ⅳ)=3, 则向量 $\boldsymbol{\alpha}_5-\boldsymbol{\alpha}_4$ 必定可由向量组(Ⅰ)线性表示,设

$$\boldsymbol{\alpha}_5-\boldsymbol{\alpha}_4=l_1\boldsymbol{\alpha}_1+l_2\boldsymbol{\alpha}_2+l_3\boldsymbol{\alpha}_3,$$

即

$$\boldsymbol{\alpha}_5=(l_1+k_1)\boldsymbol{\alpha}_1+(l_2+k_2)\boldsymbol{\alpha}_2+(l_3+k_3)\boldsymbol{\alpha}_3.$$

上式表明,向量组(Ⅲ)中 $\boldsymbol{\alpha}_5$ 可由向量组(Ⅰ)线性表示,于是 R(Ⅲ)=3. 此与已知 R(Ⅲ)=4 矛盾,于是 R(Ⅳ)=4.

4.(1) 如果向量组 $\boldsymbol{\alpha}_1,\boldsymbol{\alpha}_2,\cdots,\boldsymbol{\alpha}_r$ 线性无关，向量 $\boldsymbol{\alpha}_{r+1}$ 不能由 $\boldsymbol{\alpha}_1,\boldsymbol{\alpha}_2,\cdots,\boldsymbol{\alpha}_r$ 线性表示，那么，向量组 $\boldsymbol{\alpha}_1,\boldsymbol{\alpha}_2,\cdots,\boldsymbol{\alpha}_r,\boldsymbol{\alpha}_{r+1}$ 线性无关.

正确　证　假设 $\boldsymbol{\alpha}_1,\boldsymbol{\alpha}_2,\cdots,\boldsymbol{\alpha}_r,\boldsymbol{\alpha}_{r+1}$ 线性相关，则存在一组不全为零的数 $k_1,k_2,\cdots,k_r,k_{r+1}$ 使得 $k_1\boldsymbol{\alpha}_1+k_2\boldsymbol{\alpha}_2+\cdots+k_r\boldsymbol{\alpha}_r+k_{r+1}\boldsymbol{\alpha}_{r+1}=\mathbf{0}$ 成立. 若 $k_{r+1}\neq 0$，则 $\boldsymbol{\alpha}_{r+1}$ 可由 $\boldsymbol{\alpha}_1,\boldsymbol{\alpha}_2,\cdots,\boldsymbol{\alpha}_r$ 线性表示，此为矛盾，故 $k_{r+1}=0$，此时，不全为零的数 $k_1,k_2,\cdots,k_r$ 使得 $k_1\boldsymbol{\alpha}_1+k_2\boldsymbol{\alpha}_2+\cdots+k_r\boldsymbol{\alpha}_r=\mathbf{0}$ 成立，此与向量组 $\boldsymbol{\alpha}_1,\boldsymbol{\alpha}_2,\cdots,\boldsymbol{\alpha}_r$ 线性无关矛盾，故向量组 $\boldsymbol{\alpha}_1,\boldsymbol{\alpha}_2,\cdots,\boldsymbol{\alpha}_r,\boldsymbol{\alpha}_{r+1}$ 线性无关.

(2) 设向量组 $\boldsymbol{\alpha}_1,\boldsymbol{\alpha}_2,\cdots,\boldsymbol{\alpha}_m$ 线性相关，向量组 $\boldsymbol{\beta}_1,\boldsymbol{\beta}_2,\cdots,\boldsymbol{\beta}_m$ 亦线性相关，那么，向量组 $\boldsymbol{\alpha}_1+\boldsymbol{\beta}_1,\boldsymbol{\alpha}_2+\boldsymbol{\beta}_2,\cdots,\boldsymbol{\alpha}_m+\boldsymbol{\beta}_m$ 也线性相关.

错误　反例：3 维向量组 $\boldsymbol{\alpha}_1=\boldsymbol{\varepsilon}_1,\boldsymbol{\alpha}_2=\boldsymbol{\varepsilon}_2,\boldsymbol{\alpha}_3=\mathbf{0}$ 及 $\boldsymbol{\beta}_1=\boldsymbol{\beta}_2=\mathbf{0},\boldsymbol{\beta}_3=\boldsymbol{\varepsilon}_3$ 线性相关，但向量组 $\boldsymbol{\alpha}_1+\boldsymbol{\beta}_1=\boldsymbol{\varepsilon}_1,\boldsymbol{\alpha}_2+\boldsymbol{\beta}_2=\boldsymbol{\varepsilon}_2,\boldsymbol{\alpha}_3+\boldsymbol{\beta}_3=\boldsymbol{\varepsilon}_3$ 线性无关.

(3) 设向量组 $\boldsymbol{\alpha}_1,\boldsymbol{\alpha}_2,\cdots,\boldsymbol{\alpha}_m$ 中任意两个向量组成的部分组线性无关，那么，向量组 $\boldsymbol{\alpha}_1,\boldsymbol{\alpha}_2,\cdots,\boldsymbol{\alpha}_m$ 线性无关.

错误　反例：3 维向量组 $\boldsymbol{\varepsilon}_1,\boldsymbol{\varepsilon}_2,\boldsymbol{\varepsilon}_3,\boldsymbol{\alpha}=(1,1,1)$ 中任意两个向量都线性无关，但向量组 $\boldsymbol{\varepsilon}_1,\boldsymbol{\varepsilon}_2,\boldsymbol{\varepsilon}_3,\boldsymbol{\alpha}$ 线性相关.

(4) 线性相关向量组的任意一个部分组必线性相关.

错误　反例：见(3).

(5) 等价向量组含有相同个数的向量.

错误　反例：(3)中向量组 $\boldsymbol{\varepsilon}_1,\boldsymbol{\varepsilon}_2,\boldsymbol{\varepsilon}_3,\boldsymbol{\alpha}\sim\boldsymbol{\varepsilon}_1,\boldsymbol{\varepsilon}_2,\boldsymbol{\varepsilon}_3$，但所含向量个数不同.

(6) 秩相等的两个向量组等价.

错误　反例：(3)中向量有：$R(\boldsymbol{\varepsilon}_1,\boldsymbol{\varepsilon}_2)=R(\boldsymbol{\varepsilon}_3,\boldsymbol{\alpha})=2$，但向量组 $\boldsymbol{\varepsilon}_1,\boldsymbol{\varepsilon}_2$ 与 $\boldsymbol{\varepsilon}_3,\boldsymbol{\alpha}$ 不等价.

(7) 若 n 维单位坐标向量组 $\boldsymbol{\varepsilon}_1,\boldsymbol{\varepsilon}_2,\cdots,\boldsymbol{\varepsilon}_n$ 与 n 维向量组 $\boldsymbol{\alpha}_1,\boldsymbol{\alpha}_2,\cdots,\boldsymbol{\alpha}_n$ 等价，则向量组 $\boldsymbol{\alpha}_1,\boldsymbol{\alpha}_2,\cdots,\boldsymbol{\alpha}_n$ 线性无关.

正确　证　由已知有

$\boldsymbol{\varepsilon}_1,\boldsymbol{\varepsilon}_2,\cdots,\boldsymbol{\varepsilon}_n\sim\boldsymbol{\alpha}_1,\boldsymbol{\alpha}_2,\cdots,\boldsymbol{\alpha}_n\Rightarrow R(\boldsymbol{\alpha}_1,\boldsymbol{\alpha}_2,\cdots,\boldsymbol{\alpha}_n)=R(\boldsymbol{\varepsilon}_1,\boldsymbol{\varepsilon}_2,\cdots,\boldsymbol{\varepsilon}_n)=n$，故向量组 $\boldsymbol{\alpha}_1,\boldsymbol{\alpha}_2,\cdots,\boldsymbol{\alpha}_n$ 线性无关.

(8) 设向量 $\boldsymbol{\alpha}$ 可由 $\boldsymbol{\alpha}_1,\boldsymbol{\alpha}_2,\cdots,\boldsymbol{\alpha}_r$ 线性表示，但不能由 $\boldsymbol{\alpha}_1,\boldsymbol{\alpha}_2,\cdots,\boldsymbol{\alpha}_{r-1}$ 线性表示，那么，向量组 $\boldsymbol{\alpha}_1,\boldsymbol{\alpha}_2,\cdots,\boldsymbol{\alpha}_{r-1},\boldsymbol{\alpha}_r$ 与向量组 $\boldsymbol{\alpha}_1,\boldsymbol{\alpha}_2,\cdots,\boldsymbol{\alpha}_{r-1},\boldsymbol{\alpha}$ 等价.

正确　证　由 $\boldsymbol{\alpha}$ 可由 $\boldsymbol{\alpha}_1,\boldsymbol{\alpha}_2,\cdots,\boldsymbol{\alpha}_r$ 线性表示可知，向量组 $\boldsymbol{\alpha}_1,\boldsymbol{\alpha}_2,\cdots,\boldsymbol{\alpha}_{r-1},\boldsymbol{\alpha}$ 可由向量组 $\boldsymbol{\alpha}_1,\boldsymbol{\alpha}_2,\cdots,\boldsymbol{\alpha}_{r-1},\boldsymbol{\alpha}_r$ 线性表示. 再由 $\boldsymbol{\alpha}$ 可由 $\boldsymbol{\alpha}_1,\boldsymbol{\alpha}_2,\cdots,\boldsymbol{\alpha}_r$ 线性表示，但不能由 $\boldsymbol{\alpha}_1,\boldsymbol{\alpha}_2,\cdots,\boldsymbol{\alpha}_{r-1}$ 线性表示可知，$\boldsymbol{\alpha}_r$ 可由 $\boldsymbol{\alpha}_1,\boldsymbol{\alpha}_2,\cdots,\boldsymbol{\alpha}_{r-1},\boldsymbol{\alpha}$ 线性表示，于是

$$\boldsymbol{\alpha}_1,\boldsymbol{\alpha}_2,\cdots,\boldsymbol{\alpha}_{r-1},\boldsymbol{\alpha}_r\sim\boldsymbol{\alpha}_1,\boldsymbol{\alpha}_2,\cdots,\boldsymbol{\alpha}_{r-1},\boldsymbol{\alpha}.$$

5.(1) 下列向量组线性无关的是________.

A. (1,2,3,4),(4,3,2,1),(0,0,0,0)

B. $(a,b,c,),(b,c,d),(c,d,e),(d,e,f)$

C. $(a,1,b,0,0),(c,0,d,2,3),(e,4,f,5,6)$

D. $(a,1,2,3),(b,1,2,3),(c,4,2,3),(d,0,0,0)$

解　选 C.

A 含有零向量必定线性相关；B 中 4 个 3 维向量必定线性相关；D 中 4 个 4 维向量，由行列式

$$\begin{vmatrix} a & 1 & 2 & 3 \\ b & 1 & 2 & 3 \\ c & 4 & 2 & 3 \\ d & 0 & 0 & 0 \end{vmatrix} = d(-1)^5 \begin{vmatrix} 1 & 2 & 3 \\ 1 & 2 & 3 \\ 4 & 2 & 3 \end{vmatrix} = 0$$

可知，D 中向量组线性相关(或根据 C 中向量组的缩减组$(1,0,0),(0,2,3),(4,5,6)$线性无关直接确定).

(2) 设向量组 $\boldsymbol{\alpha}_1,\boldsymbol{\alpha}_2,\boldsymbol{\alpha}_3$ 线性无关，则下列向量组线性相关的是________.

A. $\boldsymbol{\alpha}_1-\boldsymbol{\alpha}_2,\boldsymbol{\alpha}_2-\boldsymbol{\alpha}_3,\boldsymbol{\alpha}_3-\boldsymbol{\alpha}_1$　　B. $\boldsymbol{\alpha}_1+\boldsymbol{\alpha}_2,\boldsymbol{\alpha}_2+\boldsymbol{\alpha}_3,\boldsymbol{\alpha}_3+\boldsymbol{\alpha}_1$

C. $\boldsymbol{\alpha}_1-2\boldsymbol{\alpha}_2,\boldsymbol{\alpha}_2-2\boldsymbol{\alpha}_3,\boldsymbol{\alpha}_3-2\boldsymbol{\alpha}_1$　　D. $\boldsymbol{\alpha}_1+2\boldsymbol{\alpha}_2,\boldsymbol{\alpha}_2+2\boldsymbol{\alpha}_3,\boldsymbol{\alpha}_3+2\boldsymbol{\alpha}_1$

解　选 A.

由$(\boldsymbol{\alpha}_1-\boldsymbol{\alpha}_2)+(\boldsymbol{\alpha}_2-\boldsymbol{\alpha}_3)+(\boldsymbol{\alpha}_3-\boldsymbol{\alpha}_1)=\mathbf{0}$可直接确定.

(3) 设 $\boldsymbol{\beta},\boldsymbol{\alpha}_1,\boldsymbol{\alpha}_2$ 线性相关，$\boldsymbol{\beta},\boldsymbol{\alpha}_2,\boldsymbol{\alpha}_3$ 线性无关，则________.

A. $\boldsymbol{\alpha}_1,\boldsymbol{\alpha}_2,\boldsymbol{\alpha}_3$ 线性相关　　B. $\boldsymbol{\alpha}_1,\boldsymbol{\alpha}_2,\boldsymbol{\alpha}_3$ 线性无关

C. $\boldsymbol{\beta}$ 可以用 $\boldsymbol{\alpha}_1,\boldsymbol{\alpha}_2$ 线性表示　　D. $\boldsymbol{\alpha}_1$ 可以用 $\boldsymbol{\beta},\boldsymbol{\alpha}_2,\boldsymbol{\alpha}_3$ 线性表示

解　选 D.

由 $\boldsymbol{\beta},\boldsymbol{\alpha}_2,\boldsymbol{\alpha}_3$ 线性无关可知，$\boldsymbol{\beta},\boldsymbol{\alpha}_2$ 线性无关；再由 $\boldsymbol{\beta},\boldsymbol{\alpha}_1,\boldsymbol{\alpha}_2$ 线性相关可知，$\boldsymbol{\alpha}_1$ 可用 $\boldsymbol{\beta},\boldsymbol{\alpha}_2$ 线性表示，从而 $\boldsymbol{\alpha}_1$ 可以用 $\boldsymbol{\beta},\boldsymbol{\alpha}_2,\boldsymbol{\alpha}_3$ 线性表示.

(4) 设 $\mathrm{R}(\boldsymbol{\alpha}_1,\boldsymbol{\alpha}_2,\cdots,\boldsymbol{\alpha}_s)=r$，则________.

A. 向量组中任意 $r-1$ 个向量均线性无关

B. 向量组中任意 $r+1$ 个向量均线性相关

C. 向量组中任意 r 个向量均线性无关

D. 向量组中向量个数必大于 r.

解　选 B.

由最大无关组的定义即得.

(5) 设向量组(Ⅰ)：$\boldsymbol{\alpha}_1,\boldsymbol{\alpha}_2,\cdots,\boldsymbol{\alpha}_r$ 可由向量组(Ⅱ)：$\boldsymbol{\beta}_1,\boldsymbol{\beta}_2,\cdots,\boldsymbol{\beta}_s$ 线性表示，则下列命题正确的是________.

A. 当 $r<s$ 时，向量组(Ⅱ)必线性相关　　B. 当 $r>s$ 时，向量组(Ⅱ)必线性相关

C. 当 $r<s$ 时，向量组(Ⅰ)必线性相关　　D. 当 $r>s$ 时，向量组(Ⅰ)必线性相关

解　选 D.

向量组(Ⅰ)中向量个数大于向量组(Ⅱ)中向量个数且(Ⅰ)能由(Ⅱ)线性表示.

6. 判定下列向量组的线性相关性.

(1) (1,2,3,4),(2,1,0,5),(−1,1,2,3);

(2) (−1,3,1),(2,1,0),(1,4,1);

(3) $\boldsymbol{\alpha}_1=\begin{bmatrix}1\\0\\2\\3\end{bmatrix},\boldsymbol{\alpha}_2=\begin{bmatrix}1\\1\\3\\5\end{bmatrix},\boldsymbol{\alpha}_3=\begin{bmatrix}1\\-1\\a+2\\1\end{bmatrix},\boldsymbol{\alpha}_4=\begin{bmatrix}1\\2\\4\\a+9\end{bmatrix}$.

解　(1) 由行列式 $\begin{vmatrix}1&2&-1\\2&1&1\\3&0&2\end{vmatrix}=3\neq0$ 可知,向量组(1,2,3),(2,1,0),(−1,1,2)线性无关,故其延长组(1,2,3,4),(2,1,0,5),(−1,1,2,3)线性无关.

(2) 由(1,4,1)−(2,1,0)=(−1,3,1)可知,向量组(−1,3,1),(2,1,0),(1,4,1)线性相关.

(3) 由 $\begin{vmatrix}1&1&1&1\\0&1&-1&2\\2&3&a+2&4\\3&5&1&a+9\end{vmatrix}=(a+1)(a+2)$ 可知,当 $a=-1$ 或 $a=-2$ 时,向量组 $\boldsymbol{\alpha}_1,\boldsymbol{\alpha}_2,\boldsymbol{\alpha}_3,\boldsymbol{\alpha}_4$ 线性相关,否则线性无关.

7. 已知向量组 $\boldsymbol{\alpha}_1,\boldsymbol{\alpha}_2,\boldsymbol{\alpha}_3$ 线性无关,证明:向量组 $2\boldsymbol{\alpha}_1+3\boldsymbol{\alpha}_2,\boldsymbol{\alpha}_2-\boldsymbol{\alpha}_3,\boldsymbol{\alpha}_1+\boldsymbol{\alpha}_2+\boldsymbol{\alpha}_3$ 线性无关.

证　设

$$k_1(2\boldsymbol{\alpha}_1+3\boldsymbol{\alpha}_2)+k_2(\boldsymbol{\alpha}_2-\boldsymbol{\alpha}_3)+k_3(\boldsymbol{\alpha}_1+\boldsymbol{\alpha}_2+\boldsymbol{\alpha}_3)=\mathbf{0}$$

或写成

$$(2k_1+k_3)\boldsymbol{\alpha}_1+(3k_1+k_2+k_3)\boldsymbol{\alpha}_2+(-k_2+k_3)\boldsymbol{\alpha}_3=\mathbf{0}.$$

由 $\boldsymbol{\alpha}_1,\boldsymbol{\alpha}_2,\boldsymbol{\alpha}_3$ 线性无关可知,上式仅当

$$\begin{cases}2k_1+k_3=0,\\3k_1+k_2+k_3=0,\\-k_2+k_3=0\end{cases}$$

时成立.该齐次线性方程组的系数行列式

$$\begin{vmatrix}2&0&1\\3&1&1\\0&-1&1\end{vmatrix}=1\neq0$$

故方程组仅有零解,即 $k_1=k_2=k_3=0$,于是,向量组 $2\boldsymbol{\alpha}_1+3\boldsymbol{\alpha}_2,\boldsymbol{\alpha}_2-\boldsymbol{\alpha}_3,\boldsymbol{\alpha}_1+\boldsymbol{\alpha}_2+\boldsymbol{\alpha}_3$

线性无关.

8. 求下列矩阵的秩.

(1) $\begin{bmatrix}3&1&0&2\\1&-1&2&-1\\1&3&-4&4\end{bmatrix}$;　　(2) $\begin{bmatrix}-7&1&2\\3&8&-9\\4&-1&0\end{bmatrix}$;

(3) $\begin{bmatrix}3&2&-1&-3&-2\\2&-1&3&1&-3\\7&0&5&-1&-8\end{bmatrix}$.

解 (1) $\begin{bmatrix}3&1&0&2\\1&-1&2&-1\\1&3&-4&4\end{bmatrix}\sim\begin{bmatrix}1&-1&2&-1\\0&4&-6&5\\0&0&0&0\end{bmatrix}$,所以 $r=2$.

(2) $r=3$.

(3) $r=2$.

9. 对于 λ 的不同取值,矩阵 $A=\begin{bmatrix}1&\lambda&-1&2\\2&-1&\lambda&5\\1&10&-6&1\end{bmatrix}$ 的秩为多少?

解 $A=\begin{bmatrix}1&\lambda&-1&2\\2&-1&\lambda&5\\1&10&-6&1\end{bmatrix}\sim\begin{bmatrix}1&\lambda&-1&2\\0&\lambda-10&5&1\\0&0&(\lambda+5)(\lambda-3)&3(\lambda-3)\end{bmatrix}$.

当 $\lambda=3$ 时,$R(A)=2$;当 $\lambda\neq3$ 时,$R(A)=3$.

10. 已知向量组

$$\boldsymbol{\alpha}_1=\begin{bmatrix}1\\2\\-3\end{bmatrix},\boldsymbol{\alpha}_2=\begin{bmatrix}3\\0\\1\end{bmatrix},\boldsymbol{\alpha}_3=\begin{bmatrix}9\\6\\-7\end{bmatrix}$$

与向量组

$$\boldsymbol{\beta}_1=\begin{bmatrix}0\\1\\-1\end{bmatrix},\boldsymbol{\beta}_2=\begin{bmatrix}a\\2\\1\end{bmatrix},\boldsymbol{\beta}_3=\begin{bmatrix}b\\1\\0\end{bmatrix}$$

具有相同的秩,且 $\boldsymbol{\beta}_3$ 可由 $\boldsymbol{\alpha}_1,\boldsymbol{\alpha}_2,\boldsymbol{\alpha}_3$ 线性表示,求 a,b 的值.

解　由

$$\begin{bmatrix}1&3&9\\2&0&6\\-3&1&-7\end{bmatrix}\sim\begin{bmatrix}1&3&9\\0&1&2\\0&0&0\end{bmatrix}$$

可知,$R(\boldsymbol{\alpha}_1,\boldsymbol{\alpha}_2,\boldsymbol{\alpha}_3)=2<3$,向量组 $\boldsymbol{\alpha}_1,\boldsymbol{\alpha}_2,\boldsymbol{\alpha}_3$ 线性相关. 取 $\boldsymbol{\alpha}_1,\boldsymbol{\alpha}_2$ 作为向量组 $\boldsymbol{\alpha}_1,\boldsymbol{\alpha}_2,\boldsymbol{\alpha}_3$ 的一个最大无关组,则向量 $\boldsymbol{\alpha}_3$ 可由向量组 $\boldsymbol{\alpha}_1,\boldsymbol{\alpha}_2$ 线性表示. 因为 $\boldsymbol{\beta}_3$ 可由 $\boldsymbol{\alpha}_1$,

$\boldsymbol{\alpha}_2,\boldsymbol{\alpha}_3$ 线性表示，故向量 $\boldsymbol{\beta}_3$ 一定可由 $\boldsymbol{\alpha}_1,\boldsymbol{\alpha}_2$ 线性表示，于是，向量组 $\boldsymbol{\alpha}_1,\boldsymbol{\alpha}_2,\boldsymbol{\beta}_3$ 线性相关，于是

$$\begin{vmatrix} 1 & 3 & b \\ 2 & 0 & 1 \\ -3 & 1 & 0 \end{vmatrix} = -10+2b=0,$$

所以 $b=5$.

由 $R(\boldsymbol{\beta}_1,\boldsymbol{\beta}_2,\boldsymbol{\beta}_3)=R(\boldsymbol{\alpha}_1,\boldsymbol{\alpha}_2,\boldsymbol{\alpha}_3)=2$，即向量组 $\boldsymbol{\beta}_1,\boldsymbol{\beta}_2,\boldsymbol{\beta}_3$ 线性相关知

$$\begin{vmatrix} 0 & a & b \\ 1 & 2 & 1 \\ -1 & 1 & 0 \end{vmatrix} = -a+3b=0.$$

故 $a=3b=15$.

11. 设有向量组 $\boldsymbol{\alpha}_1,\boldsymbol{\alpha}_2,\cdots,\boldsymbol{\alpha}_r$ 与 $\boldsymbol{\beta}_1,\boldsymbol{\beta}_2,\cdots,\boldsymbol{\beta}_s$，证明：

$$R(\boldsymbol{\alpha}_1,\boldsymbol{\alpha}_2,\cdots,\boldsymbol{\alpha}_r,\boldsymbol{\beta}_1,\boldsymbol{\beta}_2,\cdots,\boldsymbol{\beta}_s)\leqslant R(\boldsymbol{\alpha}_1,\boldsymbol{\alpha}_2,\cdots,\boldsymbol{\alpha}_r)+R(\boldsymbol{\beta}_1,\boldsymbol{\beta}_2,\cdots,\boldsymbol{\beta}_s).$$

证　不妨以 $\boldsymbol{\alpha}_{i1},\boldsymbol{\alpha}_{i2},\cdots,\boldsymbol{\alpha}_{ir_1}$；$\boldsymbol{\beta}_{j1},\boldsymbol{\beta}_{j2},\cdots,\boldsymbol{\beta}_{jr_2}$ 分别表示向量组 $\boldsymbol{\alpha}_1,\boldsymbol{\alpha}_2,\cdots,\boldsymbol{\alpha}_r$ 及 $\boldsymbol{\beta}_1,\boldsymbol{\beta}_2,\cdots,\boldsymbol{\beta}_s$ 的最大无关组，于是，向量组 $\boldsymbol{\alpha}_1,\boldsymbol{\alpha}_2,\cdots,\boldsymbol{\alpha}_r,\boldsymbol{\beta}_1,\boldsymbol{\beta}_2,\cdots,\boldsymbol{\beta}_s$ 与 $\boldsymbol{\alpha}_{i1},\boldsymbol{\alpha}_{i2},\cdots,\boldsymbol{\alpha}_{ir_1},\boldsymbol{\beta}_{j1},\boldsymbol{\beta}_{j2},\cdots,\boldsymbol{\beta}_{jr_2}$ 等价，故

$$\begin{aligned} &R(\boldsymbol{\alpha}_1,\boldsymbol{\alpha}_2,\cdots,\boldsymbol{\alpha}_r,\boldsymbol{\beta}_1,\boldsymbol{\beta}_2,\cdots,\boldsymbol{\beta}_s)=R(\boldsymbol{\alpha}_{i1},\boldsymbol{\alpha}_{i2},\cdots,\boldsymbol{\alpha}_{ir_1},\boldsymbol{\beta}_{j1},\boldsymbol{\beta}_{j2},\cdots,\boldsymbol{\beta}_{jr_2}) \\ \leqslant &R(\boldsymbol{\alpha}_{i1},\boldsymbol{\alpha}_{i2},\cdots,\boldsymbol{\alpha}_{ir_1})+R(\boldsymbol{\beta}_{j1},\boldsymbol{\beta}_{j2},\cdots,\boldsymbol{\beta}_{jr_2})=R(\boldsymbol{\alpha}_1,\boldsymbol{\alpha}_2,\cdots,\boldsymbol{\alpha}_r)+R(\boldsymbol{\beta}_1,\boldsymbol{\beta}_2,\cdots,\boldsymbol{\beta}_s). \end{aligned}$$

12. 已知向量组 $\boldsymbol{\alpha}_1=(1,1,1),\boldsymbol{\alpha}_2=(1,2,3),\boldsymbol{\alpha}_3=(1,3,t)$.

(1) t 为何值时，向量组线性无关？

(2) t 为何值时，向量组线性相关？求向量组的一个最大无关组.

解　由

$$\begin{bmatrix} 1 & 1 & 1 \\ 1 & 2 & 3 \\ 1 & 3 & t \end{bmatrix} \sim \begin{bmatrix} 1 & 1 & 1 \\ 0 & 1 & 2 \\ 0 & 0 & t-5 \end{bmatrix}$$

可知：(1) 当 $t-5\neq 0$ 即 $t\neq 5$ 时，$R(\boldsymbol{\alpha}_1,\boldsymbol{\alpha}_2,\boldsymbol{\alpha}_3)=3$，向量组 $\boldsymbol{\alpha}_1,\boldsymbol{\alpha}_2,\boldsymbol{\alpha}_3$ 线性无关；

(2) 当 $t-5=0$ 即 $t=5$ 时，$R(\boldsymbol{\alpha}_1,\boldsymbol{\alpha}_2,\boldsymbol{\alpha}_3)=2<3$，向量组 $\boldsymbol{\alpha}_1,\boldsymbol{\alpha}_2,\boldsymbol{\alpha}_3$ 线性相关，$\boldsymbol{\alpha}_1,\boldsymbol{\alpha}_2$ 可作为向量组的一个最大无关组.

13. 判断下列各向量组的线性相关性，若线性相关，求向量组的一个最大无关组，并将剩余向量用该最大无关组线性表示.

(1) $\boldsymbol{\alpha}_1=(1,2,3,4),\boldsymbol{\alpha}_2=(2,3,4,5),\boldsymbol{\alpha}_3=(3,4,5,6),\boldsymbol{\alpha}_4=(4,5,6,7)$；

(2) $\boldsymbol{\beta}_1=(1,1,0),\boldsymbol{\beta}_2=(0,2,0),\boldsymbol{\beta}_3=(0,0,3)$；

(3) $\boldsymbol{\gamma}_1=\begin{bmatrix} 1 \\ 2 \\ 1 \\ 3 \end{bmatrix},\boldsymbol{\gamma}_2=\begin{bmatrix} 4 \\ -1 \\ -5 \\ -6 \end{bmatrix},\boldsymbol{\gamma}_3=\begin{bmatrix} 1 \\ -3 \\ -4 \\ -7 \end{bmatrix}$；

(4) $\boldsymbol{\alpha}=\begin{bmatrix}1\\1\\2\\2\\1\end{bmatrix},\boldsymbol{\beta}=\begin{bmatrix}0\\2\\1\\5\\-1\end{bmatrix},\boldsymbol{\gamma}=\begin{bmatrix}2\\0\\3\\-1\\3\end{bmatrix},\boldsymbol{\delta}=\begin{bmatrix}1\\1\\0\\4\\-1\end{bmatrix}$.

解　(1) 用向量 $\boldsymbol{\alpha}_1,\boldsymbol{\alpha}_2,\boldsymbol{\alpha}_3,\boldsymbol{\alpha}_4$ 做成矩阵并对其作初等行变换如下：

$$\begin{bmatrix}1&2&3&4\\2&3&4&5\\3&4&5&6\\4&5&6&7\end{bmatrix}\overset{\substack{r_2-2r_1\\r_3-3r_1}}{\underset{r_4-4r_1}{\sim}}\begin{bmatrix}1&2&3&4\\0&-1&-2&-3\\0&-2&-4&-6\\0&-3&-6&-9\end{bmatrix}\overset{r_3-2r_2}{\underset{r_4-3r_2}{\sim}}\begin{bmatrix}1&2&3&4\\0&-1&-2&-3\\0&0&0&0\\0&0&0&0\end{bmatrix}$$

$$\overset{r_1+2r_2}{\underset{r_2\times(-1)}{\sim}}\begin{bmatrix}1&0&-1&-2\\0&1&2&3\\0&0&0&0\\0&0&0&0\end{bmatrix},$$

所以 $R(\boldsymbol{\alpha}_1,\boldsymbol{\alpha}_2,\boldsymbol{\alpha}_3,\boldsymbol{\alpha}_4)=2$. 取 $\boldsymbol{\alpha}_1,\boldsymbol{\alpha}_2$ 作为向量组 $\boldsymbol{\alpha}_1,\boldsymbol{\alpha}_2,\boldsymbol{\alpha}_3,\boldsymbol{\alpha}_4$ 的一个最大无关组时，有

$$\boldsymbol{\alpha}_3=-\boldsymbol{\alpha}_1+2\boldsymbol{\alpha}_2,\boldsymbol{\alpha}_4=-2\boldsymbol{\alpha}_1+3\boldsymbol{\alpha}_2.$$

(2) 由行列式

$$\begin{vmatrix}1&0&0\\1&2&0\\0&0&3\end{vmatrix}=6\neq0$$

知：$R(\boldsymbol{\beta}_1,\boldsymbol{\beta}_2,\boldsymbol{\beta}_3)=3$，向量组 $\boldsymbol{\beta}_1=(1,1,0),\boldsymbol{\beta}_2=(0,2,0),\boldsymbol{\beta}_3=(0,0,3)$线性无关.

(3)
$$\begin{bmatrix}1&4&1\\2&-1&-3\\1&-5&-4\\3&-6&-7\end{bmatrix}\sim\begin{bmatrix}1&0&-\frac{11}{9}\\0&1&\frac{5}{9}\\0&0&0\\0&0&0\end{bmatrix},$$

所以 $R(\boldsymbol{\gamma}_1,\boldsymbol{\gamma}_2,\boldsymbol{\gamma}_3)=2$. 取 $\boldsymbol{\gamma}_1,\boldsymbol{\gamma}_2$ 作为向量组的一个最大无关组时，$\boldsymbol{\gamma}_3=-\frac{11}{9}\boldsymbol{\gamma}_1+\frac{5}{9}\boldsymbol{\gamma}_2$.

(4)
$$\begin{bmatrix}1&0&2&1\\1&2&0&1\\2&1&3&0\\2&5&-1&4\\1&-1&3&-1\end{bmatrix}\sim\begin{bmatrix}1&0&2&0\\0&1&-1&0\\0&0&0&1\\0&0&0&0\\0&0&0&0\end{bmatrix},$$

所以 $R(\boldsymbol{\alpha},\boldsymbol{\beta},\boldsymbol{\gamma},\boldsymbol{\delta})=3$. 取 $\boldsymbol{\alpha},\boldsymbol{\beta},\boldsymbol{\delta}$ 作为向量组的一个最大无关组时，$\boldsymbol{\gamma}=2\boldsymbol{\alpha}-\boldsymbol{\beta}$.

14. 设有向量组：

（Ⅰ）$\boldsymbol{\alpha}_1,\boldsymbol{\alpha}_2,\cdots,\boldsymbol{\alpha}_r$　（Ⅱ）$\boldsymbol{\beta}_1,\boldsymbol{\beta}_2,\cdots,\boldsymbol{\beta}_s$　（Ⅲ）$\boldsymbol{\alpha}_1,\boldsymbol{\alpha}_2,\cdots,\boldsymbol{\alpha}_r,\boldsymbol{\beta}_1,\boldsymbol{\beta}_2,\cdots,\boldsymbol{\beta}_s$

证明：(1) 向量组(Ⅰ)能由(Ⅱ)线性表示的充分必要条件为 R(Ⅱ)＝R(Ⅲ)；

(2) 向量组(Ⅰ)与(Ⅱ)等价的充分必要条件为 R(Ⅰ)＝R(Ⅱ)＝R(Ⅲ).

证　(1) 必要性　显然，向量组（Ⅱ）能由（Ⅲ）线性表示. 再由向量组（Ⅰ）可由（Ⅱ）线性表示知，向量组（Ⅲ）可由（Ⅱ）线性表示，于是向量组（Ⅱ）与（Ⅲ）等价，故 R（Ⅱ）＝R（Ⅲ）.

充分性　由 R（Ⅱ）＝R（Ⅲ）且向量组（Ⅱ）是（Ⅲ）的一个部分组可知，向量组（Ⅰ）可由（Ⅱ）线性表示.

(2) 特别地，向量组（Ⅰ）与（Ⅱ）等价的充分必要条件为 R（Ⅰ）＝R（Ⅱ）＝R（Ⅲ）.

15. 已知向量组

(Ⅰ) (2,1,1,2),(0,−2,1,1),(4,4,1,3)；　(Ⅱ) (0,1,2,3),(3,0,1,2),(2,3,0,1).

(1) 证明：向量组（Ⅰ）能由（Ⅱ）线性表示，但向量组（Ⅱ）不能由（Ⅰ）线性表示.

(2) 试将向量组（Ⅰ）用（Ⅱ）线性表示.

(1) **证**　对两个向量组做成的矩阵进行初等行变换如下：

$$\begin{bmatrix}2&0&4&0&3&2\\1&-2&4&1&0&3\\1&1&1&2&1&0\\2&1&3&3&2&1\end{bmatrix}\overset{r_1\leftrightarrow r_3}{\sim}\begin{bmatrix}1&1&1&2&1&0\\1&-2&4&1&0&3\\2&0&4&0&3&2\\2&1&3&3&2&1\end{bmatrix}$$

$$\underset{r_4-2r_1}{\overset{\substack{r_2-r_1\\r_3-2r_1}}{\sim}}\begin{bmatrix}1&1&1&2&1&0\\0&-3&3&-1&-1&3\\0&-2&2&-4&1&2\\0&-1&1&-1&0&1\end{bmatrix}\overset{r_2\leftrightarrow r_4}{\sim}\begin{bmatrix}1&1&1&2&1&0\\0&-1&1&-1&0&1\\0&-2&2&-4&1&2\\0&-3&3&-1&-1&3\end{bmatrix}$$

$$\underset{r_4-3r_2}{\overset{r_3-2r_2}{\sim}}\begin{bmatrix}1&1&1&2&1&0\\0&-1&1&-1&0&1\\0&0&0&-2&1&0\\0&0&0&2&-1&0\end{bmatrix}\overset{r_4+r_3}{\sim}\begin{bmatrix}1&1&1&2&1&0\\0&-1&1&-1&0&1\\0&0&0&-2&1&0\\0&0&0&0&0&0\end{bmatrix}.$$

易知，R（Ⅰ）＝2，R（Ⅰ Ⅱ）＝3. 由

$$\begin{bmatrix}0&3&2\\1&0&3\\2&1&0\\3&2&1\end{bmatrix}\sim\begin{bmatrix}2&1&0\\-1&0&1\\-2&1&0\\0&0&0\end{bmatrix}\overset{r_1\leftrightarrow r_2}{\sim}\begin{bmatrix}-1&0&1\\2&1&0\\-2&1&0\\0&0&0\end{bmatrix}\underset{r_3-2r_1}{\overset{r_2+2r_1}{\sim}}\begin{bmatrix}-1&0&1\\0&1&2\\0&1&-2\\0&0&0\end{bmatrix}\overset{r_3-r_2}{\sim}\begin{bmatrix}-1&0&1\\0&1&2\\0&0&-4\\0&0&0\end{bmatrix}$$

可知，R(Ⅱ)＝3.

由 R(Ⅱ)＝R(Ⅰ Ⅱ)＝3 及习题 14(1)可知向量组(Ⅰ)能由(Ⅱ)线性表示；又 R(Ⅰ)＝2≠3，故向量组(Ⅱ)不能由(Ⅰ)线性表示.

(2) 为了将向量组(Ⅰ)用(Ⅱ)线性表示，对向量组(Ⅱ)和(Ⅰ)做成的矩阵用初等行变换化为行最简形：

$$\begin{bmatrix}0&3&2&2&0&4\\1&0&3&1&-2&4\\2&1&0&1&1&1\\3&2&1&2&1&3\end{bmatrix}\sim\begin{bmatrix}1&0&0&\frac{1}{4}&\frac{1}{4}&\frac{1}{4}\\0&1&0&\frac{1}{2}&\frac{1}{2}&\frac{1}{2}\\0&0&1&\frac{1}{4}&-\frac{3}{4}&\frac{5}{4}\\0&0&0&0&0&0\end{bmatrix},$$

由此即得：
$$(2,1,1,2)=\frac{1}{4}(0,1,2,3)+\frac{1}{2}(3,0,1,2)+\frac{1}{4}(2,3,0,1),$$
$$(0,-2,1,1)=\frac{1}{4}(0,1,2,3)+\frac{1}{2}(3,0,1,2)-\frac{3}{4}(2,3,0,1),$$
$$(4,4,1,3)=\frac{1}{4}(0,1,2,3)+\frac{1}{2}(3,0,1,2)+\frac{5}{4}(2,3,0,1).$$

16. 设向量组 $\boldsymbol{\alpha}_1=\begin{bmatrix}1\\1\\0\\0\end{bmatrix},\boldsymbol{\alpha}_2=\begin{bmatrix}1\\0\\1\\1\end{bmatrix}$ 及 $\boldsymbol{\beta}_1=\begin{bmatrix}2\\-1\\3\\3\end{bmatrix},\boldsymbol{\beta}_2=\begin{bmatrix}0\\1\\-1\\-1\end{bmatrix}$.

(1) 证明 $\boldsymbol{\alpha}_1,\boldsymbol{\alpha}_2$ 与 $\boldsymbol{\beta}_1,\boldsymbol{\beta}_2$ 可作为同一个向量空间的基；

(2) 求向量 $\boldsymbol{\beta}_1,\boldsymbol{\beta}_2$ 在基 $\boldsymbol{\alpha}_1,\boldsymbol{\alpha}_2$ 下的坐标.

(1) **证**　由 $R(\boldsymbol{\alpha}_1,\boldsymbol{\alpha}_2)=R(\boldsymbol{\beta}_1,\boldsymbol{\beta}_2)=2$ 可知，线性无关向量组 $\boldsymbol{\alpha}_1,\boldsymbol{\alpha}_2\sim\boldsymbol{\beta}_1,\boldsymbol{\beta}_2$，故可作为同一个向量空间的基；

(2) 对向量 $\boldsymbol{\alpha}_1,\boldsymbol{\alpha}_2,\boldsymbol{\beta}_1,\boldsymbol{\beta}_2$ 做成的矩阵用初等行变换化为行最简形：

$$\begin{bmatrix}1&1&2&0\\1&0&-1&1\\0&1&3&-1\\0&1&3&-1\end{bmatrix}\sim\begin{bmatrix}1&0&-1&1\\0&1&3&-1\\0&0&0&0\\0&0&0&0\end{bmatrix},$$

于是有 $\begin{cases}\boldsymbol{\beta}_1=-\boldsymbol{\alpha}_1+3\boldsymbol{\alpha}_2,\\\boldsymbol{\beta}_2=\boldsymbol{\alpha}_1-\boldsymbol{\alpha}_2,\end{cases}$ 故向量 $\boldsymbol{\beta}_1$ 在基 $\boldsymbol{\alpha}_1,\boldsymbol{\alpha}_2$ 下的坐标为(−1,3)，$\boldsymbol{\beta}_2$ 在基 $\boldsymbol{\alpha}_1,\boldsymbol{\alpha}_2$ 下的坐标为(1,−1).

五、自测题

1. 填空题

(1) 若向量 $\boldsymbol{\beta}=(1,2,t)$ 可由向量组 $\boldsymbol{\alpha}_1=(2,1,1)$，$\boldsymbol{\alpha}_2=(-1,2,7)$，$\boldsymbol{\alpha}_3=(1,-1,-4)$ 线性表示，则 $t=$________.

(2) 设向量组 $(a,0,1)$，$(0,a,2)$，$(10,3,a)$ 线性相关，则 $a=$________.

(3) 向量组 $(1,2,3)$，$(1,0,0,)$，$(0,1,0)$，$(10,19,30)$ 的秩为________.

(4) $\mathbf{R}^3$ 中向量 $(1,3,0)$ 在基 $(1,0,1)$，$(0,1,0)$，$(1,2,2)$ 下的坐标是________.

(5) 已知 n 维向量组

$$\boldsymbol{\alpha}_1=(t_1,t_2,\cdots,t_n)',\quad \boldsymbol{\alpha}_2=(t_1^2,t_2^2,\cdots,t_n^2)',\quad \cdots,\quad \boldsymbol{\alpha}_n=(t_1^n,t_2^n,\cdots,t_n^n)'$$

线性无关，则 $t_i(i=1,2,\cdots,n)$ 应满足条件________.

(6) 已知向量组 $(a,1,1)'$，$(1,a,1)'$，$(1,1,a)'$ 的秩为 2，则 $a=$________.

(7) 设向量 $\boldsymbol{\beta}=(1,5,9)$ 可由向量组 $\boldsymbol{\alpha}_1=(1,2,3)$，$\boldsymbol{\alpha}_2=(2,1,0)$，$\boldsymbol{\alpha}_3=(5,4,a)$ 线性表示，且有两种不同表示法，则 $a=$________.

(8) 已知向量空间 $\mathbf{R}^3$ 的两个基：

$$\boldsymbol{\alpha}_1=\begin{bmatrix}1\\0\\0\end{bmatrix},\quad \boldsymbol{\alpha}_2=\begin{bmatrix}0\\2\\1\end{bmatrix},\quad \boldsymbol{\alpha}_3=\begin{bmatrix}0\\5\\3\end{bmatrix};$$

$$\boldsymbol{\beta}_1=\begin{bmatrix}1\\2\\0\end{bmatrix},\quad \boldsymbol{\beta}_2=\begin{bmatrix}1\\3\\0\end{bmatrix},\quad \boldsymbol{\beta}_3=\begin{bmatrix}0\\0\\2\end{bmatrix},$$

将基 $\boldsymbol{\beta}_1,\boldsymbol{\beta}_2,\boldsymbol{\beta}_3$ 用基 $\boldsymbol{\alpha}_1,\boldsymbol{\alpha}_2,\boldsymbol{\alpha}_3$ 线性表示为________.

2. 选择题

(1) 在下列向量组中，线性无关的是________.

A. $(1,2,3,4)$，$(4,3,2,1)$，$(0,0,0,0)$

B. (a,b,c)，(b,c,d)，(c,d,e)，(d,e,f)

C. $(a,1,b,0,0)$，$(c,0,d,2,3)$，$(e,4,5,5,6)$

D. $(a,1,2,3)$，$(b,1,2,3)$，$(c,4,2,3)$，$(d,0,0,0)$

(2) 设 $\boldsymbol{\alpha}_1,\boldsymbol{\alpha}_2,\cdots,\boldsymbol{\alpha}_m$ 是 n 维向量组，下列命题正确的是________.

A. 若向量 $\boldsymbol{\alpha}_m$ 不能由向量组 $\boldsymbol{\alpha}_1,\boldsymbol{\alpha}_2,\cdots,\boldsymbol{\alpha}_{m-1}$ 线性表示，则 $\boldsymbol{\alpha}_1,\boldsymbol{\alpha}_2,\cdots,\boldsymbol{\alpha}_m$ 线性无关

B. 若向量组 $\boldsymbol{\alpha}_1,\boldsymbol{\alpha}_2,\cdots,\boldsymbol{\alpha}_m$ 线性相关，且向量 $\boldsymbol{\alpha}_m$ 不能由向量组 $\boldsymbol{\alpha}_1,\boldsymbol{\alpha}_2,\cdots,\boldsymbol{\alpha}_{m-1}$ 线性表示，则 $\boldsymbol{\alpha}_1,\boldsymbol{\alpha}_2,\cdots,\boldsymbol{\alpha}_{m-1}$ 线性无关

C. 若向量组 $\boldsymbol{\alpha}_1,\boldsymbol{\alpha}_2,\cdots,\boldsymbol{\alpha}_m$ 中任意 $m-1$ 个向量都线性无关，则 $\boldsymbol{\alpha}_1,\boldsymbol{\alpha}_2,\cdots,\boldsymbol{\alpha}_m$

线性无关

D. 零向量不能由向量组 $\boldsymbol{\alpha}_1,\boldsymbol{\alpha}_2,\cdots,\boldsymbol{\alpha}_m$ 线性表示

(3) 向量组 $\boldsymbol{\alpha}_1,\boldsymbol{\alpha}_2,\boldsymbol{\alpha}_3$ 与向量组 $\boldsymbol{\beta}_1,\boldsymbol{\beta}_2,\boldsymbol{\beta}_3$ 等价$\Leftrightarrow$________.

A. $\mathrm{R}(\boldsymbol{\alpha}_1,\boldsymbol{\alpha}_2,\boldsymbol{\alpha}_3)=\mathrm{R}(\boldsymbol{\beta}_1,\boldsymbol{\beta}_2,\boldsymbol{\beta}_3)$

B. $\mathrm{R}(\boldsymbol{\alpha}_1,\boldsymbol{\alpha}_2,\boldsymbol{\alpha}_3)=\mathrm{R}(\boldsymbol{\alpha}_1,\boldsymbol{\alpha}_2,\boldsymbol{\alpha}_3,\boldsymbol{\beta}_1,\boldsymbol{\beta}_2,\boldsymbol{\beta}_3)$

C. $\mathrm{R}(\boldsymbol{\beta}_1,\boldsymbol{\beta}_2,\boldsymbol{\beta}_3)=\mathrm{R}(\boldsymbol{\alpha}_1,\boldsymbol{\alpha}_2,\boldsymbol{\alpha}_3,\boldsymbol{\beta}_1,\boldsymbol{\beta}_2,\boldsymbol{\beta}_3)$

D. $\mathrm{R}(\boldsymbol{\alpha}_1,\boldsymbol{\alpha}_2,\boldsymbol{\alpha}_3)=\mathrm{R}(\boldsymbol{\beta}_1,\boldsymbol{\beta}_2,\boldsymbol{\beta}_3)=\mathrm{R}(\boldsymbol{\alpha}_1,\boldsymbol{\alpha}_2,\boldsymbol{\alpha}_3,\boldsymbol{\beta}_1,\boldsymbol{\beta}_2,\boldsymbol{\beta}_3)$

(4) 设向量组 $\boldsymbol{\xi}_1,\boldsymbol{\xi}_2,\boldsymbol{\xi}_3$ 为 $\mathbf{R}^3$ 的一组基,则下列向量组中仍为 $\mathbf{R}^3$ 的一组基的是________.

A. $\boldsymbol{\xi}_1+\boldsymbol{\xi}_2+\boldsymbol{\xi}_3,-2\boldsymbol{\xi}_2,-\boldsymbol{\xi}_1+\boldsymbol{\xi}_2-\boldsymbol{\xi}_3$

B. $\boldsymbol{\xi}_1+\boldsymbol{\xi}_2,\boldsymbol{\xi}_2+\boldsymbol{\xi}_3,\boldsymbol{\xi}_3+\boldsymbol{\xi}_1$

C. $\boldsymbol{\xi}_1-\boldsymbol{\xi}_2,\boldsymbol{\xi}_3+\boldsymbol{\xi}_2,2\boldsymbol{\xi}_3+2\boldsymbol{\xi}_1$

D. $\boldsymbol{\xi}_1+\boldsymbol{\xi}_3,\boldsymbol{\xi}_1+\boldsymbol{\xi}_2,\boldsymbol{\xi}_2+2\boldsymbol{\xi}_1+\boldsymbol{\xi}_3$

3. 已知三维向量组 $\boldsymbol{\alpha}_1,\boldsymbol{\alpha}_2$ 线性无关,$\boldsymbol{\beta}_1,\boldsymbol{\beta}_2$ 线性无关.

(1) 证明:存在非零向量 $\boldsymbol{\eta}$ 既可由 $\boldsymbol{\alpha}_1,\boldsymbol{\alpha}_2$ 线性表示又可由 $\boldsymbol{\beta}_1,\boldsymbol{\beta}_2$ 线性表示.

(2) 设向量组

$$\boldsymbol{\alpha}_1=\begin{bmatrix}1\\2\\7\end{bmatrix},\quad \boldsymbol{\alpha}_2=\begin{bmatrix}1\\-5\\-7\end{bmatrix};\quad \boldsymbol{\beta}_1=\begin{bmatrix}1\\-3\\-3\end{bmatrix},\quad \boldsymbol{\beta}_2=\begin{bmatrix}1\\-2\\-1\end{bmatrix}.$$

求出非零向量 $\boldsymbol{\eta}$,使得 $\boldsymbol{\eta}$ 既可由 $\boldsymbol{\alpha}_1,\boldsymbol{\alpha}_2$ 线性表示又可由 $\boldsymbol{\beta}_1,\boldsymbol{\beta}_2$ 线性表示.

4. 设向量组 $\boldsymbol{\alpha}_1=\begin{bmatrix}k\\3\\3\end{bmatrix},\boldsymbol{\alpha}_2=\begin{bmatrix}3\\k\\3\end{bmatrix},\boldsymbol{\alpha}_3=\begin{bmatrix}3\\3\\k\end{bmatrix}$.

(1) $\boldsymbol{\alpha}_1,\boldsymbol{\alpha}_2,\boldsymbol{\alpha}_3$ 线性无关$\Leftrightarrow k$ 满足什么条件?

(2) 若 $\mathrm{R}(\boldsymbol{\alpha}_1,\boldsymbol{\alpha}_2,\boldsymbol{\alpha}_3)=2$,则 k 满足什么条件?

5. 已知向量组 $\boldsymbol{\alpha}_1=(1,1,k)',\boldsymbol{\alpha}_2=(-1,k,1)',\boldsymbol{\alpha}_3=(-k,1,-1)',\boldsymbol{\alpha}_4=(1,4,5)'$.

(1) 当 k 满足什么条件时,$\boldsymbol{\alpha}_1,\boldsymbol{\alpha}_2,\boldsymbol{\alpha}_3$ 是该向量组的最大无关组?

(2) 当 k 满足什么条件时,$\boldsymbol{\alpha}_1,\boldsymbol{\alpha}_2$ 是该向量组的一个最大无关组? 此时,写出向量 $\boldsymbol{\alpha}_3,\boldsymbol{\alpha}_4$ 由最大无关组 $\boldsymbol{\alpha}_1,\boldsymbol{\alpha}_2$ 线性表示的表达式.

6. 设有向量组

(Ⅰ) $\boldsymbol{\alpha}_1=(2,0,-1,a)',\boldsymbol{\alpha}_2=(3,-2,1,-1)'$;

(Ⅱ) $\boldsymbol{\beta}_1=(-5,6,-5,9)',\boldsymbol{\beta}_2=(a+1,-4,a,-5)'$.

试问:当 a 为何值时,向量组(Ⅰ)与(Ⅱ)等价? 并写出表示式;当 a 为何值时,向量

组（Ⅰ）与（Ⅱ）不等价？

7. 设矩阵 $A=\begin{bmatrix}1 & 1 & 1 & 1 & 1\\0 & 1 & -1 & 2 & 1\\2 & 3 & a+2 & 4 & b+3\\3 & 5 & 1 & a+8 & 5\end{bmatrix}$. 求：

(1) $R(A)$；

(2) A 的列向量组的最大无关组；

(3) A 的行向量组的最大无关组.

8. 设有向量组

（Ⅰ）$\boldsymbol{\alpha}_1,\boldsymbol{\alpha}_2,\cdots,\boldsymbol{\alpha}_m$；

（Ⅱ）$\boldsymbol{\beta},\boldsymbol{\alpha}_1,\boldsymbol{\alpha}_2,\cdots,\boldsymbol{\alpha}_m$.

已知向量组（Ⅰ）线性无关，向量组（Ⅱ）线性相关，且其中向量 $\boldsymbol{\beta}\neq\mathbf{0}$. 证明：向量组（Ⅱ）中只有一个向量 $\boldsymbol{\alpha}_i$ $(1\leqslant i\leqslant m)$ 可由它前面的向量线性表示.

第 3 章　矩阵的运算

一、基本要求

(1) 理解同型矩阵、矩阵相等以及特殊矩阵——单位矩阵、对角矩阵、数量矩阵、对称矩阵及反对称矩阵的概念，了解这些矩阵的性质.

(2) 熟练掌握矩阵的线性运算、乘法、转置和分块矩阵的运算以及它们的运算规律.

(3) 理解逆矩阵的概念，了解逆矩阵的性质及其存在的充分必要条件，掌握求逆矩阵的各种方法.

(4) 掌握矩阵的初等变换，理解初等矩阵及矩阵等价的概念.

二、内容提要

同型矩阵　行数、列数分别相等的矩阵.

矩阵相等　两个同型矩阵 $A=(a_{ij})_{m\times n}$，$B=(b_{ij})_{m\times n}$，如果它们对应的元素相等，即 $a_{ij}=b_{ij}(i=1,2,\cdots,m;j=1,2,\cdots,n)$.

1. 矩阵的运算及其运算规律

1) 几种特殊矩阵

零矩阵 O　所有元素都为零.

对角矩阵

$$\begin{bmatrix}\lambda_1 & 0 & \cdots & 0\\ 0 & \lambda_2 & \cdots & 0\\ \vdots & \vdots & & \vdots\\ 0 & 0 & \cdots & \lambda_n\end{bmatrix},$$

其特点是不在主对角线上的元素全为零.

单位矩阵

$$E_n=\begin{bmatrix}1 & 0 & \cdots & 0\\ 0 & 1 & \cdots & 0\\ \vdots & \vdots & & \vdots\\ 0 & 0 & \cdots & 1\end{bmatrix}.$$

n 阶单位矩阵 E_n，也简记作 E. 这类矩阵的特点是主对角线上的元素都是 1，其余元素都是 0.

数量矩阵

$$\lambda E=\begin{bmatrix}\lambda & 0 & \cdots & 0\\ 0 & \lambda & \cdots & 0\\ \vdots & \vdots & & \vdots\\ 0 & 0 & \cdots & \lambda\end{bmatrix}.$$

上三角矩阵

$$\begin{bmatrix}a_{11} & a_{12} & \cdots & a_{1n}\\ 0 & a_{22} & \cdots & a_{2n}\\ \vdots & \vdots & & \vdots\\ 0 & 0 & \cdots & a_{nn}\end{bmatrix},$$

其特点是主对角线下面的元素全为零.

下三角矩阵

$$\begin{bmatrix}a_{11} & 0 & \cdots & 0\\ a_{21} & a_{22} & \cdots & 0\\ \vdots & \vdots & & \vdots\\ a_{n1} & a_{n2} & \cdots & a_{nn}\end{bmatrix},$$

其特点是主对角线上面的元素全为零.

对称矩阵　n 阶矩阵 $A=(a_{ij})$ 为对称矩阵的充要条件是 $A'=A$，即 $a_{ij}=a_{ji}(i,j=1,2,\cdots,n)$. 其特点是它的元素以主对角线为对称轴对应相等.

反对称矩阵　n 阶矩阵 $A=(a_{ij})$ 为反对称矩阵的充要条件是 $A'=-A$，即 $a_{ij}=-a_{ji}(i,j=1,2,\cdots,n)$. 其特点是关于主对角线对称的元素互为相反数.

2) 矩阵的运算

(1) 加减法：设 $A=(a_{ij})_{m\times n}$，$B=(b_{ij})_{m\times n}$ 为同型矩阵，则

$$A+B=(a_{ij}+b_{ij})_{m\times n}.$$

设 $-B$ 为 B 的负矩阵，即 $-B=(-b_{ij})_{m\times n}$，则可以定义减法运算

$$A-B=A+(-B).$$

(2) 数与矩阵的乘积：设 $A=(a_{ij})_{m\times n}$，$\lambda\in\mathbf{R}$ 为数，则 $\lambda A=(\lambda a_{ij})_{m\times n}$ 称为数 λ 与矩阵 A 的乘积.

(3) 矩阵的乘积：设 $A=(a_{ij})_{m\times s}$，$B=(b_{ij})_{s\times n}$，则 $AB=C=(c_{ij})_{m\times n}$ 称为矩阵 A 与矩阵 B 的乘积，其中

$$c_{ij}=a_{i1}b_{1j}+a_{i2}b_{2j}+\cdots+a_{is}b_{sj}\quad(i=1,2,\cdots,m;j=1,2,\cdots,n),$$

即 C 的第 i 行第 j 列元素为 A 的第 i 行各元素与 B 的第 j 列各元素对应乘积之和.

注　只有当 A 的列数与 B 的行数相等时，A 与 B 才能相乘.

(4) 矩阵的转置：设 $A=(a_{ij})_{m\times n}$，则 A 的转置 $A'=(a_{ji})_{n\times m}$，即把 A 的行换成同序数的列所得到的矩阵.

(5) 方阵的行列式：设 $A=(a_{ij})$ 为 n 阶方阵，则由 A 的元素保持原来位置不变得到的行列式称为 A 的行列式，记为 $|A|$ 或 $\det A$.

注　方阵与行列式是两个不同的概念. n 阶方阵是一个由 n^2 个数按一定方式排列成的数表，而 n 阶行列式是由这些数按一定的运算法则所确定的一个数.

3) 运算规律

(1) 基本运算规律：A,B,C 为矩阵，λ,μ 为任意数.

$A+B=B+A$(加法交换律)；

$(A+B)+C=A+(B+C)$(加法结合律)；

$(\lambda+\mu)A=\lambda A+\mu A$；

$\lambda(A+B)=\lambda A+\lambda B$；

$(\lambda\mu)A=\lambda(\mu A)=\mu(\lambda A)$；

$(AB)C=A(BC)$；

$A(B+C)=AB+AC$，$(B+C)A=BA+CA$；

$\lambda(AB)=(\lambda A)B=A(\lambda B)$.

注　(i) 矩阵的乘法不满足交换律，即

$$AB\neq BA,$$

因此，一般地有

$$(A+B)^2\neq A^2+2AB+B^2,$$
$$(AB)^k\neq A^kB^k,$$
$$(A+B)(A-B)\neq A^2-B^2.$$

(ii) 矩阵的乘法不满足消去律，即若 $AB=O$，不能推出 $A=O$ 或 $B=O$，所以

$A^2=O$，一般推不出 $A=O$；

$A^2=A$，一般推不出 $A=O$ 或 $A=E$；

$AX=AY$，且 $A\neq O$，一般推不出 $X=Y$.

(2) 转置矩阵的运算规律：

$(A')'=A$；　$(A+B)'=A'+B'$；　$(\lambda A)'=\lambda A'$；　$(AB)'=B'A'$.

(3) n 阶方阵行列式的运算规律：

$$|A'|=|A|;\quad |\lambda A|=\lambda^n|A|;\quad |AB|=|A|\cdot|B|.$$

2. 逆矩阵

1) 逆矩阵的定义

对于 n 阶矩阵 A，若存在 n 阶矩阵 B，使得

$$AB = BA = E,$$

则称 B 为 A 的逆矩阵,并称 A 是可逆矩阵或非奇异矩阵.

注 (1) 若 B 为 A 的逆矩阵,则 A 也是 B 的逆矩阵.

(2) 若 A 的逆矩阵存在,它必唯一,记为 A^{-1}.

(3) 判定 B 为 A 的逆矩阵时,只需验证 $AB=E$ 或 $BA=E$ 之一成立.

2) 逆矩阵的性质

若 A,B 都是 n 阶可逆矩阵,则

$$(A^{-1})^{-1}A;$$

$$(kA)^{-1} = \frac{1}{k}A^{-1} \quad (k\text{ 为不等于零的常数});$$

$$(AB)^{-1} = B^{-1}A^{-1};$$

$$(A^{-1})' = (A')^{-1};$$

$$|A^{-1}| = \frac{1}{|A|}.$$

3) 求逆矩阵的方法

(1) 根据逆矩阵的定义,解矩阵方程 $AB=E$.

(2) 伴随矩阵法

$$A^{-1} = \frac{1}{|A|}A^*,$$

A^* 为 n 阶矩阵 $A=(a_{ij})$的伴随矩阵,

$$A^* = \begin{bmatrix} A_{11} & A_{21} & \cdots & A_{n1} \\ A_{12} & A_{22} & \cdots & A_{n2} \\ \vdots & \vdots & & \vdots \\ A_{1n} & A_{2n} & \cdots & A_{nn} \end{bmatrix},$$

其中 A_{ij} 为 A 的元素 a_{ij} 的代数余子式.

注 A^* 的第 i 列元素依次为 A 的第 i 行元素对应的代数余子式.

(3) 初等变换法.

$$\begin{bmatrix} A & E \end{bmatrix} \xrightarrow{\text{初等行变换}} \begin{bmatrix} E & A^{-1} \end{bmatrix},$$

$$\begin{bmatrix} A \\ E \end{bmatrix} \xrightarrow{\text{初等列变换}} \begin{bmatrix} E \\ A^{-1} \end{bmatrix}.$$

4) 关于矩阵秩的若干结论

(1) 矩阵秩定义　矩阵 A 中最高阶的非零子式的阶数称为 A 的秩,记作 $\mathrm{R}(A)$.

(2) 若干结论：

(i) 若 A 为 $m\times n$ 矩阵，则 $0\leqslant \mathrm{R}(A)\leqslant \min\{m,n\}$. 当且仅当 $A=O$ 时，$\mathrm{R}(A)=0$.

(ii) $\mathrm{R}(A')=\mathrm{R}(A)$.

(iii) 若 A 为 n 阶方阵，$\mathrm{R}(A)=n$(称 A 为满秩方阵)$\Leftrightarrow A$ 为非奇异方阵. 由此可得

$$A\text{ 可逆}\Leftrightarrow A\text{ 非奇异}\Leftrightarrow A\text{ 满秩}\Leftrightarrow |A|\neq 0.$$

(iv) 若 $\mathrm{R}(A)=r$，则 A 的任何大于 $r+1$ 阶的子式等于零.

(v) $\mathrm{R}(A'A)=\mathrm{R}(AA')=\mathrm{R}(A)$.

3. 初等矩阵

1) 初等矩阵的定义

由单位矩阵经过一次初等变换而得到的矩阵称为初等矩阵.

由于矩阵的初等变换有三种，因此初等矩阵有三类：

(1) 互换单位矩阵 E 的第 i 行与第 j 行(或第 i 列与第 j 列)得到的初等矩阵记为 $E(i,j)$；

(2) 用非零数 k 乘以单位矩阵 E 的第 i 行(或列)得到的初等矩阵记为 $E(i(k))$；

(3) 用常数 k 乘单位矩阵 E 的第 j 行(或第 i 列)加到第 i 行(或第 j 列)的相应元素上得到的初等矩阵记为 $E(j(k),i)$.

三类初等矩阵都是可逆的，且

$$E^{-1}(i,j)=E(i,j),\quad E^{-1}(i(k))=E\left(i\left(\frac{1}{k}\right)\right),\quad E^{-1}(j(k),i)=E(j(-k),i).$$

2) 初等变换与初等矩阵的关系

设 A 是一个 $m\times n$ 矩阵，对 A 施行一次初等行变换，相当于在 A 的左边乘以相应的 m 阶初等矩阵；对 A 施行一次初等列变换，相当于在 A 的右边乘以相应的 n 阶初等矩阵.

由矩阵 A 经过有限次初等变换变为矩阵 B，则称 A 与 B 等价，这样就把矩阵的等价关系用矩阵的乘法表示出来.

3) 等价矩阵的性质

(1) 若 $A\sim B$，则 $\mathrm{R}(A)=\mathrm{R}(B)$，即初等变换不改变矩阵的秩.

(2) $A\sim B$ 的充要条件是存在可逆矩阵 P,Q，使 $PAQ=B$(P,Q 分别表示将 A 变换为 B 的行变换矩阵与列变换矩阵).

(3) $A\sim B\Leftrightarrow A,B$ 有相同的标准形.

4. 分块矩阵

对于阶数较高的矩阵采用分块的方法，可以利用矩阵的某些特性简单计算.

(1) 作分块矩阵的加法时，应使两个矩阵有相同的分法，即对应的子块有相同的行数和列数.

(2) 作分块矩阵乘法时，须使左面矩阵列的分法与右面矩阵行的分法一致.

(3) 分块时应尽量分出较多的零块和单位阵块.若矩阵可以分块成为分块对角阵

$$A=\begin{bmatrix} A_1 & & & \\ & A_2 & & \\ & & \ddots & \\ & & & A_t \end{bmatrix}=\mathrm{diag}(A_1,A_2,\cdots,A_t),$$

其中 A_i 皆为方阵，就能为计算带来很大方便，这是因为分块对角阵有下列性质：

(i) $A^m=\mathrm{diag}(A_1^m,A_2^m,\cdots,A_t^m)$ (A_i 皆为方阵).

(ii) $A'=\mathrm{diag}(A_1',A_2',\cdots,A_t')$.

(iii) $A^{-1}=\mathrm{diag}(A_1^{-1},A_2^{-1},\cdots,A_t^{-1})$ (A_i 皆为方阵).

当

$$B=\begin{bmatrix} & & & B_1 \\ & & B_2 & \\ & \iddots & & \\ B_t & & & \end{bmatrix}$$

时，有

$$B^{-1}=\begin{bmatrix} & & & B_t^{-1} \\ & & \iddots & \\ & B_2^{-1} & & \\ B_1^{-1} & & & \end{bmatrix}\quad (其中\ B_i\ 皆可逆).$$

(iv) $\mathrm{R}(A)=\mathrm{R}(A_1)+\mathrm{R}(A_2)+\cdots+\mathrm{R}(A_t)$.

(v) $|A|=|A_1||A_2|\cdots|A_t|$ (A_i 皆为方阵).

三、典型例题解析

例 1　已知矩阵

$$A=\begin{bmatrix} 0 & 3 & 0 \\ -6 & 1 & 4 \\ 0 & 0 & 6 \end{bmatrix},\quad B=\begin{bmatrix} 1 & 0 & 1 \\ 2 & \dfrac{2}{3} & \dfrac{2}{3} \\ 1 & 1 & 1 \end{bmatrix},$$

求矩阵 X,Y，使得

$$\begin{cases} X-Y=A, & (3.1) \\ 2X+Y=3B. & (3.2) \end{cases}$$

解　(3.1)+(3.2)，得

$$3X = A + 3B,$$

$$X = \frac{1}{3}A + B = \begin{bmatrix} 1 & 1 & 1 \\ 0 & 1 & 2 \\ 1 & 1 & 3 \end{bmatrix}.$$

再由(3.1)，得

$$Y = X + A = \begin{bmatrix} 1 & 4 & 1 \\ -6 & 2 & 6 \\ 1 & 1 & 9 \end{bmatrix}.$$

注　这是一个关于矩阵的方程组，可以像求解代数方程组那样求解. 本例的目的在于熟悉矩阵的基本运算.

例 2　设矩阵

$$A = \begin{bmatrix} 1 & 1 \\ 0 & 1 \end{bmatrix},$$

求 A^n.

分析　这是一个求矩阵高次幂的题目，可从 $n=2,3$，即 A^2, A^3 中发现规律，再证明之.

解　解法一

$$A^2 = \begin{bmatrix} 1 & 1 \\ 0 & 1 \end{bmatrix}\begin{bmatrix} 1 & 1 \\ 0 & 1 \end{bmatrix} = \begin{bmatrix} 1 & 2 \\ 0 & 1 \end{bmatrix},$$

$$A^3 = \begin{bmatrix} 1 & 2 \\ 0 & 1 \end{bmatrix}\begin{bmatrix} 1 & 1 \\ 0 & 1 \end{bmatrix} = \begin{bmatrix} 1 & 3 \\ 0 & 1 \end{bmatrix}.$$

猜想 $A^n = \begin{bmatrix} 1 & n \\ 0 & 1 \end{bmatrix}$，用数学归纳法证明这个结论.

$n=2$ 时，结论成立.

设 $n=k$ 时，有

$$A^k = \begin{bmatrix} 1 & k \\ 0 & 1 \end{bmatrix},$$

那么

$$A^{k+1} = A^k \cdot A = \begin{bmatrix} 1 & k \\ 0 & 1 \end{bmatrix}\begin{bmatrix} 1 & 1 \\ 0 & 1 \end{bmatrix} = \begin{bmatrix} 1 & k+1 \\ 0 & 1 \end{bmatrix},$$

根据数学归纳法原理，对一切自然数 n，有

$$A^n = \begin{bmatrix} 1 & n \\ 0 & 1 \end{bmatrix}.$$

解法一也适用于分块矩阵. 若 $A=\begin{bmatrix} E_p & B \\ O & E_q \end{bmatrix}$,则

$$A^n = \begin{bmatrix} E_p & nB \\ O & E_q \end{bmatrix},$$

其中 $B=(b_{ij})_{p\times q}$,$O=(0)_{q\times p}$.

解法二

$$A=\begin{bmatrix} 1 & 1 \\ 0 & 1 \end{bmatrix}=\begin{bmatrix} 1 & 0 \\ 0 & 1 \end{bmatrix}+\begin{bmatrix} 0 & 1 \\ 0 & 0 \end{bmatrix}=E+C,$$

则

$$A^n = (E+C)^n = E^n + nE^{n-1}C + \frac{n(n-1)}{2!}E^{n-2}C^2 + \cdots + C^n.$$

由于 $C^2=\begin{bmatrix} 0 & 1 \\ 0 & 0 \end{bmatrix}\begin{bmatrix} 0 & 1 \\ 0 & 0 \end{bmatrix}=\begin{bmatrix} 0 & 0 \\ 0 & 0 \end{bmatrix}$,则对一切 $k\geqslant 2$,$C^k=O$.

那么

$$A^n = E + nC = \begin{bmatrix} 1 & 0 \\ 0 & 1 \end{bmatrix}+\begin{bmatrix} 0 & n \\ 0 & 0 \end{bmatrix}=\begin{bmatrix} 1 & n \\ 0 & 1 \end{bmatrix}.$$

注　解法二中应用了代数学中的二项式公式. 它将矩阵 A 分解为单位矩阵 E 和 C 的和是一种有用的解题技巧,读者可用这种方法求

$$\begin{bmatrix} 1 & 0 & 1 \\ 0 & 1 & 0 \\ 0 & 0 & 1 \end{bmatrix}^n.$$

例 3　已知 $AP=PB$,其中矩阵

$$B=\begin{bmatrix} 1 & 0 & 0 \\ 0 & 0 & 0 \\ 0 & 0 & -1 \end{bmatrix},\quad P=\begin{bmatrix} 1 & 0 & 0 \\ 2 & -1 & 0 \\ 2 & 1 & 1 \end{bmatrix}.$$

求 A^5.

分析　本例虽也是求 A 的高次幂,但未给出 A,只给出了关系式,应充分利用关系式求出 A.

解　因为 P 可逆,其逆矩阵

$$P^{-1}=\begin{bmatrix} 1 & 0 & 0 \\ 2 & -1 & 0 \\ -4 & 1 & 1 \end{bmatrix}.$$

由 $AP=PB$，可得 $A=PBP^{-1}$，于是，利用矩阵乘法的结合律有

$$\begin{aligned}A^5&=(PBP^{-1})(PBP^{-1})(PBP^{-1})(PBP^{-1})(PBP^{-1})\\&=PB^5P^{-1}.\end{aligned}$$

由于

$$B^5=\begin{bmatrix}1&0&0\\0&0&0\\0&0&-1\end{bmatrix}^5=\begin{bmatrix}1&0&0\\0&0&0\\0&0&-1\end{bmatrix}=B,$$

则

$$\begin{aligned}A^5=PBP^{-1}&=\begin{bmatrix}1&0&0\\2&-1&0\\2&1&1\end{bmatrix}\begin{bmatrix}1&0&0\\0&0&0\\0&0&-1\end{bmatrix}\begin{bmatrix}1&0&0\\2&-1&0\\-4&1&1\end{bmatrix}\\&=\begin{bmatrix}1&0&0\\2&0&0\\6&-1&-1\end{bmatrix}.\end{aligned}$$

注　因为 $B^{2n+1}=B$，则

$$A^{2n+1}=\begin{bmatrix}1&0&0\\2&0&0\\6&-1&-1\end{bmatrix}.$$

同样，$B^{2n}=\begin{bmatrix}1&0&0\\0&0&0\\0&0&1\end{bmatrix}$，则 $A^{2n}=PB^{2n}P^{-1}=\begin{bmatrix}1&0&0\\2&0&0\\-2&1&1\end{bmatrix}$.

本题解法中利用了矩阵乘法的结合律. 读者可利用结合律求 C^n，其中 $C=\boldsymbol{\alpha}'\boldsymbol{\beta}$，而

$$\boldsymbol{\alpha}=(1,2,3),\quad \boldsymbol{\beta}=\left(1,\frac{1}{2},\frac{1}{3}\right).$$

求解时注意到

$$\begin{aligned}C^n&=(\boldsymbol{\alpha}'\boldsymbol{\beta})(\boldsymbol{\alpha}'\boldsymbol{\beta})\cdots(\boldsymbol{\alpha}'\boldsymbol{\beta})(\boldsymbol{\alpha}'\boldsymbol{\beta})\\&=\boldsymbol{\alpha}'(\boldsymbol{\beta}\boldsymbol{\alpha}')\cdots(\boldsymbol{\beta}\boldsymbol{\alpha}')\boldsymbol{\beta}.\end{aligned}$$

例 4　设 A 为 n 阶反对称矩阵，即 $A'=-A$，B 为 n 阶对称矩阵. 证明 $AB-BA$ 为 n 阶对称矩阵.

分析　根据对称矩阵的定义，只需证明矩阵 $AB-BA$ 关于主对角线对称的元素相等 $C_{ij}=C_{ji}$，或证明 $(AB-BA)'=AB-BA$.

证　证法一　设 $A=(a_{ij})_{n\times n}$，$B=(b_{ij})_{n\times n}$. 由已知，

$$a_{ij}=-a_{ji},\quad b_{ij}=b_{ji}\quad(i,j=1,2,\cdots,n).$$

设 $AB-BA=C=(c_{ij})_{n\times n}$，那么

$$\begin{aligned}c_{ij}&=\sum_{k=1}^{n}a_{ik}b_{kj}-\sum_{k=1}^{n}b_{ik}a_{kj}\\&=\sum_{k=1}^{n}(-a_{ki}b_{jk})-\sum_{k=1}^{n}(-b_{ki}a_{jk})\\&=\sum_{k=1}^{n}a_{jk}b_{ki}-\sum_{k=1}^{n}b_{jk}a_{ki}\\&=c_{ji}.\end{aligned}$$

由此得 $AB-BA$ 为 n 阶对称矩阵.

证法二　已知 $A'=-A,B'=B$，则

$$\begin{aligned}(AB-BA)'&=(AB)'-(BA)'=B'A'-A'B'\\&=-BA+AB=AB-BA.\end{aligned}$$

因此，$AB-BA$ 为对称矩阵.

例 5　(1) 设 n 阶方阵 A 的行列式 $|A|<0$，且满足 $AA'=E$，求 $|A+E|$；

(2) 证明：若 A 是 n 阶方阵，且满足 $AA'=E$，$|A|=-1$，则 $|E+A|=0$.

分析　求 $|A+E|$，又知 $AA'=E$，可进行代换.

(1) **解**　因为

$$\begin{aligned}|A+E|&=|A+AA'|=|A(E+A')|=|A||E+A'|\\&=|A||E+A|,\end{aligned}$$

所以

$$|A+E|(1-|A|)=0.$$

由于 $|A|<0$，则 $1-|A|>0$，所以

$$|A+E|=0.$$

(2) **证**

$$\begin{aligned}|E+A|&=|AA'+A|=|A(A+E)|=|A||A+E|\\&=-|A+E|,\end{aligned}$$

所以

$$|E+A|=0.$$

例 6　设矩阵

$$A=\begin{bmatrix}4&2&3\\1&1&0\\-1&2&3\end{bmatrix},$$

求$(A-2E)^{-1}$.

分析　首先求出 $A-2E$,然后用伴随矩阵法或初等变换法求逆矩阵.

解　解法一　伴随矩阵法.

$$A-2E=\begin{bmatrix}4&2&3\\1&1&0\\-1&2&3\end{bmatrix}-\begin{bmatrix}2&0&0\\0&2&0\\0&0&2\end{bmatrix}=\begin{bmatrix}2&2&3\\1&-1&0\\-1&2&1\end{bmatrix}.$$

由于

$$|A-2E|=\begin{vmatrix}2&2&3\\1&-1&0\\-1&2&1\end{vmatrix}=-1\neq 0,$$

则 $A-2E$ 可逆,且

$$(A-2E)^{-1}=\frac{1}{|A-2E|}(A-2E)^*$$
$$=-\begin{bmatrix}-1&4&3\\-1&5&3\\1&-6&-4\end{bmatrix}=\begin{bmatrix}1&-4&-3\\1&-5&-3\\-1&6&4\end{bmatrix}.$$

解法二　初等变换法.

$$(A-2E\ \ E)=\begin{bmatrix}2&2&3&1&0&0\\1&-1&0&0&1&0\\-1&2&1&0&0&1\end{bmatrix}\xrightarrow{r_1\leftrightarrow r_2}\begin{bmatrix}1&-1&0&0&1&0\\2&2&3&1&0&0\\-1&2&1&0&0&1\end{bmatrix}$$
$$\xrightarrow[r_3+r_1]{r_2-2r_1}\begin{bmatrix}1&-1&0&0&1&0\\0&4&3&1&-2&0\\0&1&1&0&1&1\end{bmatrix}\xrightarrow{r_3\leftrightarrow r_2}\begin{bmatrix}1&-1&0&0&1&0\\0&1&1&0&1&1\\0&4&3&1&-2&0\end{bmatrix}$$
$$\xrightarrow[r_3-4r_2]{r_1+r_2}\begin{bmatrix}1&0&1&0&2&1\\0&1&1&0&1&1\\0&0&-1&1&-6&-4\end{bmatrix}\xrightarrow[\substack{r_2+r_3\\ r_3\times(-1)}]{r_1+r_3}\begin{bmatrix}1&0&0&1&-4&-3\\0&1&0&1&-5&-3\\0&0&1&-1&6&4\end{bmatrix},$$

故

$$(A-2E)^{-1}=\begin{bmatrix}1&-4&-3\\1&-5&-3\\-1&6&4\end{bmatrix}.$$

注　(1) 应用伴随矩阵求逆时,矩阵 A 的伴随矩阵 A^* 中位于(i,j)位置的元素为 A_{ji},它是$|A|$中 a_{ji} 的代数余子式.

(2) 应用初等变换法求逆矩阵时,若用行变换于$(A\quad E)$应一直用行变换,不可夹杂列变换.

(3) 求出逆矩阵后,可按定义检验求出的逆矩阵的正确性.

例 7 设 n 阶方阵 A 和 B 满足关系式

$$A+B=AB.$$

(1) 证明 $A-E$ 可逆;

(2) 若

$$B=\begin{bmatrix}2&0&0\\0&3&0\\0&0&4\end{bmatrix},$$

求矩阵 A.

分析 欲证 $A-E$ 可逆,必须导出以 $A-E$ 为因式的表达式.

(1) **证** 由 $A+B=AB$,有 $AB-A=B$,即

$$A(B-E)=B,$$

两边同减去 E,得 $A(B-E)-E=B-E$,即

$$(A-E)(B-E)=E,$$

根据逆矩阵定义知,$A-E$ 可逆,且$(A-E)^{-1}=B-E$.

注 $AB-A=A(B-E)$,而不是$(B-E)A$,更不能写成 $A(B-1)$.

(2) **解** 由(1)知

$$(A-E)^{-1}=B-E,$$

因此

$$A-E=(B-E)^{-1},\quad A=E+(B-E)^{-1}.$$

由

$$B=\begin{bmatrix}2&0&0\\0&3&0\\0&0&4\end{bmatrix}$$

知

$$B-E=\begin{bmatrix}1&0&0\\0&2&0\\0&0&3\end{bmatrix},$$

而

$$(B-E)^{-1}=\begin{bmatrix}1&0&0\\0&\frac{1}{2}&0\\0&0&\frac{1}{3}\end{bmatrix},$$

则

$$A=\begin{bmatrix}2&0&0\\0&\frac{3}{2}&0\\0&0&\frac{4}{3}\end{bmatrix}.$$

例 8　设 A 为 3×3 矩阵，$|A|=-2$，把 A 按列分块为 $A=(A_1,A_2,A_3)$，其中 $A_j(j=1,2,3)$ 为 A 的第 j 列. 求(1) $|A_1,2A_2,A_3|$；(2) $|A_3-2A_1,3A_2,A_1|$.

解　由行列式的性质.

(1) $|A_1,2A_2,A_3|=2|A_1,A_2,A_3|=2|A|=-4$.

(2) $|A_3-2A_1,3A_2,A_1|=|A_3,3A_2,A_1|=3|A_3,A_2,A_1|$

$=-3|A_1,A_2,A_3|=-3|A|=6$.

例 9　设矩阵

$$A=\begin{bmatrix}a_{11}&a_{12}&a_{13}&a_{14}\\a_{21}&a_{22}&a_{23}&a_{24}\\a_{31}&a_{32}&a_{33}&a_{34}\\a_{41}&a_{42}&a_{43}&a_{44}\end{bmatrix},\quad B=\begin{bmatrix}a_{14}&a_{13}&a_{12}&a_{11}\\a_{24}&a_{23}&a_{22}&a_{21}\\a_{34}&a_{33}&a_{32}&a_{31}\\a_{44}&a_{43}&a_{42}&a_{41}\end{bmatrix},$$

$$P_1=\begin{bmatrix}0&0&0&1\\0&1&0&0\\0&0&1&0\\1&0&0&0\end{bmatrix},\quad P_2=\begin{bmatrix}1&0&0&0\\0&0&1&0\\0&1&0&0\\0&0&0&1\end{bmatrix},$$

其中 A 可逆，则

(1) $B=$________.

A. P_1P_2A　　B. P_1AP_2　　C. AP_1P_2　　D. P_2AP_1

(2) $B^{-1}=$________.

A. $P_1P_2A^{-1}$　　B. $P_1A^{-1}P_2$　　C. $A^{-1}P_1P_2$　　D. $P_2A^{-1}P_1$

解　(1) 显然，$A\underset{c_2\leftrightarrow c_4}{\overset{c_1\leftrightarrow c_4}{\sim}}B$，即 B 是由 A 经过两次初等列变换得到，可以看成是先交换第一列和第四列，再交换第二列和第三列，也可以看成是先交换第二列和第三列，再交换第一列和第四列，因此，$B=AP_1P_2$ 或 $B=AP_2P_1$，所以选 C.

(2) 由(1)的求解可得 $B^{-1}=P_2^{-1}P_1^{-1}A^{-1}$ 或 $B^{-1}=P_1^{-1}P_2^{-1}A^{-1}$，而 $P_1^{-1}=P_1$，$P_2^{-1}=P_2$，所以 $B^{-1}=P_2P_1A^{-1}$ 或 $B^{-1}=P_1P_2A^{-1}$，因此选 A.

例 10　计算下列各题：

(1) $A=\begin{bmatrix}1&2&1&0\\0&1&0&1\\0&0&2&1\\0&0&0&3\end{bmatrix}\begin{bmatrix}1&0&3&1\\0&1&2&-1\\0&0&-7&1\\0&0&-2&1\end{bmatrix}$；

(2) 求 A^2；

(3) 求 A^{-1}.

分析　求 A 时可充分利用分块矩阵，因为这两个矩阵都有元素全为零的块.

解　(1) 按如下分块计算：

$$A=\begin{bmatrix}1&2&1&0\\0&1&0&1\\0&0&2&1\\0&0&0&3\end{bmatrix}\begin{bmatrix}1&0&3&1\\0&1&2&-1\\0&0&-7&1\\0&0&-2&1\end{bmatrix}=\begin{bmatrix}1&2&0&0\\0&1&0&0\\0&0&-16&3\\0&0&-6&3\end{bmatrix}.$$

(2) A 为分块对角阵，令

$$B=\begin{bmatrix}1&2\\0&1\end{bmatrix},\quad C=\begin{bmatrix}-16&3\\-6&3\end{bmatrix},$$

则

$$A=\begin{bmatrix}B&O\\O&C\end{bmatrix},\quad A^2=\begin{bmatrix}B^2&\\&C^2\end{bmatrix}=\begin{bmatrix}1&4&&\\0&1&&\\&&238&-39\\&&78&-9\end{bmatrix}.$$

(3) 由于 $B^{-1}=\begin{bmatrix}1&-2\\0&1\end{bmatrix}$，$C^{-1}=\begin{bmatrix}-\frac{1}{10}&\frac{1}{10}\\-\frac{1}{5}&\frac{8}{15}\end{bmatrix}$，所以

$$A^{-1}=\begin{bmatrix}B^{-1}&\\&C^{-1}\end{bmatrix}=\begin{bmatrix}1&-2&&\\0&1&&\\&&-\frac{1}{10}&\frac{1}{10}\\&&-\frac{1}{5}&\frac{8}{15}\end{bmatrix}.$$

例 11　设 A,C 均为 n 阶可逆矩阵，证明

$$\begin{bmatrix}A&O\\B&C\end{bmatrix}^{-1}=\begin{bmatrix}A^{-1}&O\\-C^{-1}BA^{-1}&C^{-1}\end{bmatrix}.$$

分析　要证明矩阵 N 是矩阵 M 的逆矩阵，只需要证明 $MN=E$ 即可.

证　证法一　由于

$$\begin{bmatrix}A&O\\B&C\end{bmatrix}\begin{bmatrix}A^{-1}&O\\-C^{-1}BA^{-1}&C^{-1}\end{bmatrix}=\begin{bmatrix}AA^{-1}&O\\BA^{-1}-CC^{-1}BA^{-1}&CC^{-1}\end{bmatrix}=\begin{bmatrix}E_n&O\\O&E_n\end{bmatrix},$$

所以结论成立.

证法二　设

$$\begin{bmatrix} A & O \\ B & C \end{bmatrix}^{-1} = \begin{bmatrix} A_1 & A_2 \\ A_3 & A_4 \end{bmatrix},$$

则由逆矩阵的定义，有

$$\begin{bmatrix} A & O \\ B & C \end{bmatrix}\begin{bmatrix} A_1 & A_2 \\ A_3 & A_4 \end{bmatrix} = \begin{bmatrix} E_n & O \\ O & E_n \end{bmatrix}.$$

因为

$$AA_1 = E_n,\quad AA_2 = O,\quad BA_1 + CA_3 = O,\quad BA_2 + CA_4 = E_n.$$

所以

$$A_1 = A^{-1},\quad A_2 = O,\quad A_3 = -C^{-1}BA^{-1},\quad A_4 = C^{-1},$$

即等式证毕.

注　证法二具有代表性，是利用分块矩阵求逆矩阵的基本方法. 读者可以用此方法求

$$\begin{bmatrix} O & B \\ C & D \end{bmatrix}^{-1},$$

其中 B 和 C 均为 n 阶可逆矩阵.

例 12　求矩阵

$$A = \begin{bmatrix} 2 & -1 & 3 \\ 1 & -3 & 4 \\ -1 & 2 & \lambda \end{bmatrix}$$

的秩.

分析　矩阵 A 中含有参数 λ，因此 A 的秩与 λ 的取值有关. 求矩阵的秩，通常用的方法是初等变换，由于矩阵 A 是方阵，也可以利用其行列式来求.

解　解法一　应用初等变换化矩阵 A 为阶梯形矩阵.

$$A \xrightarrow{r_1 \leftrightarrow r_2} \begin{bmatrix} 1 & -3 & 4 \\ 2 & -1 & 3 \\ -1 & 2 & \lambda \end{bmatrix} \xrightarrow[r_3 + r_1]{r_2 - 2r_1} \begin{bmatrix} 1 & -3 & 4 \\ 0 & 5 & -5 \\ 0 & -1 & \lambda + 4 \end{bmatrix}$$

$$\xrightarrow{r_3 + \frac{1}{5}\lambda_2} \begin{bmatrix} 1 & -3 & 4 \\ 0 & 5 & -5 \\ 0 & 0 & \lambda + 3 \end{bmatrix}.$$

若 $\lambda+3\neq0$，即 $\lambda\neq-3$ 时，$\mathrm{R}(A)=3$；

若 $\lambda+3=0$，即 $\lambda=-3$ 时，$\mathrm{R}(A)=2$.

解法二　应用 A 的行列式来求 A 的秩.

$$|A|=\begin{vmatrix}1&-3&4\\2&-1&3\\-1&2&\lambda\end{vmatrix}=5\lambda+15.$$

若 $|A|\neq0$，即 $\lambda\neq-3$ 时，$\mathrm{R}(A)=3$；

若 $|A|=0$，即 $\lambda=-3$ 时，

$$A=\begin{bmatrix}1&-3&4\\2&-1&3\\-1&2&-3\end{bmatrix},$$

而 A 的二阶子式 $\begin{vmatrix}1&-3\\2&-1\end{vmatrix}\neq0$，所以 $\mathrm{R}(A)=2$.

例 13　设 A 为 5×4 矩阵，

$$A=\begin{bmatrix}1&2&3&1\\2&-1&k&2\\0&1&1&3\\1&-1&0&4\\2&0&2&5\end{bmatrix},$$

且 A 的秩为 3，求 k.

解　对 A 施行初等行变换.

$$A\overset{r_2\leftrightarrow r_4}{\sim}\begin{bmatrix}1&2&3&1\\1&-1&0&4\\0&1&1&3\\2&-1&k&2\\2&0&2&5\end{bmatrix}\underset{\substack{r_4-2r_1\\r_5-2r_1}}{\overset{r_2-r_1}{\sim}}\begin{bmatrix}1&2&3&1\\0&-3&-3&3\\0&1&1&3\\0&-5&k-6&0\\0&-4&-4&3\end{bmatrix}$$

$$\overset{r_2\times\left(-\frac{1}{3}\right)}{\sim}\begin{bmatrix}1&2&3&1\\0&1&1&-1\\0&1&1&3\\0&-5&k-6&0\\0&-4&-4&3\end{bmatrix}\underset{\substack{r_4+5r_2\\r_5+4r_2}}{\overset{r_3-r_2}{\sim}}\begin{bmatrix}1&2&3&1\\0&1&1&-1\\0&0&0&4\\0&0&k-1&-5\\0&0&0&-1\end{bmatrix}$$

$$\underset{r_5+r_3}{\overset{r_3\times\frac{1}{4}}{\sim}}\begin{bmatrix}1&2&3&1\\0&1&1&-1\\0&0&0&1\\0&0&k-1&-5\\0&0&0&0\end{bmatrix}.$$

由于 A 的秩为 3，所以 $k-1=0$，即 $k=1$.

注　由于矩阵的秩等于最高阶非零子式的阶数，而矩阵 A 的秩为 3，因此 A 的所有 4 阶子式全为零. 本例也可以利用 A 的 4 阶子式为零来确定 k 的值.

例 14　设 A 为 $m\times s$ 矩阵，B 为 $s\times n$ 矩阵，证明：

$$\mathrm{R}(A)+\mathrm{R}(B)-s\leqslant \mathrm{R}(AB)\leqslant \min\{\mathrm{R}(A),\mathrm{R}(B)\}.$$

证　设 $\mathrm{R}(A)=r$，则存在 m 阶可逆矩阵 P_1 和 s 阶可逆矩阵 Q_1，将 A 化为标准形 N_1，即

$$P_1AQ_1=\begin{bmatrix}E_r & O\\ O & O\end{bmatrix}=N_1.$$

同样，设 $\mathrm{R}(B)=t$，则存在 s 阶可逆矩阵 P_2 和 n 阶可逆矩阵 Q_2，使得

$$P_2BQ_2=\begin{bmatrix}E_t & O\\ O & O\end{bmatrix}=N_2.$$

由此得，$P_1A=N_1Q_1^{-1}$，$BQ_2=P_2^{-1}N_2$，从而，$P_1ABQ_2=N_1Q_1^{-1}P_2^{-1}N_2$.

将 $Q_1^{-1}P_2^{-1}$ 分块为

$$Q_1^{-1}P_2^{-1}=\begin{bmatrix}C_{r\times t} & D_{r\times(s-t)}\\ M_{(s-r)\times t} & N_{(s-r)\times(s-t)}\end{bmatrix},$$

于是

$$\begin{aligned}P_1ABQ_2&=N_1Q_1^{-1}P_2^{-1}N_2\\&=\begin{bmatrix}E_r & O\\ O & O\end{bmatrix}\begin{bmatrix}C_{r\times t} & D_{r\times(s-t)}\\ M_{(s-r)\times t} & N_{(s-r)\times(s-t)}\end{bmatrix}\begin{bmatrix}E_t & O\\ O & O\end{bmatrix}\\&=\begin{bmatrix}C_{r\times t} & D_{r\times(s-t)}\\ O & O\end{bmatrix}\begin{bmatrix}E_t & O\\ O & O\end{bmatrix}\\&=\begin{bmatrix}C_{r\times t} & O\\ O & O\end{bmatrix}.\end{aligned}$$

由于初等变换不改变矩阵的秩，则有

$$\mathrm{R}(AB)=\mathrm{R}(P_1ABQ_2)=\mathrm{R}(C_{r\times t})\leqslant\min\{r,t\}=\min\{\mathrm{R}(A),\mathrm{R}(B)\},$$

而小矩阵 $C_{r\times t}$ 是由矩阵 $Q_1^{-1}P_2^{-1}$ 去掉 $s-r$ 行和 $s-t$ 列得到的. 由于矩阵每去掉一行其秩至多减 1，对列也一样. 而 $\mathrm{R}(Q_1^{-1}P_2^{-1})=s$，于是有

$$\mathrm{R}(AB)=\mathrm{R}(C_{r\times t})\geqslant s-(s-r)-(s-t)=r+t-s=\mathrm{R}(A)+\mathrm{R}(B)-s.$$

注　(1) 本例结论右端不等式在教材中已利用矩阵分块的方法给出证明. 本例证明中将矩阵化为标准形的方法是矩阵证明中常用的方法之一，如用此方法可以证明①秩相等的同阶矩阵是等价的；②任一秩为 r 的矩阵都可表示为 r 个秩为 1

的矩阵之和，等等.

(2) 本例结论左端不等式经常在其他证明中被应用，如证明 n 阶方阵 A,B，若 $AB=O$，则 $R(A)+R(B)\leqslant n$.

例 15　设分块矩阵

$$A=\begin{bmatrix}A_1 & O\\ O & A_2\end{bmatrix},$$

证明 $R(A)=R(A_1)+R(A_2)$.

证　证法一　初等变换法.

设子块 A_1 为 $m\times n$ 矩阵，A_2 为 $s\times t$ 矩阵，并设 $R(A_1)=r_1$，$R(A_2)=r_2$.

对 A 的前 m 行施行初等行变换，前 n 列施行初等列变换，将 A_1 化为标准形 N_1，即

$$A_1\sim N_1=\begin{bmatrix}E_{r_1} & O\\ O & O\end{bmatrix}.$$

对 A 的后 s 行施行初等行变换，后 t 列施行初等列变换，将 A_2 化为标准形 N_2，即

$$A_2\sim N_2=\begin{bmatrix}E_{r_2} & O\\ O & O\end{bmatrix}.$$

于是

$$A=\begin{bmatrix}A_1 & O\\ O & A_2\end{bmatrix}\sim\begin{bmatrix}N_1 & O\\ O & N_2\end{bmatrix}=\begin{bmatrix}E_{r_1} & O & & \\ O & O & & \\ & & E_{r_2} & O\\ & & O & O\end{bmatrix}\sim\begin{bmatrix}E_{r_1+r_2} & O\\ O & O\end{bmatrix},$$

则有 $R(A)=R(E_{r_1+r_2})=r_1+r_2=R(A_1)+R(A_2)$.

证法二　初等矩阵法.

A_1,A_2 的假设同证法一，那么存在可逆方阵 P_1,P_2,Q_1,Q_2，使得

$$P_1A_1Q_1=\begin{bmatrix}E_{r_1} & O\\ O & O\end{bmatrix},\quad P_2A_2Q_2=\begin{bmatrix}E_{r_2} & O\\ O & O\end{bmatrix},$$

则有

$$\begin{bmatrix}P_1 & O\\ O & P_2\end{bmatrix}\begin{bmatrix}A_1 & O\\ O & A_2\end{bmatrix}\begin{bmatrix}Q_1 & O\\ O & Q_2\end{bmatrix}=\begin{bmatrix}P_1A_1Q_1 & O\\ O & P_2A_2Q_2\end{bmatrix}=\begin{bmatrix}E_{r_1} & O & & \\ O & O & & \\ & & E_{r_2} & O\\ & & O & O\end{bmatrix},$$

由于矩阵$\begin{bmatrix} P_1 & O \\ O & P_2 \end{bmatrix}$，$\begin{bmatrix} Q_1 & O \\ O & Q_2 \end{bmatrix}$皆可逆，则

$$\begin{aligned} R(A) &= R\left(\begin{bmatrix} A_1 & O \\ O & A_2 \end{bmatrix}\right) = R\left(\begin{bmatrix} E_{r_1} & O & & \\ O & O & & \\ & & E_{r_2} & O \\ & & O & O \end{bmatrix}\right) \\ &= r_1 + r_2 = R(A_1) + R(A_2). \end{aligned}$$

注　两种证法是相同的，只是表示形式不同. 一种以初等变换的形式表示，一种以矩阵乘积的形式表示，二者相通.

例 16　设 A, B 均为 $m \times n$ 矩阵，证明

$$R(A+B) \leqslant R(A) + R(B).$$

证　对分块矩阵施行初等变换，得

$$\begin{bmatrix} A & O \\ O & B \end{bmatrix} \sim \begin{bmatrix} A & B \\ O & B \end{bmatrix} \sim \begin{bmatrix} A+B & B \\ B & B \end{bmatrix}.$$

由于 $A+B$ 是上式右端分块矩阵的子块，而子块的秩不会大于该矩阵的秩，所以

$$R(A+B) \leqslant R\left(\begin{bmatrix} A+B & B \\ B & B \end{bmatrix}\right) = R\left(\begin{bmatrix} A & O \\ O & B \end{bmatrix}\right) = R(A) + R(B).$$

注　教材中已用矩阵分块的方法给出证明. 这里简单介绍一下分块矩阵的初等变换.

例 17　设 n 阶矩阵 A 满足 $A^2 = A$，E 为 n 阶单位矩阵，证明 $R(A) + R(A-E) = n$.

证　由 $A^2 = A$，得 $A(A-E) = O$，再由例 14 注(2)有

$$R(A) + R(A-E) \leqslant n. \tag{3.3}$$

由于 $R(E-A) = R(A-E)$，利用例 16 的结论，有

$$n = R(E) = R(A + (E-A)) \leqslant R(A) + R(E-A) = R(A) + R(A-E). \tag{3.4}$$

结合(3.3)，(3.4)有 $R(A) + R(A-E) = n$.

四、习题选解

1. 已知两个线性变换

$$\begin{cases} x_1 = 2y_1 + y_3, \\ x_2 = -2y_1 + 3y_2 + 2y_3, \\ x_3 = 4y_1 + y_2 + 5y_3, \end{cases} \qquad \begin{cases} y_1 = -3z_1 + z_2, \\ y_2 = 2z_1 + z_3, \\ y_3 = -2z_2 + 3z_3. \end{cases}$$

利用矩阵的运算，求从 z_1,z_2,z_3 到 x_1,x_2,x_3 的线性变换.

解 所给的两个线性变换的系数矩阵分别为

$$A=\begin{bmatrix}2&0&1\\-2&3&2\\4&1&5\end{bmatrix},\quad B=\begin{bmatrix}-3&1&0\\2&0&1\\0&-2&3\end{bmatrix}.$$

令

$$C=AB=\begin{bmatrix}2&0&1\\-2&3&2\\4&1&5\end{bmatrix}\begin{bmatrix}-3&1&0\\2&0&1\\0&-2&3\end{bmatrix}$$
$$=\begin{bmatrix}-6&0&3\\12&-6&9\\-10&-6&16\end{bmatrix},$$

则从 z_1,z_2,z_3 到 x_1,x_2,x_3 的线性变换的系数矩阵为 C，即从 z_1,z_2,z_3 到 x_1,x_2,x_3 的线性变换为

$$\begin{cases}x_1=-6z_1+3z_3,\\x_2=12z_1-6z_2+9z_3,\\x_3=-10z_1-6z_2+16z_3.\end{cases}$$

2. 设

$$A=\begin{bmatrix}1&1&1\\1&1&-1\\1&-1&1\end{bmatrix},\quad B=\begin{bmatrix}1&2&3\\-1&-2&4\\1&0&1\end{bmatrix},$$

计算 $3AB-2A$ 及 $(B'A)'$.

解

$$3AB-2A=3\begin{bmatrix}1&1&1\\1&1&-1\\1&-1&1\end{bmatrix}\begin{bmatrix}1&2&3\\-1&-2&4\\1&0&1\end{bmatrix}-2\begin{bmatrix}1&1&1\\1&1&-1\\1&-1&1\end{bmatrix}$$
$$=3\begin{bmatrix}1&0&8\\-1&0&6\\3&4&0\end{bmatrix}-2\begin{bmatrix}1&1&1\\1&1&-1\\1&-1&1\end{bmatrix}$$
$$=\begin{bmatrix}3&0&24\\-3&0&18\\9&12&0\end{bmatrix}-\begin{bmatrix}2&2&2\\2&2&-2\\2&-2&2\end{bmatrix}$$
$$=\begin{bmatrix}1&-2&22\\-5&-2&20\\7&14&-2\end{bmatrix},$$

$$(B'A)'=A'B=\begin{bmatrix}1&1&1\\1&1&-1\\1&-1&1\end{bmatrix}\begin{bmatrix}1&2&3\\-1&-2&4\\1&0&1\end{bmatrix}$$

$$=\begin{bmatrix}1&0&8\\-1&0&6\\3&4&0\end{bmatrix}.$$

3. 计算

$$\begin{bmatrix}\cos\theta&-\sin\theta\\\sin\theta&\cos\theta\end{bmatrix}^n\quad(n\in\mathbf{N}).$$

解　设

$$A=\begin{bmatrix}\cos\theta&-\sin\theta\\\sin\theta&\cos\theta\end{bmatrix},$$

则

$$A^2=\begin{bmatrix}\cos\theta&-\sin\theta\\\sin\theta&\cos\theta\end{bmatrix}\begin{bmatrix}\cos\theta&-\sin\theta\\\sin\theta&\cos\theta\end{bmatrix}$$

$$=\begin{bmatrix}\cos^2\theta-\sin^2\theta&-\cos\theta\sin\theta-\sin\theta\cos\theta\\\sin\theta\cos\theta+\cos\theta\sin\theta&-\sin^2\theta+\cos^2\theta\end{bmatrix}$$

$$=\begin{bmatrix}\cos2\theta&-\sin2\theta\\\sin2\theta&\cos2\theta\end{bmatrix}.$$

$$A^3=A^2\cdot A=\begin{bmatrix}\cos2\theta&-\sin2\theta\\\sin2\theta&\cos2\theta\end{bmatrix}\begin{bmatrix}\cos\theta&-\sin\theta\\\sin\theta&\cos\theta\end{bmatrix}$$

$$=\begin{bmatrix}\cos2\theta\cos\theta-\sin2\theta\sin\theta&-\cos2\theta\sin\theta-\sin2\theta\cos\theta\\\sin2\theta\cos\theta+\cos2\theta\sin\theta&-\sin2\theta\sin\theta+\cos2\theta\cos\theta\end{bmatrix}$$

$$=\begin{bmatrix}\cos3\theta&-\sin3\theta\\\sin3\theta&\cos3\theta\end{bmatrix}.$$

假设

$$A^{k-1}=\begin{bmatrix}\cos(k-1)\theta&-\sin(k-1)\theta\\\sin(k-1)\theta&\cos(k-1)\theta\end{bmatrix},$$

则

$$A^k=A^{k-1}A=\begin{bmatrix}\cos(k-1)\theta&-\sin(k-1)\theta\\\sin(k-1)\theta&\cos(k-1)\theta\end{bmatrix}\begin{bmatrix}\cos\theta&-\sin\theta\\\sin\theta&\cos\theta\end{bmatrix}$$

$$=\begin{bmatrix}\cos(k-1)\theta\cos\theta-\sin(k-1)\theta\sin\theta&-\cos(k-1)\theta\sin\theta-\sin(k-1)\theta\cos\theta\\\sin(k-1)\theta\cos\theta+\cos(k-1)\theta\sin\theta&-\sin(k-1)\theta\sin\theta+\cos(k-1)\theta\cos\theta\end{bmatrix}$$

$$=\begin{bmatrix}\cos k\theta & -\sin k\theta\\ \sin k\theta & \cos k\theta\end{bmatrix}.$$

因此，对 $n\in\mathbf{N}$，有

$$A^n=\begin{bmatrix}\cos\theta & -\sin\theta\\ \sin\theta & \cos\theta\end{bmatrix}^n=\begin{bmatrix}\cos n\theta & -\sin n\theta\\ \sin n\theta & \cos n\theta\end{bmatrix}.$$

6. 设 $f(\lambda)=a_0\lambda^n+a_1\lambda^{n-1}+\cdots+a_n$，$A$ 是一个 n 阶方阵，定义 $f(A)=a_0A^n+a_1A^{n-1}+\cdots+a_nE$，$f(A)$称为矩阵 A 的 n 次多项式.

(1) $f(\lambda)=\lambda^2-2\lambda+3$，$A=\begin{bmatrix}2 & -1\\ -3 & 3\end{bmatrix}$，试求 $f(A)$；

(2) 设 $A=\begin{bmatrix}\lambda_1 & 0\\ 0 & \lambda_2\end{bmatrix}$，证明 $f(A)=\begin{bmatrix}f(\lambda_1) & 0\\ 0 & f(\lambda_2)\end{bmatrix}$；

(3) 设 $B=P^{-1}AP$，证明 $B^k=P^{-1}A^kP$，$f(B)=P^{-1}f(A)P$.

解 (1) $f(A)=A^2-2A+3E$

$$=\begin{bmatrix}2 & -1\\ -3 & 3\end{bmatrix}\begin{bmatrix}2 & -1\\ -3 & 3\end{bmatrix}-2\begin{bmatrix}2 & -1\\ -3 & 3\end{bmatrix}+3\begin{bmatrix}1 & 0\\ 0 & 1\end{bmatrix}$$

$$=\begin{bmatrix}7 & -5\\ -15 & 12\end{bmatrix}-\begin{bmatrix}4 & -2\\ -6 & 6\end{bmatrix}+\begin{bmatrix}3 & 0\\ 0 & 3\end{bmatrix}$$

$$=\begin{bmatrix}6 & -3\\ -9 & 9\end{bmatrix}.$$

(2) 由于 $A^2=\begin{bmatrix}\lambda_1 & 0\\ 0 & \lambda_2\end{bmatrix}\begin{bmatrix}\lambda_1 & 0\\ 0 & \lambda_2\end{bmatrix}=\begin{bmatrix}\lambda_1^2 & 0\\ 0 & \lambda_2^2\end{bmatrix}$，则由归纳法可以证明

$$A^k=\begin{bmatrix}\lambda_1^k & 0\\ 0 & \lambda_2^k\end{bmatrix},\quad k\in\mathbf{N}.$$

因此

$$\begin{aligned}f(A)&=a_0A^n+a_1A^{n-1}+\cdots+a_nE\\ &=a_0\begin{bmatrix}\lambda_1^n & 0\\ 0 & \lambda_2^n\end{bmatrix}+a_1\begin{bmatrix}\lambda_1^{n-1} & 0\\ 0 & \lambda_2^{n-1}\end{bmatrix}+\cdots+a_n\begin{bmatrix}1 & 0\\ 0 & 1\end{bmatrix}\\ &=\begin{bmatrix}a_0\lambda_1^n+a_1\lambda_1^{n-1}+\cdots+a_n & 0\\ 0 & a_0\lambda_2^n+a_1\lambda_2^{n-1}+\cdots+a_n\end{bmatrix}\\ &=\begin{bmatrix}f(\lambda_1) & 0\\ 0 & f(\lambda_2)\end{bmatrix}.\end{aligned}$$

(3) $B^2=(P^{-1}AP)(P^{-1}AP)=P^{-1}A^2P$，则

$$B^k=(P^{-1}AP)(P^{-1}AP)\cdots(P^{-1}AP)=P^{-1}A(PP^{-1})AP\cdots P^{-1}AP=P^{-1}A^kP.$$

由此

$$\begin{aligned} f(B) &= a_0B^n + a_1B^{n-1} + \cdots + a_nE \\ &= a_0(P^{-1}A^nP) + a_1(P^{-1}A^{n-1}P) + \cdots + a_nE \\ &= P^{-1}(a_0A^n + a_1A^{n-1} + \cdots + a_nE)P \\ &= P^{-1}f(A)P. \end{aligned}$$

7. 证明矩阵 $A=\begin{bmatrix} a & b \\ c & d \end{bmatrix}$满足方程

$$x^2-(a+d)x+ad-bc=0.$$

证

$$\begin{aligned} & A^2-(a+d)A+(ad-bc)E \\ =& \begin{bmatrix} a & b \\ c & d \end{bmatrix}\begin{bmatrix} a & b \\ c & d \end{bmatrix}-(a+d)\begin{bmatrix} a & b \\ c & d \end{bmatrix}+(ad-bc)\begin{bmatrix} 1 & 0 \\ 0 & 1 \end{bmatrix} \\ =& \begin{bmatrix} a^2+bc & ab+bd \\ ac+cd & bc+d^2 \end{bmatrix}-\begin{bmatrix} a^2+ad & ab+bd \\ ac+cd & ad+d^2 \end{bmatrix}+\begin{bmatrix} ad-bc & 0 \\ 0 & ad-bc \end{bmatrix} \\ =& \begin{bmatrix} 0 & 0 \\ 0 & 0 \end{bmatrix}. \end{aligned}$$

8. 设 A,B 为 n 阶矩阵，且 A 为对称矩阵，证明 $B'AB$ 也是对称矩阵.

证　由于$(B'AB)'=B'A'B=B'AB$，所以 $B'AB$ 是对称矩阵.

9. 设 A,B 都是 n 阶对称矩阵，证明 AB 是对称矩阵的充分必要条件是 $AB=BA$.

证　必要性. 已知 AB 是对称矩阵，则$(AB)'=AB$，又$(AB)'=B'A'$，而 A,B 都是对称矩阵，因此，有

$$AB=(AB)'=B'A'=BA,$$

即 $AB=BA$.

充分性. 已知 $AB=BA$，而 A,B 都是对称矩阵，则有$(AB)'=B'A'=BA=AB$. 因此，AB 是对称矩阵.

10. 设 A 是 n 阶矩阵，若 $A'=-A$，则称矩阵 A 为反对称矩阵. 证明任一 n 阶矩阵可以表示为一对称矩阵与一反对称矩阵之和，且表示式唯一.

证　设 A 是任一 n 阶矩阵，令

$$B=\frac{A+A'}{2},\quad C=\frac{A-A'}{2},$$

则有 $B'=B,C'=-C$，即 B 是对称矩阵，C 是反对称矩阵，且 $A=B+C$，亦即任一 n 阶矩阵可以表示为一对称矩阵与一反对称矩阵之和.

下面证明表示式唯一.

设 $A=M+N$,其中 M 是对称矩阵,N 是反对称矩阵,则 $A'=M'+N'=M-N$,因此,可得

$$M=\frac{A+A'}{2},\quad N=\frac{A-A'}{2},$$

即 $M=B,N=C$. 所以表示式唯一.

11. 求所有与 A 可交换的矩阵:

(1) $A=\begin{bmatrix}1&1\\0&1\end{bmatrix}$; (2) $A=\begin{bmatrix}0&1&0\\0&0&1\\0&0&0\end{bmatrix}$; (3) $A=\begin{bmatrix}3&1&0\\0&3&1\\0&0&3\end{bmatrix}$.

解 (1) 设 $B=\begin{bmatrix}b_{11}&b_{12}\\b_{21}&b_{22}\end{bmatrix}$与 A 可交换,即

$$AB=BA,$$

而

$$AB=\begin{bmatrix}1&1\\0&1\end{bmatrix}\begin{bmatrix}b_{11}&b_{12}\\b_{21}&b_{22}\end{bmatrix}=\begin{bmatrix}b_{11}+b_{21}&b_{12}+b_{22}\\b_{21}&b_{22}\end{bmatrix},$$

$$BA=\begin{bmatrix}b_{11}&b_{12}\\b_{21}&b_{22}\end{bmatrix}\begin{bmatrix}1&1\\0&1\end{bmatrix}=\begin{bmatrix}b_{11}&b_{11}+b_{12}\\b_{21}&b_{21}+b_{22}\end{bmatrix},$$

故

$$\begin{cases}b_{11}+b_{21}=b_{11},\\b_{12}+b_{22}=b_{11}+b_{12},\\b_{22}=b_{21}+b_{22},\end{cases}$$

解得 $b_{21}=0,b_{11}=b_{22}$,因此,与 A 可交换的矩阵为

$$\begin{bmatrix}\lambda&k\\0&\lambda\end{bmatrix},$$

其中 λ,k 为任意数.

(2) 设矩阵

$$C=\begin{bmatrix}c_{11}&c_{12}&c_{13}\\c_{21}&c_{22}&c_{23}\\c_{31}&c_{32}&c_{33}\end{bmatrix}$$

与 A 可交换,即 $AC=CA$,由于

$$AC=\begin{bmatrix}0&1&0\\0&0&1\\0&0&0\end{bmatrix}\begin{bmatrix}c_{11}&c_{12}&c_{13}\\c_{21}&c_{22}&c_{23}\\c_{31}&c_{32}&c_{33}\end{bmatrix}=\begin{bmatrix}c_{21}&c_{22}&c_{23}\\c_{31}&c_{32}&c_{33}\\0&0&0\end{bmatrix}.$$

$$CA=\begin{bmatrix}c_{11}&c_{12}&c_{13}\\c_{21}&c_{22}&c_{23}\\c_{31}&c_{32}&c_{33}\end{bmatrix}\begin{bmatrix}0&1&0\\0&0&1\\0&0&0\end{bmatrix}=\begin{bmatrix}0&c_{11}&c_{12}\\0&c_{21}&c_{22}\\0&c_{31}&c_{32}\end{bmatrix}.$$

因此,由矩阵相等的定义有

$$\begin{aligned}&c_{21}=c_{31}=c_{32}=0,\\&c_{11}=c_{22}=c_{33},\\&c_{12}=c_{23}.\end{aligned}$$

因此,与 A 可交换的矩阵为

$$\begin{bmatrix}\lambda&k&l\\0&\lambda&k\\0&0&\lambda\end{bmatrix},$$

其中,λ,k,l 为任意数.

(3) 设矩阵

$$D=\begin{bmatrix}d_{11}&d_{12}&d_{13}\\d_{21}&d_{22}&d_{23}\\d_{31}&d_{32}&d_{33}\end{bmatrix}$$

与 A 可交换,即 $AD=DA$. 由于

$$AD=\begin{bmatrix}3&1&0\\0&3&1\\0&0&3\end{bmatrix}\begin{bmatrix}d_{11}&d_{12}&d_{13}\\d_{21}&d_{22}&d_{23}\\d_{31}&d_{32}&d_{33}\end{bmatrix}=\begin{bmatrix}3d_{11}+d_{21}&3d_{12}+d_{22}&3d_{13}+d_{23}\\3d_{21}+d_{31}&3d_{22}+d_{32}&3d_{23}+d_{33}\\3d_{31}&3d_{32}&3d_{33}\end{bmatrix},$$

$$DA=\begin{bmatrix}d_{11}&d_{12}&d_{13}\\d_{21}&d_{22}&d_{23}\\d_{31}&d_{32}&d_{33}\end{bmatrix}\begin{bmatrix}3&1&0\\0&3&1\\0&0&3\end{bmatrix}=\begin{bmatrix}3d_{11}&d_{11}+3d_{12}&d_{12}+3d_{13}\\3d_{21}&d_{21}+3d_{22}&d_{22}+3d_{23}\\3d_{31}&d_{31}+3d_{32}&d_{32}+3d_{33}\end{bmatrix}.$$

因此,根据 AD 与 DA 的对应元素相等得

$$\begin{aligned}&d_{21}=d_{31}=d_{32}=0,\\&d_{11}=d_{22}=d_{33},\\&d_{12}=d_{23}.\end{aligned}$$

所以,与 A 可交换的矩阵为

$$\begin{bmatrix}\lambda&k&l\\0&\lambda&k\\0&0&\lambda\end{bmatrix},$$

其中 λ,k,l 为任意数.

12. 求下列矩阵的逆矩阵：

(1) $A=\begin{bmatrix}1&2\\3&4\end{bmatrix}$；(2) $A=\begin{bmatrix}\cos\theta&-\sin\theta\\\sin\theta&\cos\theta\end{bmatrix}$；(3) $A=\begin{bmatrix}1&2&2\\2&1&-2\\2&-2&1\end{bmatrix}$；

(4) $A=\begin{bmatrix}3&-4&5\\2&-3&1\\3&-5&-1\end{bmatrix}$；(5) $A=\begin{bmatrix}1&1&1&1\\1&1&-1&-1\\1&-1&1&-1\\1&-1&-1&1\end{bmatrix}$；

(6) $A=\begin{bmatrix}1&2&3&4\\2&3&1&2\\1&1&1&-1\\1&0&-2&-6\end{bmatrix}$；(7) $A=\begin{bmatrix}a_1&0&\cdots&0\\0&a_2&\cdots&0\\\vdots&\vdots&&\vdots\\0&0&\cdots&a_n\end{bmatrix}$ $(a_1a_2\cdots a_n\neq0)$；

(8) $A=\begin{bmatrix}1+a&1&1&\cdots&1\\1&1+a&1&\cdots&1\\1&1&1+a&\cdots&1\\\vdots&\vdots&\vdots&&\vdots\\1&1&1&\cdots&1+a\end{bmatrix}$ （矩阵的阶为 n）.

解 (1) $|A|=2$，

$$A_{11}=4,\quad A_{21}=-2,\quad A_{12}=-3,\quad A_{22}=1,$$

$$A^*=\begin{bmatrix}4&-2\\-3&1\end{bmatrix},$$

所以

$$A^{-1}=-\frac{1}{2}\begin{bmatrix}4&-2\\-3&1\end{bmatrix}=\begin{bmatrix}-2&1\\\frac{3}{2}&-\frac{1}{2}\end{bmatrix}.$$

(2) $|A|=1$，

$$A_{11}=\cos\theta,\quad A_{21}=\sin\theta,\quad A_{12}=-\sin\theta,\quad A_{22}=\cos\theta,$$

所以

$$A^*=\begin{bmatrix}\cos\theta&\sin\theta\\-\sin\theta&\cos\theta\end{bmatrix}.$$

因此

$$A^{-1}=\frac{A^*}{|A|}=\begin{bmatrix}\cos\theta&\sin\theta\\-\sin\theta&\cos\theta\end{bmatrix}.$$

(3) 解法一　$|A|=-27$,

$$A_{11}=-3,\quad A_{21}=-6,\quad A_{31}=-6,$$
$$A_{12}=-6,\quad A_{22}=-3,\quad A_{32}=6,$$
$$A_{13}=-6,\quad A_{23}=6,\quad A_{33}=-3,$$

所以

$$A^{-1}=\frac{1}{|A|}A^{*}=-\frac{1}{27}\begin{bmatrix}-3&-6&-6\\-6&-3&6\\-6&6&-3\end{bmatrix}=\frac{1}{9}\begin{bmatrix}1&2&2\\2&1&-2\\2&-2&1\end{bmatrix}.$$

解法二

$$[A\quad E]=\begin{bmatrix}1&2&2&1&0&0\\2&1&-2&0&1&0\\2&-2&1&0&0&1\end{bmatrix}$$
$$\xrightarrow[r_3-2r_1]{r_2-2r_1}\begin{bmatrix}1&2&2&1&0&0\\0&-3&-6&-2&1&0\\0&-6&-3&-2&0&1\end{bmatrix}$$
$$\xrightarrow{r_3-2r_2}\begin{bmatrix}1&2&2&1&0&0\\0&-3&-6&-2&1&0\\0&0&9&2&-2&1\end{bmatrix}$$
$$\xrightarrow[r_2+6r_3]{r_3\times\frac{1}{9}}\begin{bmatrix}1&2&2&1&0&0\\0&-3&0&-\frac{2}{3}&-\frac{1}{3}&\frac{2}{3}\\0&0&1&\frac{2}{9}&-\frac{2}{9}&\frac{1}{9}\end{bmatrix}$$
$$\xrightarrow{r_1-2r_3}\begin{bmatrix}1&2&0&\frac{5}{9}&\frac{4}{9}&-\frac{2}{9}\\0&-3&0&-\frac{2}{3}&-\frac{1}{3}&\frac{2}{3}\\0&0&1&\frac{2}{9}&-\frac{2}{9}&\frac{1}{9}\end{bmatrix}$$
$$\xrightarrow[r_1-2r_2]{r_2\times\left(-\frac{1}{3}\right)}\begin{bmatrix}1&0&0&\frac{1}{9}&\frac{2}{9}&\frac{2}{9}\\0&1&0&\frac{2}{9}&\frac{1}{9}&-\frac{2}{9}\\0&0&1&\frac{2}{9}&-\frac{2}{9}&\frac{1}{9}\end{bmatrix},$$

所以

$$A^{-1}=\begin{bmatrix}\frac{1}{9}&\frac{2}{9}&\frac{2}{9}\\\frac{2}{9}&\frac{1}{9}&-\frac{2}{9}\\\frac{2}{9}&-\frac{2}{9}&\frac{1}{9}\end{bmatrix}=\frac{1}{9}\begin{bmatrix}1&2&2\\2&1&-2\\2&-2&1\end{bmatrix}.$$

(4) 解法一　$|A|=-1$，

$$A_{11}=8,\quad A_{21}=-29,\quad A_{31}=11,$$
$$A_{12}=5,\quad A_{22}=-18,\quad A_{32}=7,$$
$$A_{13}=-1,\quad A_{23}=3,\quad A_{33}=-1,$$

所以

$$A^{-1}=\begin{bmatrix}-8&29&-11\\-5&18&-7\\1&-3&1\end{bmatrix}.$$

解法二

$$[A\quad E]=\begin{bmatrix}3&-4&5&1&0&0\\2&-3&1&0&1&0\\3&-5&-1&0&0&1\end{bmatrix}$$

$$\underset{r_3-r_2}{\overset{r_1-r_2}{\sim}}\begin{bmatrix}1&-1&4&1&-1&0\\2&-3&1&0&1&0\\1&-2&-2&0&-1&1\end{bmatrix}$$

$$\underset{r_3-r_1}{\overset{r_2-2r_1}{\sim}}\begin{bmatrix}1&-1&4&1&-1&0\\0&-1&-7&-2&3&0\\0&-1&-6&-1&0&1\end{bmatrix}$$

$$\underset{r_1-r_2}{\overset{r_3-r_2}{\sim}}\begin{bmatrix}1&0&11&3&-4&0\\0&-1&-7&-2&3&0\\0&0&1&1&-3&1\end{bmatrix}$$

$$\underset{r_1-11r_3}{\overset{r_2+7r_3}{\sim}}\begin{bmatrix}1&0&0&-8&29&-11\\0&-1&0&5&-18&7\\0&0&1&1&-3&1\end{bmatrix}$$

$$\overset{r_2\times(-1)}{\sim}\begin{bmatrix}1&0&0&-8&29&-11\\0&1&0&-5&18&-7\\0&0&1&1&-3&1\end{bmatrix},$$

所以

$$A^{-1}=\begin{bmatrix}-8 & 29 & -11\\ -5 & 18 & -7\\ 1 & -3 & 1\end{bmatrix}.$$

(5)

$$[A\quad E]=\begin{bmatrix}1 & 1 & 1 & 1 & 1 & 0 & 0 & 0\\ 1 & 1 & -1 & -1 & 0 & 1 & 0 & 0\\ 1 & -1 & 1 & -1 & 0 & 0 & 1 & 0\\ 1 & -1 & -1 & 1 & 0 & 0 & 0 & 1\end{bmatrix}$$

$$\xrightarrow[\substack{r_3-r_1\\ r_4-r_1}]{r_2-r_1}\begin{bmatrix}1 & 1 & 1 & 1 & 1 & 0 & 0 & 0\\ 0 & 0 & -2 & -2 & -1 & 1 & 0 & 0\\ 0 & -2 & 0 & -2 & -1 & 0 & 1 & 0\\ 0 & -2 & -2 & 0 & -1 & 0 & 0 & 1\end{bmatrix}$$

$$\xrightarrow[r_4-r_2]{r_2\leftrightarrow r_3}\begin{bmatrix}1 & 1 & 1 & 1 & 1 & 0 & 0 & 0\\ 0 & -2 & 0 & -2 & -1 & 0 & 1 & 0\\ 0 & 0 & -2 & -2 & -1 & 1 & 0 & 0\\ 0 & 0 & -2 & 2 & 0 & 0 & -1 & 1\end{bmatrix}$$

$$\xrightarrow{r_4-r_3}\begin{bmatrix}1 & 1 & 1 & 1 & 1 & 0 & 0 & 0\\ 0 & -2 & 0 & -2 & -1 & 0 & 1 & 0\\ 0 & 0 & -2 & -2 & -1 & 1 & 0 & 0\\ 0 & 0 & 0 & 4 & 1 & -1 & -1 & 1\end{bmatrix}$$

$$\xrightarrow[\substack{r_2+\frac{1}{2}r_4\\ r_1-\frac{1}{4}r_4}]{r_3+\frac{1}{2}r_4}\begin{bmatrix}1 & 1 & 1 & 0 & \frac{3}{4} & \frac{1}{4} & \frac{1}{4} & -\frac{1}{4}\\ 0 & -2 & 0 & 0 & -\frac{1}{2} & -\frac{1}{2} & \frac{1}{2} & \frac{1}{2}\\ 0 & 0 & -2 & 0 & -\frac{1}{2} & \frac{1}{2} & -\frac{1}{2} & \frac{1}{2}\\ 0 & 0 & 0 & 4 & 1 & -1 & -1 & 1\end{bmatrix}$$

$$\xrightarrow[r_1+\frac{1}{2}r_3]{r_1+\frac{1}{2}r_2}\begin{bmatrix}1 & 0 & 0 & 0 & \frac{1}{4} & \frac{1}{4} & \frac{1}{4} & \frac{1}{4}\\ 0 & -2 & 0 & 0 & -\frac{1}{2} & -\frac{1}{2} & \frac{1}{2} & \frac{1}{2}\\ 0 & 0 & -2 & 0 & -\frac{1}{2} & \frac{1}{2} & -\frac{1}{2} & \frac{1}{2}\\ 0 & 0 & 0 & 4 & 1 & -1 & -1 & 1\end{bmatrix}$$

$$\xrightarrow[\substack{r_3\times\left(-\frac{1}{2}\right)\\ r_4\times\frac{1}{4}}]{r_2\times\left(-\frac{1}{2}\right)}\begin{bmatrix}1&0&0&0&\frac{1}{4}&\frac{1}{4}&\frac{1}{4}&\frac{1}{4}\\0&1&0&0&\frac{1}{4}&\frac{1}{4}&-\frac{1}{4}&-\frac{1}{4}\\0&0&1&0&\frac{1}{4}&-\frac{1}{4}&\frac{1}{4}&-\frac{1}{4}\\0&0&0&1&\frac{1}{4}&-\frac{1}{4}&-\frac{1}{4}&\frac{1}{4}\end{bmatrix},$$

所以

$$A^{-1}=\frac{1}{4}\begin{bmatrix}1&1&1&1\\1&1&-1&-1\\1&-1&1&-1\\1&-1&-1&1\end{bmatrix}.$$

(6) 用与(5)类似的方法,可以求得

$$A^{-1}=\begin{bmatrix}22&-6&-26&17\\-17&5&20&-13\\-1&0&2&-1\\4&-1&-5&3\end{bmatrix}.$$

(7) 用与(5)类似的方法或利用矩阵的乘法容易得到

$$A^{-1}=\begin{bmatrix}\frac{1}{a_1}&0&\cdots&0\\0&\frac{1}{a_2}&\cdots&0\\\vdots&\vdots&&\vdots\\0&0&\cdots&\frac{1}{a_n}\end{bmatrix}.$$

(8)

$$[A\quad E]=\left[\begin{array}{ccccc:ccccc}1+a&1&1&\cdots&1&1&0&0&\cdots&0\\1&1+a&1&\cdots&1&0&1&0&\cdots&0\\1&1&1+a&\cdots&1&0&0&1&\cdots&0\\\vdots&\vdots&\vdots&&\vdots&\vdots&\vdots&\vdots&&\vdots\\1&1&1&\cdots&1+a&0&0&0&\cdots&1\end{array}\right]$$

$$\xrightarrow[\substack{r_2-r_1\\ r_3-r_1\\ \vdots\\ r_n-(1+a)r_1}]{r_1\leftrightarrow r_n}\left[\begin{array}{ccccc:ccccc}1&1&1&\cdots&1+a&0&0&0&\cdots&1\\0&a&0&\cdots&-a&0&1&0&\cdots&-1\\0&0&a&\cdots&-a&0&0&1&\cdots&-1\\\vdots&\vdots&\vdots&&\vdots&\vdots&\vdots&\vdots&&\vdots\\0&-a&-a&\cdots&-2a-a^2&1&0&0&\cdots&-(1+a)\end{array}\right]$$

$$\xrightarrow[\substack{\vdots \\ r_n + r_{n-1}}]{\substack{r_n + r_2 \\ r_n + r_3}} \begin{bmatrix} 1 & 1 & 1 & \cdots & 1+a & 0 & 0 & 0 & \cdots & 1 \\ 0 & a & 0 & \cdots & -a & 0 & 1 & 0 & \cdots & -1 \\ 0 & 0 & a & \cdots & -a & 0 & 0 & 1 & \cdots & -1 \\ \vdots & \vdots & \vdots & & \vdots & \vdots & \vdots & \vdots & & \vdots \\ 0 & 0 & 0 & \cdots & -a(n+a) & 1 & 1 & 1 & \cdots & 1-n-a \end{bmatrix}$$

$$\xrightarrow[\substack{\vdots \\ r_2 - \frac{1}{n+a} r_n \\ r_1 + \frac{1+a}{a(n+a)} r_n}]{r_{n-1} - \frac{1}{n+a} r_n} \begin{bmatrix} 1 & 1 & \cdots & 0 & \dfrac{1+a}{a(n+a)} & \dfrac{1+a}{a(n+a)} & \cdots & \dfrac{1-n}{a(n+a)} \\ 0 & a & \cdots & 0 & -\dfrac{1}{n+a} & -\dfrac{1-n-a}{n+a} & \cdots & -\dfrac{1}{n+a} \\ 0 & 0 & \cdots & 0 & -\dfrac{1}{n+a} & -\dfrac{1}{n+a} & \cdots & -\dfrac{1}{n+a} \\ \vdots & \vdots & & \vdots & \vdots & \vdots & & \vdots \\ 0 & 0 & \cdots & -a(n+a) & 1 & 1 & \cdots & 1-n-a \end{bmatrix}$$

$$\xrightarrow[\substack{r_1 - \frac{1}{a} r_3 \\ \vdots \\ r_1 - \frac{1}{a} r_{n-1}}]{r_1 - \frac{1}{a} r_2} \begin{bmatrix} 1 & 0 & \cdots & 0 & -\dfrac{1-n-a}{a(n+a)} & -\dfrac{1}{a(n+a)} & \cdots & -\dfrac{1}{a(n+a)} \\ 0 & a & \cdots & 0 & -\dfrac{1}{n+a} & -\dfrac{1-n-a}{n+a} & \cdots & -\dfrac{1}{n+a} \\ 0 & 0 & \cdots & 0 & -\dfrac{1}{n+a} & -\dfrac{1}{n+a} & \cdots & -\dfrac{1}{n+a} \\ \vdots & \vdots & & \vdots & \vdots & \vdots & & \vdots \\ 0 & 0 & \cdots & -a(n+a) & 1 & 1 & \cdots & 1-n-a \end{bmatrix}$$

$$\xrightarrow[\substack{\frac{1}{a} \times r_2 \\ \vdots \\ \frac{1}{a} \times r_{n-1} \\ -\frac{1}{a(n+a)} \times r_n}]{\frac{1}{a} \times r_1} \begin{bmatrix} 1 & 0 & \cdots & 0 & -\dfrac{1-n-a}{a(n+a)} & -\dfrac{1}{a(n+a)} & \cdots & -\dfrac{1}{a(n+a)} \\ 0 & 1 & \cdots & 0 & -\dfrac{1}{a(n+a)} & -\dfrac{1-n-a}{a(n+a)} & \cdots & -\dfrac{1}{a(n+a)} \\ 0 & 0 & \cdots & 0 & -\dfrac{1}{a(n+a)} & -\dfrac{1}{a(n+a)} & \cdots & -\dfrac{1}{a(n+a)} \\ \vdots & \vdots & & \vdots & \vdots & \vdots & & \vdots \\ 0 & 0 & \cdots & 1 & -\dfrac{1}{a(n+a)} & -\dfrac{1}{a(n+a)} & \cdots & -\dfrac{1-n-a}{a(n+a)} \end{bmatrix},$$

所以

$$A^{-1} = -\frac{1}{a(a+n)} \begin{bmatrix} 1-n-a & 1 & 1 & \cdots & 1 \\ 1 & 1-n-a & 1 & \cdots & 1 \\ 1 & 1 & 1-n-a & \cdots & 1 \\ \vdots & \vdots & \vdots & & \vdots \\ 1 & 1 & 1 & \cdots & 1-n-a \end{bmatrix}.$$

14. 证明:(1) 如果 A 是可逆的对称(反对称 $A'=-A$)矩阵,那么 A^{-1} 也是对称(反对称)矩阵;

(2) 不存在奇数阶的可逆反对称矩阵,即奇数阶反对称的行列式一定为零.

证 (1) 设 A 是可逆的对称矩阵,则 $A'=A$. 由逆矩阵的性质知,$(A^{-1})'=(A')^{-1}=A^{-1}$,即$(A^{-1})'=A^{-1}$,所以 A^{-1} 是对称矩阵.

同理可以证明反对称矩阵的情形.

(2) 设 $A=(a_{ij})_{n\times n}$是奇数阶反对称矩阵,则 $a_{ij}=-a_{ji}(i\neq j)$,$a_{ii}=0(i,j=1,2,\cdots,n)$. 用$-1$乘以矩阵 A,得

$$(-1)A=(-a_{ij})=A',$$

上式两边取行列式得

$$(-1)^n\ |A|=|A'|,$$

即

$$-|A|=|A|.$$

因此,$|A|=0$.

15. 解下列矩阵方程:

(1) $\begin{bmatrix}1&2\\3&4\end{bmatrix}X=\begin{bmatrix}3\\5\end{bmatrix}$;

(2) $X\begin{bmatrix}3&-2\\5&-4\end{bmatrix}=\begin{bmatrix}-1&2\\-5&6\end{bmatrix}$;

(3) $\begin{bmatrix}3&-1\\5&-2\end{bmatrix}X\begin{bmatrix}5&6\\7&8\end{bmatrix}=\begin{bmatrix}14&16\\9&10\end{bmatrix}$.

解 (1) 设 $A=\begin{bmatrix}1&2\\3&4\end{bmatrix}$,$B=\begin{bmatrix}3\\5\end{bmatrix}$.

解法一　求 A 的逆矩阵得

$$A^{-1}=-\frac{1}{2}\begin{bmatrix}4&-2\\-3&1\end{bmatrix},$$

则

$$X=A^{-1}B=-\frac{1}{2}\begin{bmatrix}4&-2\\-3&1\end{bmatrix}\begin{bmatrix}3\\5\end{bmatrix}=\begin{bmatrix}-1\\2\end{bmatrix}.$$

解法二　对矩阵$[A\quad B]$只进行初等行变换,将 A 化为 E,得

$$[A\ \vdots\ B]=\left[\begin{array}{cc:c}1&2&3\\3&4&5\end{array}\right]\xrightarrow{r_2-3r_1}\left[\begin{array}{cc:c}1&2&3\\0&-2&-4\end{array}\right]$$

$$\xrightarrow{r_1+r_2}\left[\begin{array}{cc:c}1&0&-1\\0&-2&-4\end{array}\right]\xrightarrow{r_2\times\left(-\frac{1}{2}\right)}\left[\begin{array}{cc:c}1&0&-1\\0&1&2\end{array}\right],$$

故

$$X=\begin{bmatrix}-1\\2\end{bmatrix}.$$

(2) 设 $A=\begin{bmatrix}3 & -2\\5 & -4\end{bmatrix}, B=\begin{bmatrix}-1 & 2\\-5 & 6\end{bmatrix}$.

解法一　A 的逆矩阵为

$$A^{-1}=-\frac{1}{2}\begin{bmatrix}-4 & 2\\-5 & 3\end{bmatrix},$$

则

$$X=BA^{-1}=\frac{-1}{2}\begin{bmatrix}-1 & 2\\-5 & 6\end{bmatrix}\begin{bmatrix}-4 & 2\\-5 & 3\end{bmatrix}=\begin{bmatrix}3 & -2\\5 & -4\end{bmatrix}.$$

解法二　对矩阵 $\begin{bmatrix}A\\B\end{bmatrix}$ 只进行初等列变换，把 A 化为 E，得

$$\begin{bmatrix}A\\B\end{bmatrix}=\begin{bmatrix}3 & -2\\5 & -4\\-1 & 2\\-5 & 6\end{bmatrix}\xrightarrow{c_2+\frac{2}{3}c_1}\begin{bmatrix}3 & 0\\5 & -\frac{2}{3}\\-1 & \frac{4}{3}\\-5 & \frac{8}{3}\end{bmatrix}$$

$$\xrightarrow{-\frac{3}{2}\times c_2}\begin{bmatrix}3 & 0\\5 & 1\\-1 & -2\\-5 & -4\end{bmatrix}\xrightarrow{c_1-5c_2}\begin{bmatrix}3 & 0\\0 & 1\\9 & -2\\15 & -4\end{bmatrix}\xrightarrow{\frac{1}{3}\times c_1}\begin{bmatrix}1 & 0\\0 & 1\\3 & -2\\5 & -4\end{bmatrix},$$

所以

$$X=\begin{bmatrix}3 & -2\\5 & -4\end{bmatrix}.$$

(3) 设 $A=\begin{bmatrix}3 & -1\\5 & -2\end{bmatrix}, B=\begin{bmatrix}5 & 6\\7 & 8\end{bmatrix}, C=\begin{bmatrix}14 & 16\\9 & 10\end{bmatrix}$.

解法一　A,B 的逆矩阵分别为

$$A^{-1}=\begin{bmatrix}2 & -1\\5 & -3\end{bmatrix},\quad B^{-1}=\begin{bmatrix}-4 & 3\\\frac{7}{2} & -\frac{5}{2}\end{bmatrix},$$

则

$$X=A^{-1}CB^{-1}=\begin{bmatrix}2 & -1\\5 & -3\end{bmatrix}\begin{bmatrix}14 & 16\\9 & 10\end{bmatrix}\begin{bmatrix}-4 & 3\\\frac{7}{2} & -\frac{5}{2}\end{bmatrix}$$

$$=\begin{bmatrix}1 & 2\\3 & 4\end{bmatrix}.$$

解法二　用初等变换的方法求矩阵 X.

对矩阵 $[A\quad C]$ 只进行初等行变换，将 A 化为单位矩阵 E，C 就化为矩阵 D；再对矩阵 $\begin{bmatrix}B\\D\end{bmatrix}$ 只进行初等列变换，将 B 化为单位矩阵 E，将 D 变换后的矩阵就是 X.

对矩阵 $[A\quad C]$ 进行初等行变换：

$$[A\quad C]=\begin{bmatrix}3&-1&14&16\\5&-2&9&10\end{bmatrix}\xrightarrow{r_2-\frac{5}{3}r_1}\begin{bmatrix}3&-1&14&16\\0&-\frac{1}{3}&-\frac{43}{3}&-\frac{50}{3}\end{bmatrix}$$

$$\xrightarrow[r_1+r_2]{r_2\times(-3)}\begin{bmatrix}3&0&57&66\\0&1&43&50\end{bmatrix}$$

$$\xrightarrow{r_1\times\frac{1}{3}}\begin{bmatrix}1&0&19&22\\0&1&43&50\end{bmatrix}.$$

令

$$D=\begin{bmatrix}19&22\\43&50\end{bmatrix},$$

再对矩阵 $\begin{bmatrix}B\\D\end{bmatrix}$ 进行初等列变换：

$$\begin{bmatrix}B\\D\end{bmatrix}=\begin{bmatrix}5&6\\7&8\\19&22\\43&50\end{bmatrix}\xrightarrow[c_2\leftrightarrow c_1]{c_2-c_1}\begin{bmatrix}1&5\\1&7\\3&19\\7&43\end{bmatrix}\xrightarrow{c_2-5c_1}\begin{bmatrix}1&0\\1&2\\3&4\\7&8\end{bmatrix}$$

$$\xrightarrow{c_2\times\frac{1}{2}}\begin{bmatrix}1&0\\1&1\\3&2\\7&4\end{bmatrix}\xrightarrow{c_1-c_2}\begin{bmatrix}1&0\\0&1\\1&2\\3&4\end{bmatrix},$$

因此

$$X=\begin{bmatrix}1&2\\3&4\end{bmatrix}.$$

16. 设

$$A=\begin{bmatrix}3&2&2\\2&3&-2\\2&-2&3\end{bmatrix},\quad AB=A+2B,$$

求 B.

解　由 $AB=A+2B$，得 $(A-2E)B=A$. 可求得 $A-2E$ 的逆矩阵为

$$(A-2E)^{-1}=\frac{1}{9}\begin{bmatrix}1&2&2\\2&1&-2\\2&-2&1\end{bmatrix},$$

所以

$$B=(A-2E)^{-1}A=\frac{1}{9}\begin{bmatrix}1&2&2\\2&1&-2\\2&-2&1\end{bmatrix}\begin{bmatrix}3&2&2\\2&3&-2\\2&-2&3\end{bmatrix}$$

$$=\frac{1}{9}\begin{bmatrix}11&4&4\\4&11&-4\\4&-4&11\end{bmatrix}.$$

17. 设

$$A=\begin{bmatrix}2&&\\&1&\\&&1\end{bmatrix},\quad B=\begin{bmatrix}-3&0&0\\92&2&0\\79&48&1\end{bmatrix},$$

求$|AB|+|B^{-1}|$.

解　$|AB|+|B^{-1}|=|A|\cdot|B|+|B|^{-1}=2\times(-6)+\left(-\frac{1}{6}\right)=-12\frac{1}{6}$.

18. 设A为三阶方阵,$|A|=\frac{1}{3}$,求$|(2A)^{-1}-3A^*|$.

解　由于$A^*=|A|A^{-1}$,$|A^{-1}|=|A|^{-1}$,所以

$$|(2A)^{-1}-3A^*|=\left|\frac{1}{2}A^{-1}-3|A|A^{-1}\right|=\left|\left(\frac{1}{2}-1\right)A^{-1}\right|$$

$$=\left(-\frac{1}{2}\right)^3|A|^{-1}$$

$$=-\frac{3}{8}.$$

19. 设$A^k=O(k\in\mathbf{N})$,证明

$$(E-A)^{-1}=E+A+A^2+\cdots+A^{k-1}.$$

证　因为

$$(E-A)(E+A+A^2+\cdots+A^{k-1})$$
$$=E+A+A^2+\cdots+A^{k-1}-A-A^2-A^3-\cdots-A^k$$
$$=E-A^k=E,$$

所以结论成立.

20. 设n阶矩阵A满足$A^2-2A=4E$,证明$A+E$可逆,并求$(A+E)^{-1}$.

证　由 $A^2-2A=4E$ 变形，得

$$(A+E)(A-3E)=E.$$

由“设 A,B 都是 n 阶矩阵，若 $AB=E$，则 A,B 都可逆，且 $A^{-1}=B,B^{-1}=A$”知，$A+E$ 可逆，并且

$$(A+E)^{-1}=A-3E.$$

21. 设矩阵 A 及 $A+B$ 可逆，证明 $E+A^{-1}B$ 也可逆，并求其逆.

证　由于 $E+A^{-1}B=A^{-1}(A+B)$，根据已知条件知 A^{-1} 可逆，因此 $E+A^{-1}B$ 可逆，并且其逆

$$(E+A^{-1}B)^{-1}=[A^{-1}(A+B)]^{-1}=(A+B)^{-1}A.$$

22. 设 n 阶矩阵 A 的伴随矩阵为 A^*，证明

(1) 若 $|A|=0$，则 $|A^*|=0$；

(2) $|A^*|=|A|^{n-1}$.

证　(1) 反证. 假设 $|A^*|\neq 0$，则 A^* 可逆，又 $AA^*=|A|E=0$，所以 $A=O$，由此可得 $A^*=O$，这与 $|A^*|\neq 0$ 矛盾，因此，$|A^*|=0$.

(2) 若 $|A|=0$，由(1)知结论成立；若 $|A|\neq 0$，由式子 $AA^*=|A|E$ 两边取行列式得 $|A|\cdot|A^*|=|A|^n$，即 $|A^*|=|A|^{n-1}$.

23. 设

$$A=\begin{bmatrix}3 & 4 & 0 & 0\\4 & -3 & 0 & 0\\0 & 0 & 2 & 0\\0 & 0 & 2 & 2\end{bmatrix},$$

求 $|A^8|$ 及 A^4.

解　将矩阵 A 进行分块，

$$A=\begin{bmatrix}A_{11} & O\\O & A_{22}\end{bmatrix},$$

其中

$$A_{11}=\begin{bmatrix}3 & 4\\4 & -3\end{bmatrix},\quad O=\begin{bmatrix}0 & 0\\0 & 0\end{bmatrix},\quad A_{22}=\begin{bmatrix}2 & 0\\2 & 2\end{bmatrix},$$

则

$$|A_{11}|=-25,\quad |A_{22}|=4,$$
$$|A^8|=|A|^8=(|A_{11}|\cdot|A_{22}|)^8=(-100)^8=10^{16},$$

$$A^4=\begin{bmatrix}A_{11}^4 & \\ & A_{22}^4\end{bmatrix}=\begin{bmatrix}5^4&0&0&0\\0&5^4&0&0\\0&0&2^4&0\\0&0&2^6&2^4\end{bmatrix}.$$

25. 设 n 阶方阵 A 及 m 阶方阵 B 都可逆,求

$$\begin{bmatrix}O&A\\B&O\end{bmatrix}^{-1}.$$

解　将 $n+m$ 阶方阵 X 进行分块.

$$X=\begin{bmatrix}X_{11}&X_{12}\\X_{21}&X_{22}\end{bmatrix},$$

使得

$$\begin{bmatrix}O&A\\B&O\end{bmatrix}\begin{bmatrix}X_{11}&X_{12}\\X_{21}&X_{22}\end{bmatrix}=E,$$

E 是 $n+m$ 阶单位矩阵.

由于

$$\begin{bmatrix}O&A\\B&O\end{bmatrix}\begin{bmatrix}X_{11}&X_{12}\\X_{21}&X_{22}\end{bmatrix}=\begin{bmatrix}AX_{21}&AX_{22}\\BX_{11}&BX_{12}\end{bmatrix}=\begin{bmatrix}E_1&\\&E_2\end{bmatrix},$$

其中 E_1 是 n 阶单位矩阵,E_2 是 m 阶单位矩阵,则

$$\begin{cases}AX_{21}=E_1,\\AX_{22}=O,\\BX_{11}=O,\\BX_{12}=E_2,\end{cases}$$

解得,$X_{21}=A^{-1},X_{22}=O,X_{11}=O,X_{12}=B^{-1}$.

因此

$$\begin{bmatrix}O&A\\B&O\end{bmatrix}^{-1}=\begin{bmatrix}O&B^{-1}\\A^{-1}&O\end{bmatrix}.$$

26. 设 $B_{n\times m}A_{m\times n}=E$,其中 $n\leqslant m$,试证 A 的列向量组线性无关,即 $\mathrm{R}(A)=n$.

证　由于矩阵乘积的秩不超过各因子的秩,所以

$$n=\mathrm{R}(E)\leqslant\min\{\mathrm{R}(A),\mathrm{R}(B)\}\leqslant\mathrm{R}(A).$$

又 $\mathrm{R}(A)\leqslant\min\{m,n\}=n$,即 $n\leqslant\mathrm{R}(A)\leqslant n$.

因此,$\mathrm{R}(A)=n$,即 A 的列向量组线性无关.

27. 设 $s_k=x_1^k+x_2^k+\cdots+x_n^k\,(k=0,1,2,\cdots)$;$a_{ij}=s_{i+j-2}\,(i,j=1,2,\cdots,n)$.

证明

$$\begin{vmatrix} a_{11} & a_{12} & \cdots & a_{1n} \\ a_{21} & a_{22} & \cdots & a_{2n} \\ \vdots & \vdots & & \vdots \\ a_{n1} & a_{n2} & \cdots & a_{nn} \end{vmatrix} = \prod_{1 \leqslant j < i \leqslant n} (x_i - x_j)^2.$$

证　设

$$A = \begin{bmatrix} a_{11} & a_{12} & \cdots & a_{1n} \\ a_{21} & a_{22} & \cdots & a_{2n} \\ \vdots & \vdots & & \vdots \\ a_{n1} & a_{n2} & \cdots & a_{nn} \end{bmatrix}, \quad B = \begin{bmatrix} 1 & 1 & \cdots & 1 \\ x_1 & x_2 & \cdots & x_n \\ \vdots & \vdots & & \vdots \\ x_1^{n-1} & x_2^{n-1} & \cdots & x_n^{n-1} \end{bmatrix},$$

则

$$A = BB',$$

因此，$|A| = |BB'| = |B| \cdot |B'| = |B|^2$.

又$|B|$是范德蒙德行列式，并且$|B| = \prod\limits_{1 \leqslant j < i \leqslant n} (x_i - x_j)$，所以，$|A| = \prod\limits_{1 \leqslant j < i \leqslant n} (x_i - x_j)^2$.

五、自测题

1. 填空题

(1) 设

$$A = \frac{1}{2}\begin{bmatrix} 0 & 0 & 2 \\ 1 & 3 & 0 \\ 2 & 5 & 0 \end{bmatrix},$$

则 $A^{-1} =$ ________.

(2) 设

$$A = \begin{bmatrix} 5 & 2 & 0 & 0 \\ 2 & 1 & 0 & 0 \\ 0 & 0 & 1 & -2 \\ 0 & 0 & 1 & 1 \end{bmatrix},$$

则 $A^{-1} =$ ________.

(3) 若 $a_i \neq 0 (i = 1, 2, \cdots, n)$，则 n 阶矩阵

$$A = \begin{bmatrix} a_1 & & & \\ & a_2 & & \\ & & \ddots & \\ & & & a_n \end{bmatrix}$$

的逆 $A^{-1}=$________.

(4) 设 $b_i\neq 0(i=1,2,3,4)$,则 4 阶矩阵

$$B=\begin{bmatrix}0&0&0&b_1\\0&0&b_2&0\\0&b_3&0&0\\b_4&0&0&0\end{bmatrix}$$

的逆矩阵 $B^{-1}=$________.

(5) 已知矩阵

$$A=\begin{bmatrix}0&1&2\\-3&4&0\\-1&3&-2\end{bmatrix},\quad B=\begin{bmatrix}4&-1&2\\-1&-4&0\\1&5&-2\end{bmatrix},$$

若矩阵 X,Y 满足

$$\begin{cases}X+Y=A,\\3X-Y=B,\end{cases}$$

则矩阵 $X=$________,$Y=$________.

(6) 已知矩阵

$$A=\begin{bmatrix}0&0&1\\0&1&0\\1&0&2\end{bmatrix},$$

矩阵 X 满足 $AX+E=A^2+X$,则矩阵 $X=$________.

(7) A 是 n 阶矩阵,且 $|A|=2$,则 $|AA^*|=$________.

(8) 设 A 为三阶矩阵,且 $|A|=2$,则 $|3A^{-1}-2A^*|=$________,$|3A-(A^*)^*|=$________.

(9) 设 $\boldsymbol{\alpha}=(1,0,-1)'$,矩阵 $A=\boldsymbol{\alpha}\boldsymbol{\alpha}'$,$n$ 为正整数,则 $|kE-A^n|=$________.

(10) 设 4 阶方阵 A 的秩为 2,则其伴随矩阵 A^* 的秩为________.

2. 选择题

(1) 设 A 为 n 阶矩阵,则________为对称矩阵.

A. $A-A'$　　B. CAC',C 为任意 n 阶矩阵

C. AA'　　D. $AA'B$,B 为任意 n 阶矩阵

(2) 设 A,B,C 是 n 阶矩阵,且 $ABC=E$,则必有________.

A. $CBA=E$　　B. $BCA=E$　　C. $BAC=E$　　D. $ACB=E$

(3) 设 A,B 为 n 阶方阵,下述论断不正确的是________.

A. A 可逆,且 $AB=O$,则 $B=O$

B. A,B 中有一个不可逆，则 AB 不可逆

C. A,B 可逆，则 $A'B$ 可逆

D. A,B 可逆，则 $A+B$ 可逆

(4) 设 A,B 均为方阵，则必有________.

A. $|A+B|=|A|+|B|$　　B. $|AB|=|BA|$

C. $AB=BA$　　D. $(A+B)^{-1}=A^{-1}+B^{-1}$

(5) 设

$$A=\begin{bmatrix}a_{11} & a_{12} & a_{13}\\ a_{21} & a_{22} & a_{23}\\ a_{31} & a_{32} & a_{33}\end{bmatrix},\quad B=\begin{bmatrix}a_{21} & a_{22} & a_{23}\\ a_{11} & a_{12} & a_{13}\\ a_{31}+a_{11} & a_{32}+a_{12} & a_{33}+a_{13}\end{bmatrix},$$

$$P_1=\begin{bmatrix}0 & 1 & 0\\ 1 & 0 & 0\\ 0 & 0 & 1\end{bmatrix},\quad P_2=\begin{bmatrix}1 & 0 & 0\\ 0 & 1 & 0\\ 1 & 0 & 1\end{bmatrix},$$

则必有________.

A. $AP_1P_2=B$　　B. $AP_2P_1=B$　　C. $P_1P_2A=B$　　D. $P_2P_1A=B$

(6) 设 4 阶矩阵 $A=(\boldsymbol{\alpha}_1,\boldsymbol{\alpha}_2,\boldsymbol{\alpha}_3,\boldsymbol{\alpha}_4)$，$B=(\boldsymbol{\alpha}_4,\boldsymbol{\alpha}_3,\boldsymbol{\alpha}_2,\boldsymbol{\alpha}_1)$，其中 $\boldsymbol{\alpha}_i(i=1,2,3,4)$ 均为 4 维列向量，A 为可逆矩阵，又矩阵

$$P_1=\begin{bmatrix}0 & 0 & 0 & 1\\ 0 & 1 & 0 & 0\\ 0 & 0 & 1 & 0\\ 1 & 0 & 0 & 0\end{bmatrix},\quad P_2=\begin{bmatrix}1 & 0 & 0 & 0\\ 0 & 0 & 1 & 0\\ 0 & 1 & 0 & 0\\ 0 & 0 & 0 & 1\end{bmatrix},$$

则 $B^{-1}=$________.

A. $P_1P_2A^{-1}$　　B. $P_1A^{-1}P_2$　　C. $P_2A^{-1}P_1$　　D. $A^{-1}P_1P_2$

(7) 设 A,B 均为同阶可逆方阵，则必有________.

A. $AB=BA$

B. 存在可逆矩阵 P 和 Q，使 $PAQ=B$

C. 存在可逆矩阵 P，使 $P^{-1}AP=B$

D. 存在可逆矩阵 C，使 $C'AC=B$

(8) 设 A,B 为 n 阶矩阵，$|A|=2$，$|B|=-3$，则 $|2A^*B^{-1}|=$________.

A. $-\dfrac{4}{3}$　　B. $-\dfrac{2^n}{3}$　　C. $-3\cdot 2^n$　　D. $-\dfrac{2^{2n-1}}{3}$

(9) 设 A 为 $m\times n$ 矩阵，C 为 n 阶可逆矩阵，且 $B=AC$，若 $R(A)=r$，$R(B)=s$，则________成立.

A. $r>s$　　B. $r<s$

C. $r=s$　　D. r 与 s 的关系依 C 而定

(10) 设 A 是 $n(n\geqslant 2)$ 阶非奇异矩阵，A^* 是 A 的伴随矩阵，则________.

A. $(A^*)^*=|A|^{n-1}A$　　B. $(A^*)^*=|A|^{n+1}A$

C. $(A^*)^*=|A|^{n-2}A$　　D. $(A^*)^*=|A|^{n+2}A$

3. 已知

$$B=\begin{bmatrix}3&0&0\\1&4&3\\0&0&3\end{bmatrix},$$

求 $(B-2E)^{-1}$.

4. 已知

$$A=\begin{bmatrix}1&0&0&\cdots&0\\1&1&0&\cdots&0\\1&1&1&\cdots&0\\\vdots&\vdots&\vdots&&\vdots\\1&1&1&\cdots&1\end{bmatrix},$$

求 A^{-1}.

5. 设三阶矩阵 A,B 满足 $A^2B-A-B=E$，其中 E 为三阶单位矩阵，若

$$A=\begin{bmatrix}1&0&1\\0&2&0\\-2&0&1\end{bmatrix},$$

求 $|B|$.

6. 设 $A=\mathrm{diag}(1,-2,1)$，$A^*BA=2BA-8E$，求 B.

7. 如果 $A=\dfrac{1}{2}(B+E)$，证明 $A^2=A$ 当且仅当 $B^2=E$.

8. 若 A 是 n 阶矩阵，n 是奇数，并且 $AA'=E$(即 A 是正交矩阵)，$|A|=1$. 证明 $|E-A|=0$.

9. 设矩阵 $A=(a_{ij})_{m\times n}$，$B=(b_{ij})_{n\times m}$，证明当 $m>n$ 时，AB 为奇异矩阵.

10. 若 $A^2=E_n$，证明 $\mathrm{R}(A+E_n)+\mathrm{R}(A-E_n)=n$.

第4章 线性方程组

一、基本要求

(1) 理解齐次线性方程组有非零解的充分必要条件.

(2) 掌握求齐次线性方程组的基础解系和通解的方法,了解解空间的概念.

(3) 理解非齐次线性方程组有解的充分必要条件.

(4) 理解非齐次线性方程组解的结构.

(5) 掌握应用初等变换法(消元法)求解非齐次线性方程组通解的方法.

二、内容提要

1. 基本概念

1) n 元线性方程组

$$A\boldsymbol{x}=\boldsymbol{b}.$$

若 $\boldsymbol{b}\neq\boldsymbol{0}$,称 $A\boldsymbol{x}=\boldsymbol{b}$ 为非齐次线性方程组.

若 $\boldsymbol{b}=\boldsymbol{0}$,称 $A\boldsymbol{x}=\boldsymbol{0}$为齐次线性方程组,或称为非齐次线性方程组 $A\boldsymbol{x}=\boldsymbol{b}$ 的导出组.

矩阵 A 称为 $A\boldsymbol{x}=\boldsymbol{b}$ 的系数矩阵,$\overline{A}=(A\quad \boldsymbol{b})$称为 $A\boldsymbol{x}=\boldsymbol{b}$ 的增广矩阵.

2) 齐次线性方程组的基础解系

若 $\boldsymbol{\alpha}_1,\boldsymbol{\alpha}_2,\cdots,\boldsymbol{\alpha}_r$ 是 $A\boldsymbol{x}=\boldsymbol{0}$ 的一组解,并满足:

(1) $\boldsymbol{\alpha}_1,\boldsymbol{\alpha}_2,\cdots,\boldsymbol{\alpha}_r$ 线性无关;

(2) $A\boldsymbol{x}=\boldsymbol{0}$ 的任一解均可表示为 $\boldsymbol{\alpha}_1,\boldsymbol{\alpha}_2,\cdots,\boldsymbol{\alpha}_r$ 的线性组合,

则称 $\boldsymbol{\alpha}_1,\boldsymbol{\alpha}_2,\cdots,\boldsymbol{\alpha}_r$ 是 $A\boldsymbol{x}=\boldsymbol{0}$ 的一个基础解系.

由 $A\boldsymbol{x}=\boldsymbol{0}$ 的基础解系生成的向量空间称为它的解空间,是方程 $A\boldsymbol{x}=\boldsymbol{0}$所有解的集合,基础解系是解空间的一个基.

2. 基本性质

(1) 设 $\boldsymbol{\xi}_1,\boldsymbol{\xi}_2$ 是齐次线性方程组 $A\boldsymbol{x}=\boldsymbol{0}$ 的解向量,则 $\boldsymbol{\xi}_1+\boldsymbol{\xi}_2$ 也是 $A\boldsymbol{x}=\boldsymbol{0}$ 的解向量.

(2) 设 $\boldsymbol{\xi}$ 是 $A\boldsymbol{x}=\boldsymbol{0}$ 的解向量,λ 为任意数,则 $\lambda\boldsymbol{\xi}$ 仍为 $A\boldsymbol{x}=\boldsymbol{0}$的解向量.

(3) 设 $\boldsymbol{\eta}_1,\boldsymbol{\eta}_2$ 都是非齐次线性方程组 $A\boldsymbol{x}=\boldsymbol{b}$ 的解,则 $\boldsymbol{\eta}_1-\boldsymbol{\eta}_2$ 是其对应的齐次

线性方程组 $A\boldsymbol{x}=\boldsymbol{0}$ 的解.

(4) 设 $\boldsymbol{\eta}$ 是 $A\boldsymbol{x}=\boldsymbol{b}$ 的解,$\boldsymbol{\xi}$ 是 $A\boldsymbol{x}=\boldsymbol{0}$ 的解,则 $\boldsymbol{\xi}+\boldsymbol{\eta}$ 是 $A\boldsymbol{x}=\boldsymbol{b}$ 的解.

3. 基本定理与常用结论

(1) 设 n 元齐次线性方程组 $A\boldsymbol{x}=\boldsymbol{0}$,则方程组只有零解的充要条件是 $\mathrm{R}(A)=n$;方程组有非零解的充要条件是 $\mathrm{R}(A)=r<n$.

(2) n 元非齐次线性方程组 $A\boldsymbol{x}=\boldsymbol{b}$ 有解的充分必要条件是系数矩阵 A 与其增广矩阵 $\overline{A}$ 有相同的秩,即 $\mathrm{R}(A)=\mathrm{R}(\overline{A})$.

(3) 方程组 $A\boldsymbol{x}=\boldsymbol{b}$ 有唯一解的充分必要条件是 $\mathrm{R}(A)=\mathrm{R}(\overline{A})=n$.

(4) 方程组 $A\boldsymbol{x}=\boldsymbol{b}$ 有无穷多解的充分必要条件是:$\mathrm{R}(A)=\mathrm{R}(\overline{A})<n$.

(5) 方程组 $A\boldsymbol{x}=\boldsymbol{b}$ 无解的充分必要条件是:$\mathrm{R}(A)<\mathrm{R}(\overline{A})$.

(6) 非齐次线性方程组 $A\boldsymbol{x}=\boldsymbol{b}$ 解的结构.

若 $\boldsymbol{\eta}^*$ 是 $A\boldsymbol{x}=\boldsymbol{b}$ 的一个解(称为特解),而 $\boldsymbol{\xi}$ 是其对应的齐次方程组 $A\boldsymbol{x}=\boldsymbol{0}$ 的通解,则 $\boldsymbol{\xi}+\boldsymbol{\eta}^*$ 称为 $A\boldsymbol{x}=\boldsymbol{b}$ 的通解.

4. 基本方法

1) 求解线性方程组的方法

(1) 应用克拉默法则:当 $A\boldsymbol{x}=\boldsymbol{b}$ 为 n 阶方程组时(方程的个数与未知数个数都是 n),若 $|A|\neq 0$,则 $x_i=\dfrac{D_i}{D}(i=1,2,\cdots,n)$.

(2) 应用矩阵的初等变换将增广矩阵 $\overline{A}$ 化为行最简形,求解这个同解阶梯形方程组得原方程组的通解.

2) 矩阵的秩、线性方程组的解和向量组线性相关性的关系

(1) 方程 $A\boldsymbol{x}=\boldsymbol{0}$ 的系数矩阵 A 的列向量组为 $\boldsymbol{\alpha}_1,\boldsymbol{\alpha}_2,\cdots,\boldsymbol{\alpha}_n$,则

方程组 $A\boldsymbol{x}=\boldsymbol{0}$ 有唯一解$\Leftrightarrow \mathrm{R}(A)=n\Leftrightarrow \boldsymbol{\alpha}_1,\boldsymbol{\alpha}_2,\cdots,\boldsymbol{\alpha}_n$ 线性无关;

方程组 $A\boldsymbol{x}=\boldsymbol{0}$ 有非零解$\Leftrightarrow \mathrm{R}(A)<n\Leftrightarrow \boldsymbol{\alpha}_1,\boldsymbol{\alpha}_2,\cdots,\boldsymbol{\alpha}_n$ 线性相关.

(2) 方程组 $A\boldsymbol{x}=\boldsymbol{b}$ 的系数矩阵为 A,增广矩阵 $\overline{A}$ 的列向量组为 $\boldsymbol{\alpha}_1,\boldsymbol{\alpha}_2,\cdots,\boldsymbol{\alpha}_n,\boldsymbol{b}$,则

方程组 $A\boldsymbol{x}=\boldsymbol{b}$ 有唯一解$\Leftrightarrow \mathrm{R}(A)=\mathrm{R}(\overline{A})=n\Leftrightarrow$向量 $\boldsymbol{b}$ 可由 $\boldsymbol{\alpha}_1,\boldsymbol{\alpha}_2,\cdots,\boldsymbol{\alpha}_n$ 线性表示,且表示法唯一;

方程组 $A\boldsymbol{x}=\boldsymbol{b}$ 有无穷多解$\Leftrightarrow \mathrm{R}(A)=\mathrm{R}(\overline{A})<n\Leftrightarrow$向量 $\boldsymbol{b}$ 可由 $\boldsymbol{\alpha}_1,\boldsymbol{\alpha}_2,\cdots,\boldsymbol{\alpha}_n$ 线性表示,表示法不唯一;

方程组 $A\boldsymbol{x}=\boldsymbol{b}$ 无解$\Leftrightarrow \mathrm{R}(A)<\mathrm{R}(\overline{A})\Leftrightarrow$向量 $\boldsymbol{b}$ 不能由 $\boldsymbol{\alpha}_1,\boldsymbol{\alpha}_2,\cdots,\boldsymbol{\alpha}_n$ 线性表示.

三、典型例题解析

例 1　判定以下齐次线性方程组是否有非零解,有非零解时,求出它的通解.

$$\begin{cases}2x_1+x_2-x_3+x_4=0,\\4x_1+2x_2-2x_3+x_4=0,\\2x_1+x_2-x_3-x_4=0.\end{cases}$$

分析　判定方程组是否有非零解与求解都要对系数矩阵作初等变换，化为阶梯形矩阵，通过R(A)的值来判断方程组是否有非零解. 若有非零解，把A化为行最简形，从而求出方程组的基础解系，进而写出方程组的通解.

解

$$A=\begin{bmatrix}2&1&-1&1\\4&2&-2&1\\2&1&-1&-1\end{bmatrix}\overset{r_2-2r_1}{\underset{r_3-r_1}{\sim}}\begin{bmatrix}2&1&-1&1\\0&0&0&-1\\0&0&0&-2\end{bmatrix}$$

$$\overset{r_2\times(-1)}{\underset{r_3-2r_2}{\sim}}\begin{bmatrix}2&1&-1&1\\0&0&0&1\\0&0&0&0\end{bmatrix}\overset{r_1-r_2}{\sim}\begin{bmatrix}2&1&-1&0\\0&0&0&1\\0&0&0&0\end{bmatrix}.$$

$\mathrm{R}(A)=2<4$，方程组有非零解，它的基础解系含有$n-\mathrm{R}(A)=4-2=2$个解向量. 与方程组等价的方程组为

$$\begin{cases}2x_1+x_2-x_3=0,\\x_4=0,\end{cases}$$

即

$$\begin{cases}x_1=-\dfrac{1}{2}x_2+\dfrac{1}{2}x_3,\\x_4=0.\end{cases}$$

取自由未知量为x_2,x_3，令

$$\begin{bmatrix}x_2\\x_3\end{bmatrix}=\begin{bmatrix}1\\0\end{bmatrix},\begin{bmatrix}0\\1\end{bmatrix},$$

得方程的两个解

$$\boldsymbol{\xi}_1=\begin{bmatrix}-\dfrac{1}{2}\\1\\0\\0\end{bmatrix},\quad\boldsymbol{\xi}_2=\begin{bmatrix}\dfrac{1}{2}\\0\\1\\0\end{bmatrix}.$$

所以方程组的通解为

$$x = k_1\xi_1 + k_2\xi_2 = k_1\begin{bmatrix} -\frac{1}{2} \\ 1 \\ 0 \\ 0 \end{bmatrix} + k_2\begin{bmatrix} \frac{1}{2} \\ 0 \\ 1 \\ 0 \end{bmatrix} \quad (k_1, k_2 \text{ 为任意常数}).$$

注　(1) 对于方程

$$\begin{cases} 2x_1 + x_2 - x_3 = 0, \\ x_4 = 0 \end{cases}$$

选择自由未知量时,必须使留在左边的变量的系数矩阵为非奇异矩阵. 例如,可选择 x_1, x_3 为自由未知量,则 x_2, x_4 的系数矩阵为 $\begin{bmatrix} 1 & 0 \\ 0 & 1 \end{bmatrix}$,非奇异,取 $\begin{bmatrix} x_1 \\ x_3 \end{bmatrix} = \begin{bmatrix} 1 \\ 0 \end{bmatrix}$, $\begin{bmatrix} 0 \\ 1 \end{bmatrix}$,得基础解系

$$\xi_1 = \begin{bmatrix} 1 \\ -2 \\ 0 \\ 0 \end{bmatrix}, \quad \xi_2 = \begin{bmatrix} 0 \\ 1 \\ 1 \\ 0 \end{bmatrix},$$

得方程组的通解

$$x = k_1\xi_1 + k_2\xi_2 \quad (k_1, k_2 \text{ 为任意常数}).$$

(2) 对于选择为自由未知量 (x_1, x_3),虽然可以自由取值,但必须使得取值后的各向量线性无关,否则得不到基础解系.

(3) 基础解系不唯一,如本例有基础解系

$$\begin{bmatrix} -\frac{1}{2} \\ 1 \\ 0 \\ 0 \end{bmatrix}, \begin{bmatrix} \frac{1}{2} \\ 0 \\ 1 \\ 0 \end{bmatrix} \quad \text{与} \quad \begin{bmatrix} 1 \\ -2 \\ 0 \\ 0 \end{bmatrix}, \begin{bmatrix} 0 \\ 1 \\ 1 \\ 0 \end{bmatrix}.$$

它们都是方程组解空间的基,因而可以互相线性表示.

例 2　λ 为何值时,下列方程组有唯一解? 有无穷多解或无解? 有解时求出全部解.

$$\begin{cases} (\lambda + 3)x_1 + x_2 + 2x_3 = 2, \\ \lambda x_1 + (\lambda - 1)x_2 + x_3 = -2, \\ 3(\lambda + 1)x_1 + \lambda x_2 + (\lambda + 3)x_3 = \lambda. \end{cases}$$

分析　系数矩阵含有参数，但方程个数与未知量个数相等，可以先算出系数行列式$|A|$，从而区分不同情况进行讨论和求解.

解

$$|A|=\begin{vmatrix}\lambda+3 & 1 & 2\\ \lambda & \lambda-1 & 1\\ 3\lambda+3 & \lambda & \lambda+3\end{vmatrix}\xlongequal{r_3-r_1-r_2}\begin{vmatrix}\lambda+3 & 1 & 2\\ \lambda & \lambda-1 & 1\\ \lambda & 0 & \lambda\end{vmatrix}$$

$$\xlongequal{c_1-c_2-c_3}\begin{vmatrix}\lambda & 1 & 2\\ 0 & \lambda-1 & 1\\ 0 & 0 & \lambda\end{vmatrix}=\lambda^2(\lambda-1).$$

当$\lambda\neq0$，且$\lambda\neq1$时，$\mathrm{R}(A)=\mathrm{R}(\overline{A})=3$，方程组有唯一解，按克拉默法则，可求得

$$x_1=\frac{3}{\lambda(\lambda-1)},\quad x_2=\frac{-3(\lambda+1)}{\lambda(\lambda-1)},\quad x_3=\frac{\lambda^2-\lambda-3}{\lambda(\lambda-1)}.$$

当$\lambda=0$时，

$$\overline{A}=\begin{bmatrix}3 & 1 & 2 & 2\\ 0 & -1 & 1 & -2\\ 3 & 0 & 3 & 0\end{bmatrix}\sim\begin{bmatrix}1 & 0 & 1 & 0\\ 0 & 1 & -1 & 2\\ 0 & 0 & 0 & 0\end{bmatrix},$$

$\mathrm{R}(\overline{A})=\mathrm{R}(A)=2<3$，原方程组有无穷多解，

$$\boldsymbol{x}=k\begin{bmatrix}-1\\ 1\\ 1\end{bmatrix}+\begin{bmatrix}0\\ 2\\ 0\end{bmatrix}\quad(k\text{ 为任意常数}).$$

当$\lambda=1$时，

$$\overline{A}=\begin{bmatrix}4 & 1 & 2 & 2\\ 1 & 0 & 1 & -2\\ 6 & 1 & 4 & 1\end{bmatrix}\sim\begin{bmatrix}1 & 0 & 1 & -2\\ 0 & 1 & -2 & 10\\ 0 & 0 & 0 & 3\end{bmatrix},$$

$\mathrm{R}(A)=2<\mathrm{R}(\overline{A})=3$，方程组无解.

注　本例考察对非齐次线性方程组有解充要条件的理解与应用，以及求解非齐次线性方程组通解方法的掌握.

例3　求作一个齐次线性方程组，使它的基础解系为$\boldsymbol{\xi}_1=(0,1,2,3)'$，$\boldsymbol{\xi}_2=(3,2,1,0)'$.

分析　求作齐次线性方程组$A\boldsymbol{x}=\boldsymbol{0}$，就是要确定系数矩阵$A$. 由于$\boldsymbol{\xi}_1,\boldsymbol{\xi}_2$为$A\boldsymbol{x}=\boldsymbol{0}$的基础解系，即$A\boldsymbol{\xi}_1=\boldsymbol{0}$，$A\boldsymbol{\xi}_2=\boldsymbol{0}$，则$A(\boldsymbol{\xi}_1,\boldsymbol{\xi}_2)=O$由此确定矩阵$A$.

解　设求作的方程组为$A\boldsymbol{x}=\boldsymbol{0}$，由于$\boldsymbol{\xi}_1,\boldsymbol{\xi}_2$为$A\boldsymbol{x}=\boldsymbol{0}$的基础解系，则$A(\boldsymbol{\xi}_1,$

$\boldsymbol{\xi}_2)=O$,即

$$\begin{bmatrix}\boldsymbol{\xi}_1'\\ \boldsymbol{\xi}_2'\end{bmatrix}A'=O.$$

设矩阵 $B=\begin{bmatrix}\boldsymbol{\xi}_1'\\ \boldsymbol{\xi}_2'\end{bmatrix}$,则 A' 的列向量是 $B\boldsymbol{x}=\boldsymbol{0}$ 的解向量.

$B\boldsymbol{x}=\boldsymbol{0}$ 即齐次线性方程组

$$\begin{bmatrix}0&1&2&3\\3&2&1&0\end{bmatrix}\begin{bmatrix}x_1\\x_2\end{bmatrix}=\begin{bmatrix}0\\0\end{bmatrix}.$$

对系数矩阵作初等变换

$$\begin{bmatrix}0&1&2&3\\3&2&1&0\end{bmatrix}\sim\begin{bmatrix}1&0&-1&-2\\0&1&2&3\end{bmatrix}$$

与原方程组的同解方程为

$$\begin{cases}x_1=x_3+2x_4,\\x_2=-2x_3-3x_4,\end{cases}$$

解得基础解系

$$\boldsymbol{\eta}_1=\begin{bmatrix}1\\-2\\1\\0\end{bmatrix},\quad\boldsymbol{\eta}_2=\begin{bmatrix}2\\-3\\0\\1\end{bmatrix}.$$

矩阵 $A=(\boldsymbol{\eta}_1,\boldsymbol{\eta}_2)'=\begin{bmatrix}1&-2&1&0\\2&-3&0&1\end{bmatrix}$,所求方程组为

$$\begin{cases}x_1-2x_2+x_3=0,\\2x_1-3x_2+x_4=0.\end{cases}$$

注　这是一个求解矩阵方程 $AB=O$ 的问题. 令 $B=(\boldsymbol{\eta}_1,\boldsymbol{\eta}_2,\cdots,\boldsymbol{\eta}_k)$,则 $\boldsymbol{\eta}_i$ 是 $A\boldsymbol{x}=\boldsymbol{0}$ 的解向量,若 $A\boldsymbol{x}=\boldsymbol{0}$有非零解,就有无穷多个解,只需要找出一个基础解系,即可求得 A,由于基础解系不唯一,故 A 也不唯一,且 A 的列数为 4,但其行数至少是 2,也可以是 3、4 等,如方程组

$$\begin{cases}x_1-2x_2+x_3=0,\\2x_1-3x_2+x_4=0,\\3x_1-6x_2+3x_3=0\end{cases}\quad 与\quad\begin{cases}x_1-2x_2+x_3=0,\\2x_1-3x_2+x_4=0,\\3x_1-6x_2+3x_3=0,\\3x_1-5x_2+x_3+x_4=0\end{cases}$$

都是以 $\boldsymbol{\xi}_1=(0,1,2,3)'$,$\boldsymbol{\xi}_2=(3,2,1,0)'$为基础解系的齐次线性方程组.

例 4　设向量 $\boldsymbol{\alpha}_1,\boldsymbol{\alpha}_2,\cdots,\boldsymbol{\alpha}_r$ 是齐次线性方程组 $A\boldsymbol{x}=\boldsymbol{0}$ 的基础解系,证明向量组

$$\begin{cases}\boldsymbol{\beta}_1=c_{11}\boldsymbol{\alpha}_1+\cdots+c_{1r}\boldsymbol{\alpha}_r,\\ \quad\cdots\cdots\\ \boldsymbol{\beta}_r=c_{r1}\boldsymbol{\alpha}_1+\cdots+c_{rr}\boldsymbol{\alpha}_r\end{cases}\tag{4.1}$$

仍是 $A\boldsymbol{x}=\boldsymbol{0}$ 的基础解系的充分必要条件是方程组(4.1)的系数矩阵 C 是满秩方阵.

分析　要证向量组 $\boldsymbol{\beta}_1,\boldsymbol{\beta}_2,\cdots,\boldsymbol{\beta}_r$ 是 $A\boldsymbol{x}=\boldsymbol{0}$ 的基础解系,首先应证明任一 $\boldsymbol{\beta}_i$ 都是 $A\boldsymbol{x}=\boldsymbol{0}$ 的解,其次证明它们线性无关,即只要证明它们与 $\boldsymbol{\alpha}_1,\boldsymbol{\alpha}_2,\cdots,\boldsymbol{\alpha}_r$ 等价就行了.

证　充分性. 因为任一 $\boldsymbol{\beta}_i$ 都可由 $\boldsymbol{\alpha}_1,\cdots,\boldsymbol{\alpha}_r$ 线性表示,由齐次线性方程组解的性质知,$\boldsymbol{\beta}_i$ 也是 $A\boldsymbol{x}=\boldsymbol{0}$ 的解,由式(4.1)知

$$\begin{bmatrix}\boldsymbol{\beta}_1\\ \vdots\\ \boldsymbol{\beta}_r\end{bmatrix}=\begin{bmatrix}c_{11}&\cdots&c_{1r}\\ \vdots&&\vdots\\ c_{r1}&\cdots&c_{rr}\end{bmatrix}\begin{bmatrix}\boldsymbol{\alpha}_1\\ \vdots\\ \boldsymbol{\alpha}_r\end{bmatrix},$$

$C=(c_{ij})$ 为满秩方阵,所以

$$\begin{bmatrix}\boldsymbol{\alpha}_1\\ \vdots\\ \boldsymbol{\alpha}_r\end{bmatrix}=C^{-1}\begin{bmatrix}\boldsymbol{\beta}_1\\ \vdots\\ \boldsymbol{\beta}_r\end{bmatrix}$$

表明 $\boldsymbol{\alpha}_1,\cdots,\boldsymbol{\alpha}_r$ 可由 $\boldsymbol{\beta}_1,\cdots,\boldsymbol{\beta}_r$ 线性表示,故向量组 $\boldsymbol{\alpha}_1,\boldsymbol{\alpha}_2,\cdots,\boldsymbol{\alpha}_r$ 与向量组 $\boldsymbol{\beta}_1,\cdots,\boldsymbol{\beta}_r$ 等价,所以 $\boldsymbol{\beta}_1,\boldsymbol{\beta}_2,\cdots,\boldsymbol{\beta}_r$ 也是 $A\boldsymbol{x}=\boldsymbol{0}$ 的一个基础解系.

必要性. 设向量组 $\boldsymbol{\beta}_1,\boldsymbol{\beta}_2,\cdots,\boldsymbol{\beta}_r$ 是 $A\boldsymbol{x}=\boldsymbol{0}$ 的一个基础解系. 由于 $\boldsymbol{\alpha}_1,\boldsymbol{\alpha}_2,\cdots,\boldsymbol{\alpha}_r$ 也是 $A\boldsymbol{x}=\boldsymbol{0}$ 的一个基础解系,则两向量组可以互相线性表示. 设

$$\begin{cases}\boldsymbol{\alpha}_1=b_{11}\boldsymbol{\beta}_1+\cdots+b_{1r}\boldsymbol{\beta}_r,\\ \boldsymbol{\alpha}_2=b_{21}\boldsymbol{\beta}_1+\cdots+b_{2r}\boldsymbol{\beta}_r,\\ \quad\cdots\cdots\\ \boldsymbol{\alpha}_r=b_{r1}\boldsymbol{\beta}_1+\cdots+b_{rr}\boldsymbol{\beta}_r.\end{cases}\tag{4.2}$$

把式(4.1)代入式(4.2)得

$$\begin{bmatrix}\boldsymbol{\alpha}_1\\ \boldsymbol{\alpha}_2\\ \vdots\\ \boldsymbol{\alpha}_r\end{bmatrix}=\begin{bmatrix}b_{11}&b_{12}&\cdots&b_{1r}\\ b_{21}&b_{22}&\cdots&b_{2r}\\ \vdots&\vdots&&\vdots\\ b_{r1}&b_{r2}&\cdots&b_{rr}\end{bmatrix}\begin{bmatrix}c_{11}&c_{12}&\cdots&c_{1r}\\ c_{21}&c_{22}&\cdots&c_{2r}\\ \vdots&\vdots&&\vdots\\ c_{r1}&c_{r2}&\cdots&c_{rr}\end{bmatrix}\begin{bmatrix}\boldsymbol{\alpha}_1\\ \boldsymbol{\alpha}_2\\ \vdots\\ \boldsymbol{\alpha}_r\end{bmatrix},$$

可见 $BC=E$,则 C 可逆 $C^{-1}=B$,C 为可逆矩阵,即 C 是满秩的.

例 5　已知 $\boldsymbol{\xi}_1,\boldsymbol{\xi}_2,\boldsymbol{\xi}_3$ 是三元非齐次线性方程组 $A\boldsymbol{x}=\boldsymbol{b}$ 的解，$\mathrm{R}(A)=1$，且

$$\boldsymbol{\xi}_1+\boldsymbol{\xi}_2=\begin{bmatrix}1\\0\\0\end{bmatrix},\quad \boldsymbol{\xi}_2+\boldsymbol{\xi}_3=\begin{bmatrix}1\\1\\0\end{bmatrix},\quad \boldsymbol{\xi}_1+\boldsymbol{\xi}_3=\begin{bmatrix}1\\1\\1\end{bmatrix},$$

求方程组 $A\boldsymbol{x}=\boldsymbol{b}$ 的通解.

分析　只需求 $A\boldsymbol{x}=\boldsymbol{b}$ 的一个特解及对应齐次方程组的基础解系，就能求得 $A\boldsymbol{x}=\boldsymbol{b}$ 的通解.

解　令

$$\boldsymbol{\eta}_1=(\boldsymbol{\xi}_2+\boldsymbol{\xi}_3)-(\boldsymbol{\xi}_1+\boldsymbol{\xi}_2)=\begin{bmatrix}0\\1\\0\end{bmatrix},$$

$$\boldsymbol{\eta}_2=(\boldsymbol{\xi}_1+\boldsymbol{\xi}_3)-(\boldsymbol{\xi}_2+\boldsymbol{\xi}_3)=\begin{bmatrix}0\\0\\1\end{bmatrix}.$$

由非齐次线性方程组解的性质与解的结构可知，$\boldsymbol{\eta}_1,\boldsymbol{\eta}_2$ 是对应齐次线性方程组 $A\boldsymbol{x}=\boldsymbol{0}$ 的解，且 $\boldsymbol{\eta}_1,\boldsymbol{\eta}_2$ 线性无关，由于 $\mathrm{R}(A)=1,n=3$，所以 $\boldsymbol{\eta}_1,\boldsymbol{\eta}_2$ 是 $A\boldsymbol{x}=\boldsymbol{0}$ 的基础解系，取

$$\boldsymbol{\eta}^*=\frac{1}{2}(\boldsymbol{\xi}_1+\boldsymbol{\xi}_2)=\begin{bmatrix}\frac{1}{2}\\0\\0\end{bmatrix}$$

为 $A\boldsymbol{x}=\boldsymbol{b}$ 的特解，则原方程组的通解为

$$\boldsymbol{x}=k_1\boldsymbol{\eta}_1+k_2\boldsymbol{\eta}_2+\boldsymbol{\eta}^*=k_1\begin{bmatrix}0\\1\\0\end{bmatrix}+k_2\begin{bmatrix}0\\0\\1\end{bmatrix}+\begin{bmatrix}\frac{1}{2}\\0\\0\end{bmatrix},$$

其中 k_1,k_2 是任意常数.

例 6　设有向量组

$$\boldsymbol{\alpha}_1=\begin{bmatrix}1\\0\\2\\3\end{bmatrix},\quad \boldsymbol{\alpha}_2=\begin{bmatrix}1\\1\\3\\5\end{bmatrix},\quad \boldsymbol{\alpha}_3=\begin{bmatrix}1\\-1\\a+2\\1\end{bmatrix},\quad \boldsymbol{\alpha}_4=\begin{bmatrix}1\\2\\4\\a+8\end{bmatrix},\quad \boldsymbol{\beta}=\begin{bmatrix}1\\1\\b+3\\5\end{bmatrix},$$

讨论：(1) a,b 为何值时，$\boldsymbol{\beta}$ 不能由 $\boldsymbol{\alpha}_1,\boldsymbol{\alpha}_2,\boldsymbol{\alpha}_3,\boldsymbol{\alpha}_4$ 线性表示？

(2) a,b 为何值时，$\boldsymbol{\beta}$ 可由 $\boldsymbol{\alpha}_1,\boldsymbol{\alpha}_2,\boldsymbol{\alpha}_3,\boldsymbol{\alpha}_4$ 线性表示，且表示式唯一？写出该表示式.

(3) a,b 为何值时，$\boldsymbol{\beta}$ 可由 $\boldsymbol{\alpha}_1,\boldsymbol{\alpha}_2,\boldsymbol{\alpha}_3,\boldsymbol{\alpha}_4$ 线性表示，但表示式不唯一？写出所有的表示式.

分析　把向量的线性表示转化为方程组的有解问题，利用解的结构进行讨论.

解　设 $\boldsymbol{\beta}=x_1\boldsymbol{\alpha}_1+x_2\boldsymbol{\alpha}_2+x_3\boldsymbol{\alpha}_3+x_4\boldsymbol{\alpha}_4$，即有非齐次线性方程组

$$A\boldsymbol{x}=\boldsymbol{\beta},$$

其中

$$A=(\boldsymbol{\alpha}_1,\boldsymbol{\alpha}_2,\boldsymbol{\alpha}_3,\boldsymbol{\alpha}_4),\boldsymbol{x}=\begin{bmatrix}x_1\\x_2\\x_3\\x_4\end{bmatrix},$$

$$\overline{A}=(A,\boldsymbol{\beta})=\begin{bmatrix}1&1&1&1&1\\0&1&-1&2&1\\2&3&a+2&4&b+3\\3&5&1&a+8&5\end{bmatrix}\sim\begin{bmatrix}1&0&2&-1&0\\0&1&-1&2&1\\0&0&a+1&0&b\\0&0&0&a+1&0\end{bmatrix}.$$

由此可见：

(1) 当 $a=-1,b\neq0$ 时，$R(\overline{A})=3,R(A)=2,R(\overline{A})\neq R(A)$，方程组 $A\boldsymbol{x}=\boldsymbol{\beta}$ 无解，即 $\boldsymbol{\beta}$ 不能由 $\boldsymbol{\alpha}_1,\boldsymbol{\alpha}_2,\boldsymbol{\alpha}_3,\boldsymbol{\alpha}_4$ 线性表示.

(2) 当 $a\neq-1$ 时，$R(A)=4=R(\overline{A})$，方程 $A\boldsymbol{x}=\boldsymbol{\beta}$ 有唯一解.

$$\boldsymbol{x}=\begin{bmatrix}x_1\\x_2\\x_3\\x_4\end{bmatrix}=\begin{bmatrix}-\dfrac{2b}{a+1}\\\dfrac{a+b+1}{a+1}\\\dfrac{b}{a+1}\\0\end{bmatrix},$$

即 $\boldsymbol{\beta}$ 可由 $\boldsymbol{\alpha}_1,\boldsymbol{\alpha}_2,\boldsymbol{\alpha}_3,\boldsymbol{\alpha}_4$ 线性表示，且有唯一的表示式：

$$\boldsymbol{\beta}=-\frac{2b}{a+1}\boldsymbol{\alpha}_1+\frac{a+b+1}{a+1}\boldsymbol{\alpha}_2+\frac{b}{a+1}\boldsymbol{\alpha}_3+0\boldsymbol{\alpha}_4.$$

(3) 当 $a=-1,b=0$ 时，$R(\overline{A})=R(A)=2<4$，方程组 $A\boldsymbol{x}=\boldsymbol{\beta}$ 有无穷多组解.

$$\boldsymbol{x}=\begin{bmatrix}x_1\\x_2\\x_3\\x_4\end{bmatrix}=\begin{bmatrix}0\\1\\0\\0\end{bmatrix}+k_1\begin{bmatrix}-2\\1\\1\\0\end{bmatrix}+k_2\begin{bmatrix}1\\-2\\0\\1\end{bmatrix}=\begin{bmatrix}-2k_1+k_2\\1+k_1-2k_2\\k_1\\k_2\end{bmatrix},$$

即 $\boldsymbol{\beta}$ 可由 $\boldsymbol{\alpha}_1,\boldsymbol{\alpha}_2,\boldsymbol{\alpha}_3,\boldsymbol{\alpha}_4$ 线性表示，其表示式不唯一，所有表示式为

$$\boldsymbol{\beta}=(-2k_1+k_2)\boldsymbol{\alpha}_1+(1+k_1-2k_2)\boldsymbol{\alpha}_2+k_1\boldsymbol{\alpha}_3+k_2\boldsymbol{\alpha}_4.$$

例 7 设有齐次线性方程组

$$\begin{cases}(1+a)x_1+x_2+\cdots+x_n=0,\\ 2x_1+(2+a)x_2+\cdots+2x_n=0,\\ \cdots\cdots\\ nx_1+nx_2+\cdots+(n+a)x_n=0.\end{cases}$$

试问 a 为何值时,该方程组有非零解,并求其通解.

分析 方程组的系数矩阵 A 为 n 阶方阵,根据齐次线性方程组有非零解的条件 $|A|=0$,或 $R(A)<n$ 来确定出 a 的值,并求出通解.

解 设齐次方程组的系数矩阵为 A,则 $A=aE+B$,其中

$$B=\begin{bmatrix}1&1&\cdots&1\\2&2&\cdots&2\\ \vdots&\vdots&&\vdots\\ n&n&\cdots&n\end{bmatrix},$$

由于 $R(B)=1$,B 的特征多项式 $|\lambda E-B|=\lambda^n-\frac{1}{2}n(n+1)\lambda^{n-1}$,即 B 的特征值是 $\frac{1}{2}n(n+1),0,\cdots,0$($n-1$ 个 0),那么 A 的特征值是 $a+\frac{1}{2}n(n+1),a,a,\cdots,a$($n-1$ 个 a). 从而

$$|A|=\left[a+\frac{1}{2}n(n+1)\right]a^{n-1},$$

于是 $A\boldsymbol{x}=\boldsymbol{0}$ 有非零解的充分必要条件是 $|A|=0$,即 $a=0$,或 $a=-\frac{1}{2}n(n+1)$.

当 $a=0$ 时,对系数矩阵 A 作初等行变换

$$A=\begin{bmatrix}1&1&1&\cdots&1\\2&2&2&\cdots&2\\ \vdots&\vdots&\vdots&&\vdots\\ n&n&n&\cdots&n\end{bmatrix}\sim\begin{bmatrix}1&1&1&\cdots&1\\0&0&0&\cdots&0\\ \vdots&\vdots&\vdots&&\vdots\\ 0&0&0&\cdots&0\end{bmatrix}.$$

故方程组的同解方程为

$$x_1+x_2+\cdots+x_n=0.$$

由此得基础解系为

$$\boldsymbol{\eta}_1=(-1,1,0,\cdots,0)',\quad \boldsymbol{\eta}_2=(-1,0,1,\cdots,0)',\quad \cdots,$$
$$\boldsymbol{\eta}_{n-1}=(-1,0,\cdots,0,1)'.$$

方程组的通解为

$$x = k_1\boldsymbol{\eta}_1 + k_2\boldsymbol{\eta}_2 + \cdots + k_{n-1}\boldsymbol{\eta}_{n-1},$$

其中 $k_1, k_2, \cdots, k_{n-1}$ 为任意常数.

当 $a=-\frac{1}{2}n(n+1)$ 时,对系数矩阵作初等变换

$$A=\begin{bmatrix} 1+a & 1 & 1 & \cdots & 1 \\ 2 & 2+a & 2 & \cdots & 2 \\ \vdots & \vdots & \vdots & & \vdots \\ n & n & n & \cdots & n \end{bmatrix} \sim \begin{bmatrix} 1+a & 1 & 1 & \cdots & 1 \\ -2a & a & 0 & \cdots & 0 \\ \vdots & \vdots & \vdots & & \vdots \\ -na & 0 & 0 & \cdots & a \end{bmatrix}$$

$$\sim \begin{bmatrix} 1+a & 1 & 1 & \cdots & 1 \\ -2 & 1 & 0 & \cdots & 0 \\ \vdots & \vdots & \vdots & & \vdots \\ -n & 0 & 0 & \cdots & 1 \end{bmatrix} \sim \begin{bmatrix} 0 & 0 & 0 & \cdots & 0 \\ -2 & 1 & 0 & \cdots & 0 \\ \vdots & \vdots & \vdots & & \vdots \\ -n & 0 & 0 & \cdots & 1 \end{bmatrix}.$$

故方程组的同解方程组为

$$\begin{cases} -2x_1 + x_2 = 0, \\ -3x_1 + x_3 = 0, \\ \cdots\cdots \\ -nx_1 + x_n = 0. \end{cases}$$

由此得基础解系为 $\boldsymbol{\eta}=(1,2,\cdots,n)'$,于是原方程组的通解为 $\boldsymbol{x}=k\boldsymbol{\eta}$,其中 k 为任意常数.

例 8　设矩阵 B 为 r 阶方阵,C 为 $r\times n$ 阶矩阵. 证明:当且仅当 C 的秩为 r 时,

(1) 若 $BC=O$,则 $B=O$;

(2) 若 $BC=C$,则 $B=E$.

分析　当 C 为 n 阶方阵时,若 $BC=O$,则不一定有 $B=O$,只有当 C 为可逆矩阵时,才有 $B=O$. 现在 C 为 $r\times n$ 阶矩阵,则可以应用齐次线性方程组有非零解或只有零解来解决. 为此需要明确:当 $AB=O$ 时,B 的列向量为 $A\boldsymbol{x}=\boldsymbol{0}$ 的解向量,而 A 的行向量为 $\boldsymbol{x}'B=\boldsymbol{0}$ 的解向量,其中 $\boldsymbol{x}$ 为列向量,$\boldsymbol{x}'$ 为行向量.

证　(1) 证法一　设 B 的 r 个行向量为 $\boldsymbol{\alpha}_1, \boldsymbol{\alpha}_2, \cdots, \boldsymbol{\alpha}_r$,由 $BC=O$ 可知,$\boldsymbol{\alpha}_1, \boldsymbol{\alpha}_2, \cdots, \boldsymbol{\alpha}_r$ 为 $\boldsymbol{x}'C=\boldsymbol{0}$ 的解向量. 当且仅当 $\mathrm{R}(C)=r=\boldsymbol{x}'$ 的维数时,$\boldsymbol{x}'C=\boldsymbol{0}$ 只有零解,从而 $\boldsymbol{\alpha}_1=\boldsymbol{\alpha}_2=\cdots=\boldsymbol{\alpha}_r=\boldsymbol{0}$,即 $B=O$.

证法二　由 $BC=O$ 得到 $C'B'=O$,表明 B' 的 r 个列向量,即 B 的 r 个行向量为 $C'\boldsymbol{x}=\boldsymbol{0}$ 的解向量,因 $\mathrm{R}(C')=\mathrm{R}(C)=r=\boldsymbol{x}$ 的维数,故 $C'\boldsymbol{x}=\boldsymbol{0}$ 只有零解,于是 B' 的 r 个列向量都是零向量,故 $B'=O$,即 $B=O$.

证法三　设 $B=(b_{ij})_{r\times r}$,$C=\begin{bmatrix}\boldsymbol{\alpha}_1\\ \boldsymbol{\alpha}_2\\ \vdots\\ \boldsymbol{\alpha}_r\end{bmatrix}$,由题设有

$$\begin{bmatrix} b_{11} & b_{12} & \cdots & b_{1r} \\ b_{21} & b_{22} & \cdots & b_{2r} \\ \vdots & \vdots & & \vdots \\ b_{r1} & b_{r2} & \cdots & b_{rr} \end{bmatrix} \begin{bmatrix} \boldsymbol{\alpha}_1 \\ \boldsymbol{\alpha}_2 \\ \vdots \\ \boldsymbol{\alpha}_r \end{bmatrix} = O.$$

由此得到 $b_{i1}\boldsymbol{\alpha}_1+b_{i2}\boldsymbol{\alpha}_2+\cdots+b_{ir}\boldsymbol{\alpha}_r=\mathbf{0}(i=1,2,\cdots,r)$，因为 $\boldsymbol{\alpha}_1,\boldsymbol{\alpha}_2,\cdots,\boldsymbol{\alpha}_r$ 线性无关，故 $b_{i1}=b_{i2}=\cdots=b_{ir}=0(i=1,2,\cdots,r)$，从而 $B=O$.

(2) 证法一　由(1)的结论及 $(B-E)C=O$ 得 $B-E=O$，即 $B=E$.

证法二　由 $BC=C$ 得 $(B-E)C=O$，因而 $B-E$ 的所有行向量 $\boldsymbol{\beta}_1,\boldsymbol{\beta}_2,\cdots,\boldsymbol{\beta}_r$ 为 $\boldsymbol{x}'C=\mathbf{0}$ 的解向量，而 $\mathrm{R}(C)=r=\boldsymbol{x}'$ 的维数，故 $\boldsymbol{x}'C=\mathbf{0}$ 只有零解，或因 $\mathrm{R}(C)=r$，C 的 r 个行向量线性无关，所以 $\boldsymbol{x}'C=\mathbf{0}$ 只有零解，于是 $\boldsymbol{\beta}_1=\boldsymbol{\beta}_2=\cdots=\boldsymbol{\beta}_r=\mathbf{0}$，即 $B-E=O$，亦即 $B=E$.

例 9　已知 A,B,C 分别为 $m\times n,n\times p,p\times s$ 矩阵，且 $\mathrm{R}(A)=n,\mathrm{R}(C)=p$，$ABC=O$，证明 $B=O$.

分析　可利用例 8 的结论.

证　因 $\mathrm{R}(A)=n=A$ 的列数 $=\boldsymbol{x}$ 的维数，故 $A\boldsymbol{x}=\mathbf{0}$ 只有零解，由 $ABC=O$ 可知，BC 的 s 个列向量为 $A\boldsymbol{x}=\mathbf{0}$ 的解向量，故这 s 个列向量均为零向量，即 $BC=O$.

再考察方程 $\boldsymbol{x}'C=\mathbf{0}$，因 $\mathrm{R}(C)=p=C$ 的行数 $=\boldsymbol{x}'$ 的维数，故 $\boldsymbol{x}'C=\mathbf{0}$ 只有零解，而 B 的 n 个行向量为 $\boldsymbol{x}'C=\mathbf{0}$ 的解向量，故 $B=O$.

例 10　设 n 阶矩阵 A 的秩为 r，证明存在秩为 $n-r$ 的方阵 C，使 $AC=O$.

分析　利用 $A\boldsymbol{x}=\mathbf{0}$ 有非零解，求出 $n-r$ 个非零解作为所求矩阵 C 的列向量，使 $AC=O$.

证　设 $\mathrm{R}(A)=r$，故 $A\boldsymbol{x}=\mathbf{0}$ 的一个基础解系所含向量个数为 $n-r$.

如果 $\mathrm{R}(A)=r=n$，则 $A\boldsymbol{x}=\mathbf{0}$ 只有零解，取 $C=O$，则 C 满足 $AC=O$，且 $\mathrm{R}(C)=0=n-r$，如果 $\mathrm{R}(A)=r<n$，取 $A\boldsymbol{x}=\mathbf{0}$ 的一个基础解系 $\boldsymbol{\alpha}_1,\boldsymbol{\alpha}_2,\cdots,\boldsymbol{\alpha}_{n-r}$，以这 $n-r$ 个向量为部分向量，再添上 r 个零向量作为矩阵 C，则 C 满足 $AC=O$，且 $\mathrm{R}(C)=n-r$，故 C 即为所求.

四、习题选解

1. 选择题

(1) 设 A 为 $m\times n$ 矩阵，齐次线性方程组 $A\boldsymbol{x}=\mathbf{0}$ 仅有零解的充分条件是________.

A. A 的列向量组线性无关　　B. A 的列向量组线性相关

C. A 的行向量组线性无关　　D. A 的行向量组线性相关

(2) 齐次线性方程组 $A\boldsymbol{x}=\mathbf{0}$ 有非零解的充要条件是________.

A. A 的任意两个列向量线性相关

B. A 的任意两个列向量线性无关

C. A 中必有一列向量是其余列向量的线性组合

D. A 中任一列向量都是其余列向量的线性组合

(3) 设 $\boldsymbol{\alpha}_1=(a_1,a_2,a_3)'$，$\boldsymbol{\alpha}_2=(b_1,b_2,b_3)'$，$\boldsymbol{\alpha}_3=(c_1,c_2,c_3)'$，则三条直线________.

$$\begin{cases}a_1x+b_1y+c_1=0,\\a_2x+b_2y+c_2=0,\\a_3x+b_3y+c_3=0\end{cases}$$

(其中 $a_i^2+b_i^2\neq 0, i=1,2,3$)交于一点的充要条件是________.

A. $\boldsymbol{\alpha}_1,\boldsymbol{\alpha}_2,\boldsymbol{\alpha}_3$ 线性相关

B. $\boldsymbol{\alpha}_1,\boldsymbol{\alpha}_2,\boldsymbol{\alpha}_3$ 线性无关

C. $\mathrm{R}(\boldsymbol{\alpha}_1,\boldsymbol{\alpha}_2,\boldsymbol{\alpha}_3)=\mathrm{R}(\boldsymbol{\alpha}_1,\boldsymbol{\alpha}_2)$

D. $\boldsymbol{\alpha}_1,\boldsymbol{\alpha}_2,\boldsymbol{\alpha}_3$ 线性相关，$\boldsymbol{\alpha}_1,\boldsymbol{\alpha}_2$ 线性无关

解　(1) 当 A 的列向量组线性无关时，$A\boldsymbol{x}=\boldsymbol{0}$仅有零解，故选 A.

(2) $A\boldsymbol{x}=\boldsymbol{0}$有非零解的充要条件是 A 的列向量组线性相关，即 A 中必有一列向量是其余列向量的线性组合，故选 C.

(3) 三条直线只有一个交点即相当于三条直线方程所组成的线性方程组有唯一解，而该方程组有唯一解的充要条件是 $A=[\boldsymbol{\alpha}_1,\boldsymbol{\alpha}_2]$与 $\overline{A}=[\boldsymbol{\alpha}_1,\boldsymbol{\alpha}_2,-\boldsymbol{\alpha}_3]$有相同的秩 r，且 $r=n=2$，而$[\boldsymbol{\alpha}_1,\boldsymbol{\alpha}_2,-\boldsymbol{\alpha}_3]$与$[\boldsymbol{\alpha}_1,\boldsymbol{\alpha}_2,\boldsymbol{\alpha}_3]$有相同的秩，故应选 D.

2. 求下列齐次线性方程组的一个基础解系：

(1) $\begin{cases}x_1+2x_2+2x_3+x_4=0,\\2x_1+x_2-2x_3-2x_4=0,\\x_1-x_2-4x_3-3x_4=0;\end{cases}$　　(2) $\begin{cases}x_1+x_2+x_5=0,\\x_1+x_2-x_3=0,\\x_3+x_4+x_5=0;\end{cases}$

(3) $\begin{cases}x_1-x_2-x_3+x_4=0,\\x_1-x_2+x_3-3x_4=0,\\x_1-x_2-2x_3+3x_4=0;\end{cases}$　　(4) $\begin{cases}x_1+x_2-3x_4-x_5=0,\\x_1-x_2+2x_3-x_4=0,\\4x_1-2x_2+6x_3+3x_4-4x_5=0,\\2x_1+4x_2-2x_3+4x_4-7x_5=0.\end{cases}$

解　(1) 对系数矩阵 A 作初等变换化为行最简形.

$$A=\begin{bmatrix}1&2&2&1\\2&1&-2&-2\\1&-1&-4&-3\end{bmatrix}\sim\begin{bmatrix}1&2&2&1\\0&-3&-6&-4\\0&-3&-6&-4\end{bmatrix}\sim\begin{bmatrix}1&2&2&1\\0&-3&-6&-4\\0&0&0&0\end{bmatrix}$$

$$\sim\begin{bmatrix}1&2&2&1\\0&1&2&\frac{4}{3}\\0&0&0&0\end{bmatrix}\sim\begin{bmatrix}1&0&-2&-\frac{5}{3}\\0&1&2&\frac{4}{3}\\0&0&0&0\end{bmatrix}.$$

$R(A)=2$,基础解系含有 $4-2$ 个解向量.

由行最简形知,$\begin{cases}x_1=2x_3+\frac{5}{3}x_4,\\x_2=-2x_3-\frac{4}{3}x_4\end{cases}$ (x_3,x_4 为自由未知量). 得一组基础解系

$$\boldsymbol{\xi}_1=\begin{bmatrix}2\\-2\\1\\0\end{bmatrix},\quad \boldsymbol{\xi}_2=\begin{bmatrix}\frac{5}{3}\\-\frac{4}{3}\\0\\1\end{bmatrix}.$$

(2) 仿(1),基础解系为 $\boldsymbol{\xi}_1=\begin{bmatrix}-1\\1\\0\\0\\0\end{bmatrix},\quad \boldsymbol{\xi}_2=\begin{bmatrix}-1\\0\\-1\\0\\1\end{bmatrix}.$

(3) 仿(1),基础解系为 $\boldsymbol{\xi}_1=\begin{bmatrix}1\\1\\0\\0\end{bmatrix},\quad \boldsymbol{\xi}_2=\begin{bmatrix}1\\0\\2\\1\end{bmatrix}.$

(4) 仿(1),基础解系为 $\boldsymbol{\xi}_1=\begin{bmatrix}-1\\1\\1\\0\\0\end{bmatrix},\quad \boldsymbol{\xi}_2=\begin{bmatrix}7/2\\5/2\\0\\1\\3\end{bmatrix}.$

3. 求解下列非齐次线性方程组:

(1) $\begin{cases}4x_1+2x_2-x_3=2,\\3x_1-x_2+2x_3=10,\\11x_1+3x_2=8;\end{cases}$

(2) $\begin{cases}2x_1+3x_2+x_3=4,\\x_1-2x_2+4x_3=-5,\\3x_1+8x_2-2x_3=13,\\4x_1-x_2+9x_3=-6;\end{cases}$

(3) $\begin{cases} x_1+2x_2+3x_3+4x_4=5, \\ x_1-x_2+x_3+x_4=1; \end{cases}$　　(4) $\begin{cases} 2x+y-z+w=1, \\ 4x+2y-2z+w=2, \\ 2x+y-z-w=1. \end{cases}$

解　(1) 对它的增广矩阵作初等变换.

$$\overline{A}=\begin{bmatrix} 4 & 2 & -1 & 2 \\ 3 & -1 & 2 & 10 \\ 11 & 3 & 0 & 8 \end{bmatrix}\sim\begin{bmatrix} 1 & 3 & -3 & -8 \\ 3 & -1 & 2 & 10 \\ -1 & -3 & 3 & 2 \end{bmatrix}\sim\begin{bmatrix} 1 & 3 & -3 & -8 \\ 0 & -10 & 11 & 34 \\ 0 & 0 & 0 & -6 \end{bmatrix}.$$

显然，$R(A)\neq R(\overline{A})$，则方程组无解.

(2) 对它的增广矩阵作初等变换.

$$\overline{A}=\begin{bmatrix} 2 & 3 & 1 & 4 \\ 1 & -2 & 4 & -5 \\ 3 & 8 & -2 & 13 \\ 4 & -1 & 9 & -6 \end{bmatrix}\sim\begin{bmatrix} 1 & -2 & 4 & -5 \\ 2 & 3 & 1 & 4 \\ 3 & 8 & -2 & 13 \\ 4 & -1 & 9 & -6 \end{bmatrix}\sim\begin{bmatrix} 1 & -2 & 4 & -5 \\ 1 & 5 & -3 & 9 \\ 1 & 5 & -3 & 9 \\ 1 & -9 & 11 & -19 \end{bmatrix}$$

$$\sim\begin{bmatrix} 1 & -2 & 4 & -5 \\ 0 & 1 & -1 & 2 \\ 0 & 0 & 0 & 0 \\ 0 & 0 & 0 & 0 \end{bmatrix}\sim\begin{bmatrix} 1 & 0 & 2 & -1 \\ 0 & 1 & -1 & 2 \\ 0 & 0 & 0 & 0 \\ 0 & 0 & 0 & 0 \end{bmatrix}.$$

方程组等价于 $\begin{cases} x_1=-2x_3-1, \\ x_2=x_3+2, \end{cases}$ 其特解为 $\boldsymbol{\eta}=\begin{bmatrix} -1 \\ 2 \\ 0 \end{bmatrix}$.

而对应齐次方程组 $\begin{cases} x_1=-2x_3, \\ x_2=x_3 \end{cases}$ (x_3 为自由未知量).

基础解系为 $\boldsymbol{\xi}_1=\begin{bmatrix} -2 \\ 1 \\ 1 \end{bmatrix}$.

所以原方程组解为 $\boldsymbol{\xi}=\boldsymbol{\eta}+k\boldsymbol{\xi}_1=\begin{bmatrix} -1 \\ 2 \\ 0 \end{bmatrix}+k\begin{bmatrix} -2 \\ 1 \\ 1 \end{bmatrix}$.

(3) 仿(2)，所求通解为 $\begin{bmatrix} x_1 \\ x_2 \\ x_3 \\ x_4 \end{bmatrix}=k_1\begin{bmatrix} 2 \\ 1 \\ 0 \\ -1 \end{bmatrix}+k_2\begin{bmatrix} -1/3 \\ 0 \\ 1 \\ -2/3 \end{bmatrix}+\begin{bmatrix} -1/3 \\ 0 \\ 0 \\ 4/3 \end{bmatrix}$.

(4) 仿(2),所求通解为 $\begin{bmatrix}x\\y\\z\\w\end{bmatrix}=k_1\begin{bmatrix}1\\0\\2\\0\end{bmatrix}+k_2\begin{bmatrix}0\\1\\1\\0\end{bmatrix}+\begin{bmatrix}0\\0\\-1\\0\end{bmatrix}$.

4. 讨论 λ,a,b 取什么值时下列方程组有解,并求解.

(1) $\begin{cases}x_1+x_3=\lambda,\\4x_1+x_2+2x_3=\lambda+2,\\6x_1+x_2+4x_3=2\lambda+3;\end{cases}$　　(2) $\begin{cases}ax_1+x_2+x_3=4,\\x_1+bx_2+x_3=3,\\x_1+2bx_2+x_3=4.\end{cases}$

解　(1)的增广矩阵

$$\overline{A}=\begin{bmatrix}1&0&1&\lambda\\4&1&2&\lambda+2\\6&1&4&2\lambda+3\end{bmatrix}\sim\begin{bmatrix}1&0&1&\lambda\\0&1&-2&2-3\lambda\\0&1&-2&3-4\lambda\end{bmatrix}$$

$$\sim\begin{bmatrix}1&0&1&\lambda\\0&1&-2&2-3\lambda\\0&0&0&1-\lambda\end{bmatrix},$$

所以当 $\lambda=1$ 时,原方程组有解,此时原方程组的一般解为

$$\begin{cases}x_1=1-k,\\x_2=-1+2k,\\x_3=k,\end{cases}\quad k\text{ 为任意数}.$$

(2) 由于系数行列式为 $b(1-a)$.

1°　当 $b\neq0$,且 $a\neq1$ 时,原方程组有唯一解.

2°　当 $b=0$ 时,原方程组变为

$$\begin{cases}ax_1+x_2+x_3=4,\\x_1+x_3=3,\\x_1+x_3=4.\end{cases}$$

显然后两个式子矛盾,因此 $b=0$ 时,无解.

3°　当 $a=1$ 且 $b\neq0$ 时,原方程增广矩阵为

$$\overline{A}=\begin{bmatrix}1&1&1&4\\1&b&1&3\\1&2b&1&4\end{bmatrix}\sim\begin{bmatrix}1&1&1&4\\1&b&1&3\\0&b&0&1\end{bmatrix}\sim\begin{bmatrix}1&1&1&4\\1&0&1&2\\0&1&0&\frac{1}{b}\end{bmatrix}$$

$$\sim\begin{bmatrix}0&1&0&2\\1&0&1&2\\0&1&0&\frac{1}{b}\end{bmatrix}\sim\begin{bmatrix}0&1&0&2\\1&0&1&2\\0&0&0&\frac{1}{b}-2\end{bmatrix},$$

所以当 $a=1,b\neq\frac{1}{2}$ 时原方程组无解.

当 $a=1$ 且 $b=\frac{1}{2}$ 时,原方程组有无穷多解 $\boldsymbol{\xi}=k\begin{bmatrix}-1\\0\\1\end{bmatrix}+\begin{bmatrix}2\\2\\0\end{bmatrix}$.

5. 已知线性方程组

$$\begin{cases}x_1+x_2+2x_3+3x_4=1,\\x_1+3x_2+6x_3+x_4=3,\\3x_1-x_2-k_1x_3+15x_4=3,\\x_1-5x_2-10x_3+12x_4=k_2,\end{cases}$$

问 k_1,k_2 取何值时方程组无解？有无穷多个解？求出无穷多个解时的通解.

解 $\overline{A}=\begin{bmatrix}1&1&2&3&1\\1&3&6&1&3\\3&-1&-k_1&15&3\\1&-5&-10&12&k_2\end{bmatrix}\sim\begin{bmatrix}1&1&2&3&1\\0&2&4&-2&2\\0&-4&-6-k_1&6&0\\0&-6&-12&9&k_2-1\end{bmatrix}$

$\sim\begin{bmatrix}1&1&2&3&1\\0&1&2&-1&1\\0&-4&-6-k_1&6&0\\0&-6&-12&9&k_2-1\end{bmatrix}\sim\begin{bmatrix}1&1&2&3&1\\0&1&2&-1&1\\0&0&2-k_1&2&4\\0&0&0&3&k_2+5\end{bmatrix}$.

当 $2-k_1\neq0$ 时,$R(A)=R(\overline{A})=4$,方程组有唯一解.

当 $k_1=2$ 时,

$$\overline{A}\sim\begin{bmatrix}1&0&0&4&0\\0&1&2&-1&1\\0&0&0&1&2\\0&0&0&0&k_2-1\end{bmatrix}.$$

当 $k_2\neq1$ 时,方程组无解.

当 $k_2=1$ 时,方程组有无穷多解.

方程组等价于 $\begin{cases}x_1=-8,\\x_2=-2x_3+3,\\x_4=2,\end{cases}$ x_3 为自由未知量.

特解 $\boldsymbol{\eta}_1=\begin{bmatrix}-8\\3\\0\\2\end{bmatrix}$,基础解系为 $\boldsymbol{\xi}_1=\begin{bmatrix}0\\-2\\1\\0\end{bmatrix}$.

此时通解为

$$\tilde{\boldsymbol{\xi}} = \boldsymbol{\eta}_1 + k\boldsymbol{\xi}_1 = \begin{bmatrix} -8 \\ 3 \\ 0 \\ 2 \end{bmatrix} + k\begin{bmatrix} 0 \\ -2 \\ 1 \\ 0 \end{bmatrix}.$$

6. 证明线性方程组

$$\begin{cases} x_1 - x_2 = a_1, \\ x_2 - x_3 = a_2, \\ x_3 - x_4 = a_3, \\ x_4 - x_5 = a_4, \\ -x_1 + x_5 = a_5 \end{cases}$$

有解的充分必要条件是 $\sum_{i=1}^{5} a_i = 0$，有解时并求解.

证　方程组的增广矩阵

$$\overline{A} = \begin{bmatrix} 1 & -1 & 0 & 0 & 0 & a_1 \\ 0 & 1 & -1 & 0 & 0 & a_2 \\ 0 & 0 & 1 & -1 & 0 & a_3 \\ 0 & 0 & 0 & 1 & -1 & a_4 \\ -1 & 0 & 0 & 0 & 1 & a_5 \end{bmatrix} \sim \begin{bmatrix} 1 & -1 & 0 & 0 & 0 & a_1 \\ 0 & 1 & -1 & 0 & 0 & a_2 \\ 0 & 0 & 1 & -1 & 0 & a_3 \\ 0 & 0 & 0 & 1 & -1 & a_4 \\ 0 & 0 & 0 & 0 & 0 & \sum_{i=1}^{5} a_i \end{bmatrix}.$$

可以看出 $\mathrm{R}(A)=4$，$\mathrm{R}(\overline{A})=4$ 的充要条件是 $\sum_{i=1}^{5} a_i = 0$，因此原方程组有解的充要条件是 $\sum_{i=1}^{5} a_i = 0$.

其次，取 $x_5=k$，所以它的解为

$$\begin{cases} x_1 = a_1 + a_2 + a_3 + a_4 + k, \\ x_2 = a_2 + a_3 + a_4 + k, \\ x_3 = a_3 + a_4 + k, \\ x_4 = a_4 + k, \\ x_5 = k, \end{cases} \quad \text{即 } \boldsymbol{x} = \begin{bmatrix} a_1 + a_2 + a_3 + a_4 \\ a_2 + a_3 + a_4 \\ a_3 + a_4 \\ a_4 \\ 0 \end{bmatrix} + k\begin{bmatrix} 1 \\ 1 \\ 1 \\ 1 \\ 1 \end{bmatrix},$$

其中 k 为任意常数.

7. λ 取何值时，非齐次线性方程组

$$\begin{cases}\lambda x_1+x_2+x_3=1,\\ x_1+\lambda x_2+x_3=\lambda,\\ x_1+x_2+\lambda x_3=\lambda^2\end{cases}$$

(1) 有唯一解；(2) 无解；(3) 有无穷多解？

解　系数矩阵行列式 $\Delta=(\lambda-1)^2(\lambda+2)$.

(1) 当 $\lambda\neq1$ 且 $\lambda\neq-2$ 时，方程组有唯一解，且唯一解为

$$x_1=-\frac{\lambda+1}{\lambda+2},\quad x_2=\frac{1}{\lambda+2},\quad x_3=\frac{(\lambda+1)^2}{\lambda+2}.$$

(2) 当 $\lambda=-2$ 时，原方程组变为

$$\begin{cases}-2x_1+x_2+x_3=1,\\ x_1-2x_2+x_3=-2,\\ x_1+x_2-2x_3=4.\end{cases}$$

三式相加得 $0=3$，矛盾. 故当 $\lambda=-2$ 时，原方程组无解.

(3) 当 $\lambda=1$ 时，原方程组同解于方程 $x_1+x_2+x_3=1$，故原方程组有无穷多个解，其通解为 $x_1=1-x_2-x_3$. 其中 x_2,x_3 为自由未知量.

8. 设四元线性方程组 $A\boldsymbol{x}=\boldsymbol{b}$ 有解，$\boldsymbol{\eta}_1=(1,-1,2,0)'$，$\boldsymbol{\eta}_2=(2,1,3,-1)'$，已知 $\mathrm{R}(A)=3$，求 $A\boldsymbol{x}=\boldsymbol{b}$ 的通解.

解　因为 $\mathrm{R}(A)=3$，所以其基础解系含有 $4-3=1$ 个解向量，且基础解系 $\boldsymbol{\xi}=\boldsymbol{\eta}_2-\boldsymbol{\eta}_1=(1,2,1,-1)'$.

因此通解

$$\boldsymbol{x}=\boldsymbol{\eta}_1+k\boldsymbol{\xi}=\begin{bmatrix}1\\-1\\2\\0\end{bmatrix}+k\begin{bmatrix}1\\2\\1\\-1\end{bmatrix}.$$

9. 设 $\boldsymbol{\eta}_1,\boldsymbol{\eta}_2,\cdots,\boldsymbol{\eta}_s$ 都是非齐次线性方程组 $A\boldsymbol{x}=\boldsymbol{b}$ 的解，数 $c_1,c_2,\cdots,c_s$ 满足什么条件时，$\sum\limits_{i=1}^{s}c_i\boldsymbol{\eta}_i$ 是 $A\boldsymbol{x}=\boldsymbol{b}$ 的解？

解　因 $\boldsymbol{\eta}_1,\boldsymbol{\eta}_2,\cdots,\boldsymbol{\eta}_s$ 是 $A\boldsymbol{x}=\boldsymbol{b}$ 的解，有 $A\boldsymbol{\eta}_i=\boldsymbol{b}$，$i=1,2,\cdots,s$.

若 $\sum\limits_{i=1}^{s}c_i\boldsymbol{\eta}_i$ 是 $A\boldsymbol{x}=\boldsymbol{b}$ 的解. 必有 $A\sum\limits_{i=1}^{s}c_i\boldsymbol{\eta}_i=\boldsymbol{b}$.

而 $A\sum\limits_{i=1}^{s}c_i\boldsymbol{\eta}_i=\sum\limits_{i=1}^{s}c_iA\boldsymbol{\eta}_i=\sum\limits_{i=1}^{s}c_i\boldsymbol{b}=\boldsymbol{b}\sum\limits_{i=1}^{s}c_i=\boldsymbol{b}$，从而 $\sum\limits_{i=1}^{s}c_i=1$.

所以当 $\sum\limits_{i=1}^{s}c_i=1$ 时，$\sum\limits_{i=1}^{s}c_i\boldsymbol{\eta}_i$ 是 $A\boldsymbol{x}=\boldsymbol{b}$ 的解.

10. 设 $\boldsymbol{\alpha}_0, \boldsymbol{\alpha}_1, \cdots, \boldsymbol{\alpha}_{n-r}$ 为 $A\boldsymbol{x}=\boldsymbol{b}(\boldsymbol{b}\neq\boldsymbol{0})$ 的 $n-r+1$ 个线性无关的解向量，A 的秩为 r，证明 $\boldsymbol{\alpha}_1-\boldsymbol{\alpha}_0, \boldsymbol{\alpha}_2-\boldsymbol{\alpha}_0, \cdots, \boldsymbol{\alpha}_{n-r}-\boldsymbol{\alpha}_0$ 是对应的齐次线性方程组 $A\boldsymbol{x}=\boldsymbol{0}$ 的基础解系.

证　所给向量组含有 $n-r$ 个向量，若能证明他们均是 $A\boldsymbol{x}=\boldsymbol{0}$ 的解向量且线性无关，则它们为 $A\boldsymbol{x}=\boldsymbol{0}$ 的基础解系. 因

$$A\boldsymbol{\alpha}_0=\boldsymbol{b}, A\boldsymbol{\alpha}_1=\boldsymbol{b}, \cdots, A\boldsymbol{\alpha}_{n-r}=\boldsymbol{b},$$

故

$$A(\boldsymbol{\alpha}_i-\boldsymbol{\alpha}_0)=A\boldsymbol{\alpha}_i-A\boldsymbol{\alpha}_0=\boldsymbol{b}-\boldsymbol{b}=\boldsymbol{0}\quad(i=1,2,\cdots,n-r),$$

即 $\boldsymbol{\alpha}_i-\boldsymbol{\alpha}_0$ 为 $A\boldsymbol{x}=\boldsymbol{0}$ 的解向量，下证它们线性无关，为此设

$$k_1(\boldsymbol{\alpha}_1-\boldsymbol{\alpha}_0)+k_2(\boldsymbol{\alpha}_2-\boldsymbol{\alpha}_0)+\cdots+k_{n-r}(\boldsymbol{\alpha}_{n-r}-\boldsymbol{\alpha}_0)=\boldsymbol{0}.$$

即

$$k_1\boldsymbol{\alpha}_1+k_2\boldsymbol{\alpha}_2+\cdots+k_{n-r}\boldsymbol{\alpha}_{n-r}+(-k_1-k_2-\cdots-k_{n-r})\boldsymbol{\alpha}_0=\boldsymbol{0}.$$

因 $\boldsymbol{\alpha}_0, \boldsymbol{\alpha}_1, \cdots, \boldsymbol{\alpha}_{n-r}$ 线性无关，故 $k_1=k_2=\cdots=k_{n-r}=0$，即 $\boldsymbol{\alpha}_1-\boldsymbol{\alpha}_0, \boldsymbol{\alpha}_2-\boldsymbol{\alpha}_0, \cdots, \boldsymbol{\alpha}_{n-r}-\boldsymbol{\alpha}_0$ 线性无关，故结论真.

11. 设 A,B 是 n 阶方阵，且 $AB=O$. 证明：$\mathrm{R}(A)+\mathrm{R}(B)\leqslant n$.

证　由 $AB=O$，可以将 B 看成齐次方程 $A\boldsymbol{x}=\boldsymbol{0}$ 的解，当 $\mathrm{R}(A)=n$ 时，$A\boldsymbol{x}=\boldsymbol{0}$ 只有唯一零解. $B=O$，$\mathrm{R}(B)=0$，从而 $\mathrm{R}(A)+\mathrm{R}(B)\leqslant n$. 当 $\mathrm{R}(A)<n$ 时，令 $\mathrm{R}(A)=r$，则 $A\boldsymbol{x}=\boldsymbol{0}$ 的基础解系有 $n-r$ 个向量. B 是 $A\boldsymbol{x}=\boldsymbol{0}$ 的解，所以 B 可以由 $n-r$ 个基础解向量线性表示. 从而 $\mathrm{R}(B)\leqslant n-r$，从而 $\mathrm{R}(A)+\mathrm{R}(B)\leqslant n$.

12. 设 A 是 n 阶方阵，$n\geqslant 2$，A^* 是 A 的伴随矩阵，求证：

$$\mathrm{R}(A^*)=\begin{cases} n, & \text{当 } \mathrm{R}(A)=n \text{ 时}, \\ 1, & \text{当 } \mathrm{R}(A)=n-1 \text{ 时}, \\ 0, & \text{当 } \mathrm{R}(A)<n-1 \text{ 时}. \end{cases}$$

证　已知 $AA^*=|A|E$.

若 $\mathrm{R}(A)=n$，即 $|A|\neq 0$，则 $|A^*|=|A|^{n-1}\neq 0$，即 $\mathrm{R}(A^*)=n$.

若 $\mathrm{R}(A)=n-1$，故 $\mathrm{R}(A^*)\geqslant 1$ 且 $|A|=0$，由 $\mathrm{R}(A)+\mathrm{R}(A^*)\leqslant n$，$\mathrm{R}(A^*)\leqslant 1$，因此有 $\mathrm{R}(A^*)=1$.

若 $\mathrm{R}(A)<n-1$，则 $A^*=O$，即 $\mathrm{R}(A^*)=0$，

综上所述，$\mathrm{R}(A^*)=\begin{cases} n, & \text{当 } \mathrm{R}(A)=n \text{ 时}, \\ 1, & \text{当 } \mathrm{R}(A)=n-1 \text{ 时}, \\ 0, & \text{当 } \mathrm{R}(A)<n-1 \text{ 时}. \end{cases}$

13. 设有两个 n 阶线性方程组：

$$\begin{cases} a_{11}x_1+a_{12}x_2+\cdots+a_{1n}x_n=b_1, \\ a_{21}x_1+a_{22}x_2+\cdots+a_{2n}x_n=b_2, \\ \cdots\cdots \\ a_{n1}x_1+a_{n2}x_2+\cdots+a_{nn}x_n=b_n \end{cases} \tag{4.3}$$

和

$$\begin{cases} A_{11}x_1 + A_{12}x_2 + \cdots + A_{1n}x_n = c_1, \\ A_{21}x_1 + A_{22}x_2 + \cdots + A_{2n}x_n = c_2, \\ \quad\cdots\cdots \\ A_{n1}x_1 + A_{n2}x_2 + \cdots + A_{nn}x_n = c_n, \end{cases} \tag{4.4}$$

其中 A_{ij} 为行列式 $|A|$ 中元素 a_{ij} 的代数余子式. 式(4.3),(4.4)中的常数 $b_i, c_i(i=1,2,\cdots,n)$ 不全为零.

证明方程组(4.3)有唯一解的充要条件是方程组(4.4)有唯一解.

证　$b_i, c_i(i=1,2,\cdots,n)$ 不全为零.

$$(4.3)有唯一解 \Leftrightarrow (4.4)有唯一解,$$

即

$$|A| \neq 0 \Leftrightarrow |B| = \begin{vmatrix} A_{11} & A_{12} & \cdots & A_{1n} \\ A_{21} & A_{22} & \cdots & A_{2n} \\ \vdots & \vdots & & \vdots \\ A_{n1} & A_{n2} & \cdots & A_{nn} \end{vmatrix} \neq 0.$$

"$\Rightarrow$"

$$AB' = \begin{bmatrix} a_{11} & a_{12} & \cdots & a_{1n} \\ a_{21} & a_{22} & \cdots & a_{2n} \\ \vdots & \vdots & & \vdots \\ a_{n1} & a_{n2} & \cdots & a_{nn} \end{bmatrix} \begin{bmatrix} A_{11} & A_{21} & \cdots & A_{n1} \\ A_{12} & A_{22} & \cdots & A_{n2} \\ \vdots & \vdots & & \vdots \\ A_{1n} & A_{2n} & \cdots & A_{nn} \end{bmatrix}$$

$$= \begin{bmatrix} |A| & 0 & \cdots & 0 \\ 0 & |A| & \cdots & 0 \\ \vdots & \vdots & & \vdots \\ 0 & 0 & \cdots & |A| \end{bmatrix},$$

$$|AB'| = \begin{vmatrix} |A| & & \\ & \ddots & \\ & & |A| \end{vmatrix} = |A|^n,$$

所以

$$|A||B'| = |A|^n, \quad |A||B| = |A|^n.$$

所以 $|A| \neq 0$,则 $|B| \neq 0$.

"$\Leftarrow$"　若 $|B| \neq 0$ 时, $|A|=0$(用反证法).

$$BA'=\begin{bmatrix}A_{11}&A_{12}&\cdots&A_{1n}\\A_{21}&A_{22}&\cdots&A_{2n}\\\vdots&\vdots&&\vdots\\A_{n1}&A_{n2}&\cdots&A_{nn}\end{bmatrix}\begin{bmatrix}a_{11}&a_{21}&\cdots&a_{n1}\\a_{12}&a_{22}&\cdots&a_{n2}\\\vdots&\vdots&&\vdots\\a_{1n}&a_{2n}&\cdots&a_{nn}\end{bmatrix}$$

$$=\begin{bmatrix}|A|&&&\\&|A|&&\\&&\ddots&\\&&&|A|\end{bmatrix}=O.$$

若$|B|\neq0$,则其中必存在非零列向量,所以 A 中元素 a_{ij} 不全为 0,否则$|B|=0$,所以 A 中存在非零列向量,即 $B\boldsymbol{x}=\boldsymbol{0}$ 有非零解,所以$|B|=0$. 与假设矛盾.

从而$|B|\neq0$.

14. 设 $\boldsymbol{\eta}^*$ 是非齐次线性方程组 $A\boldsymbol{x}=\boldsymbol{b}$ 的一个解,$\boldsymbol{\xi}_1,\boldsymbol{\xi}_2,\cdots,\boldsymbol{\xi}_{n-r}$是对应齐次线性方程组的一个基础解系,证明:

(1) $\boldsymbol{\eta}^*,\boldsymbol{\xi}_1,\boldsymbol{\xi}_2,\cdots,\boldsymbol{\xi}_{n-r}$线性无关.

(2) $\boldsymbol{\eta}^*,\boldsymbol{\eta}^*+\boldsymbol{\xi}_1,\boldsymbol{\eta}^*+\boldsymbol{\xi}_2,\cdots,\boldsymbol{\eta}^*+\boldsymbol{\xi}_{n-r}$线性无关.

证　(1) 令 $k\boldsymbol{\eta}^*+k_1\boldsymbol{\xi}_1+k_2\boldsymbol{\xi}_2+\cdots+k_{n-r}\boldsymbol{\xi}_{n-r}=\boldsymbol{0}$,用 A 左乘方程两端,得 $kA\boldsymbol{\eta}^*+k_1A\boldsymbol{\xi}_1+k_2A\boldsymbol{\xi}_2+\cdots+k_{n-r}A\boldsymbol{\xi}_{n-r}=\boldsymbol{0}$,又因为 $\boldsymbol{\xi}_1,\boldsymbol{\xi}_2,\cdots,\boldsymbol{\xi}_{n-r}$ 是 $A\boldsymbol{x}=\boldsymbol{0}$ 的基础解系. 有 $A\boldsymbol{\xi}_i=\boldsymbol{0},i=1,2,\cdots,n-r$. 从而有 $kA\boldsymbol{\eta}^*=\boldsymbol{0}$,又因 $\boldsymbol{\eta}^*$ 是 $A\boldsymbol{x}=\boldsymbol{b}$ 的一个解. 故$k\boldsymbol{b}=\boldsymbol{0}(\boldsymbol{b}\neq\boldsymbol{0})$从而 $k=0$,所以 $k_1\boldsymbol{\xi}_1+\cdots+k_{n-r}\boldsymbol{\xi}_{n-r}=\boldsymbol{0}$. 从而 $k_1=\cdots=k_{n-r}=0$. $k=0,k_i=0,i=1,2,\cdots,n-r$,所以 $\boldsymbol{\eta}^*,\boldsymbol{\xi}_1,\boldsymbol{\xi}_2,\cdots,\boldsymbol{\xi}_{n-r}$线性无关.

(2) 令 $k_0\boldsymbol{\eta}^*+k_1(\boldsymbol{\eta}^*+\boldsymbol{\xi}_1)+\cdots+k_{n-r}(\boldsymbol{\eta}^*+\boldsymbol{\xi}_{n-r})=\boldsymbol{0}$,所以$(k_0+k_1+\cdots+k_{n-r})\boldsymbol{\eta}^*+k_1\boldsymbol{\xi}_1+\cdots+k_{n-r}\boldsymbol{\xi}_{n-r}=\boldsymbol{0}$,由(1)的证明,$\boldsymbol{\eta}^*,\boldsymbol{\xi}_1,\cdots,\boldsymbol{\xi}_{n-r}$线性无关,从而 $k_1=k_2=\cdots=k_{n-r}=0,k_0=0$,知 $\boldsymbol{\eta}^*,\boldsymbol{\eta}^*+\boldsymbol{\xi}_1,\cdots,\boldsymbol{\eta}^*+\boldsymbol{\xi}_{n-r}$线性无关.

15. 设非齐次线性方程组 $A\boldsymbol{x}=\boldsymbol{b}$ 的系数矩阵的秩为 r,$\boldsymbol{\eta}_1,\boldsymbol{\eta}_2,\cdots,\boldsymbol{\eta}_{n-r+1}$是它的 $n-r+1$ 个线性无关的解(由第 13 题知它确有 $n-r+1$ 个线性无关的解). 证明它的任一解可表示为

$$\boldsymbol{x}=k_1\boldsymbol{\eta}_1+k_2\boldsymbol{\eta}_2+\cdots+k_{n-r+1}\boldsymbol{\eta}_{n-r+1},\quad k_1+\cdots+k_{n-r+1}=1.$$

证　由于线性方程组的任一解可以写成一个特解与它的导出组的一个任意解的和.

又 $\boldsymbol{\eta}_1,\boldsymbol{\eta}_2,\cdots,\boldsymbol{\eta}_{n-r+1}$ 是解,且线性无关,则导出组的一个基础解系可为 $\boldsymbol{\eta}_2-\boldsymbol{\eta}_1,\boldsymbol{\eta}_3-\boldsymbol{\eta}_1,\cdots,\boldsymbol{\eta}_{n-r+1}-\boldsymbol{\eta}_1$,它们线性无关.

从而有任一解

$$\begin{aligned}\boldsymbol{x}&=\boldsymbol{\eta}_1+k_2(\boldsymbol{\eta}_2-\boldsymbol{\eta}_1)+\cdots+k_{n-r+1}(\boldsymbol{\eta}_{n-r+1}-\boldsymbol{\eta}_{n-r})\\&=(1-k_2-k_3-\cdots-k_{n-r+1})\boldsymbol{\eta}_1+k_2\boldsymbol{\eta}_2+\cdots+k_{n-r+1}\boldsymbol{\eta}_{n-r+1}.\end{aligned}$$

令 $k_1=1-k_2-k_3-\cdots-k_{n-r+1}$，所以

$$\boldsymbol{x}=k_1\boldsymbol{\eta}_1+k_2\boldsymbol{\eta}_2+\cdots+k_{n-r+1}\boldsymbol{\eta}_{n-r+1},\quad k_1+k_2+\cdots+k_{n-r+1}=1.$$

16. 证明齐次线性方程组

$$x_1+x_2+\cdots+x_n=0$$

的一个基础解系和齐次线性方程组

$$x_1=x_2=\cdots=x_n$$

的一个基础解系构成 $\mathbf{R}^n$ 的一个基.

证　方程 $x_1+x_2+\cdots+x_n=0$ 的系数矩阵为 A，则 $\mathrm{R}(A)=1$. 基础解系为

$$\boldsymbol{\eta}_1=\begin{bmatrix}1\\-1\\0\\\vdots\\0\end{bmatrix},\quad \boldsymbol{\eta}_2=\begin{bmatrix}1\\0\\-1\\\vdots\\0\end{bmatrix},\quad \cdots,\quad \boldsymbol{\eta}_{n-1}=\begin{bmatrix}1\\0\\0\\\vdots\\-1\end{bmatrix}.$$

方程 $x_1=x_2=\cdots=x_n$ 可化为

$$\begin{cases}x_1-x_2=0,\\x_1-x_3=0,\\\quad\cdots\cdots\\x_1-x_n=0,\end{cases}$$

其系数矩阵为 B，则 $\mathrm{R}(B)=n-1$，基础解系为 $\boldsymbol{\eta}_n=\begin{bmatrix}1\\1\\\vdots\\1\end{bmatrix}$.

令 $k_1\boldsymbol{\eta}_1+k_2\boldsymbol{\eta}_2+\cdots+k_n\boldsymbol{\eta}_n=\boldsymbol{0}$，则有方程组

$$\begin{cases}k_1+k_2+\cdots+k_n=0,\\-k_1+k_n=0,\\\quad\cdots\cdots\\-k_{n-1}+k_n=0,\end{cases}$$

解得 $k_1=k_2=\cdots=k_n=0$. 所以 $\boldsymbol{\eta}_1,\boldsymbol{\eta}_2,\cdots,\boldsymbol{\eta}_n$ 线性无关. 且 $\boldsymbol{\eta}_1,\cdots,\boldsymbol{\eta}_n$ 个数等于 $\mathbf{R}^n$ 的维数. 因此构成 $\mathbf{R}^n$ 的一个基.

17. 设 $\boldsymbol{\alpha}_1,\boldsymbol{\alpha}_2,\cdots,\boldsymbol{\alpha}_s(s>1)$ 是齐次线性方程组 $A\boldsymbol{x}=\boldsymbol{0}$ 的基础解系，证明向量组

$$\boldsymbol{\beta}_1=\boldsymbol{\alpha}_2+\boldsymbol{\alpha}_3+\cdots+\boldsymbol{\alpha}_s,$$
$$\boldsymbol{\beta}_2=\boldsymbol{\alpha}_1+\boldsymbol{\alpha}_3+\cdots+\boldsymbol{\alpha}_s,$$
$$\cdots\cdots$$

$$\boldsymbol{\beta}_s=\boldsymbol{\alpha}_1+\boldsymbol{\alpha}_2+\cdots+\boldsymbol{\alpha}_{s-1}$$

也是 $A\boldsymbol{x}=\boldsymbol{0}$ 的基础解系.

证　因 $\boldsymbol{\alpha}_1,\boldsymbol{\alpha}_2,\cdots,\boldsymbol{\alpha}_s$ 为 $A\boldsymbol{x}=\boldsymbol{0}$ 的解，从而有 $A\boldsymbol{\alpha}_i=\boldsymbol{0},i=1,2,\cdots,s$，

$$A\boldsymbol{\beta}_1=A\boldsymbol{\alpha}_2+A\boldsymbol{\alpha}_3+\cdots+A\boldsymbol{\alpha}_s=\boldsymbol{0},$$

同理 $A\boldsymbol{\beta}_2=\boldsymbol{0},\cdots,A\boldsymbol{\beta}_s=\boldsymbol{0}$.

下证 $\boldsymbol{\beta}_1,\boldsymbol{\beta}_2,\cdots,\boldsymbol{\beta}_s$ 线性无关.

令 $k_1\boldsymbol{\beta}_1+k_2\boldsymbol{\beta}_2+\cdots+k_s\boldsymbol{\beta}_s=\boldsymbol{0}$，即有

$$(k_2+k_3+\cdots+k_s)\boldsymbol{\alpha}_1+(k_1+k_3+\cdots+k_s)\boldsymbol{\alpha}_2+\cdots+(k_1+k_2+\cdots+k_{s-1})\boldsymbol{\alpha}_s=\boldsymbol{0}.$$

因 $\boldsymbol{\alpha}_1,\boldsymbol{\alpha}_2,\cdots,\boldsymbol{\alpha}_s$ 为 $A\boldsymbol{x}=\boldsymbol{0}$ 的基础解系，则它们线性无关，有

$$\begin{cases}k_2+k_3+\cdots+k_s=0,\\ k_1+k_3+\cdots+k_s=0,\\ \cdots\cdots\\ k_1+k_2+\cdots+k_{s-1}=0.\end{cases}$$

解得 $k_1=k_2=\cdots=k_s=0$. 从而 $\boldsymbol{\beta}_1,\boldsymbol{\beta}_2,\cdots,\boldsymbol{\beta}_s$ 线性无关.

所以 $\boldsymbol{\beta}_1,\boldsymbol{\beta}_2,\cdots,\boldsymbol{\beta}_s$ 是 $A\boldsymbol{x}=\boldsymbol{0}$ 的基础解系.

18. 已知齐次线性方程组

$$\begin{cases}(a_1+b)x_1+a_2x_2+a_3x_3+\cdots+a_nx_n=0,\\ a_1x_1+(a_2+b)x_2+a_3x_3+\cdots+a_nx_n=0,\\ a_1x_1+a_2x_2+(a_3+b)x_3+\cdots+a_nx_n=0,\\ \cdots\cdots\\ a_1x_1+a_2x_2+a_3x_3+\cdots+(a_n+b)x_n=0,\end{cases}$$

其中 $\sum\limits_{i=1}^{n}a_i\neq 0$，试讨论 $a_1,a_2,\cdots,a_n$ 和 b 满足何种关系时，

(1) 方程组仅有零解；

(2) 方程组有非零解，在此求一个基础解系.

解　易知系数行列式 $|A|=b^{n-1}(b+a_1+\cdots+a_n)$，因此，

当 $b\neq0$ 且 $b+a_1+\cdots+a_n\neq0$ 时，$|A|\neq0$，方程组只有零解.

当 $b=0$ 时，方程组与 $a_1x_1+a_2x_2+\cdots+a_nx_n=0$ 同解，此时有无穷多解，由于 $a_1+a_2+\cdots+a_n\neq0$，不妨设 $a_1\neq0$，于是有基础解系为

$$\begin{bmatrix} -\frac{a_2}{a_1} \\ 1 \\ 0 \\ \vdots \\ 0 \end{bmatrix}, \begin{bmatrix} -\frac{a_3}{a_1} \\ 0 \\ 1 \\ \vdots \\ 0 \end{bmatrix}, \cdots, \begin{bmatrix} -\frac{a_n}{a_1} \\ 0 \\ 0 \\ \vdots \\ 1 \end{bmatrix}.$$

当 $b+a_1+\cdots+a_n=0$，即 $b=-a_1-\cdots-a_n\neq 0$ 时，对 A 施行初等行变换，得

$$\begin{bmatrix} -a_2-\cdots-a_n & a_2 & \cdots & a_n \\ -1 & 1 & \cdots & 0 \\ \vdots & \vdots & & \vdots \\ -1 & 0 & \cdots & 1 \end{bmatrix} \sim \begin{bmatrix} 0 & 0 & \cdots & 0 \\ -1 & 1 & \cdots & 0 \\ \vdots & \vdots & & \vdots \\ -1 & 0 & \cdots & 1 \end{bmatrix}.$$

由此得同解方程组：$x_2=x_1, x_3=x_1, \cdots, x_n=x_1$ 且 $\mathrm{R}(A)=n-1$，而 $(1,1,\cdots,1)'$ 为方程组的一个基础解系.

19. 设 $f(x)=c_0+c_1x+\cdots+c_nx^n$，用线性方程组的理论证明，若 $f(x)=0$ 有 $n+1$ 个不同根，则 $f(x)$ 是零多项式.

证　设 $f(x)$ 的 $n+1$ 个不同的根为 $x_1, x_2, \cdots, x_{n+1}$，则方程组

$$\begin{cases} c_0+c_1x_1+c_2x_1^2+\cdots+c_nx_1^n=f(x_1)=0, \\ c_0+c_1x_{n+1}+c_2x_{n+1}^2+\cdots+c_nx_{n+1}^n=f(x_{n+1})=0 \end{cases}$$

是含 $n+1$ 个未知数 $c_0, c_1, \cdots, c_n$ 的齐次线性方程组，因其系数矩阵 A 的行列式 $|A|$ 为 $n+1$ 阶范德蒙德行列式且 $x_i\neq x_j\,(i\neq j)$ 知：$|A|\neq 0$，故上述方程组只有零解，即 $c_0=c_1=\cdots=c_n=0$，故 $f(x)$ 是零多项式.

20. 设 A 是 $m\times n$ 矩阵，B 是 $m\times p$ 矩阵.

(1) 给出方程 $AX=B$ 有解的充要条件，并证明；(2) 给出方程 $AX=B$ 有唯一解的充要条件，并证明.

证　(1) 设 $X=[X_1, X_2, \cdots, X_p]$ 是 $n\times p$ 矩阵，其中 X_i 为 n 维列向量 $(i=1, 2, \cdots, p)$，令 $B=[B_1, B_2, \cdots, B_p]$，则

$$AX=[AX_1, AX_2, \cdots, AX_p]=[B_1, B_2, \cdots, B_p].$$

$AX=B$ 有解 $\Leftrightarrow AX_i=B_i\,(i=1,2,\cdots,p)$ 有解

$$\Leftrightarrow \mathrm{R}(A)=\mathrm{R}[A, B_i]\quad (i=1,2,\cdots p)$$

$$\Leftrightarrow \mathrm{R}(A)=\mathrm{R}[A, B].$$

(2) $AX=B$ 有唯一解 $\Leftrightarrow AX_i=B_i\,(i=1,2,\cdots,p)$ 有唯一解

$\Leftrightarrow \mathrm{R}(A)=n$（$X_i$ 的维数）（未知数的个数）

$\Leftrightarrow \mathrm{R}(A)=\mathrm{R}[A, B]=n$（未知数的个数）.

21. 试证方程组 $\begin{cases} x_1+2x_3+4x_4=a+2c, \\ 2x_1+2x_2+4x_3+8x_4=2a+b, \\ -x_1-2x_2+x_3+2x_4=-a-b+c, \\ 2x_1+7x_3+14x_4=3a+b+2c-d \end{cases}$ 有解的充要条件是 $a+b-c-d=0$.

解 由于

$$\overline{\mathbf{A}} \sim \begin{bmatrix} 1 & 0 & 2 & 4 & a+2c \\ 0 & 2 & 0 & 0 & b-4c \\ 0 & 0 & 3 & 6 & 6-c \\ 0 & 0 & 0 & 0 & a+b-c-d \end{bmatrix},$$

因而 $\mathrm{R}(A)=\mathrm{R}(\overline{A})$ 的充要条件是 $a+b-c-d=0$,故原方程组有解的充要条件是 $a+b-c-d=0$.

22. 已知非齐次线性方程组

$$a_{i1}x_1+a_{i2}x_2+\cdots+a_{in}x_n=b_i \quad (i=1,2,\cdots,n)$$

的系数矩阵的行列式 D 及 $D_j(j=1,2,\cdots,n)$ 均为零,其中 D_j 是由 D 的第 j 列换成常数项列所得,问此方程组是否有解?

解 因 $D=0$,由克莱默法则知,如果方程组有解,绝不会只有一个解,但到底是否有解,须考察其系数矩阵 A 和增广矩阵 $\overline{A}$ 的秩的大小关系. 因

$$\overline{A}=\begin{bmatrix} a_{11} & \cdots & a_{1n} & b_1 \\ \vdots & & \vdots & \vdots \\ a_{n1} & \cdots & a_{nn} & b_n \end{bmatrix}$$

中包含第 $n+1$ 列的 n 阶子式共有 n 个,它们分别与 $D_1,D_2,\cdots,D_n$ 最多相差一个负号,而 $D_j=0$,故它们全都为零:此外 $\overline{A}$ 中还有一个不包含第 $n+1$ 列的 n 阶子式 D,而 $D=0$,故 $\overline{A}$ 所有的 n 阶子式(共 $n+1$ 个)都等于零,从而 $\mathrm{R}(\overline{A})<n$;因 $D=0$, $\mathrm{R}(A)<n$. 虽然 A 和 $\overline{A}$ 的秩都小于 n,但并不能保证 $\mathrm{R}(A)=\mathrm{R}(\overline{A})$. 事实上,有可能 $\mathrm{R}(\overline{A})$ 大于 $\mathrm{R}(A)$,因而原方程组无解,例如

$$\begin{cases} x_1+x_2+x_3=1, \\ 3x_1+3x_2+3x_3=3, \\ 5x_1+5x_2+5x_3=0. \end{cases}$$

虽有 $D=D_1=D_2=D_3=0$,但 $\mathrm{R}(A)=1<\mathrm{R}(\overline{A})=2$,故该方程组无解. 当然也可能 $\mathrm{R}(A)=\mathrm{R}(\overline{A})$,从而原方程组有解,例如

$$\begin{cases} x_1+x_2+x_3=1, \\ 3x_1+3x_2+3x_3=3, \\ 5x_1+5x_2+5x_3=5, \end{cases}$$

有 $D=D_1=D_2=D_3=0$，且 $R(A)=1=R(\overline{A})<n=3$，故该方程组有无穷多解.

五、自测题

1. 填空题

(1) 设 A 是 $m\times n$ 矩阵，齐次线性方程组 $A\boldsymbol{x}=\boldsymbol{0}$ 有非零解的充要条件是________.

(2) 线性方程组 $x_1+x_2+\cdots+x_5=0$ 的基础解系含有________个解向量.

(3) 设 $A=\begin{bmatrix}1 & 2 & -2\\ 4 & t & 3\\ 3 & -1 & 1\end{bmatrix}$，$B$ 为 3 阶非零矩阵，且 $AB=O$，则 $t=$________.

(4) 设 A 为 5 阶方阵，$R(A)=4$，则齐次线性方程组 $A^*\boldsymbol{x}=0$ 的一个基础解系含有________个解向量.

(5) 设四元非齐次线性方程组 $A\boldsymbol{x}=\boldsymbol{b}$ 的系数矩阵的秩为 3，且 $\boldsymbol{\eta}_1=(1,2,3,4)'$，$\boldsymbol{\eta}_2=(2,3,4,5)'$为其两个解，则 $A\boldsymbol{x}=\boldsymbol{b}$ 的通解为 $\boldsymbol{x}=$________.

2. 选择题

(1) 齐次线性方程组 $A\boldsymbol{x}=\boldsymbol{0}$ 有非零解的充要条件是________.

A. 系数矩阵 A 的任意两个列向量线性相关

B. 系数矩阵 A 的任意两个列向量线性无关

C. 系数矩阵 A 中至少有一个列向量是其余列向量的线性组合

D. 系数矩阵 A 中任一列向量都是其余列向量的线性组合

(2) 设 $\boldsymbol{\xi}_1,\boldsymbol{\xi}_2,\boldsymbol{\xi}_3$ 是齐次线性方程组 $A\boldsymbol{x}=\boldsymbol{0}$ 的基础解系，则________不是 $A\boldsymbol{x}=\boldsymbol{0}$ 的基础解系.

A. $\boldsymbol{\xi}_1+\boldsymbol{\xi}_2,\boldsymbol{\xi}_2+\boldsymbol{\xi}_3,\boldsymbol{\xi}_3+\boldsymbol{\xi}_4$

B. $\boldsymbol{\xi}_1+2\boldsymbol{\xi}_2,\boldsymbol{\xi}_2+2\boldsymbol{\xi}_3,\boldsymbol{\xi}_3+2\boldsymbol{\xi}_1$

C. $\boldsymbol{\xi}_1,\boldsymbol{\xi}_1+\boldsymbol{\xi}_2,\boldsymbol{\xi}_1+\boldsymbol{\xi}_2+\boldsymbol{\xi}_3$

D. $\boldsymbol{\xi}_1-\boldsymbol{\xi}_2,\boldsymbol{\xi}_2-\boldsymbol{\xi}_3,\boldsymbol{\xi}_3-\boldsymbol{\xi}_1$

(3) 已知 $\boldsymbol{\beta}_1,\boldsymbol{\beta}_2$ 是齐次线性方程组 $A\boldsymbol{x}=\boldsymbol{b}$ 的两个不同的解，$\boldsymbol{\alpha}_1,\boldsymbol{\alpha}_2$ 是其导出组 $A\boldsymbol{x}=\boldsymbol{0}$ 的基础解系，k_1,k_2 是任意常数，则 $A\boldsymbol{x}=\boldsymbol{b}$ 的通解是________.

A. $k_1\boldsymbol{\alpha}_1+k_2\boldsymbol{\alpha}_2+\frac{1}{2}(\boldsymbol{\beta}_1-\boldsymbol{\beta}_2)$

B. $k_1\boldsymbol{\alpha}_1+k_2(\boldsymbol{\alpha}_2-\boldsymbol{\alpha}_1)+\frac{1}{2}(\boldsymbol{\beta}_1+\boldsymbol{\beta}_2)$

C. $k_1\boldsymbol{\alpha}_1+k_2(\boldsymbol{\beta}_1-\boldsymbol{\beta}_2)+\frac{1}{2}(\boldsymbol{\beta}_1-\boldsymbol{\beta}_2)$

D. $k_1\boldsymbol{\alpha}_1+k_2(\boldsymbol{\beta}_1-\boldsymbol{\beta}_2)+\frac{1}{2}(\boldsymbol{\beta}_1+\boldsymbol{\beta}_2)$

(4) 设 n 阶矩阵 A 的伴随矩阵 $A^* \neq O$，若 $\boldsymbol{\xi}_1,\boldsymbol{\xi}_2,\boldsymbol{\xi}_3,\boldsymbol{\xi}_4$ 是非齐次线性方程组 $A\boldsymbol{x}=\boldsymbol{b}$ 的互不相等的解，则对应的齐次线性方程组 $A\boldsymbol{x}=\boldsymbol{0}$ 的基础解系________.

A. 不存在　　B. 仅含有一个非零向量

C. 含有两个线性无关的解向量　　D. 含有三个线性无关的解向量

(5) 设 A,B 为满足 $AB=O$ 的任意两个非零矩阵，则必有________.

A. A 的列向量线性相关，B 的行向量线性相关

B. A 的列向量线性相关，B 的列向量线性相关

C. A 的行向量线性相关，B 的行向量线性相关

D. A 的行向量线性相关，B 的列向量线性相关

3. 求解下面方程组：

$$(1)\ \begin{cases} x_1+3x_2+3x_3+2x_4-x_5=0, \\ 2x_1+6x_2+9x_3+5x_4+4x_5=0, \\ -x_1-3x_2+3x_3+13x_5=0, \\ -3x_3+x_4-6x_5=0; \end{cases}$$

$$(2)\ \begin{cases} 2x_1-x_2+x_3-2x_4-x_5=1, \\ -x_1+x_2+2x_3+x_4+2x_5=0, \\ x_1-x_2-2x_3+2x_4=-\dfrac{1}{2}. \end{cases}$$

4. 设线性方程组

$$\begin{cases} (\lambda+3)x_1+x_2+2x_3=\lambda, \\ \lambda_1 x_1+(\lambda-1)x_2+x_3=\lambda, \\ 3(\lambda+1)x_1+\lambda x_2+(\lambda+3)x_3=3. \end{cases}$$

当 λ 为何值时，方程组无解？有唯一解？有无穷多解？

5. 求通解为

$$\boldsymbol{x}=\begin{bmatrix}1\\9\\9\\8\end{bmatrix}+k_1\begin{bmatrix}-1\\1\\1\\1\end{bmatrix}+k_2\begin{bmatrix}2\\0\\0\\2\end{bmatrix}\quad (k_1,k_2\ \text{为任意常数})$$

的非齐线性方程组.

6. 设四元线性方程组

$$(\text{I})\ \begin{cases} x_1+x_2=0, \\ x_2-x_4=0, \end{cases}$$

又已知线性方程组(Ⅱ)的通解为 $k_1\begin{bmatrix}0\\1\\1\\0\end{bmatrix}+k_2\begin{bmatrix}1\\2\\2\\1\end{bmatrix}$.

(1) 求(Ⅰ)的基础解系.

(2) 问线性方程组(Ⅰ)和(Ⅱ)是否有公共非零解？若有，则求出所有非零公共解；若没有，说明理由.

7. 设 A 为 n 阶实矩阵，证明 $R(A)=R(A'A)$.

第 5 章　相似矩阵与二次型

一、基本要求

(1) 了解内积的概念,掌握线性无关向量组标准正交化的施密特(Schmidt)方法,了解正交向量组、标准正交向量组、正交矩阵的概念以及它们的性质.

(2) 理解矩阵的特征值和特征向量的概念及性质,会求矩阵的特征值和特征向量.

(3) 了解相似矩阵的概念、性质及矩阵可相似对角化的充分必要条件,掌握将矩阵化为相似对角形矩阵的方法.

(4) 掌握实对称矩阵的特征值和特征向量的性质以及正交相似于对角形矩阵的方法.

(5) 理解二次型及其矩阵表示的概念,了解二次型的秩、标准形、规范形及合同变换、合同矩阵的概念.

(6) 掌握用正交变换化二次型为标准形的方法,了解用配方法化二次型为标准形的方法.

(7) 理解二次型正定性的概念,掌握二次型正定性的判别方法,了解惯性定理.

二、内容提要

1. 向量的内积

1) 定义

定义 5.1　设有 n 维列向量

$$\boldsymbol{\alpha}=\begin{bmatrix}a_1\\a_2\\\vdots\\a_n\end{bmatrix},\quad \boldsymbol{\beta}=\begin{bmatrix}b_1\\b_2\\\vdots\\b_n\end{bmatrix}.$$

令$[\boldsymbol{\alpha},\boldsymbol{\beta}]=a_1b_1+a_2b_2+\cdots+a_nb_n$,称$[\boldsymbol{\alpha},\boldsymbol{\beta}]$为向量 $\boldsymbol{\alpha}$ 与 $\boldsymbol{\beta}$ 的内积,有时记为$[\boldsymbol{\alpha},\boldsymbol{\beta}]=\boldsymbol{\alpha}'\boldsymbol{\beta}$.

定义 5.2　一组两两正交的非零向量称为正交向量组;若正交向量组中每个向量都是单位向量,则称该向量组为标准正交向量组.

2) 施密特正交化方法

设 $\boldsymbol{\alpha}_1,\boldsymbol{\alpha}_2,\cdots,\boldsymbol{\alpha}_r$ 是线性无关向量组.

正交化：令

$$\boldsymbol{\beta}_1=\boldsymbol{\alpha}_1;$$

$$\boldsymbol{\beta}_2=\boldsymbol{\alpha}_2-\frac{[\boldsymbol{\alpha}_2,\boldsymbol{\beta}_1]}{[\boldsymbol{\beta}_1,\boldsymbol{\beta}_1]}\boldsymbol{\beta}_1;$$

$$\boldsymbol{\beta}_3=\boldsymbol{\alpha}_3-\frac{[\boldsymbol{\alpha}_3,\boldsymbol{\beta}_1]}{[\boldsymbol{\beta}_1,\boldsymbol{\beta}_1]}\boldsymbol{\beta}_1-\frac{[\boldsymbol{\alpha}_3,\boldsymbol{\beta}_2]}{[\boldsymbol{\beta}_2,\boldsymbol{\beta}_2]}\boldsymbol{\beta}_2;$$

……

$$\boldsymbol{\beta}_r=\boldsymbol{\alpha}_r-\frac{[\boldsymbol{\alpha}_r,\boldsymbol{\beta}_1]}{[\boldsymbol{\beta}_1,\boldsymbol{\beta}_1]}\boldsymbol{\beta}_1-\frac{[\boldsymbol{\alpha}_r,\boldsymbol{\beta}_2]}{[\boldsymbol{\beta}_2,\boldsymbol{\beta}_2]}\boldsymbol{\beta}_2-\cdots-\frac{[\boldsymbol{\alpha}_r,\boldsymbol{\beta}_{r-1}]}{[\boldsymbol{\beta}_{r-1},\boldsymbol{\beta}_{r-1}]}\boldsymbol{\beta}_{r-1},$$

则 $\boldsymbol{\beta}_1,\boldsymbol{\beta}_2,\cdots,\boldsymbol{\beta}_r$ 是与 $\boldsymbol{\alpha}_1,\boldsymbol{\alpha}_2,\cdots,\boldsymbol{\alpha}_r$ 等价的正交向量组.

单位化：

$$\boldsymbol{\varepsilon}_1=\frac{\boldsymbol{\beta}_1}{\|\boldsymbol{\beta}_1\|},\quad \boldsymbol{\varepsilon}_2=\frac{\boldsymbol{\beta}_2}{\|\boldsymbol{\beta}_2\|},\quad \cdots,\quad \boldsymbol{\varepsilon}_r=\frac{\boldsymbol{\beta}_r}{\|\boldsymbol{\beta}_r\|},$$

则 $\boldsymbol{\varepsilon}_1,\boldsymbol{\varepsilon}_2,\cdots,\boldsymbol{\varepsilon}_r$ 是与 $\boldsymbol{\alpha}_1,\boldsymbol{\alpha}_2,\cdots,\boldsymbol{\alpha}_r$ 等价的标准正交向量组.

3) 正交矩阵及其性质

定义 5.3　若 n 阶方阵 A 满足 $A'A=E$，则称 A 为正交矩阵.

正交矩阵具有如下性质：

性质 5.1　n 阶方阵 A 为正交矩阵的充要条件是 A 的 n 个列(行)向量是 $\mathbf{R}^n$ 的一个标准正交基(正交单位向量组).

性质 5.2　若 n 阶方阵 A,B 为正交矩阵，则有

(1) A 可逆且 $A'=A^{-1}$；

(2) A^{-1},A',A^* 都是正交矩阵；

(3) AB,BA 均为正交矩阵；

(4) $|A|=\pm1$.

2. 特征值与特征向量

1) 定义

定义 5.4　设 A 为 n 阶方阵，如果存在数 λ 和 n 维非零列向量 $\boldsymbol{x}$ 使

$$A\boldsymbol{x}=\lambda\boldsymbol{x}$$

成立，则称 λ 为 A 的特征值，$\boldsymbol{x}$ 为 A 的属于特征值 λ 的特征向量.

$|A-\lambda E|=0$ 是关于 λ 的 n 次方程，称为 A 的特征方程.

$f_A(\lambda)=|A-\lambda E|$ 是关于 λ 的 n 次多项式，称为 A 的特征多项式.

2）矩阵的特征值和特征向量的性质

性质 5.3　矩阵的不同特征值对应的特征向量线性无关.

性质 5.4　对于矩阵 A 的 r 重特征值 λ，属于它的线性无关的特征向量的个数 $k\leqslant r$.

性质 5.5　设 $\lambda_1,\lambda_2,\cdots,\lambda_n$ 是 n 阶方阵 A 的全部特征值，则

(1) $\lambda_1+\lambda_2+\cdots+\lambda_n=a_{11}+a_{22}+\cdots+a_{nn}=\mathrm{tr}(A)$（$A$ 的迹）；

(2) $\lambda_1\lambda_2\cdots\lambda_n=|A|$.

性质 5.6　若 λ 是 A 的特征值，则

(1) λ^k 是 A^k 的特征值（k 为正整数）；

(2) $\dfrac{1}{\lambda}$ 是 A^{-1} 的特征值（A 可逆时）；

(3) $f(\lambda)$ 是 $f(A)$ 的特征值（$f(x)=a_0+a_1x+a_2x^2+\cdots+a_mx^m$）.

3. 相似矩阵与实对称矩阵

1）定义

定义 5.5　对 n 阶方阵 A,B，若存在可逆矩阵 P，使

$$P^{-1}AP=B$$

成立，则称矩阵 A 与矩阵 B 相似.

2）性质

若 n 阶方阵 A 与 B 相似，则

(1) A 与 B 等价；

(2) $\mathrm{R}(A)=\mathrm{R}(B)$；

(3) A 与 B 有相同的特征值；

(4) $|A|=|B|$.

3）实对称矩阵与方阵的对角化

(1) n 阶方阵 A 可对角化的充要条件是 A 有 n 个线性无关的特征向量；

(2) 实对称矩阵对应于不同特征值的特征向量正交；

(3) 实对称矩阵一定能对角化，即对任何 n 阶实对称矩阵 A，一定有正交矩阵 P，使

$$P^{-1}AP=\begin{bmatrix}\lambda_1 & & & 0\\ & \lambda_2 & & \\ & & \ddots & \\ 0 & & & \lambda_n\end{bmatrix}$$

成立，其中 $\lambda_1,\lambda_2,\cdots,\lambda_n$ 为 A 的 n 个特征值.

4. 二次型

1) 定义

定义 5.6 含有 n 个变量 $x_1,x_2,\cdots,x_n$ 的二次齐次函数 $f(x_1,x_2,\cdots,x_n)=\sum_{i,j=1}^{n}a_{ij}x_ix_j$(其中 $a_{ij}=a_{ji}$)称为 n 元二次型. 用矩阵表示为

$$f(x_1,x_2,\cdots,x_n)=\boldsymbol{x}'A\boldsymbol{x},$$

其中 $\boldsymbol{x}=(x_1,x_2,\cdots,x_n)'$,矩阵 A 满足 $A'=A$,称 A 为二次型的矩阵.

2) 二次型的标准形

定义 5.7(标准形) 若二次型 $f=\boldsymbol{x}'A\boldsymbol{x}$ 经可逆线性变换 $\boldsymbol{x}=C\boldsymbol{y}$ 可化为只含平方项的形式

$$f=k_1y_1^2+k_2y_2^2+\cdots+k_ny_n^2,$$

则称上式为二次型 f 的标准形.

定义 5.8 对于 n 阶方阵 A,B,如果存在可逆方阵 C,使得

$$C'AC=B,$$

则称 A 与 B 合同.

3) 惯性定理

设 n 元实二次型 $f=\boldsymbol{x}'A\boldsymbol{x}$ 的秩为 r,且有两个可逆线性变换 $\boldsymbol{x}=C\boldsymbol{y},\boldsymbol{x}=P\boldsymbol{y}$,分别使

$$f=k_1y_1^2+k_2y_2^2+\cdots+k_ry_r^2,\quad k_i\neq 0,i=1,2,\cdots,r,$$
$$f=\lambda_1y_1^2+\lambda_2y_2^2+\cdots+\lambda_ry_r^2,\quad \lambda_i\neq 0,i=1,2,\cdots,r,$$

则 $k_1,k_2,\cdots,k_r$ 中正数的个数与 $\lambda_1,\lambda_2,\cdots,\lambda_r$ 中正数的个数相等,称这个数为 f 的正惯性指数.

4) 二次型的正定性

定义 5.9 设有 n 元实二次型 $f=\boldsymbol{x}'A\boldsymbol{x}$,如果对于任意 n 维向量 $\boldsymbol{x}\neq\boldsymbol{0}$,都有

(1) $f=\boldsymbol{x}'A\boldsymbol{x}>0$,则称 f 为正定二次型,实对称矩阵 A 为正定矩阵;

(2) $f=\boldsymbol{x}'A\boldsymbol{x}\geqslant 0$,且存在 $\boldsymbol{x}\neq\boldsymbol{0}$ 使 $f=\boldsymbol{x}'A\boldsymbol{x}=0$,则称 f 为半正定二次型,实对称矩阵 A 为半正定矩阵;

(3) $f=\boldsymbol{x}'A\boldsymbol{x}<0$,则称 f 为负定二次型,实对称矩阵 A 为负定矩阵;

(4) $f=\boldsymbol{x}'A\boldsymbol{x}\leqslant 0$,且存在 $\boldsymbol{x}\neq\boldsymbol{0}$ 使 $f=\boldsymbol{x}'A\boldsymbol{x}=0$,则称 f 为半负定二次型,实对称矩阵 A 为半负定矩阵.

5) 二次型正定的判定方法

设 n 元实二次型 $f=\boldsymbol{x}'A\boldsymbol{x}(A'=A)$经可逆线性变换化为标准形 $f=\lambda_1y_1^2+$

$\lambda_2 y_2^2+\cdots+\lambda_n y_n^2$,则二次型正定的充分必要条件为

(1) 标准形的系数全大于零,即 $\lambda_i>0, i=1,2,\cdots,n$;

(2) f 的正惯性指数等于 n;

(3) A 为正定矩阵;

(4) A 的特征值全大于零;

(5) A 的规范标准形为 $f=y_1^2+y_2^2+\cdots+y_n^2$;

(6) A 与单位矩阵 E 合同;

(7) 存在可逆矩阵 C,使 $A=C'C$;

(8) A 的所有顺序主子式全大于零,即

$$P_1=a_{11}>0,\quad P_2=\begin{vmatrix} a_{11} & a_{12} \\ a_{21} & a_{22} \end{vmatrix}>0,\quad \cdots,$$

$$P_n=\begin{vmatrix} a_{11} & a_{12} & \cdots & a_{1n} \\ a_{21} & a_{22} & \cdots & a_{2n} \\ \vdots & \vdots & & \vdots \\ a_{n1} & a_{n2} & \cdots & a_{nn} \end{vmatrix}=|A|>0.$$

三、典型例题解析

例 1　判断下列结论是否正确?

(1) 若 λ_0 是矩阵 A 的一个特征值,则 $(A-\lambda_0 E)\boldsymbol{x}=\boldsymbol{0}$ 的任一解向量均为 A 的属于 λ_0 的特征向量.

(2) 如果 λ 是方阵 A 的 r 重特征值,则 A 的属于 λ 的线性无关的特征向量一定有 r 个.

(3) 二次型 $f=\boldsymbol{x}'A\boldsymbol{x}$ 经可逆线性变换 $\boldsymbol{x}=P\boldsymbol{y}$ 化为标准形 $f=\lambda_1 y_1^2+\lambda_2 y_2^2+\cdots+\lambda_n y_n^2$,则 $\lambda_1,\lambda_2,\cdots,\lambda_n$ 均为 A 的特征值.

解　(1) 错.

方程组 $(A-\lambda_0 E)\boldsymbol{x}=\boldsymbol{0}$ 的非零解向量才是特征向量,因特征向量必须是非零向量.

(2) 错.

当 A 为实对称矩阵时,结论成立;否则,线性无关特征向量的个数小于等于特征值的重数.

如 $A=\begin{bmatrix} -1 & 1 & 0 \\ -4 & 3 & 0 \\ 1 & 0 & 2 \end{bmatrix}$ 的特征值为 $\lambda_1=\lambda_2=1, \lambda_3=2$,而 A 的属于特征值 $\lambda_1=\lambda_2=1$ 的线性无关的特征向量为 $\boldsymbol{\alpha}=(-1,-2,1)'$,因此,特征值的重数与线性无关的特征向量的个数并不相同. 由此也说明 n 阶方阵 A 不一定有 n 个线性无关的

特征向量.

(3) 错.

二次型的标准形不唯一,因此标准形的系数未必都是 A 的特征值,但当二次型经正交变换化为标准形时,标准形的系数一定是二次型矩阵 A 的特征值.

例 2 填空题.

(1) n 阶方阵 $A-3E$ 的秩小于 n,则 A 有一个特征值为________.

(2) 设 n 阶矩阵 A 的行列式 $|A|=4$,$\lambda=2$ 是 A 的特征值,A^* 为 A 的伴随矩阵,则 $(A^*)^2+E$ 的一个特征值为________.

(3) 设 n 阶矩阵 A 的元素全为 1,则 A 的特征值为________.

(4) 若 4 阶矩阵 A 与 B 相似,矩阵 A 的特征值为 $\frac{1}{2},\frac{1}{3},\frac{1}{4},\frac{1}{5}$,则行列式 $|B^{-1}-E|=$________.

(5) 设 A 是三阶方阵,且 $|A-E|=|A+2E|=|2A+3E|=0$,则行列式 $|2A^*-3E|=$________.

(6) 设 $A=\begin{bmatrix} x & 1 & 2 \\ -10 & 6 & 7 \\ y & -2 & -1 \end{bmatrix}$ 的特征值为 $\lambda_1=\lambda_2=1,\lambda_3=2$,则 $x=$________, $y=$________.

(7) 已知向量 $\boldsymbol{\alpha}=\begin{bmatrix} -1 \\ 1 \\ k \end{bmatrix}$ 是矩阵 $A=\begin{bmatrix} 4 & 6 & 0 \\ -3 & -5 & 0 \\ -3 & -6 & 1 \end{bmatrix}$ 的逆矩阵 A^{-1} 的特征向量,则 $k=$________.

分析 若 λ 是矩阵 A 的一个特征值,k,a,b 为常数,m 为正整数,则 $k\lambda,a\lambda+b,\lambda^m,\frac{1}{\lambda}(\lambda\neq 0),\frac{|A|}{\lambda}$($A$ 可逆)分别为 $kA,aA+bE,A^m,A^{-1},A^*$ 的特征值.

解 (1) 3.

由 $R(A-3E)<n$,得 $|A-3E|=0$,从而 A 的一个特征值为 3.

(2) 5.

由条件知 A^* 有特征值 $\frac{|A|}{\lambda}$,$(A^*)^2$ 有特征值 $\left(\frac{|A|}{\lambda}\right)^2$,$(A^*)^2+E$ 有特征值 $\left(\frac{|A|}{\lambda}\right)^2+1$,故 $(A^*)^2+E$ 的特征值为 $\left(\frac{4}{2}\right)^2+1=5$.

(3) $\lambda_1=\lambda_2=\cdots=\lambda_{n-1}=0,\lambda_n=n$. 由

$$|A-\lambda E|=\begin{vmatrix} 1-\lambda & 1 & \cdots & 1 \\ 1 & 1-\lambda & \cdots & 1 \\ \vdots & \vdots & & \vdots \\ 1 & 1 & \cdots & 1-\lambda \end{vmatrix}=-(n-\lambda)\cdot\lambda^{n-1}=0$$

得 $\lambda_1=\lambda_2=\cdots=\lambda_{n-1}=0,\lambda_n=n$.

注　此处不能填“0 与 n”.

(4) 24.

因相似矩阵有相同的特征值，因此矩阵 B 有特征值 $\frac{1}{2},\frac{1}{3},\frac{1}{4},\frac{1}{5}$，$B^{-1}$ 有特征值 2,3,4,5，$B^{-1}-E$ 有特征值 $2-1,3-1,4-1,5-1$ 即 1,2,3,4，故 $|B^{-1}-E|=1\cdot2\cdot3\cdot4=24$.

(5) 126.

由条件知，A 的特征值分别为 $1,-2,-\frac{3}{2}$，于是

$$|A|=1\cdot(-2)\cdot\left(-\frac{3}{2}\right)=3.$$

由于 A^* 的特征值为 $\frac{|A|}{\lambda}$，故 $2A^*$ 的特征值为 $6,-3,-4$. $2A^*-3E$ 的特征值为 $3,-6,-7$，故

$$|2A^*-3E|=3\cdot(-6)\cdot(-7)=126.$$

(6) $x=-1,y=4$.

由 $a_{11}+a_{22}+a_{33}=\lambda_1+\lambda_2+\lambda_3$ 得 $x+6-1=1+1+2$，则 $x=-1$. 再由 $|A|=\lambda_1\lambda_2\lambda_3$ 得 $22-5y=2$，即 $y=4$.

(7) $k=1$.

设 λ 是 A^{-1} 的特征向量 $\boldsymbol{\alpha}$ 所对应的特征值，则 $A^{-1}\boldsymbol{\alpha}=\lambda\boldsymbol{\alpha}$，于是 $\boldsymbol{\alpha}=\lambda\cdot A\boldsymbol{\alpha}$，即

$$\begin{bmatrix}-1\\1\\k\end{bmatrix}=\lambda\cdot\begin{bmatrix}4&6&0\\-3&-5&0\\-3&-6&1\end{bmatrix}\begin{bmatrix}-1\\1\\k\end{bmatrix}=\begin{bmatrix}2\lambda\\-2\lambda\\(k-3)\lambda\end{bmatrix}.$$

由此得 $\begin{cases}2\lambda=-1,\\-2\lambda=1,\\(k-3)\lambda=k,\end{cases}$　解之得 $\lambda=-\frac{1}{2},k=1$.

例 3　对于实矩阵 $A_{m\times n}$，证明线性方程组 $A\boldsymbol{x}=\boldsymbol{0}$ 与 $A'A\boldsymbol{x}=\boldsymbol{0}$ 同解，并由此说明 $\mathrm{R}(A'A)=\mathrm{R}(AA')=\mathrm{R}(A)$.

证　一方面，设 $\boldsymbol{\alpha}$ 是 $A\boldsymbol{x}=\boldsymbol{0}$ 的解，即 $A\boldsymbol{\alpha}=\boldsymbol{0}$，显然有 $A'A\boldsymbol{\alpha}=\boldsymbol{0}$，从而 $A\boldsymbol{x}=\boldsymbol{0}$ 的解必为 $A'A\boldsymbol{x}=\boldsymbol{0}$ 的解.

另一方面，设 $\boldsymbol{\alpha}$ 是 $A'A\boldsymbol{x}=\boldsymbol{0}$ 的解，则 $A'A\boldsymbol{\alpha}=\boldsymbol{0}$，因此有 $\boldsymbol{\alpha}'A'A\boldsymbol{\alpha}=0$，即 $\boldsymbol{\alpha}'A'A\boldsymbol{\alpha}=(A\boldsymbol{\alpha})'(A\boldsymbol{\alpha})=[A\boldsymbol{\alpha},A\boldsymbol{\alpha}]=0$，因 $A\boldsymbol{\alpha}$ 为实向量，故 $A\boldsymbol{\alpha}=\boldsymbol{0}$，则 $\boldsymbol{\alpha}$ 为 $A\boldsymbol{x}=\boldsymbol{0}$ 的解.

由以上两方面得 $A\boldsymbol{x}=\boldsymbol{0}$ 与 $A'A\boldsymbol{x}=\boldsymbol{0}$ 同解.

因方程组 $A\boldsymbol{x}=\boldsymbol{0}$ 与 $A'A\boldsymbol{x}=\boldsymbol{0}$ 同解，所以它们解空间的维数相等，即

$$n - \mathrm{R}(A) = n - \mathrm{R}(A'A),$$

可得 $\mathrm{R}(A)=\mathrm{R}(A'A)$，进而有 $\mathrm{R}(A')=\mathrm{R}((A')'A')=\mathrm{R}(AA')$，综合以上，得

$$\mathrm{R}(A'A) = \mathrm{R}(AA') = \mathrm{R}(A).$$

例 4　设 A 是秩为 1 的 3×4 矩阵，向量 $\boldsymbol{\alpha}_1=(1,2,2,-1)'$，$\boldsymbol{\alpha}_2=(1,1,-5,3)'$，$\boldsymbol{\alpha}_3=(3,2,8,-7)'$，$\boldsymbol{\alpha}_4=(1,3,9,-5)'$ 均是齐次线性方程组 $A\boldsymbol{x}=\boldsymbol{0}$ 的解向量，求方程组 $A\boldsymbol{x}=\boldsymbol{0}$ 的解空间的一个标准正交基.

分析　首先应确定 $A\boldsymbol{x}=\boldsymbol{0}$ 的解空间的维数，然后由已知的向量 $\boldsymbol{\alpha}_1,\boldsymbol{\alpha}_2,\boldsymbol{\alpha}_3,\boldsymbol{\alpha}_4$ 确定一个最大无关组为解空间的基，最后再将其正交化、标准化.

解　已知 $\mathrm{R}(A)=1$，则解空间的基由 $4-\mathrm{R}(A)=3$ 个向量构成，由于 $\boldsymbol{\alpha}_1,\boldsymbol{\alpha}_2,\boldsymbol{\alpha}_3,\boldsymbol{\alpha}_4$ 是 $A\boldsymbol{x}=\boldsymbol{0}$ 的解，从中找出 3 个线性无关的向量.

$$(\boldsymbol{\alpha}_1,\boldsymbol{\alpha}_2,\boldsymbol{\alpha}_3,\boldsymbol{\alpha}_4)=\begin{bmatrix}1&1&3&1\\2&1&2&3\\2&-5&8&9\\-1&3&-7&-5\end{bmatrix}\sim\begin{bmatrix}1&1&3&1\\0&-1&-4&1\\0&0&1&0\\0&0&0&0\end{bmatrix},$$

则 $\boldsymbol{\alpha}_1,\boldsymbol{\alpha}_2,\boldsymbol{\alpha}_3$ 是一个最大无关组，它们可以作为 $A\boldsymbol{x}=\boldsymbol{0}$ 的解空间的一个基.

按照施密特正交化方法对 $\boldsymbol{\alpha}_1,\boldsymbol{\alpha}_2,\boldsymbol{\alpha}_3$ 正交化.

$$\boldsymbol{\beta}_1=\boldsymbol{\alpha}_1=\begin{bmatrix}1\\2\\2\\-1\end{bmatrix},$$

$$\boldsymbol{\beta}_2=\boldsymbol{\alpha}_2-\frac{[\boldsymbol{\alpha}_2,\boldsymbol{\beta}_1]}{[\boldsymbol{\beta}_1,\boldsymbol{\beta}_1]}\boldsymbol{\beta}_1=\begin{bmatrix}1\\1\\-5\\3\end{bmatrix}-\frac{-10}{10}\begin{bmatrix}1\\2\\2\\-1\end{bmatrix}=\begin{bmatrix}2\\3\\-3\\2\end{bmatrix},$$

$$\boldsymbol{\beta}_3=\boldsymbol{\alpha}_3-\frac{[\boldsymbol{\alpha}_3,\boldsymbol{\beta}_1]}{[\boldsymbol{\beta}_1,\boldsymbol{\beta}_1]}\boldsymbol{\beta}_1-\frac{[\boldsymbol{\alpha}_3,\boldsymbol{\beta}_2]}{[\boldsymbol{\beta}_2,\boldsymbol{\beta}_2]}\boldsymbol{\beta}_2$$

$$=\begin{bmatrix}3\\2\\8\\-7\end{bmatrix}-\frac{30}{10}\begin{bmatrix}1\\2\\2\\-1\end{bmatrix}-\frac{-26}{26}\begin{bmatrix}2\\3\\-3\\2\end{bmatrix}=\begin{bmatrix}2\\-1\\-1\\-2\end{bmatrix}.$$

将 $\boldsymbol{\beta}_1,\boldsymbol{\beta}_2,\boldsymbol{\beta}_3$ 标准化：

$$\boldsymbol{\varepsilon}_1=\frac{\boldsymbol{\beta}_1}{\|\boldsymbol{\beta}_1\|}=\frac{1}{\sqrt{10}}\begin{bmatrix}1\\2\\2\\-1\end{bmatrix},\quad \boldsymbol{\varepsilon}_2=\frac{\boldsymbol{\beta}_2}{\|\boldsymbol{\beta}_2\|}=\frac{1}{\sqrt{26}}\begin{bmatrix}2\\3\\-3\\2\end{bmatrix},$$

$$\boldsymbol{\varepsilon}_3=\frac{\boldsymbol{\beta}_3}{\|\boldsymbol{\beta}_3\|}=\frac{1}{\sqrt{10}}\begin{bmatrix}2\\-1\\-1\\-2\end{bmatrix},$$

则 $\boldsymbol{\varepsilon}_1,\boldsymbol{\varepsilon}_2,\boldsymbol{\varepsilon}_3$ 就是所求的标准正交基.

例 5　设 A 与 B 都是 n 阶正交矩阵,且 $|A|=-|B|$,证明 $|A+B|=0$.

证　因为 A,B 是正交矩阵,所以 $AA'=E,BB'=E$,则

$$\begin{aligned}|A+B|&=|A|\cdot|E+A^{-1}B|=-|B|\cdot|E+A^{-1}B|\\&=-|E+A^{-1}B|\cdot|B|=-|E+A^{-1}B|\cdot|B'|\\&=-|B^{-1}+A^{-1}|\cdot|BB'|=-|A^{-1}+B^{-1}|\\&=-|A'+B'|=-|A+B|,\end{aligned}$$

故 $|A+B|=0$.

例 6　设 $\boldsymbol{x}$ 是方阵 A 的属于特征值 λ 的特征向量,求方阵 $P^{-1}AP$ 的特征值与特征向量. 指出下列解法 1 与解法 2 的错误,并给出正确解法.

解法 1　由 $A\boldsymbol{x}=\lambda\boldsymbol{x}$,两边乘 $P^{-1}P$ 得

$$P^{-1}AP\boldsymbol{x}=\lambda P^{-1}P\boldsymbol{x}=\lambda\boldsymbol{x}.$$

所以 $\boldsymbol{x}$ 为 $P^{-1}AP$ 的属于 λ 的特征向量.

解法 2　已知 $(A-\lambda E)\boldsymbol{x}=\boldsymbol{0}$.

设 $P^{-1}AP$ 的属于特征值 λ 的特征向量为 $\boldsymbol{y}$.

由 $(P^{-1}AP-\lambda E)\boldsymbol{y}=\boldsymbol{0}$ 及上式得

$$(P^{-1}AP-\lambda E)\boldsymbol{y}=(A-\lambda E)\boldsymbol{x}.$$

于是 $\boldsymbol{y}=(P^{-1}AP-\lambda E)^{-1}(A-\lambda E)\boldsymbol{x}$.

解　错误分析如下:

解法 1 错在以 $P^{-1}P$ 左乘 $A\boldsymbol{x}$ 应是 $P^{-1}PA\boldsymbol{x}$,而不是 $P^{-1}AP\boldsymbol{x}$.

解法 2 有两处错误. 一处错误是,λ 是 A 的特征值,它未必是 $P^{-1}AP$ 的特征值;另一处错误是 $(P^{-1}AP-\lambda E)^{-1}$ 未必存在.

正确解法:

解法一　对 $A\boldsymbol{x}=\lambda\boldsymbol{x}$ 两边左乘 P^{-1},得

$$P^{-1}A\boldsymbol{x}=\lambda P^{-1}\boldsymbol{x},$$

又 $\boldsymbol{x}=E\boldsymbol{x}=PP^{-1}\boldsymbol{x}$,则上式改写为

$$P^{-1}AP(P^{-1}\boldsymbol{x})=\lambda(P^{-1}\boldsymbol{x}),$$

由于 $\boldsymbol{x}\neq\boldsymbol{0}$,则 $P^{-1}\boldsymbol{x}\neq\boldsymbol{0}$,由上式知 $P^{-1}AP$ 的特征值仍为 λ,但对应的特征向量为 $P^{-1}\boldsymbol{x}$.

解法二　记 $B=P^{-1}AP$,将 $A=PBP^{-1}$ 代入 $A\boldsymbol{x}=\lambda\boldsymbol{x}$,得

$$PBP^{-1}\boldsymbol{x}=\lambda\boldsymbol{x},$$

左乘 P^{-1},得

$$B(P^{-1}\boldsymbol{x})=\lambda P^{-1}\boldsymbol{x},$$

则矩阵 $B=P^{-1}AP$ 的特征值是 λ,对应的特征向量是 $P^{-1}\boldsymbol{x}$.

例 7　设 $\boldsymbol{\alpha}=\begin{bmatrix}0\\a\\1\end{bmatrix}$ 是可逆矩阵 $A=\begin{bmatrix}2&0&0\\0&3&-1\\0&0&4\end{bmatrix}$ 的伴随矩阵 A^* 的特征向量,求 a.

分析　设 $A\boldsymbol{\alpha}=\lambda\boldsymbol{\alpha}$,若 A 可逆,则 $\lambda\neq0$,且有 $A^*\boldsymbol{\alpha}=\frac{|A|}{\lambda}\boldsymbol{\alpha}$,说明 A^* 与 A 有相同的特征向量.

解　设 $\boldsymbol{\alpha}$ 是 A 的属于 λ 的特征向量,则 $A\boldsymbol{\alpha}=\lambda\boldsymbol{\alpha}$,因此有

$$\begin{bmatrix}2&0&0\\0&3&-1\\0&0&4\end{bmatrix}\begin{bmatrix}0\\a\\1\end{bmatrix}=\lambda\begin{bmatrix}0\\a\\1\end{bmatrix},$$

即

$$\begin{bmatrix}0\\3a-1\\4\end{bmatrix}=\begin{bmatrix}0\\\lambda a\\\lambda\end{bmatrix},$$

得 $\begin{cases}3a-1=\lambda a,\\4=\lambda,\end{cases}$ 故 $a=-1$.

例 8　设矩阵 $A=\begin{bmatrix}2&1&1\\1&2&1\\1&1&a\end{bmatrix}$ 可逆,向量 $\boldsymbol{\alpha}=\begin{bmatrix}1\\b\\1\end{bmatrix}$ 是矩阵 A^* 的一个特征向量,λ 是 $\boldsymbol{\alpha}$ 对应的特征值,试求 a,b 和 λ 的值.

解　解法一　由例 7 知,$\boldsymbol{\alpha}$ 也是 A 的特征向量,因此设 $\boldsymbol{\alpha}$ 是 A 的属于特征值 μ 的特征向量,则

$$A\boldsymbol{\alpha}=\mu\boldsymbol{\alpha},$$

即

$$\begin{bmatrix}2&1&1\\1&2&1\\1&1&a\end{bmatrix}\cdot\begin{bmatrix}1\\b\\1\end{bmatrix}=\mu\begin{bmatrix}1\\b\\1\end{bmatrix},$$

得

$$\begin{bmatrix}3+b\\2+2b\\1+a+b\end{bmatrix}=\begin{bmatrix}\mu\\\mu b\\\mu\end{bmatrix},\quad 即\quad \begin{cases}3+b=\mu,\\2+2b=\mu b,\\1+a+b=\mu,\end{cases}$$

由第 1、3 两个方程解得 $a=2$；将第 1 个方程的 μ 代入第 2 个方程得

$$b^2-b-2=0,$$

解之得 $b=1$ 或 $b=-2$.

因 A 可逆，所以 A^* 可逆，因而 $\lambda\neq 0$，由 $A^*\boldsymbol{\alpha}=\lambda\boldsymbol{\alpha}$，$AA^*\boldsymbol{\alpha}=\lambda A\boldsymbol{\alpha}$，则 $A\boldsymbol{\alpha}=\frac{|A|}{\lambda}\boldsymbol{\alpha}=\frac{4}{\lambda}\boldsymbol{\alpha}$，即

$$\begin{bmatrix}2&1&1\\1&2&1\\1&1&2\end{bmatrix}\begin{bmatrix}1\\b\\1\end{bmatrix}=\frac{4}{\lambda}\begin{bmatrix}1\\b\\1\end{bmatrix},$$

由此得 $3+b=\frac{4}{\lambda}$.

当 $b=1$ 时，$\lambda=1$；当 $b=-2$ 时，$\lambda=4$.

解法二　由于 A 可逆，故 A^* 可逆，于是 $\lambda\neq 0$，$|A|\neq 0$，由条件知

$$A^*\boldsymbol{\alpha}=\lambda\boldsymbol{\alpha},$$

两边左乘 A，得

$$AA^*\boldsymbol{\alpha}=\lambda A\boldsymbol{\alpha},$$

因 $AA^*=|A|E$，所以 $A\boldsymbol{\alpha}=\frac{|A|}{\lambda}\boldsymbol{\alpha}$，即

$$\begin{bmatrix}2&1&1\\1&2&1\\1&1&a\end{bmatrix}\begin{bmatrix}1\\b\\1\end{bmatrix}=\frac{|A|}{\lambda}\begin{bmatrix}1\\b\\1\end{bmatrix},$$

由此得

$$\begin{cases}3+b=\frac{|A|}{\lambda},\\2+2b=\frac{|A|}{\lambda}b,\\a+b+1=\frac{|A|}{\lambda}.\end{cases}$$

解得 $a=2$，得 $b=1$ 或 $b=-2$.

由于$|A|=\begin{vmatrix}2&1&1\\1&2&1\\1&1&a\end{vmatrix}=3a-2=4$，则$A^*$的特征向量$\boldsymbol{\alpha}$所对应的特征值为

$$\lambda=\frac{|A|}{3+b}=\frac{4}{3+b},$$

所以，当$b=1$时，$\lambda=1$；当$b=-2$时，$\lambda=4$.

注　本题若先求出A^*，再按特征值、特征向量定义进行分析，计算过程将非常复杂. 一般来说，见到A^*，首先应想到利用公式$AA^*=|A|E$进行化简.

例 9　已知$A=\begin{bmatrix}2&0&0\\0&0&1\\0&1&x\end{bmatrix}$与$B=\begin{bmatrix}2&0&0\\0&y&0\\0&0&-1\end{bmatrix}$相似.

(1) 求x与y的值；

(2) 求可逆矩阵P，使$P^{-1}AP=B$.

解　(1) 因A与B相似，所以$2,y,-1$是A的特征值，由$a_{11}+a_{22}+a_{33}=\lambda_1+\lambda_2+\lambda_3$及$|A|=\lambda_1\lambda_2\lambda_3$，得

$$\begin{cases}2+x=2+y-1,\\-2=-2y,\end{cases}$$

解之得$x=0,y=1$.

(2) 由(1)知A的特征值为$\lambda_1=2,\lambda_2=1,\lambda_3=-1$，当$\lambda_1=2$时，解方程组$(A-2E)\boldsymbol{x}=\boldsymbol{0}$，得特征向量$\boldsymbol{p}_1=\begin{bmatrix}1\\0\\0\end{bmatrix}$；当$\lambda_2=1$时，解方程组$(A-E)\boldsymbol{x}=\boldsymbol{0}$，得特征向量$\boldsymbol{p}_2=\begin{bmatrix}0\\1\\1\end{bmatrix}$；当$\lambda_3=-1$时，解方程组$(A+E)\boldsymbol{x}=\boldsymbol{0}$，得特征向量$\boldsymbol{p}_3=\begin{bmatrix}0\\1\\-1\end{bmatrix}$.

由于A的特征值互异，所以$\boldsymbol{p}_1,\boldsymbol{p}_2,\boldsymbol{p}_3$线性无关.

令$P=(\boldsymbol{p}_1,\boldsymbol{p}_2,\boldsymbol{p}_3)=\begin{bmatrix}1&0&0\\0&1&1\\0&1&-1\end{bmatrix}$，则$P^{-1}AP=B$.

例 10　已知$A=\begin{bmatrix}-1&2&2\\2&-1&-2\\2&-2&-1\end{bmatrix}$，求$A^{-1}+E$的特征值和特征向量.

分析　设$\boldsymbol{\alpha}$是A的属于特征值λ的特征向量，即$A\boldsymbol{\alpha}=\lambda\boldsymbol{\alpha}$，因$A$可逆，所以$\lambda\neq0$，且$A^{-1}\boldsymbol{\alpha}=\frac{1}{\lambda}\boldsymbol{\alpha}$，因而$(A^{-1}+E)\boldsymbol{\alpha}=A^{-1}\boldsymbol{\alpha}+E\boldsymbol{\alpha}=\left(\frac{1}{\lambda}+1\right)\boldsymbol{\alpha}$，即$\boldsymbol{\alpha}$是$A^{-1}+E$

的属于特征值$\frac{1}{\lambda}+1$的特征向量. 因此,A 与 $A^{-1}+E$ 有相同的特征向量.

解　$$|A-\lambda E|=\begin{vmatrix}-1-\lambda & 2 & 2\\ 2 & -1-\lambda & -2\\ 2 & -2 & -1-\lambda\end{vmatrix}=-(\lambda-1)^2(\lambda+5),$$

故 A 的特征值为 $\lambda_1=\lambda_2=1,\lambda_3=-5$.

因而 $A^{-1}+E$ 的特征值为 $\mu_1=\mu_2=2,\mu_3=-\frac{1}{5}+1=\frac{4}{5}$.

A 的属于 $\lambda_1=\lambda_2=1$ 的全体特征向量为 $k_1\begin{bmatrix}1\\1\\0\end{bmatrix}+k_2\begin{bmatrix}1\\0\\1\end{bmatrix}$($k_1,k_2$ 不同时为零);

A 的属于 $\lambda_3=-5$ 的全体特征向量为 $k_3\begin{bmatrix}-1\\1\\1\end{bmatrix}$($k_3\neq0$).

从而 $A^{-1}+E$ 的属于 $\mu_1=\mu_2=2$ 的特征向量为 $k_1\begin{bmatrix}1\\1\\0\end{bmatrix}+k_2\begin{bmatrix}1\\0\\1\end{bmatrix}$($k_1,k_2$ 不同时为零),$A^{-1}+E$ 的属于 $\mu_3=\frac{4}{5}$的特征向量为 $k_3\begin{bmatrix}-1\\1\\1\end{bmatrix}$($k_3\neq0$).

例 11　已知 $A=\begin{bmatrix}2 & 2 & 0\\ 8 & 2 & a\\ 0 & 0 & 6\end{bmatrix}$相似于对角阵 Λ.

(1) 求常数 a;

(2) 求可逆矩阵 P,使 $P^{-1}AP=\Lambda$.

解　(1) $|A-\lambda E|=\begin{vmatrix}2-\lambda & 2 & 0\\ 8 & 2-\lambda & a\\ 0 & 0 & 6-\lambda\end{vmatrix}=-(\lambda-6)^2(\lambda+2)$,$A$ 的特征值为 $\lambda_1=\lambda_2=6,\lambda_3=-2$.

由于 A 相似于对角阵 Λ,故对应于 $\lambda_1=\lambda_2=6$ 应有两个线性无关的特征向量,即 $3-\mathrm{R}(A-6E)=2$,于是 $\mathrm{R}(A-6E)=1$,由

$$A-6E=\begin{bmatrix}-4 & 2 & 0\\ 8 & -4 & a\\ 0 & 0 & 0\end{bmatrix}\sim\begin{bmatrix}-2 & 1 & 0\\ 0 & 0 & a\\ 0 & 0 & 0\end{bmatrix},$$

知 $a=0$.

(2) 当 $\lambda_1=\lambda_2=6$ 时,求解 $(A-6E)\boldsymbol{x}=\boldsymbol{0}$ 得两个线性无关的特征向量 $\boldsymbol{\xi}_1=\begin{bmatrix}0\\0\\1\end{bmatrix}$, $\boldsymbol{\xi}_2=\begin{bmatrix}1\\2\\0\end{bmatrix}$;

当 $\lambda_3=-2$ 时,求解 $(A+2E)\boldsymbol{x}=\boldsymbol{0}$ 得特征向量 $\boldsymbol{\xi}_3=\begin{bmatrix}1\\-2\\0\end{bmatrix}$.

令 $P=\begin{bmatrix}0&1&1\\0&2&-2\\1&0&0\end{bmatrix}$,则 P 可逆,且 $P^{-1}AP=\begin{bmatrix}6&0&0\\0&6&0\\0&0&-2\end{bmatrix}=\Lambda$.

例 12 设矩阵 $A=\begin{bmatrix}1&2&-3\\-1&4&-3\\1&a&5\end{bmatrix}$ 的特征方程有一个二重根,求 a 的值,并讨论 A 是否可相似对角化.

分析 先求 A 的特征值,再根据其二重根是否有两个线性无关的特征向量,确定 A 是否可对角化.

解

$$|A-\lambda E|=\begin{vmatrix}1-\lambda&2&-3\\-1&4-\lambda&-3\\1&a&5-\lambda\end{vmatrix}=\begin{vmatrix}2-\lambda&\lambda-2&0\\-1&4-\lambda&-3\\1&a&5-\lambda\end{vmatrix}$$
$$=(\lambda-2)(\lambda^2-8\lambda+18+3a),$$

当 $\lambda=2$ 是特征方程的二重根时,则 $2^2-8\cdot 2+18+3a=0$,得 $a=-2$,此时 A 的特征值为 2,2,6.

矩阵 $A-2E=\begin{bmatrix}-1&2&-3\\-1&2&-3\\1&-2&3\end{bmatrix}$ 的秩为 1.

故 $\lambda=2$ 对应线性无关的特征向量有两个,从而矩阵 A 可对角化.

当 $\lambda=2$ 不是特征方程的二重根时,则 $\lambda^2-8\lambda+18+3a$ 为完全平方数,从而 $18+3a=16$,即 $a=-\dfrac{2}{3}$.

此时 A 的特征值为 2,4,4.

矩阵 $A-4E=\begin{bmatrix}-3&2&-3\\-1&0&-3\\1&-\frac{2}{3}&1\end{bmatrix}$ 的秩为 2.

故 $\lambda=4$ 对应的线性无关的特征向量只有一个. 从而矩阵 A 不可对角化.

例 13　设三阶实对称矩阵 A 的全部特征值为 $\lambda_1=1,\lambda_2=\lambda_3=-1$，又知 A 的属于 λ_1 的特征向量为 $\boldsymbol{\xi}_1=\begin{bmatrix}1\\2\\-2\end{bmatrix}$，求矩阵 A.

分析　一般地，若 n 阶方阵 A 有 n 个线性无关的特征向量 $\boldsymbol{p}_1,\boldsymbol{p}_2,\cdots,\boldsymbol{p}_n$，它们分别属于 A 的特征值 $\lambda_1,\lambda_2,\cdots,\lambda_n$，则 A 可由其特征值与特征向量唯一确定.

事实上，令 $P=(\boldsymbol{p}_1,\boldsymbol{p}_2,\cdots,\boldsymbol{p}_n)$，$\Lambda=\begin{bmatrix}\lambda_1&&&\\&\lambda_2&&\\&&\ddots&\\&&&\lambda_n\end{bmatrix}$，由 $A\boldsymbol{p}_i=\lambda_i\boldsymbol{p}_i$ 知 $A(\boldsymbol{p}_1,\boldsymbol{p}_2,\cdots,\boldsymbol{p}_n)=(\boldsymbol{p}_1,\boldsymbol{p}_2,\cdots,\boldsymbol{p}_n)\Lambda$，即 $AP=P\Lambda$，则 $A=P\Lambda P^{-1}$.

故 A 可由 $P=(\boldsymbol{p}_1,\boldsymbol{p}_2,\cdots,\boldsymbol{p}_n)$ 和 $\Lambda=\begin{bmatrix}\lambda_1&&&\\&\lambda_2&&\\&&\ddots&\\&&&\lambda_n\end{bmatrix}$ 唯一确定.

解　解法一　设 A 的属于 $\lambda_2=\lambda_3=-1$ 的特征向量为 $\begin{bmatrix}x_1\\x_2\\x_3\end{bmatrix}$，它与 $\boldsymbol{\xi}_1$ 正交，即有

$$x_1+2x_2-2x_3=0,$$

解之得基础解系

$$\boldsymbol{\xi}_2=\begin{bmatrix}-2\\1\\0\end{bmatrix},\quad \boldsymbol{\xi}_3=\begin{bmatrix}2\\0\\1\end{bmatrix},$$

则 $\boldsymbol{\xi}_1,\boldsymbol{\xi}_2,\boldsymbol{\xi}_3$ 是矩阵 A 的线性无关的特征向量，令

$$P=(\boldsymbol{\xi}_1,\boldsymbol{\xi}_2,\boldsymbol{\xi}_3)=\begin{bmatrix}1&-2&2\\2&1&0\\-2&0&1\end{bmatrix},$$

则 $P^{-1}AP=\begin{bmatrix}1&0&0\\0&-1&0\\0&0&-1\end{bmatrix}=\Lambda$，于是 $A=P\Lambda P^{-1}$.

矩阵 P 的逆矩阵 $P^{-1}=\dfrac{1}{9}\begin{bmatrix}1&2&-2\\-2&5&4\\2&4&5\end{bmatrix}$，因此，

$$A = P\Lambda P^{-1} = \begin{bmatrix} 1 & -2 & 2 \\ 2 & 1 & 0 \\ -2 & 0 & 1 \end{bmatrix} \begin{bmatrix} 1 & 0 & 0 \\ 0 & -1 & 0 \\ 0 & 0 & -1 \end{bmatrix} \cdot \frac{1}{9} \begin{bmatrix} 1 & 2 & -2 \\ -2 & 5 & 4 \\ 2 & 4 & 5 \end{bmatrix}$$

$$= \frac{1}{9} \begin{bmatrix} -7 & 4 & -4 \\ 4 & -1 & -8 \\ -4 & -8 & -1 \end{bmatrix}.$$

解法二　由于 $\lambda_2 = \lambda_3 = -1$ 对应的特征向量 $\begin{bmatrix} x_1 \\ x_2 \\ x_3 \end{bmatrix}$ 与 $\boldsymbol{\xi}_1$ 正交，得

$$x_1 + 2x_2 - 2x_3 = 0,$$

取 $\begin{bmatrix} x_2 \\ x_3 \end{bmatrix} = \begin{bmatrix} 1 \\ 1 \end{bmatrix}, \begin{bmatrix} -1 \\ 1 \end{bmatrix}$，得基础解系即特征向量

$$\boldsymbol{\xi}_2 = \begin{bmatrix} 0 \\ 1 \\ 1 \end{bmatrix}, \quad \boldsymbol{\xi}_3 = \begin{bmatrix} 4 \\ -1 \\ 1 \end{bmatrix}.$$

它们恰好正交，将 $\boldsymbol{\xi}_1, \boldsymbol{\xi}_2, \boldsymbol{\xi}_3$ 单位化为

$$\boldsymbol{p}_1 = \frac{1}{3} \begin{bmatrix} 1 \\ 2 \\ -2 \end{bmatrix}, \quad \boldsymbol{p}_2 = \frac{1}{\sqrt{2}} \begin{bmatrix} 0 \\ 1 \\ 1 \end{bmatrix}, \quad \boldsymbol{p}_3 = \frac{1}{3\sqrt{2}} \begin{bmatrix} 4 \\ -1 \\ 1 \end{bmatrix},$$

得正交矩阵 $P = (\boldsymbol{p}_1, \boldsymbol{p}_2, \boldsymbol{p}_3) = \begin{bmatrix} \frac{1}{3} & 0 & \frac{4}{3\sqrt{2}} \\ \frac{2}{3} & \frac{1}{\sqrt{2}} & -\frac{1}{3\sqrt{2}} \\ -\frac{2}{3} & \frac{1}{\sqrt{2}} & \frac{1}{3\sqrt{2}} \end{bmatrix}$，由 $P^{-1}AP = \Lambda$ 知 $A = P\Lambda P^{-1} = P\Lambda P'$，则

$$A = \begin{bmatrix} \frac{1}{3} & 0 & \frac{1}{3\sqrt{2}} \\ \frac{2}{3} & \frac{1}{\sqrt{2}} & -\frac{1}{3\sqrt{2}} \\ -\frac{2}{3} & \frac{1}{\sqrt{2}} & \frac{1}{3\sqrt{2}} \end{bmatrix} \begin{bmatrix} 1 & 0 & 0 \\ 0 & -1 & 0 \\ 0 & 0 & -1 \end{bmatrix} \begin{bmatrix} \frac{1}{3} & \frac{2}{3} & -\frac{2}{3} \\ 0 & \frac{1}{\sqrt{2}} & \frac{1}{\sqrt{2}} \\ \frac{1}{3\sqrt{2}} & -\frac{1}{3\sqrt{2}} & \frac{1}{3\sqrt{2}} \end{bmatrix}$$

$$= \frac{1}{9} \begin{bmatrix} -7 & 4 & -4 \\ 4 & -1 & -8 \\ -4 & -8 & -1 \end{bmatrix}.$$

例 14　设 A 为 n 阶实对称矩阵，试证 A 的非零特征值的个数必为 $\mathrm{R}(A)$，并举例说明非对称矩阵不具备此性质.

证　因 A 为 n 阶实对称矩阵，它可对角化，即存在可逆矩阵 P，使

$$P^{-1}AP = \Lambda = \begin{bmatrix} \lambda_1 & & & \\ & \lambda_2 & & \\ & & \ddots & \\ & & & \lambda_n \end{bmatrix},$$

其中 $\lambda_1, \lambda_2, \cdots, \lambda_n$ 为 A 的全部特征值.

A 与 Λ 相似，由于相似矩阵有相同的秩，则 $\mathrm{R}(A)=\mathrm{R}(\Lambda)$，对角阵 Λ 的秩即 Λ 中非零元素的个数，所以 A 的非零特征值的个数等于 $\mathrm{R}(A)$.

非对称矩阵不具备此特性，如矩阵

$$A = \begin{bmatrix} 1 & 2 & 3 \\ 0 & 0 & 1 \\ 0 & 0 & 0 \end{bmatrix},$$

$\mathrm{R}(A)=2$，但 A 的特征值 $\lambda_1=1, \lambda_2=\lambda_3=0$，$A$ 的非零特征值只有 1 个.

例 15　设三阶实对称矩阵 A 的秩为 2，$\lambda_1=\lambda_2=6$ 是 A 的二重特征值，若 $\boldsymbol{\alpha}_1=\begin{bmatrix}1\\1\\0\end{bmatrix}$，$\boldsymbol{\alpha}_2=\begin{bmatrix}2\\1\\1\end{bmatrix}$ 都是 A 的属于特征值 6 的特征向量.

(1) 求 A 的另一特征值和对应的特征向量；

(2) 求矩阵 A.

分析　由 $\mathrm{R}(A)=2$，可得 A 的另一特征值为 0，再由实对称矩阵不同特征值所对应的特征向量正交可得相应的特征向量，由此可求得矩阵 A.

解　(1) 因 $\lambda_1=\lambda_2=6$ 是 A 的二重特征值，故 A 的属于特征值 6 的线性无关的特征向量有 2 个，由条件知 $\boldsymbol{\alpha}_1, \boldsymbol{\alpha}_2$ 为 A 的属于特征值 6 的线性无关特征向量，由 $\mathrm{R}(A)=2$，得 $|A|=0$，由此得 $\lambda_3=0$，设 $\boldsymbol{\alpha}=\begin{bmatrix}x_1\\x_2\\x_3\end{bmatrix}$ 为 A 的属于 $\lambda_3=0$ 的特征向量，则有

$$\boldsymbol{\alpha}_1'\boldsymbol{\alpha}=0, \quad \boldsymbol{\alpha}_2'\boldsymbol{\alpha}=0,$$

即

$$\begin{cases} x_1 + x_2 = 0, \\ 2x_1 + x_2 + x_3 = 0. \end{cases}$$

解之得基础解系 $\boldsymbol{\alpha}=\begin{bmatrix}-1\\1\\1\end{bmatrix}$.

故 A 的属于 $\lambda_3=0$ 的所有特征向量为 $k\boldsymbol{\alpha}=k\begin{bmatrix}-1\\1\\1\end{bmatrix}$, $k\neq0$.

(2) 令 $P=(\boldsymbol{\alpha}_1,\boldsymbol{\alpha}_2,\boldsymbol{\alpha})=\begin{bmatrix}1&2&-1\\1&1&1\\0&1&1\end{bmatrix}$,则

$$P^{-1}AP=\begin{bmatrix}6&0&0\\0&6&0\\0&0&0\end{bmatrix},$$

由此可得

$$A=P\begin{bmatrix}6&0&0\\0&6&0\\0&0&0\end{bmatrix}P^{-1}=\begin{bmatrix}1&2&-1\\1&1&1\\0&1&1\end{bmatrix}\begin{bmatrix}6&0&0\\0&6&0\\0&0&0\end{bmatrix}\begin{bmatrix}0&1&-1\\\frac{1}{3}&-\frac{1}{3}&\frac{2}{3}\\-\frac{1}{3}&\frac{1}{3}&\frac{1}{3}\end{bmatrix}$$

$$=\begin{bmatrix}4&2&2\\2&4&-2\\2&-2&4\end{bmatrix}.$$

例 16 设三阶实对称矩阵 A 的各行元素之和均为 3,向量 $\boldsymbol{\alpha}_1=(-1,2,-1)'$,$\boldsymbol{\alpha}_2=(0,-1,1)'$是线性方程组 $A\boldsymbol{x}=\boldsymbol{0}$ 的两个解,求 A 的特征值与特征向量.

解 由于 A 的各行元素之和均为 3,所以

$$A\begin{bmatrix}1\\1\\1\end{bmatrix}=\begin{bmatrix}3\\3\\3\end{bmatrix}=3\begin{bmatrix}1\\1\\1\end{bmatrix},$$

由此可得 $\lambda_3=3$ 是 A 的特征值,$\boldsymbol{\alpha}_3=\begin{bmatrix}1\\1\\1\end{bmatrix}$ 是 A 的属于 $\lambda_3=3$ 的特征向量.

又因为 $A\boldsymbol{\alpha}_1=\boldsymbol{0}$,$A\boldsymbol{\alpha}_2=\boldsymbol{0}$,即

$$A\boldsymbol{\alpha}_1=0\cdot\boldsymbol{\alpha}_1,\quad A\boldsymbol{\alpha}_2=0\cdot\boldsymbol{\alpha}_2.$$

故 $\lambda_1=\lambda_2=0$ 是 A 的二重特征值,$\boldsymbol{\alpha}_1,\boldsymbol{\alpha}_2$ 为 A 的属于特征值 0 的两个线性无关的特征向量.

A 的特征值为 $\lambda_1=\lambda_2=0$,$\lambda_3=3$.

A 的属于特征值 0 的全部特征向量为 $k_1\boldsymbol{\alpha}_1+k_2\boldsymbol{\alpha}_2$（$k_1,k_2$ 不全为 0）.

A 的属于特征值 3 的全部特征向量为 $k_3\boldsymbol{\alpha}_3$（$k_3\neq 0$）.

例 17　已知二次型

$$f(x_1,x_2,x_3)=5x_1^2+5x_2^2+cx_3^2-2x_1x_2+6x_1x_3-6x_2x_3$$

的秩为 2.

(1) 求参数 c；

(2) 求一正交变换 $\boldsymbol{x}=P\boldsymbol{y}$ 化二次型 f 为标准形；

(3) 指出方程 $f(x_1,x_2,x_3)=1$ 表示何种二次曲面.

分析　二次型的秩即为二次型矩阵的秩，因此参数 c 可由 f 的矩阵的秩 2 确定. 用正交变换可将 $f(x_1,x_2,x_3)=1$ 化为标准形，而且不改变空间曲面的几何特性. 正交变换相当于直角坐标系的旋转与反射.

解　(1) 二次型的矩阵为

$$A=\begin{bmatrix}5&-1&3\\-1&5&-3\\3&-3&c\end{bmatrix}.$$

对 A 作初等变换

$$A\sim\begin{bmatrix}-1&5&-3\\0&2&-1\\0&0&c-3\end{bmatrix}.$$

由 $R(A)=2$，有 $c=3$.

(2) 当 $c=3$ 时，A 的特征多项式

$$|A-\lambda E|=\begin{vmatrix}5-\lambda&-1&3\\-1&5-\lambda&-3\\3&-3&3-\lambda\end{vmatrix}=-\lambda(\lambda-4)(\lambda-9).$$

特征值为 $\lambda_1=4,\lambda_2=9,\lambda_3=0$.

由 $(A-\lambda_iE)\boldsymbol{x}=\boldsymbol{0}$，可求得 $\lambda_1=4,\lambda_2=9,\lambda_3=0$ 对应的特征向量分别为

$$\boldsymbol{p}_1=\begin{bmatrix}1\\1\\0\end{bmatrix},\quad \boldsymbol{p}_2=\begin{bmatrix}1\\-1\\1\end{bmatrix},\quad \boldsymbol{p}_3=\begin{bmatrix}-1\\1\\2\end{bmatrix}.$$

单位化，得

$$\boldsymbol{\varepsilon}_1=\begin{bmatrix}\frac{1}{\sqrt2}\\\frac{1}{\sqrt2}\\0\end{bmatrix},\quad \boldsymbol{\varepsilon}_2=\begin{bmatrix}\frac{1}{\sqrt3}\\-\frac{1}{\sqrt3}\\\frac{1}{\sqrt3}\end{bmatrix},\quad \boldsymbol{\varepsilon}_3=\begin{bmatrix}-\frac{1}{\sqrt6}\\\frac{1}{\sqrt6}\\\frac{2}{\sqrt6}\end{bmatrix}.$$

令

$$P=(\boldsymbol{\varepsilon}_1,\boldsymbol{\varepsilon}_2,\boldsymbol{\varepsilon}_3)=\begin{bmatrix}\dfrac{1}{\sqrt{2}} & \dfrac{1}{\sqrt{3}} & -\dfrac{1}{\sqrt{6}}\\ \dfrac{1}{\sqrt{2}} & -\dfrac{1}{\sqrt{3}} & \dfrac{1}{\sqrt{6}}\\ 0 & \dfrac{1}{\sqrt{3}} & \dfrac{2}{\sqrt{6}}\end{bmatrix},$$

则 P 为正交矩阵. 作正交变换 $\boldsymbol{x}=P\boldsymbol{y}$,二次型 f 化为标准形

$$f=4y_1^2+9y_2^2+0y_3^2=4y_1^2+9y_2^2.$$

(3) $f=4y_1^2+9y_2^2=1$ 表示椭圆柱面.

注　化二次型为标准形常用的方法有两种:配方法和正交变换法,由于标准形的不唯一性,不同的方法求出的标准形可能不同(由正交变换所得标准形的平方项的系数是二次型矩阵 A 的特征值,而配方法则没有这样的性质),但正负惯性指数是一致的,在使用配方法时,一定要注意每次只能对一个变量配平方,余下的项中不能再出现这个变量. 只有这样才能保证所作的变换是可逆变换.

例如,化二次型 $f=2x_1^2+2x_2^2+2x_3^2+2x_1x_2+2x_1x_3-2x_2x_3$ 为标准形.

错误做法:

$$f=(x_1+x_2)^2+(x_2-x_3)^2+(x_3+x_1)^2.$$

令

$$\begin{cases}y_1=x_1+x_2,\\ y_2=x_2-x_3,\\ y_3=x_1+x_3,\end{cases}$$

则得到标准形为 $f=y_1^2+y_2^2+y_3^2$. 而此时的线性变换不是可逆线性变换.

正确做法:

$$\begin{aligned}f&=2\left[x_1^2+x_1(x_2+x_3)+\frac{1}{4}(x_2+x_3)^2\right]-\frac{1}{2}(x_2+x_3)^2+2x_2^2+2x_3^2-2x_2x_3\\&=2\left(x_1+\frac{1}{2}x_2+\frac{1}{2}x_3\right)^2+\frac{3}{2}x_2^2+\frac{3}{2}x_3^2-3x_2x_3\\&=2\left(x_1+\frac{1}{2}x_2+\frac{1}{2}x_3\right)^2+\frac{3}{2}(x_2-x_3)^2.\end{aligned}$$

令

$$\begin{cases}y_1=x_1+\dfrac{1}{2}x_2+\dfrac{1}{2}x_3,\\ y_2=x_2-x_3,\\ y_3=x_3,\end{cases}$$

则标准形为 $f=2y_1^2+\frac{3}{2}y_2^2$.

注　化二次型为标准形要求所作的线性变换必须是可逆线性变换，而且用不同的可逆线性变换所得到的标准形不一样.

例 18　已知二次型

$$f(x_1,x_2,x_3)=\boldsymbol{x}'A\boldsymbol{x}=ax_1^2+2x_2^2-2x_3^2+2bx_1x_3\quad(b>0)$$

的矩阵 A 的特征值之和为 1，特征值之积为 −12.

(1) 求 a,b 的值；

(2) 用正交变换化二次型为标准形，并写出所用的正交变换和对应的正交矩阵.

解　(1) 二次型 f 的矩阵为

$$A=\begin{bmatrix}a&0&b\\0&2&0\\b&0&-2\end{bmatrix},$$

设 A 的特征值为 $\lambda_i(i=1,2,3)$. 由题设

$$\lambda_1+\lambda_2+\lambda_3=1,\quad \lambda_1\cdot\lambda_2\cdot\lambda_3=-12.$$

由特征值的性质 $\operatorname{tr}(A)=\lambda_1+\lambda_2+\lambda_3$，即

$$a+2-2=1,$$

则 $a=1$. 又知 $|A|=\lambda_1\cdot\lambda_2\cdot\lambda_3$，即

$$\begin{vmatrix}a&0&b\\0&2&0\\b&0&-2\end{vmatrix}=-4a-2b^2=-4-2b^2=-12,$$

所以 $b=2(b>0)$.

(2) 由矩阵 A 的特征多项式

$$|A-\lambda E|=\begin{vmatrix}1-\lambda&0&2\\0&2-\lambda&0\\2&0&-2-\lambda\end{vmatrix}=-(\lambda-2)^2(\lambda+3)$$

得 A 的特征值 $\lambda_1=\lambda_2=2,\lambda_3=-3$.

当 $\lambda_1=\lambda_2=2$ 时，求解方程组 $(A-2E)\boldsymbol{x}=\boldsymbol{0}$，得基础解系

$$\boldsymbol{\xi}_1=\begin{bmatrix}2\\0\\1\end{bmatrix},\quad \boldsymbol{\xi}_2=\begin{bmatrix}0\\1\\0\end{bmatrix}.$$

当 $\lambda_3=-3$ 时，求解方程组 $(A+3E)\boldsymbol{x}=\boldsymbol{0}$，得基础解系

$$\boldsymbol{\xi}_3 = \begin{bmatrix} 1 \\ 0 \\ -2 \end{bmatrix},$$

由于 3 个特征向量 $\boldsymbol{\xi}_1,\boldsymbol{\xi}_2,\boldsymbol{\xi}_3$ 已是正交向量组,将它们再单位化,得

$$\boldsymbol{\eta}_1 = \begin{bmatrix} \frac{2}{\sqrt{5}} \\ 0 \\ \frac{1}{\sqrt{5}} \end{bmatrix}, \quad \boldsymbol{\eta}_2 = \begin{bmatrix} 0 \\ 1 \\ 0 \end{bmatrix}, \quad \boldsymbol{\eta}_3 = \begin{bmatrix} \frac{1}{\sqrt{5}} \\ 0 \\ -\frac{2}{\sqrt{5}} \end{bmatrix}.$$

令矩阵

$$Q = (\boldsymbol{\eta}_1, \boldsymbol{\eta}_2, \boldsymbol{\eta}_3) = \begin{bmatrix} \frac{2}{\sqrt{5}} & 0 & \frac{1}{\sqrt{5}} \\ 0 & 1 & 0 \\ \frac{1}{\sqrt{5}} & 0 & -\frac{2}{\sqrt{5}} \end{bmatrix},$$

则 Q 为正交矩阵,在正交变换 $\boldsymbol{x}=Q\boldsymbol{y}$ 下,有

$$Q'AQ = \begin{bmatrix} 2 & 0 & 0 \\ 0 & 2 & 0 \\ 0 & 0 & -3 \end{bmatrix},$$

且二次型的标准形为

$$f = 2y_1^2 + 2y_2^2 - 3y_3^2.$$

例 19　已知二次型

$$f(x_1,x_2,x_3) = x_1^2 - 2x_2^2 + bx_3^2 - 4x_1x_2 + 4x_1x_3 + 2ax_2x_3 \quad (a > 0)$$

经正交变换 $\boldsymbol{x}=P\boldsymbol{y}$ 化成了标准形

$$f = 2y_1^2 + 2y_2^2 - 7y_3^2.$$

求 a,b 的值及正交矩阵 P.

解　二次型 f 的矩阵为

$$A = \begin{bmatrix} 1 & -2 & 2 \\ -2 & -2 & a \\ 2 & a & b \end{bmatrix},$$

因 f 经正交变换化为二次型 $f=2y_1^2+2y_2^2-7y_3^2$,所以矩阵 A 的特征值为 $\lambda_1=2$, $\lambda_2=2$, $\lambda_3=-7$,由矩阵性质:

$$\lambda_1+\lambda_2+\lambda_3=a_{11}+a_{22}+a_{33},$$

即

$$2+2-7=1+(-2)+b,$$

则 $b=-2$,于是

$$A=\begin{bmatrix}1&-2&2\\-2&-2&a\\2&a&-2\end{bmatrix},$$

$$|A|=\begin{vmatrix}1&-2&2\\-2&-2&a\\2&a&-2\end{vmatrix}=-(a^2+8a-20).$$

又 $|A|=\lambda_1\lambda_2\lambda_3=2\cdot2\cdot(-7)=-28$,所以

$$a^2+8a-20=28,$$

解得 $a_1=4,a_2=-12$,因 $a>0$,故舍去 $a_2=-12$.

综上,求得 $a=4,b=-2$. 下面求正交矩阵 P.

当 $\lambda_1=\lambda_2=2$ 时,求解方程组 $(A-2E)\boldsymbol{x}=\boldsymbol{0}$,得基础解系

$$\boldsymbol{\xi}_1=\begin{bmatrix}0\\1\\1\end{bmatrix},\quad \boldsymbol{\xi}_2=\begin{bmatrix}4\\-1\\1\end{bmatrix}.$$

$\boldsymbol{\xi}_1$ 与 $\boldsymbol{\xi}_2$ 已正交,再单位化得

$$\boldsymbol{p}_1=\begin{bmatrix}0\\\frac{1}{\sqrt{2}}\\\frac{1}{\sqrt{2}}\end{bmatrix},\quad \boldsymbol{p}_2=\begin{bmatrix}\frac{4}{3\sqrt{2}}\\-\frac{1}{3\sqrt{2}}\\\frac{1}{3\sqrt{2}}\end{bmatrix}.$$

当 $\lambda_3=-7$ 时,求解方程组 $(A+7E)\boldsymbol{x}=\boldsymbol{0}$,得基础解系

$$\boldsymbol{p}_3=\begin{bmatrix}\frac{1}{3}\\\frac{2}{3}\\-\frac{2}{3}\end{bmatrix},$$

于是,所求正交矩阵为

$$P=(\boldsymbol{p}_1,\boldsymbol{p}_2,\boldsymbol{p}_3)=\begin{bmatrix}0 & \frac{1}{3\sqrt{2}} & \frac{1}{3}\\ \frac{1}{\sqrt{2}} & -\frac{1}{3\sqrt{2}} & \frac{2}{3}\\ \frac{1}{\sqrt{2}} & \frac{1}{3\sqrt{2}} & -\frac{2}{3}\end{bmatrix}.$$

注　当求出 $b=-2$ 后，可由已知的特征值 $2,-7$ 满足方程 $(A-\lambda E)\boldsymbol{x}=\boldsymbol{0}$，因而用 $|A-\lambda E|=0$ 去确定 a，如 $\lambda=2$ 时，

$$0=|A-2E|=\begin{vmatrix}-1 & -2 & 2\\ -2 & -4 & a\\ 2 & a & -4\end{vmatrix}=\begin{bmatrix}-1 & 0 & 2\\ -2 & 0 & a\\ 2 & a-4 & -4\end{bmatrix}=(a-4)^2.$$

由此可得 $a=4$.

例 20　已知二次型

$$f(x_1,x_2,x_3)=(1-a)x_1^2+(1-a)x_2^2+2x_3^2+2(1+a)x_1x_2$$

的秩为 2.

(1) 求 a 的值；

(2) 求正交变换 $\boldsymbol{x}=Q\boldsymbol{y}$，把二次型化为标准形；

(3) 求方程 $f(x_1,x_2,x_3)=0$ 的解.

分析　(1) 根据二次型的秩为 2，可知对应矩阵的行列式为零，从而可求 a 的值；

(2) 这是一个常见问题，先求特征值、特征向量，再正交化、单位化即可找到所求正交变换；

(3) 利用(2)的结果，通过标准形求解即可.

解　(1) 二次型的矩阵为

$$A=\begin{bmatrix}1-a & 1+a & 0\\ 1+a & 1-a & 0\\ 0 & 0 & 2\end{bmatrix}.$$

由二次型的秩为 2，知 $|A|=0$，得 $a=0$.

(2) $A=\begin{bmatrix}1 & 1 & 0\\ 1 & 1 & 0\\ 0 & 0 & 2\end{bmatrix}$，可求其特征值为 $\lambda_1=\lambda_2=2,\lambda_3=0$.

当 $\lambda_1=\lambda_2=2$ 时，求解 $(A-2E)\boldsymbol{x}=\boldsymbol{0}$，得基础解系

$$\boldsymbol{\alpha}_1=\begin{bmatrix}1\\1\\0\end{bmatrix},\quad \boldsymbol{\alpha}_2=\begin{bmatrix}0\\0\\1\end{bmatrix}.$$

$\boldsymbol{\alpha}_1,\boldsymbol{\alpha}_2$ 已正交，将其单位化得

$$\boldsymbol{p}_1=\frac{1}{\sqrt{2}}\begin{bmatrix}1\\1\\0\end{bmatrix},\quad \boldsymbol{p}_2=\begin{bmatrix}0\\0\\1\end{bmatrix}.$$

当 $\lambda_3=0$ 时，求解 $(A-0E)\boldsymbol{x}=\boldsymbol{0}$，得基础解系 $\boldsymbol{\alpha}_3=\begin{bmatrix}1\\-1\\0\end{bmatrix}$，单位化得 $\boldsymbol{p}_3=\frac{1}{\sqrt{2}}\begin{bmatrix}1\\-1\\0\end{bmatrix}$.

令 $Q=(\boldsymbol{p}_1,\boldsymbol{p}_2,\boldsymbol{p}_3)=\begin{bmatrix}\frac{1}{\sqrt{2}}&0&\frac{1}{\sqrt{2}}\\\frac{1}{\sqrt{2}}&0&-\frac{1}{\sqrt{2}}\\0&1&0\end{bmatrix}$，$Q$ 为正交矩阵. 作正交变换 $\boldsymbol{x}=Q\boldsymbol{y}$，二次型 f 化为标准形

$$f(x_1,x_2,x_3)=2y_1^2+2y_2^2.$$

(3) 由 $f(x_1,x_2,x_3)=2y_1^2+2y_2^2=0$，得

$$y_1=0,\quad y_2=0,\quad y_3=k\quad (k\text{ 为任意常数}).$$

从而所求解为

$$\boldsymbol{x}=Q\boldsymbol{y}=(\boldsymbol{p}_1,\boldsymbol{p}_2,\boldsymbol{p}_3)\begin{bmatrix}0\\0\\k\end{bmatrix}=k\boldsymbol{p}_3=\begin{bmatrix}c\\-c\\0\end{bmatrix}\quad (c\text{ 为任意常数}).$$

另解：

$$\begin{aligned}f(x_1,x_2,x_3)&=x_1^2+x_2^2+2x_3^2+2x_1x_2\\&=(x_1+x_2)^2+2x_3^2=0,\end{aligned}$$

得

$$\begin{cases}x_1+x_2=0,\\x_3=0,\end{cases}\quad \text{即}\quad \begin{cases}x_1=-x_2,\\x_3=0,\end{cases}$$

解之得基础解系 $\boldsymbol{\alpha}=(1,-1,0)'$.

由此可求得解为 $\boldsymbol{x}=c\cdot\boldsymbol{\alpha}=(c,-c,0)'$（$c$ 为任意常数）.

注　本题综合考查了特征值、特征向量，化二次型为标准形以及方程组求解等多个知识点. 特别是(3)比较新颖，但仔细分析可以看出，每一小题均是大纲中规定的基本内容.

例 21　已知二次曲面方程

$$x^2+ay^2+z^2+2bxy+2xz+2yz=4$$

经正交变换

$$\begin{bmatrix}x\\y\\z\end{bmatrix}=P\begin{bmatrix}\xi\\\eta\\\zeta\end{bmatrix}$$

化为椭圆柱面方程 $\eta^2+4\zeta^2=4$.

求 a,b 的值及正交矩阵 P.

解　设 $f(x,y,z)=x^2+ay^2+z^2+2bxy+2xz+2yz$,那么二次型 f 的矩阵为

$$A=\begin{bmatrix}1&b&1\\b&a&1\\1&1&1\end{bmatrix}.$$

由 f 的标准形为 $f=\eta^2+4\zeta^2$ 知 A 经正交变换后的对角形矩阵为

$$\Lambda=\begin{bmatrix}0&0&0\\0&1&0\\0&0&4\end{bmatrix}.$$

A 与 Λ 相似,A 的特征值为 $\lambda=0,1,4$.

由特征值的性质知

$$\lambda_1+\lambda_2+\lambda_3=a_{11}+a_{22}+a_{33},$$

即

$$0+1+4=1+a+1,$$

所以 $a=3$.

又因 $|A|=\lambda_1\lambda_2\lambda_3=0\cdot1\cdot4=0$,而

$$|A|=\begin{vmatrix}1&b&1\\b&3&1\\1&1&1\end{vmatrix}=-(b-1)^2,$$

由 $|A|=0$ 解得 $b=1$.

由已知 $\lambda_1=0,\lambda_2=1,\lambda_3=4$ 求解方程组 $(A-\lambda E)\boldsymbol{x}=\boldsymbol{0}$ 得到单位化的特征向量分别为

$$\boldsymbol{p}_1=\begin{bmatrix}\frac{1}{\sqrt{2}}\\0\\-\frac{1}{\sqrt{2}}\end{bmatrix},\quad \boldsymbol{p}_2=\begin{bmatrix}\frac{1}{\sqrt{3}}\\-\frac{1}{\sqrt{3}}\\\frac{1}{\sqrt{3}}\end{bmatrix},\quad \boldsymbol{p}_3=\begin{bmatrix}\frac{1}{\sqrt{6}}\\\frac{2}{\sqrt{6}}\\\frac{1}{\sqrt{6}}\end{bmatrix}.$$

于是所求正交矩阵为

$$P=\begin{bmatrix}\frac{1}{\sqrt{2}} & \frac{1}{\sqrt{3}} & \frac{1}{\sqrt{6}}\\ 0 & -\frac{1}{\sqrt{3}} & \frac{2}{\sqrt{6}}\\ -\frac{1}{\sqrt{2}} & \frac{1}{\sqrt{3}} & \frac{1}{\sqrt{6}}\end{bmatrix}.$$

例 22　试求 t 为何值时，二次型

$$f(x_1,x_2,x_3)=6x_1^2+4x_2^2+2x_3^2+8tx_1x_2+4x_1x_3$$

为正定二次型.

解　解法一　配方法. 此题若先按 x_1 配方，较为繁琐. 可先按 x_2 配方，再按 x_3 配方.

$$f(x_1,x_2,x_3)=4(x_2+tx_1)^2+2(x_3+x_1)^2+4(1-t^2)x_1^2.$$

因 $f(x_1,x_2,x_3)$为正定二次型，所以必有

$$1-t^2>0,\quad 即\quad -1<t<1.$$

解法二　顺序主子式法. 二次型的矩阵为

$$A=\begin{bmatrix}6 & 4t & 2\\ 4t & 4 & 0\\ 2 & 0 & 2\end{bmatrix},$$

A 的各阶顺序主子式为

$$p_1=6>0,\quad p_2=\begin{vmatrix}6 & 4t\\ 4t & 4\end{vmatrix}=8(3-2t^2)>0,$$

$$p_3=|A|=32(1-t^2)>0,$$

即

$$\begin{cases}3-2t^2>0,\\ 1-t^2>0,\end{cases}\quad 得\quad -1<t<1.$$

注　判定二次型 $f=x'Ax$ 正定的方法主要有

(1) 定义法；

(2) A 的各阶顺序主子式全大于零；

(3) f 的标准形的系数全大于零；

(4) A 的特征值全大于零；

(5) A 与单位矩阵合同.

例 23　设 A 为 n 阶正定矩阵，证明：

(1) A^{-1}是正定矩阵；

(2) 对任意正整数 m，A^m 正定；

(3) 存在正定矩阵 S，使 $A=S^2$.

证　(1) 证法一　因 A 正定，所以 A 可逆且为实对称矩阵，因而$(A^{-1})'=(A')^{-1}=A^{-1}$，则 A^{-1}为实对称矩阵. 由 A 正定知 A 与单位矩阵合同，即存在可逆阵 P，使

$$P'AP=E,$$

则 $P^{-1}A^{-1}(P')^{-1}=(P'AP)^{-1}=E$，由$(P')^{-1}=(P^{-1})'$，得 $P^{-1}A^{-1}(P^{-1})'=E$，即 A^{-1}与单位矩阵 E 合同. 故 A^{-1}为正定矩阵.

证法二　由 A 正定可知 A^{-1}为实对称矩阵，而且 A 的所有特征值 $\lambda_i>0(i=1,2,\cdots,n)$，因而 A^{-1}的所有特征值$\dfrac{1}{\lambda_i}>0(i=1,2,\cdots,n)$，故 A^{-1}正定.

(2) 证法一　由于 A 正定，则对任意正整数 m，A^m 是可逆对称矩阵，当 m 为偶数，即 $m=2k$ 时，

$$A^m=A^{2k}=A^k\cdot E\cdot A^k=(A^k)'E\cdot A^k,$$

所以 A^m 与单位矩阵 E 合同，故 A^m 为正定矩阵.

当 m 为奇数，即 $m=2k+1$ 时，

$$A^m=A^{2k+1}=(A^k)'AA^k,$$

此时 A^m 与 A 合同，而 A 正定与单位矩阵合同，因而 A^m 与单位矩阵 E 合同，故 A^m 为正定矩阵. 综上可知对任意正整数 m，A^m 正定.

证法二　A^m 是可逆实对称矩阵，因正定矩阵 A 的所有特征值 $\lambda_i>0(i=1,2,\cdots,n)$，所以 A^m 的所有特征值 $\lambda_i^m>0(i=1,2,\cdots,n)$，因而 A^m 正定.

(3) 因 A 正定，所以存在正交矩阵 P，使

$$A=P\Lambda P'=P\begin{bmatrix}\lambda_1 & & & \\ & \lambda_2 & & \\ & & \ddots & \\ & & & \lambda_n\end{bmatrix}P',$$

其中 λ_i 为 A 的特征值且 $\lambda_i>0(i=1,2,\cdots,n)$.

矩阵 A 可表示为

$$A=P\begin{bmatrix}\sqrt{\lambda_1} & & & \\ & \sqrt{\lambda_2} & & \\ & & \ddots & \\ & & & \sqrt{\lambda_n}\end{bmatrix}\cdot\begin{bmatrix}\sqrt{\lambda_1} & & & \\ & \sqrt{\lambda_2} & & \\ & & \ddots & \\ & & & \sqrt{\lambda_n}\end{bmatrix}P'$$

$$= P\begin{bmatrix} \sqrt{\lambda_1} & & & \\ & \sqrt{\lambda_2} & & \\ & & \ddots & \\ & & & \sqrt{\lambda_n} \end{bmatrix} P' \cdot P\begin{bmatrix} \sqrt{\lambda_1} & & & \\ & \sqrt{\lambda_2} & & \\ & & \ddots & \\ & & & \sqrt{\lambda_n} \end{bmatrix} P'$$

$$= S^2,$$

其中 $S=P\begin{bmatrix} \sqrt{\lambda_1} & & & \\ & \sqrt{\lambda_2} & & \\ & & \ddots & \\ & & & \sqrt{\lambda_n} \end{bmatrix} P'$.

显然 S 为对称矩阵，且 S 与正定矩阵 $\begin{bmatrix} \sqrt{\lambda_1} & & & \\ & \sqrt{\lambda_2} & & \\ & & \ddots & \\ & & & \sqrt{\lambda_n} \end{bmatrix}$ 合同，故 S 为正定矩阵，这就说明了存在正定矩阵 S，使 $A=S^2$.

例 24　设 A 是 n 阶正定矩阵，证明 $|A+E|>1$.

分析　说 A 是正定矩阵是在 A 为实对称矩阵的大前提下讲的，离开了这一点就会犯下列错误：

(1) 各阶顺序主子式大于 0 的矩阵为正定矩阵；

(2) 特征值全大于 0 的矩阵为正定矩阵；

(3) 对任何 $x\neq 0$，使 $x'Ax>0$ 的矩阵为正定矩阵；

等等.

证　证法一　因 A 是正定矩阵，所以 A 的特征值 $\lambda_i>0(i=1,2,\cdots,n)$，且存在正交矩阵 P(因 A 为实对称矩阵)，使

$$A = P\Lambda P^{-1} = P\begin{bmatrix} \lambda_1 & & & \\ & \lambda_2 & & \\ & & \ddots & \\ & & & \lambda_n \end{bmatrix} P^{-1},$$

因此

$$\begin{aligned} |A+E| &= |P\Lambda P^{-1}+PP^{-1}| \\ &= |P|\cdot|\Lambda+E|\cdot|P^{-1}| \\ &= |\Lambda+E| = (\lambda_1+1)(\lambda_2+1)\cdots(\lambda_n+1) > 1. \end{aligned}$$

证法二　设 A 的特征值为 $\lambda_1,\lambda_2,\cdots,\lambda_n$，因 A 正定，所以 $\lambda_i>0(i=1,2,\cdots,n)$.

而$A+E$的特征值为$1+\lambda_1,1+\lambda_2,\cdots,1+\lambda_n$,因此

$$|A+E|=(1+\lambda_1)(1+\lambda_2)\cdots(1+\lambda_n)>1.$$

例 25　设n阶方阵A既是正定矩阵也是正交矩阵,则$A=E$.

证　因A正定、正交,所以$A'=A,A'=A^{-1}$,则$A=A^{-1}$,即$A^2=E,(A+E)\cdot(A-E)=O$,要证$A=E$,只需证明$A+E$是可逆矩阵,而由例 24 知,$|A+E|\neq 0$.所以$A+E$可逆,在$(A+E)(A-E)=O$两边左乘$(A+E)^{-1}$得$A-E=O$即$A=E$.

例 26　设A为$m\times n$实矩阵,且$n<m$,证明$A'A$为正定矩阵的充要条件是$\mathrm{R}(A)=n$.

证　若$A'A$正定,则对任意$\boldsymbol{x}=\begin{bmatrix}x_1\\x_2\\\vdots\\x_n\end{bmatrix}\neq\boldsymbol{0}$均有

$$\boldsymbol{x}'(A'A)\boldsymbol{x}>0,\quad 即\quad (A\boldsymbol{x})'(A\boldsymbol{x})=[A\boldsymbol{x},A\boldsymbol{x}]>0,$$

所以$A\boldsymbol{x}\neq\boldsymbol{0}$,即齐次方程$A\boldsymbol{x}=\boldsymbol{0}$只有零解,故$\mathrm{R}(A)=n$.

若$\mathrm{R}(A)=n$,则齐次方程$A\boldsymbol{x}=\boldsymbol{0}$只有零解,于是对任意$\boldsymbol{x}=\begin{bmatrix}x_1\\x_2\\\vdots\\x_n\end{bmatrix}\neq\boldsymbol{0}$,均有$A\boldsymbol{x}\neq\boldsymbol{0}$,故

$$\boldsymbol{x}'(A'A)\boldsymbol{x}=(A\boldsymbol{x})'(A\boldsymbol{x})=[A\boldsymbol{x},A\boldsymbol{x}]>0,$$

即$A'A$正定($A'A$显然实对称).

例 27　设A为m阶实对称矩阵,B为$m\times n$实矩阵,证明$B'AB$为正定矩阵的充分必要条件是$\mathrm{R}(B)=n$.

证　必要性.设$B'AB$为正定矩阵,按定义$\forall\,\boldsymbol{x}\neq\boldsymbol{0}$,恒有$\boldsymbol{x}'(B'AB)\boldsymbol{x}>0$,即$\forall\,\boldsymbol{x}\neq\boldsymbol{0}$,恒有$(B\boldsymbol{x})'A(B\boldsymbol{x})>0$,即$\forall\,\boldsymbol{x}\neq\boldsymbol{0}$,恒有$B\boldsymbol{x}\neq\boldsymbol{0}$,因此,齐次线性方程组$B\boldsymbol{x}=\boldsymbol{0}$只有零解,从而$\mathrm{R}(B)=n$.

另证.因$B'AB$为正定矩阵,则有

$$n=\mathrm{R}(B'AB)\leqslant\mathrm{R}(B)\leqslant\min\{m,n\}\leqslant n,$$

因此,$\mathrm{R}(B)=n$.

充分性.因$(B'AB)'=B'A'(B')'=B'AB$,所以$B'AB$是实对称矩阵,若$\mathrm{R}(B)=n$,则齐次方程组$B\boldsymbol{x}=\boldsymbol{0}$只有零解,那么$\forall\,\boldsymbol{x}\neq\boldsymbol{0}$必有$B\boldsymbol{x}\neq\boldsymbol{0}$,又$A$为正定矩阵,所以对于$B\boldsymbol{x}\neq\boldsymbol{0}$,恒有$(B\boldsymbol{x})'A(B\boldsymbol{x})>0$,即当$\boldsymbol{x}\neq\boldsymbol{0}$时,$\boldsymbol{x}'(B'AB)\boldsymbol{x}>0$,故$B'AB$

为正定矩阵.

另证(用特征值法). 设 λ 是 $B'AB$ 的任一特征值,$\boldsymbol{\alpha}$ 是属于特征值 λ 的特征向量,即 $(B'AB)\boldsymbol{\alpha}=\lambda\boldsymbol{\alpha}$,用 $\boldsymbol{\alpha}'$ 左乘等式的两端有

$$(B\boldsymbol{\alpha})'A(B\boldsymbol{\alpha})=\lambda\boldsymbol{\alpha}'\boldsymbol{\alpha}.$$

因为 $\mathrm{R}(B)=n,\boldsymbol{\alpha}\neq\mathbf{0}$. 知 $B\boldsymbol{\alpha}\neq\mathbf{0}$ 及 $\boldsymbol{\alpha}'\boldsymbol{\alpha}=[\boldsymbol{\alpha},\boldsymbol{\alpha}]>0$,又因 A 正定,故由 $\lambda\boldsymbol{\alpha}'\boldsymbol{\alpha}=(B\boldsymbol{\alpha})'A(B\boldsymbol{\alpha})>0$. 得 $\lambda>0$,故 $B'AB$ 正定.

四、习题选解

1. 在 $\mathbf{R}^3$ 中求与向量 $\boldsymbol{\alpha}=(1,1,1)'$ 正交的向量的全体,并说明几何意义.

解　设 $\boldsymbol{\beta}=(x_1,x_2,x_3)'$ 与 $\boldsymbol{\alpha}$ 正交,则

$$[\boldsymbol{\alpha},\boldsymbol{\beta}]=x_1+x_2+x_3=0.$$

令 $x_2=k_1,x_3=k_2$,则 $x_1=-k_1-k_2$,于是与 $\boldsymbol{\alpha}=(1,1,1)'$ 正交的全体向量为

$$V=\{(-k_1-k_2,k_1,k_2)'\,|\,k_1,k_2\in\mathbf{R}\},$$

它表示过原点与向量 $\boldsymbol{\alpha}$ 垂直的一个平面.

2. 已知向量 $\boldsymbol{\alpha}_1=(1,1,1)'$,求非零向量 $\boldsymbol{\alpha}_2,\boldsymbol{\alpha}_3$,使 $\boldsymbol{\alpha}_1,\boldsymbol{\alpha}_2,\boldsymbol{\alpha}_3$ 两两正交.

解　$\boldsymbol{\alpha}_2,\boldsymbol{\alpha}_3$ 应满足方程 $\boldsymbol{\alpha}_1'\boldsymbol{x}=0$,即

$$x_1+x_2+x_3=0.$$

它的基础解系为

$$\boldsymbol{\xi}_1=\begin{bmatrix}1\\0\\-1\end{bmatrix},\boldsymbol{\xi}_2=\begin{bmatrix}0\\1\\-1\end{bmatrix}.$$

将 ξ_1,ξ_2 正交化,取

$$\boldsymbol{\alpha}_2=\boldsymbol{\xi}_1=\begin{bmatrix}1\\0\\-1\end{bmatrix},$$

$$\boldsymbol{\alpha}_3=\boldsymbol{\xi}_2-\frac{[\boldsymbol{\xi}_2,\boldsymbol{\xi}_1]}{[\boldsymbol{\xi}_1,\boldsymbol{\xi}_1]}\boldsymbol{\xi}_1=\frac{1}{2}\begin{bmatrix}-1\\2\\-1\end{bmatrix},$$

则 $\boldsymbol{\alpha}_2,\boldsymbol{\alpha}_3$ 即为所求向量.

3. 求与向量 $\boldsymbol{\alpha}_1=(1,1,-1,1)'$，$\boldsymbol{\alpha}_2=(1,-1,1,1)'$，$\boldsymbol{\alpha}_3=(1,1,1,1)'$都正交的单位向量.

解　设向量 $\boldsymbol{\alpha}=(x_1,x_2,x_3,x_4)$ 与 $\boldsymbol{\alpha}_1,\boldsymbol{\alpha}_2,\boldsymbol{\alpha}_3$ 都正交，则 $\boldsymbol{\alpha}$ 应满足方程 $\boldsymbol{\alpha}_i'\boldsymbol{\alpha}=0$ $(i=1,2,3)$，即

$$\begin{cases}x_1+x_2-x_3+x_4=0,\\ x_1-x_2+x_3+x_4=0,\\ x_1+x_2+x_3+x_4=0.\end{cases}$$

它的基础解系数为 $\boldsymbol{\xi}=\pm(1,0,0,-1)'$，单位化，得 $\boldsymbol{e}=\pm\frac{1}{\sqrt{2}}(1,0,0,-1)'$，即为所求向量.

4. 用施密特正交化方法把下列向量组正交化、单位化.

(1) $\boldsymbol{\alpha}_1=\begin{pmatrix}1\\1\\1\end{pmatrix},\boldsymbol{\alpha}_2=\begin{pmatrix}0\\1\\1\end{pmatrix},\boldsymbol{\alpha}_3=\begin{pmatrix}0\\0\\1\end{pmatrix}$；　(2) $\boldsymbol{\alpha}_1=\begin{pmatrix}1\\1\\0\\0\end{pmatrix},\boldsymbol{\alpha}_2=\begin{pmatrix}0\\1\\1\\0\end{pmatrix},\boldsymbol{\alpha}_3=\begin{pmatrix}1\\0\\1\\1\end{pmatrix}$.

解　(1) $\boldsymbol{\beta}_1=\boldsymbol{\alpha}_1=\begin{pmatrix}1\\1\\1\end{pmatrix}$，

$$\boldsymbol{\beta}_2=\boldsymbol{\alpha}_2-\frac{[\boldsymbol{\alpha}_2,\boldsymbol{\beta}_1]}{\|\boldsymbol{\beta}_1\|^2}\boldsymbol{\beta}_1=\begin{pmatrix}0\\1\\1\end{pmatrix}-\frac{2}{3}\begin{pmatrix}1\\1\\1\end{pmatrix}=\frac{1}{3}\begin{pmatrix}-2\\1\\1\end{pmatrix},$$

$$\begin{aligned}\boldsymbol{\beta}_3&=\boldsymbol{\alpha}_3-\frac{[\boldsymbol{\alpha}_3,\boldsymbol{\beta}_1]}{\|\boldsymbol{\beta}_1\|^2}\boldsymbol{\beta}_1-\frac{[\boldsymbol{\alpha}_3,\boldsymbol{\beta}_2]}{\|\boldsymbol{\beta}_2\|^2}\boldsymbol{\beta}_2\\&=\begin{pmatrix}0\\0\\1\end{pmatrix}-\frac{1}{3}\begin{pmatrix}1\\1\\1\end{pmatrix}-\frac{1}{6}\begin{pmatrix}-2\\1\\1\end{pmatrix}=\frac{1}{2}\begin{pmatrix}0\\-1\\1\end{pmatrix},\end{aligned}$$

再将它们单位化，取

$$\boldsymbol{e}_i=\frac{\boldsymbol{\beta}_i}{\|\boldsymbol{\beta}_i\|}\quad(i=1,2,3),$$

得

$$\boldsymbol{e}_1=\frac{1}{\sqrt{3}}\begin{pmatrix}1\\1\\1\end{pmatrix},\quad \boldsymbol{e}_2=\frac{1}{\sqrt{6}}\begin{pmatrix}-2\\1\\1\end{pmatrix},\quad \boldsymbol{e}_3=\frac{1}{\sqrt{2}}\begin{pmatrix}0\\-1\\1\end{pmatrix}.$$

(2)　应用施密特正交化方法.

$$\boldsymbol{\beta}_1=\boldsymbol{a}_1=\begin{pmatrix}1\\1\\0\\0\end{pmatrix},$$

$$\boldsymbol{\beta}_2=\boldsymbol{\alpha}_2-\frac{[\boldsymbol{\alpha}_2,\boldsymbol{\beta}_1]}{\|\boldsymbol{\beta}_1\|^2}\boldsymbol{\beta}_1=\frac{1}{2}\begin{pmatrix}-1\\1\\2\\0\end{pmatrix},$$

$$\boldsymbol{\beta}_3=\boldsymbol{\alpha}_3-\frac{[\boldsymbol{\alpha}_3,\boldsymbol{\beta}_1]}{\|\boldsymbol{\beta}_1\|^2}\boldsymbol{\beta}_1-\frac{[\boldsymbol{\alpha}_3,\boldsymbol{\beta}_2]}{\|\boldsymbol{\beta}_2\|^2}\boldsymbol{\beta}_2=\frac{1}{3}\begin{pmatrix}2\\-2\\2\\3\end{pmatrix},$$

单位化,得

$$\boldsymbol{e}_1=\frac{1}{\sqrt{2}}\begin{pmatrix}1\\1\\0\\0\end{pmatrix},\quad \boldsymbol{e}_2=\frac{1}{\sqrt{6}}\begin{pmatrix}-1\\1\\2\\0\end{pmatrix},\quad \boldsymbol{e}_3=\frac{1}{\sqrt{21}}\begin{pmatrix}2\\-2\\2\\3\end{pmatrix}.$$

5. 设 $\boldsymbol{\alpha}$ 为 n 维列向量,$\boldsymbol{\alpha}'\boldsymbol{\alpha}=1$. 令 $H=E-2\boldsymbol{\alpha}\boldsymbol{\alpha}'$. 求证 H 是对称的正交矩阵.

证　因为 $H'=(E-2\boldsymbol{\alpha}\boldsymbol{\alpha}')'=E-2\boldsymbol{\alpha}\boldsymbol{\alpha}'=H$,所以 H 为对称矩阵,又因为

$$\begin{aligned}HH'=H^2&=(E-2\boldsymbol{\alpha}\boldsymbol{\alpha}')(E-2\boldsymbol{\alpha}\boldsymbol{\alpha}')=E-4\boldsymbol{\alpha}\boldsymbol{\alpha}'+4(\boldsymbol{\alpha}\boldsymbol{\alpha}')(\boldsymbol{\alpha}\boldsymbol{\alpha}')\\&=E-4\boldsymbol{\alpha}\boldsymbol{\alpha}'+4\boldsymbol{\alpha}(\boldsymbol{\alpha}'\boldsymbol{\alpha})\boldsymbol{\alpha}'=E-4\boldsymbol{\alpha}\boldsymbol{\alpha}'+4\boldsymbol{\alpha}\boldsymbol{\alpha}'=E,\end{aligned}$$

故 H 是正交矩阵.

综上知,H 是对称的正交矩阵.

6. 证明:

(1) 两正交矩阵之积是正交矩阵;

(2) 正交矩阵的逆矩阵是正交矩阵;

(3) 若 A 是正交矩阵,P 是正交矩阵,则 $P^{-1}AP$ 也是正交矩阵.

证　(1) 设 A,B 是 n 阶正交矩阵,因

$$(AB)(AB)'=(AB)(B'A')=A(BB')A'=AA'=E,$$

故 AB 也是正交矩阵.

(2) 设 A 是正交矩阵，因

$$A^{-1}(A^{-1})'=A^{-1}(A')^{-1}=(A'A)^{-1}=E,$$

故 A^{-1} 是正交矩阵.

(3) 因

$$\begin{aligned}(P^{-1}AP)(P^{-1}AP)'&=P^{-1}APP'A'(P^{-1})'=P^{-1}A(PP')A'(P')^{-1}\\&=P^{-1}(AA')(P')^{-1}=(P'P)^{-1}=E,\end{aligned}$$

故 $P^{-1}AP$ 是正交矩阵.

7. 设 $\boldsymbol{\alpha}_1,\boldsymbol{\alpha}_2$ 分别是对应于矩阵 A 的不同特征值 λ_1,λ_2 的特征向量，则 $\boldsymbol{\alpha}_1+\boldsymbol{\alpha}_2$ 不是 A 的特征向量.

证 反证法 假设 $\boldsymbol{\alpha}_1+\boldsymbol{\alpha}_2$ 是 A 的对应于 λ 的特征向量，则

$$A(\boldsymbol{\alpha}_1+\boldsymbol{\alpha}_2)=\lambda(\boldsymbol{\alpha}_1+\boldsymbol{\alpha}_2),$$

于是

$$\lambda_1\boldsymbol{\alpha}_1+\lambda_2\boldsymbol{\alpha}_2=\lambda(\boldsymbol{\alpha}_1+\boldsymbol{\alpha}_2),$$

即

$$(\lambda_1-\lambda)\boldsymbol{\alpha}_1+(\lambda_2-\lambda)\boldsymbol{\alpha}_2=\mathbf{0}.$$

由于 $\boldsymbol{\alpha}_1,\boldsymbol{\alpha}_2$ 线性无关，所以必有

$$\lambda_1-\lambda=\lambda_2-\lambda=0,$$

即 $\lambda_1=\lambda_2$，与题设矛盾. 因此，$\boldsymbol{\alpha}_1+\boldsymbol{\alpha}_2$ 不是 A 的特征向量.

8. 求下列矩阵的特征值和特征向量：

$$(1)\ A=\begin{bmatrix}2&-1&2\\5&-3&3\\-1&0&-2\end{bmatrix};\quad (2)\ A=\begin{bmatrix}1&2&3\\2&1&3\\3&3&6\end{bmatrix};\quad (3)\ A=\begin{bmatrix}0&0&1\\0&1&0\\1&0&0\end{bmatrix}.$$

解 (1)

$$\begin{aligned}|A-\lambda E|&=\begin{vmatrix}2-\lambda&-1&2\\5&-3-\lambda&3\\-1&0&-2-\lambda\end{vmatrix}=\begin{vmatrix}2-\lambda&-1&-2+\lambda^2\\-5&3+\lambda&7+5\lambda\\1&0&0\end{vmatrix}\\&=-(\lambda+1)^3,\end{aligned}$$

所以 A 的特征值为 $\lambda_1=\lambda_2=\lambda_3=-1$(三重根).

对于 $\lambda_1=-1$，求解齐次线性方程组 $(A+E)\boldsymbol{x}=\boldsymbol{0}$.

$$A+E=\begin{bmatrix}3&-1&2\\5&-2&3\\-1&0&-1\end{bmatrix}\sim\begin{bmatrix}1&0&1\\0&1&1\\0&0&0\end{bmatrix}.$$

同解方程组为 $\begin{cases}x_1=-x_3,\\x_2=-x_3,\end{cases}$ 得基础解系 $\boldsymbol{p}=\begin{bmatrix}1\\1\\-1\end{bmatrix}$，所以对应于 $\lambda_1=-1$ 的全部特征向量为 $k\boldsymbol{p}(k\neq0)$.

(2)

$$|A-\lambda E|=\begin{vmatrix}1-\lambda&2&3\\2&1-\lambda&3\\3&3&6-\lambda\end{vmatrix}=\begin{vmatrix}-1-\lambda&2&3\\0&3-\lambda&6\\0&3&6-\lambda\end{vmatrix}$$
$$=-\lambda(\lambda+1)(\lambda-9).$$

所以 A 的特征值 $\lambda_1=-1,\lambda_2=9,\lambda_3=0$.

当 $\lambda_1=-1$ 时，求解齐次线性方程组 $(A+E)\boldsymbol{x}=\boldsymbol{0}$.

$$A+E=\begin{bmatrix}2&2&3\\2&2&3\\3&3&7\end{bmatrix}\sim\begin{bmatrix}1&1&0\\0&0&1\\0&0&0\end{bmatrix}.$$

同解方程组 $\begin{cases}x_1=-x_2,\\x_3=0,\end{cases}$ 得基础解系 $\boldsymbol{p}_1=\begin{bmatrix}1\\-1\\0\end{bmatrix}$，$A$ 的对应于 $\lambda_1=-1$ 的全部特征向量为 $k_1\boldsymbol{p}_1(k_1\neq0)$.

当 $\lambda_2=9$ 时，求解齐次线性方程组 $(A-9E)\boldsymbol{x}=\boldsymbol{0}$.

$$A-9E=\begin{bmatrix}-8&2&3\\2&-8&3\\3&3&-3\end{bmatrix}\sim\begin{bmatrix}1&0&-\frac{1}{2}\\0&1&-\frac{1}{2}\\0&0&0\end{bmatrix}.$$

同解方程组 $\begin{cases}x_1=\dfrac{1}{2}x_3,\\x_2=\dfrac{1}{2}x_3,\end{cases}$ 得基础解系 $\boldsymbol{p}_2=\begin{bmatrix}1\\1\\2\end{bmatrix}$，$A$ 的对应于 $\lambda_2=9$ 的全部特征向量为 $k_2\boldsymbol{p}_2(k_2\neq0)$.

当 $\lambda_3=0$ 时，求解齐次线性方程组 $A\boldsymbol{x}=\boldsymbol{0}$.

$$A=\begin{bmatrix}1&2&3\\2&1&3\\3&3&6\end{bmatrix}\sim\begin{bmatrix}1&0&1\\0&1&1\\0&0&0\end{bmatrix},$$

同解方程组为 $\begin{cases}x_1=-x_3,\\x_2=-x_3,\end{cases}$ 得基础解系 $\boldsymbol{p}_3=\begin{bmatrix}1\\1\\-1\end{bmatrix}$，$A$ 的对应于 $\lambda_3=0$ 的全部特征向量为 $k_3\boldsymbol{p}_3(k_3\neq0)$.

(3)

$$|A-\lambda E|=\begin{vmatrix}-\lambda&0&1\\0&1-\lambda&0\\1&0&-\lambda\end{vmatrix}=-(\lambda+1)(\lambda-1)^2,$$

所以 A 的特征值为 $\lambda_1=-1,\lambda_2=\lambda_3=1$.

当 $\lambda_1=-1$ 时，求解方程组 $(A+E)\boldsymbol{x}=\boldsymbol{0}$.

$$A+E=\begin{bmatrix}1&0&1\\0&2&0\\1&0&1\end{bmatrix}\sim\begin{bmatrix}1&0&1\\0&1&0\\0&0&0\end{bmatrix}.$$

同解方程组 $\begin{cases}x_1=-x_3,\\x_2=0,\end{cases}$ 得基础解系 $\boldsymbol{p}_1=\begin{bmatrix}1\\0\\-1\end{bmatrix}$. A 的对应于 $\lambda_1=-1$ 的全部特征向量为 $k_1\boldsymbol{p}_1(k_1\neq0)$.

当 $\lambda_2=1$ 时，求解方程组 $(A-E)\boldsymbol{x}=\boldsymbol{0}$.

$$A-E=\begin{bmatrix}-1&0&1\\0&0&0\\1&0&-1\end{bmatrix}\sim\begin{bmatrix}1&0&-1\\0&0&0\\0&0&0\end{bmatrix},$$

同解方程组 $x_1=x_3$，得基础解系 $\boldsymbol{p}_2=\begin{bmatrix}0\\1\\0\end{bmatrix}$，$\boldsymbol{p}_3=\begin{bmatrix}1\\0\\1\end{bmatrix}$，$A$ 的对应于 $\lambda_2=1$ 的全部特征向量为 $k_2\boldsymbol{p}_2+k_3\boldsymbol{p}_3$（$k_2,k_3$ 不同时为 0）.

9. 已知 0 是矩阵 $A=\begin{pmatrix}1&0&1\\0&2&0\\1&0&a\end{pmatrix}$ 的特征值，求 A 的特征值和特征向量.

解题思路　利用 $\lambda_1\lambda_2\cdots\lambda_n=|A|$，求参数 a，再按照定义求 A 的特征值和特征向量.

解　因为 0 是 A 的特征值，所以 $|A|=0\Rightarrow a=1$.

由 $|A-\lambda E|=-\lambda(\lambda-2)^2=0$，求出 A 的特征值

$$\lambda_1=\lambda_2=2,\lambda_3=0.$$

当 $\lambda=2$ 时，由 $(A-2E)\boldsymbol{x}=\mathbf{0}$ 解出 A 的属于 $\lambda=2$ 的特征向量为

$$k_1\begin{pmatrix}0\\1\\0\end{pmatrix}+k_2\begin{pmatrix}1\\0\\1\end{pmatrix}(k_1,k_2\text{ 不全为 }0);$$

当 $\lambda=0$ 时，由 $A\boldsymbol{x}=\mathbf{0}$ 解出 A 的属于 λ 的特征向量为

$$k_3\begin{pmatrix}1\\0\\-1\end{pmatrix},k_3\in\mathbf{R},k_3\neq0.$$

10. 已知三阶矩阵 A 的特征值为 $1,-1,2$，设 $B=A^3-5A^2$，试求：

(1) B 的特征值；

(2) $|B|$ 及 $|A-5E|$.

解　令 $f(x)=x^3-5x^2$，则 $B=f(A)$.

(1) 因 A 的特征值为 $1,-1,2$，所以 $B=f(A)$ 的特征值为 $f(1)=-4,f(-1)=-6,f(2)=-12$.

(2) $|B|=(-4)\cdot(-6)\cdot(-12)=-288$.

因 $A-5E$ 的特征值为 $1-5=-4,-1-5=-6,2-5=-3$，所以 $|A-5E|=(-4)\cdot(-6)\cdot(-3)=-72$.

注　设 λ 是矩阵 A 的一个特征值，k,a,b 均为常数，m 为正整数，

$$f(x)=a_0x^n+a_1x^{n-1}+\cdots+a_{n-1}x+a_n,$$

则 $kA,aA+bE,A^m,A^{-1},A^*$（A 可逆），$f(A)$ 分别有一个特征值为 $k\lambda,a\lambda+b,\lambda^m,\frac{1}{\lambda},\frac{|A|}{\lambda},f(\lambda)$.

11. 已知三阶矩阵 A 的特征值为 $1,2,-3$. 求 $|A^*+3A+2E|$.

解　因 $|A|=1\cdot2\cdot(-3)=-6\neq0$，故 $A^*=|A|\cdot A^{-1}=-6A^{-1}$，则

$$|A^*+3A+2E|=|-6A^{-1}+3A+2E|=|A^{-1}|\cdot|-6E+3A^2+2A|$$

$$=\frac{1}{|A|}\cdot|3A^2+2A-6E|.$$

因 A 的特征值为 1,2,−3,令 $f(x)=3x^2+2x-6$,所以 $3A^2+2A-6E$ 的特征值为 $f(1)=-1,f(2)=10,f(-3)=15$,由此可得

$$|A^*+3A+2E|=\frac{1}{-6}\cdot(-1)\cdot(10)\cdot(15)=25.$$

12. 设 A 是三阶方阵,且 $|A-E|=|A+2E|=|2A+3E|=0$,求 $|2A^*-3E|$ 的值.

解　由条件知,A 的三个特征值分别为 $1,-2,-\frac{3}{2}$,于是

$$|A|=1\cdot(-2)\cdot\left(-\frac{3}{2}\right)=3.$$

由于 A^* 的特征值为 $\frac{|A|}{\lambda}$,故 $2A^*$ 特征值分别为 6,−3,−4. 因而 $2A^*-3E$ 的特征值为 3,−6,−7. 故

$$|2A^*-3E|=3\cdot(-6)\cdot(-7)=126.$$

13. A 为 n 阶方阵,$A\boldsymbol{x}=\boldsymbol{0}$ 有非零解,证明 A 必有一个特征值是零.

证明　$A\boldsymbol{x}=\boldsymbol{0}$ 有非零解 $\Leftrightarrow|A|=0$.

因为 $|A|=\lambda_1\cdot\lambda_2\cdot\cdots\cdot\lambda_n=0$,所以 A 必有一个特征值等于 0.

14. 设方阵 $A=\begin{bmatrix}1&-2&-4\\-2&x&-2\\-4&-2&1\end{bmatrix}$ 与 $B=\begin{bmatrix}5&0&0\\0&y&0\\0&0&-4\end{bmatrix}$ 相似,求 x,y.

解　因 A 与 B 相似,所以 $\mathrm{tr}A=\mathrm{tr}B$. $|A|=|B|$,即 $\begin{cases}2+x=1+y,\\-20y=-15x-40,\end{cases}$ 解之得 $\begin{cases}x=4,\\y=5.\end{cases}$

注　有时也可根据相似矩阵有相同的特征多项式而得到等式,即 $|A-\lambda E|=|B-\lambda E|$.

15. 设 A,B 都是 n 阶方阵,且 $|A|\neq0$,证明 AB 与 BA 相似.

证　因 $|A|\neq0$,所以 A 可逆,由于 $A^{-1}(AB)A=(A^{-1}A)(BA)=BA$,故 AB 与 BA 相似.

17. 已知 $\boldsymbol{p}=\begin{bmatrix}1\\1\\-1\end{bmatrix}$是矩阵 $A=\begin{bmatrix}2&-1&2\\5&a&3\\-1&b&-2\end{bmatrix}$的一个特征向量.

(1) 求参数 a,b 及特征向量 $\boldsymbol{p}$ 对应的特征值;

(2) 问 A 能否对角化? 并说明理由.

解　(1) 因 $\boldsymbol{p}$ 是矩阵 A 的特征向量,所以有 $A\boldsymbol{p}=\lambda\boldsymbol{p}$,即

$$\begin{bmatrix}2&-1&2\\5&a&3\\-1&b&-2\end{bmatrix}\begin{bmatrix}1\\1\\-1\end{bmatrix}=\lambda\begin{bmatrix}1\\1\\-1\end{bmatrix},$$

由此得$\begin{cases}\lambda=-1,\\a=-3,\\b=0,\end{cases}$因而 $A=\begin{bmatrix}2&-1&2\\5&-3&3\\-1&0&-2\end{bmatrix}$.

(2)

$$|A-\lambda E|=\begin{vmatrix}2-\lambda&-1&2\\5&-3-\lambda&3\\-1&0&-2-\lambda\end{vmatrix}=-(\lambda^3+3\lambda^2+3\lambda+1)=-(\lambda+1)^3.$$

A 的特征值为 $\lambda_1=\lambda_2=\lambda_3=-1$. 当 $\lambda_1=\lambda_2=\lambda_3=-1$ 时,求解方程组 $(A+E)\boldsymbol{x}=\mathbf{0}$,得基础解系 $\boldsymbol{p}=\begin{bmatrix}1\\1\\-1\end{bmatrix}$.

因三阶方阵 A 线性无关的特征向量只有一个,所以 A 不能对角化.

18. 设三阶方阵 A 的特征值 $\lambda_1=1,\lambda_2=0,\lambda_3=-1$ 对应的特征向量分别为 $\boldsymbol{p}_1=\begin{bmatrix}1\\2\\2\end{bmatrix}$, $\boldsymbol{p}_2=\begin{bmatrix}2\\-2\\1\end{bmatrix}$, $\boldsymbol{p}_3=\begin{bmatrix}-2\\-1\\2\end{bmatrix}$,求矩阵 A.

解　令 $P=(\boldsymbol{p}_1,\boldsymbol{p}_2,\boldsymbol{p}_3)$,则矩阵 P 可逆,而且有 $P^{-1}AP=\begin{bmatrix}\lambda_1&&\\&\lambda_2&\\&&\lambda_3\end{bmatrix}$,可得

$$A=P\begin{bmatrix}\lambda_1&&\\&\lambda_2&\\&&\lambda_3\end{bmatrix}P^{-1}=(\boldsymbol{p}_1,\boldsymbol{p}_2,\boldsymbol{p}_3)\begin{bmatrix}\lambda_1&&\\&\lambda_2&\\&&\lambda_3\end{bmatrix}(\boldsymbol{p}_1,\boldsymbol{p}_2,\boldsymbol{p}_3)^{-1}$$

$$=\begin{bmatrix}1&2&-2\\2&-2&-1\\2&1&2\end{bmatrix}\begin{bmatrix}1&0&0\\0&0&0\\0&0&-1\end{bmatrix}\begin{bmatrix}1&2&-2\\2&-2&-1\\2&1&2\end{bmatrix}^{-1}$$

$$=\begin{bmatrix}-\frac{1}{3} & 0 & \frac{2}{3}\\ 0 & \frac{1}{3} & \frac{2}{3}\\ \frac{2}{3} & \frac{2}{3} & 0\end{bmatrix}.$$

19. 设$A=\begin{bmatrix}1 & 4 & 2\\ 0 & -3 & 4\\ 0 & 4 & 3\end{bmatrix}$,求$A^{100}$

解

$$|A-\lambda E|=\begin{vmatrix}1-\lambda & 4 & 2\\ 0 & -3-\lambda & 4\\ 0 & 4 & 3-\lambda\end{vmatrix}=-(\lambda-1)(\lambda-5)(\lambda+5).$$

A的特征值为$\lambda_1=1,\lambda_2=5,\lambda_3=-5$. 当$\lambda_1=1$时,求解方程$(A-E)\boldsymbol{x}=\mathbf{0}$. 由

$$A-E=\begin{bmatrix}0 & 4 & 2\\ 0 & -4 & 4\\ 0 & 4 & 2\end{bmatrix}\sim\begin{bmatrix}0 & 1 & 0\\ 0 & 0 & 1\\ 0 & 0 & 0\end{bmatrix},$$

得基础解系$\boldsymbol{p}_1=\begin{bmatrix}1\\ 0\\ 0\end{bmatrix}$.

当$\lambda_2=5$时,求解方程$(A-5E)\boldsymbol{x}=\mathbf{0}$. 由

$$A-5E=\begin{bmatrix}-4 & 4 & 2\\ 0 & -8 & 4\\ 0 & 4 & -2\end{bmatrix}\sim\begin{bmatrix}1 & 0 & -1\\ 0 & 1 & -\frac{1}{2}\\ 0 & 0 & 0\end{bmatrix},$$

得基础解系$\boldsymbol{p}_3=\begin{bmatrix}2\\ 1\\ 2\end{bmatrix}$.

当$\lambda_3=-5$时,求解方程$(A+5E)\boldsymbol{x}=\mathbf{0}$. 由

$$A+5E=\begin{bmatrix}6 & 4 & 2\\ 0 & 2 & 4\\ 0 & 4 & 8\end{bmatrix}\sim\begin{bmatrix}1 & 0 & -1\\ 0 & 1 & 2\\ 0 & 0 & 0\end{bmatrix},$$

得基础解系 $\boldsymbol{p}_3=\begin{bmatrix}1\\-2\\1\end{bmatrix}$.

令 $P=(\boldsymbol{p}_1,\boldsymbol{p}_2,\boldsymbol{p}_3)=\begin{bmatrix}1&2&1\\0&1&-2\\0&2&1\end{bmatrix}$,则 $P^{-1}AP=\Lambda=\begin{bmatrix}1&&\\&5&\\&&-5\end{bmatrix}$. 由

$$(P\quad E)=\begin{bmatrix}1&2&1&1&0&0\\0&1&-2&0&1&0\\0&2&1&0&0&1\end{bmatrix}\sim\begin{bmatrix}1&0&0&1&0&-1\\0&1&0&0&\frac{1}{5}&\frac{2}{5}\\0&0&1&0&-\frac{2}{5}&\frac{1}{5}\end{bmatrix},$$

得 $P^{-1}=\frac{1}{5}\begin{bmatrix}5&0&-5\\0&1&2\\0&-2&1\end{bmatrix}$.

因 $A=P\Lambda P^{-1}$,所以 $A^{100}=P\Lambda^{100}P^{-1}$,故

$$A^{100}=P\Lambda^{100}P^{-1}=\frac{1}{5}\begin{bmatrix}1&2&1\\0&1&-2\\0&2&1\end{bmatrix}\begin{bmatrix}1&0&0\\0&5^{100}&0\\0&0&(-5)^{100}\end{bmatrix}\begin{bmatrix}5&0&-5\\0&1&2\\0&-2&1\end{bmatrix}$$

$$=\begin{bmatrix}1&0&5^{100}-1\\0&5^{100}&0\\0&0&5^{100}\end{bmatrix}.$$

20. 三阶方阵 A 有 3 个特征值 $1,0,-1$,它们对应的特征向量分别为 $\begin{bmatrix}1\\1\\0\end{bmatrix}$, $\begin{bmatrix}1\\0\\1\end{bmatrix}$, $\begin{bmatrix}0\\1\\1\end{bmatrix}$,又知三阶方阵 B 满足 $B=PAP^{-1}$,其中 $P=\begin{bmatrix}3&0&1\\0&1&-2\\1&4&0\end{bmatrix}$,求 B 的特征值及对应的特征向量.

解　依题意 A 与 B 相似,于是 A 与 B 有相同的特征值,即 B 的特征值为 $1,0,-1$.

由于 $B=PAP^{-1}$,则 $BP=PA$.

若 $\boldsymbol{\alpha}$ 为 A 的属于 λ 的特征向量,即 $A\boldsymbol{\alpha}=\lambda\boldsymbol{\alpha}$,则有

$$B(P\boldsymbol{\alpha})=P(A\boldsymbol{\alpha})=P(\lambda\boldsymbol{\alpha})=\lambda(P\boldsymbol{\alpha}),$$

即 $P\boldsymbol{\alpha}$ 为 B 的属于 λ 的特征向量. 故 B 的属于 $1,0,-1$ 的特征向量分别为

$$\boldsymbol{\beta}_1=P\begin{bmatrix}1\\1\\0\end{bmatrix}=\begin{bmatrix}3\\1\\5\end{bmatrix},\boldsymbol{\beta}_2=P\begin{bmatrix}1\\0\\1\end{bmatrix}=\begin{bmatrix}4\\-2\\1\end{bmatrix},\boldsymbol{\beta}_3=P\begin{bmatrix}0\\1\\1\end{bmatrix}=\begin{bmatrix}1\\-1\\4\end{bmatrix}.$$

21. 试对下列实对称矩阵,分别求出正交矩阵 P,使 $P^{-1}AP$ 为对角形矩阵:

$$(1)\ A=\begin{bmatrix}2&-2&0\\-2&1&-2\\0&-2&0\end{bmatrix};\quad (2)\ A=\begin{bmatrix}2&2&-2\\2&5&-4\\-2&-4&5\end{bmatrix}.$$

解　(1)

$$|A-\lambda E|=\begin{vmatrix}2-\lambda&-2&0\\-2&1-\lambda&-2\\0&-2&-\lambda\end{vmatrix}=-(\lambda+2)(\lambda-1)(\lambda-4).$$

A 的特征值为 $\lambda_1=-2,\lambda_2=1,\lambda_3=4$.

当 $\lambda_1=-2$ 时,求解方程 $(A+2E)\boldsymbol{x}=\boldsymbol{0}$. 由

$$A+2E=\begin{bmatrix}4&-2&0\\-2&3&-2\\0&-2&2\end{bmatrix}\sim\begin{bmatrix}1&0&-\frac{1}{2}\\0&1&-1\\0&0&0\end{bmatrix},$$

得基础解系 $\boldsymbol{\xi}_1=\begin{bmatrix}1\\2\\2\end{bmatrix}$,单位化,得 $\boldsymbol{p}_1=\frac{1}{3}\begin{bmatrix}1\\2\\2\end{bmatrix}$.

当 $\lambda_2=1$ 时,求解方程 $(A-E)\boldsymbol{x}=\boldsymbol{0}$. 由

$$A-E=\begin{bmatrix}1&-2&0\\-2&0&-2\\0&-2&-1\end{bmatrix}\sim\begin{bmatrix}1&0&1\\0&1&\frac{1}{2}\\0&0&0\end{bmatrix},$$

得基础解系 $\boldsymbol{\xi}_2=\begin{bmatrix}2\\1\\-2\end{bmatrix}$,单位化,得 $\boldsymbol{p}_2=\frac{1}{3}\begin{bmatrix}2\\1\\-2\end{bmatrix}$.

当 $\lambda_3=4$ 时,求解方程 $(A-4E)\boldsymbol{x}=\boldsymbol{0}$. 由

$$A-4E=\begin{bmatrix}-2 & -2 & 0\\ -2 & -3 & -2\\ 0 & -2 & -4\end{bmatrix}\sim\begin{bmatrix}1 & 0 & -2\\ 0 & 1 & 2\\ 0 & 0 & 0\end{bmatrix},$$

得基础解系 $\boldsymbol{\xi}_3=\begin{bmatrix}2\\ -2\\ 1\end{bmatrix}$,单位化,得 $\boldsymbol{p}_3=\frac{1}{3}\begin{bmatrix}2\\ -2\\ 1\end{bmatrix}$.

令

$$P=(\boldsymbol{p}_1,\boldsymbol{p}_2,\boldsymbol{p}_3)=\frac{1}{3}\begin{bmatrix}1 & 2 & 2\\ 2 & 1 & -2\\ 2 & -2 & 1\end{bmatrix},$$

有 $P^{-1}AP=P'AP=\begin{bmatrix}-2 & 0 & 0\\ 0 & 1 & 0\\ 0 & 0 & 4\end{bmatrix}$.

(2)

$$|A-\lambda E|=\begin{vmatrix}2-\lambda & 2 & -2\\ 2 & 5-\lambda & -4\\ -2 & -4 & 5-\lambda\end{vmatrix}\xlongequal[\text{后 }c_2-c_3]{\text{先 }r_3+r_2}\begin{vmatrix}2-\lambda & 4 & -2\\ 2 & 9-\lambda & -4\\ 0 & 0 & 1-\lambda\end{vmatrix}$$
$$=-(\lambda-1)^2(\lambda-10).$$

A 的特征值为 $\lambda_1=10,\lambda_2=1$(二重根).

当 $\lambda_1=10$ 时,求解方程 $(A-10E)\boldsymbol{x}=\boldsymbol{0}$. 由

$$A-10E=\begin{bmatrix}-8 & 2 & -2\\ 2 & -5 & -4\\ -2 & -4 & -5\end{bmatrix}\sim\begin{bmatrix}1 & 0 & \frac{1}{2}\\ 0 & 1 & 1\\ 0 & 0 & 0\end{bmatrix},$$

得基础解系 $\boldsymbol{\xi}_1=\begin{bmatrix}1\\ 2\\ -2\end{bmatrix}$,单位化,得 $\boldsymbol{p}_1=\frac{1}{3}\begin{bmatrix}1\\ 2\\ -2\end{bmatrix}$.

当 $\lambda_2=\lambda_3=1$ 时,求解方程 $(A-E)\boldsymbol{x}=\boldsymbol{0}$. 由

$$A-E=\begin{bmatrix}1 & 2 & -2\\ 2 & 4 & -4\\ -2 & -4 & 4\end{bmatrix}\sim\begin{bmatrix}1 & 2 & -2\\ 0 & 0 & 0\\ 0 & 0 & 0\end{bmatrix},$$

得基础解系 $\boldsymbol{\alpha}_1=\begin{bmatrix}0\\1\\1\end{bmatrix},\boldsymbol{\alpha}_2=\begin{bmatrix}2\\0\\1\end{bmatrix}$.

正交化：

$$\boldsymbol{\beta}_1=\boldsymbol{\alpha}_1=\begin{bmatrix}0\\1\\1\end{bmatrix}.$$

$$\boldsymbol{\beta}_2=\boldsymbol{\alpha}_2-\frac{[\boldsymbol{\alpha}_2,\boldsymbol{\beta}_1]}{[\boldsymbol{\beta}_1,\boldsymbol{\beta}_1]}\boldsymbol{\beta}_1=\begin{bmatrix}2\\0\\1\end{bmatrix}-\frac{1}{2}\begin{bmatrix}0\\1\\1\end{bmatrix}=\begin{bmatrix}2\\-\frac{1}{2}\\\frac{1}{2}\end{bmatrix}.$$

单位化：

$$\boldsymbol{p}_2=\frac{\boldsymbol{\beta}_1}{\|\boldsymbol{\beta}_1\|}=\frac{1}{\sqrt{2}}\begin{bmatrix}0\\1\\1\end{bmatrix},$$

$$\boldsymbol{p}_3=\frac{\boldsymbol{\beta}_2}{\|\boldsymbol{\beta}_2\|}=\begin{bmatrix}\frac{4}{3\sqrt{2}}\\-\frac{1}{3\sqrt{2}}\\\frac{1}{3\sqrt{2}}\end{bmatrix},$$

以 $\boldsymbol{p}_1,\boldsymbol{p}_2,\boldsymbol{p}_3$ 为列向量构成正交矩阵

$$P=(\boldsymbol{p}_1,\boldsymbol{p}_2,\boldsymbol{p}_3)=\frac{1}{3\sqrt{2}}\begin{bmatrix}\sqrt{2} & 0 & 4\\ 2\sqrt{2} & 3 & -1\\ -2\sqrt{2} & 3 & 1\end{bmatrix},$$

有

$$P^{-1}AP=P'AP=\Lambda=\begin{bmatrix}10&0&0\\0&1&0\\0&0&1\end{bmatrix}.$$

22. 将矩阵 $A=\begin{pmatrix}-1&0&2\\0&1&2\\2&2&0\end{pmatrix}$ 用两种方法对角化.

(1) 求可逆矩阵 P,使 $P^{-1}AP=\Lambda$;

(2) 求正交阵 Q,使 $Q^{-1}AQ=\Lambda$.

解　(1) A 的全部特征值为 3,0,−3,所对应的特征向量分别为

$$\begin{pmatrix}1\\2\\2\end{pmatrix},\begin{pmatrix}2\\-2\\1\end{pmatrix},\begin{pmatrix}2\\1\\-2\end{pmatrix},$$

所以

$$P=\begin{pmatrix}1&2&2\\2&-2&1\\2&1&-2\end{pmatrix},\quad \Lambda=\begin{bmatrix}3&0&0\\0&0&0\\0&0&-3\end{bmatrix}.$$

(2) 三个特征向量恰好正交,单位化即得所求正交矩阵

$$Q=\begin{bmatrix}\frac{1}{3}&\frac{2}{3}&\frac{2}{3}\\\frac{2}{3}&-\frac{2}{3}&\frac{1}{3}\\\frac{2}{3}&\frac{1}{3}&-\frac{2}{3}\end{bmatrix},\qquad Q^{-1}AQ=\begin{bmatrix}3&0&0\\0&0&0\\0&0&-3\end{bmatrix}.$$

23. 设三阶对称矩阵 A 的特征值 $\lambda_1=1,\lambda_2=-1,\lambda_3=0$,对应 λ_1,λ_2 的特征向量依次为 $\boldsymbol{p}_1=\begin{bmatrix}1\\2\\2\end{bmatrix},\boldsymbol{p}_2=\begin{bmatrix}2\\1\\-2\end{bmatrix}$,求 A.

解　对称矩阵的对应于不同特征值的特征向量相互正交.

设对应于 λ_3 的特征向量为 $\boldsymbol{p}_3=\begin{bmatrix}x_1\\x_2\\x_3\end{bmatrix}$,则有

$$[\boldsymbol{p}_1,\boldsymbol{p}_3]=\boldsymbol{p}_1'\boldsymbol{p}_3=0,\quad [\boldsymbol{p}_2,\boldsymbol{p}_3]=\boldsymbol{p}_2'\boldsymbol{p}_3=0,$$

即

$$\begin{cases}x_1+2x_2+2x_3=0,\\2x_1+x_2-2x_3=0,\end{cases}$$

解之得基础解系 $\boldsymbol{p}_3=\begin{bmatrix}2\\-2\\1\end{bmatrix}$.

将 $\boldsymbol{p}_1,\boldsymbol{p}_2,\boldsymbol{p}_3$ 单位化,得

$$\boldsymbol{\varepsilon}_1=\frac{1}{3}\begin{bmatrix}1\\2\\2\end{bmatrix},\quad \boldsymbol{\varepsilon}_2=\frac{1}{3}\begin{bmatrix}2\\1\\-2\end{bmatrix},\quad \boldsymbol{\varepsilon}_3=\frac{1}{3}\begin{bmatrix}2\\-2\\1\end{bmatrix}.$$

令

$$Q=(\boldsymbol{\varepsilon}_1,\boldsymbol{\varepsilon}_2,\boldsymbol{\varepsilon}_3)=\frac{1}{3}\begin{bmatrix}1&2&2\\2&1&-2\\2&-2&1\end{bmatrix},\quad \Lambda=\begin{bmatrix}1&&\\&-1&\\&&0\end{bmatrix},$$

则同 $Q^{-1}AQ=Q'AQ=\Lambda$,得

$$A=Q\Lambda Q^{-1}=Q\Lambda Q'=\frac{1}{9}\begin{bmatrix}1&2&2\\2&1&-2\\2&-2&1\end{bmatrix}\begin{bmatrix}1&0&0\\0&-1&0\\0&0&0\end{bmatrix}\begin{bmatrix}1&2&2\\2&1&-2\\2&-2&1\end{bmatrix}$$

$$=\frac{1}{3}\begin{bmatrix}-1&0&2\\0&1&2\\2&2&0\end{bmatrix}.$$

24. 设三阶实对称矩阵 A 的特征值为 6,3,3,特征值 6 对应的特征向量为 $\boldsymbol{p}_1=\begin{bmatrix}1\\1\\1\end{bmatrix}$,求 A.

分析　实对称矩阵的对应于不同特征值的特征向量相互正交. 已知 $\lambda_1=6$ 对应的特征向量为 $\boldsymbol{p}_1$,若对应于 $\lambda_2=\lambda_3=3$ 的特征向量为 $\boldsymbol{p}_2,\boldsymbol{p}_3$,则有

$$[\boldsymbol{p}_1,\boldsymbol{p}_2]=\boldsymbol{p}_1'\boldsymbol{p}_2=0,\quad [\boldsymbol{p}_1,\boldsymbol{p}_3]=\boldsymbol{p}'_1\boldsymbol{p}_3=0,$$

即 $\boldsymbol{p}_2,\boldsymbol{p}_3$ 是齐次线性方程组 $\boldsymbol{p}_1'\boldsymbol{x}=0$ 的两个线性无关解.

解　由 $\boldsymbol{p}_1'\boldsymbol{x}=0$,即 $x_1+x_2+x_3=0$,得

$$\boldsymbol{p}_2=\begin{bmatrix}1\\0\\-1\end{bmatrix},\quad \boldsymbol{p}_3=\begin{bmatrix}0\\1\\-1\end{bmatrix}.$$

正交化：

$$\overline{\boldsymbol{p}}_2=\boldsymbol{p}_2=\begin{bmatrix}1\\0\\-1\end{bmatrix},$$

$$\overline{\boldsymbol{p}}_3=\boldsymbol{p}_3-\frac{[\boldsymbol{p}_3,\overline{\boldsymbol{p}}_2]}{[\overline{\boldsymbol{p}}_2,\overline{\boldsymbol{p}}_2]}\overline{\boldsymbol{p}}_2=\begin{bmatrix}0\\1\\-1\end{bmatrix}-\frac{1}{2}\begin{bmatrix}1\\0\\-1\end{bmatrix}=\frac{1}{2}\begin{bmatrix}-1\\2\\-1\end{bmatrix}.$$

单位化：

$$\boldsymbol{q}_2=\frac{1}{\sqrt{2}}\begin{bmatrix}1\\0\\-1\end{bmatrix},\quad \boldsymbol{q}_3=\frac{1}{\sqrt{6}}\begin{bmatrix}-1\\2\\-1\end{bmatrix},\quad \boldsymbol{q}_1=\frac{\boldsymbol{p}_1}{\|\boldsymbol{p}_1\|}=\frac{\boldsymbol{p}_1}{\sqrt{3}}=\frac{1}{\sqrt{3}}\begin{bmatrix}1\\1\\1\end{bmatrix}.$$

令 $Q=(\boldsymbol{q}_1,\boldsymbol{q}_2,\boldsymbol{q}_3)$，$\Lambda=\begin{bmatrix}6&&\\&3&\\&&3\end{bmatrix}$，则

$$Q^{-1}AQ=Q'AQ=\Lambda,$$

得

$$\begin{aligned}A&=Q\Lambda Q^{-1}=Q\Lambda Q'\\&=\frac{1}{6}\begin{bmatrix}\sqrt{2}&\sqrt{3}&-1\\\sqrt{2}&0&2\\\sqrt{2}&-\sqrt{3}&-1\end{bmatrix}\begin{bmatrix}6&0&0\\0&3&0\\0&0&3\end{bmatrix}\begin{bmatrix}\sqrt{2}&\sqrt{2}&\sqrt{2}\\\sqrt{3}&0&-\sqrt{3}\\-1&2&-1\end{bmatrix}=\begin{bmatrix}4&1&1\\1&4&1\\1&1&4\end{bmatrix}.\end{aligned}$$

25. 设矩阵 $A=\begin{pmatrix}1&1&a\\1&a&1\\a&1&1\end{pmatrix}$，$\boldsymbol{\beta}=\begin{pmatrix}1\\1\\-2\end{pmatrix}$已知线性方程组 $A\boldsymbol{x}=\boldsymbol{\beta}$ 有解但不唯一，试求：

(1) a 的值；

(2) 正交矩阵 Q，使 $Q'AQ$ 为对角矩阵.

解　(1) 对增广矩阵施行初等行变换：

$$\widetilde{A}=(A\quad \boldsymbol{\beta})=\begin{pmatrix}1&1&a&1\\1&a&1&1\\a&1&1&-2\end{pmatrix}\xrightarrow[r_3-ar_1]{r_2-r_1}\begin{pmatrix}1&1&a&1\\0&a-1&1-a&0\\0&1-a&1-a^2&-2-a\end{pmatrix}$$

$$\xrightarrow{r_3+r_2}\begin{pmatrix}1&1&a&1\\0&a-1&1-a&0\\0&0&2-a-a^2&-2-a\end{pmatrix},$$

方程组有解但不唯一,则一定有 $\mathrm{R}(A)=\mathrm{R}(\widetilde{A})<n=3$,则

$$a=-2$$

(2) A 的全部特征值为 3,−3,0,所对应的特征向量分别为

$$\begin{pmatrix}1\\0\\-1\end{pmatrix},\begin{pmatrix}1\\-2\\1\end{pmatrix},\begin{pmatrix}1\\1\\1\end{pmatrix},$$

特征向量两两正交,单位化得正交矩阵

$$\boldsymbol{Q}=\begin{pmatrix}1/\sqrt{2}&1/\sqrt{6}&1/\sqrt{3}\\0&-2/\sqrt{6}&1/\sqrt{3}\\-1/\sqrt{2}&1/\sqrt{6}&1/\sqrt{3}\end{pmatrix}.$$

27. 求一个正交变换 $\boldsymbol{x}=\boldsymbol{P}\boldsymbol{y}$,将下列二次型化为标准形:

(1) $f=2x_1^2+3x_2^2+3x_3^2+4x_2x_3$;

(2) $f=x_1^2+x_2^2+x_3^2+x_4^2+2x_1x_2-2x_1x_4-2x_2x_3+2x_3x_4$.

解 (1) 二次型的矩阵为

$$A=\begin{bmatrix}2&0&0\\0&3&2\\0&2&3\end{bmatrix},$$

$$|A-\lambda E|=\begin{vmatrix}2-\lambda&0&0\\0&3-\lambda&2\\0&2&3-\lambda\end{vmatrix}=(2-\lambda)(5-\lambda)(1-\lambda),$$

故 A 的特征值为 $\lambda_1=2,\lambda_2=5,\lambda_3=1$.

当 $\lambda_1=2$ 时,解方程 $(A-2E)\boldsymbol{x}=\boldsymbol{0}$. 由

$$A-2E=\begin{bmatrix}0&0&0\\0&1&2\\0&2&1\end{bmatrix}\sim\begin{bmatrix}0&1&2\\0&0&1\\0&0&0\end{bmatrix},$$

得基础解系 $\boldsymbol{\xi}_1=\begin{bmatrix}1\\0\\0\end{bmatrix}$,取 $\boldsymbol{p}_1=\begin{bmatrix}1\\0\\0\end{bmatrix}$.

当 $\lambda_2=5$ 时,解方程组$(A-5E)\boldsymbol{x}=\boldsymbol{0}$,由

$$A-5E=\begin{bmatrix}-3&0&0\\0&-2&2\\0&2&-2\end{bmatrix}\sim\begin{bmatrix}1&0&0\\0&1&-1\\0&0&0\end{bmatrix},$$

得基础解系 $\boldsymbol{\xi}_2=\begin{bmatrix}0\\1\\1\end{bmatrix}$,取 $\boldsymbol{p}_2=\begin{bmatrix}0\\\frac{1}{\sqrt{2}}\\\frac{1}{\sqrt{2}}\end{bmatrix}$.

当 $\lambda_3=1$ 时,解方程$(A-E)\boldsymbol{x}=\boldsymbol{0}$,由

$$A-E=\begin{bmatrix}1&0&0\\0&2&2\\0&2&2\end{bmatrix}\sim\begin{bmatrix}1&0&0\\0&1&1\\0&0&0\end{bmatrix},$$

得基础解系 $\boldsymbol{\xi}_3=\begin{bmatrix}0\\-1\\1\end{bmatrix}$,取 $\boldsymbol{p}_3=\begin{bmatrix}0\\-\frac{1}{\sqrt{2}}\\\frac{1}{\sqrt{2}}\end{bmatrix}$.

取正交阵 $P=\begin{bmatrix}1&0&0\\0&\frac{1}{\sqrt{2}}&-\frac{1}{\sqrt{2}}\\0&\frac{1}{\sqrt{2}}&\frac{1}{\sqrt{2}}\end{bmatrix}$,得正交变换 $\boldsymbol{x}=P\boldsymbol{y}$,有 $f=2y_1^2+5y_2^2+y_3^2$.

(2) 二次型的矩阵为

$$A=\begin{bmatrix}1&1&0&-1\\1&1&-1&0\\0&-1&1&1\\-1&0&1&1\end{bmatrix},$$

$$|A-\lambda E|=\begin{vmatrix}1-\lambda & 1 & 0 & -1\\ 1 & 1-\lambda & -1 & 0\\ 0 & -1 & 1-\lambda & 1\\ -1 & 0 & 1 & 1-\lambda\end{vmatrix}$$

$$\xlongequal[r_1+r_3]{r_2+r_4}\begin{vmatrix}1-\lambda & 0 & 1-\lambda & 0\\ 0 & 1-\lambda & 0 & 1-\lambda\\ 0 & -1 & 1-\lambda & 1\\ -1 & 0 & 1 & 1-\lambda\end{vmatrix}$$

$$=(1-\lambda)^2\begin{vmatrix}1 & 0 & 1 & 0\\ 0 & 1 & 0 & 1\\ 0 & -1 & 1-\lambda & 1\\ -1 & 0 & 1 & 1-\lambda\end{vmatrix}$$

$$=-(1+\lambda)(3-\lambda)(1-\lambda)^2.$$

A 的特征值为 $\lambda_1=-1,\lambda_2=3,\lambda_3=1$(二重根).

当 $\lambda_1=-1$ 时,求解方程 $(A+E)\boldsymbol{x}=\mathbf{0}$ 得基础解系 $\boldsymbol{\xi}_1=\begin{bmatrix}1\\-1\\-1\\1\end{bmatrix}$,单位化,得

$$\boldsymbol{p}_1=\frac{1}{2}\begin{bmatrix}1\\-1\\-1\\1\end{bmatrix}.$$

当 $\lambda_2=3$ 时,求解方程 $(A-3E)\boldsymbol{x}=\mathbf{0}$,得基础解系 $\boldsymbol{\xi}_2=\begin{bmatrix}1\\-1\\-1\\1\end{bmatrix}$,单位化,得

$$\boldsymbol{p}_2=\frac{1}{2}\begin{bmatrix}1\\1\\-1\\-1\end{bmatrix}.$$

当 $\lambda_3=1$ 时,求解方程 $(A-E)\boldsymbol{x}=\mathbf{0}$,得基础解系

$$\boldsymbol{\xi}_3=\begin{bmatrix}1\\0\\1\\0\end{bmatrix},\quad \boldsymbol{\xi}_4=\begin{bmatrix}0\\1\\0\\1\end{bmatrix},$$

单位化，得

$$p_3=\frac{1}{\sqrt{2}}\begin{bmatrix}1\\0\\1\\0\end{bmatrix},\quad p_4=\frac{1}{\sqrt{2}}\begin{bmatrix}0\\1\\0\\1\end{bmatrix}.$$

令

$$P=(p_1,p_2,p_3,p_4)=\begin{bmatrix}\frac{1}{2}&\frac{1}{2}&\frac{1}{\sqrt{2}}&0\\-\frac{1}{2}&\frac{1}{2}&0&\frac{1}{\sqrt{2}}\\-\frac{1}{2}&-\frac{1}{2}&\frac{1}{\sqrt{2}}&0\\\frac{1}{2}&-\frac{1}{2}&0&\frac{1}{\sqrt{2}}\end{bmatrix}.$$

作正交交换 $x=Py$，二次型 f 化为标准形

$$f=-y_1^2+3y_2^2+y_3^2+y_4^2.$$

28. 求一个正交变换 $x=Py$ 把二次曲面方程

$$3x^2+5y^2+5z^2+4xy-4xz-10yz=1$$

化成标准方程，并指出二次曲面的形状.

解　二次曲面方程左边的二次型 f 所对应的矩阵为

$$A=\begin{bmatrix}3&2&-2\\2&5&-5\\-2&-5&5\end{bmatrix}.$$

它的特征多项式为

$$|A-\lambda E|=\begin{vmatrix}3-\lambda&2&-2\\2&5-\lambda&-5\\-2&-5&5-\lambda\end{vmatrix}\xlongequal[\text{后 }c_2-c_3]{\text{先 }r_3+r_2}\begin{vmatrix}3-\lambda&4&-2\\2&10-\lambda&-5\\0&0&-\lambda\end{vmatrix}$$
$$=-\lambda(\lambda-2)(\lambda-11),$$

于是 A 的特征值为 $\lambda_1=2,\lambda_2=11,\lambda_3=0$.

当 $\lambda_1=2$ 时，求解方程 $(A-2E)x=0$，得 $\xi_1=\begin{bmatrix}4\\-1\\1\end{bmatrix}$，单位化，得

$$\boldsymbol{p}_1=\frac{1}{3\sqrt{2}}\begin{bmatrix}4\\-1\\1\end{bmatrix}.$$

当 $\lambda_2=11$ 时，求解方程 $(A-11E)\boldsymbol{x}=\boldsymbol{0}$，得 $\boldsymbol{\xi}_2=\begin{bmatrix}1\\2\\-2\end{bmatrix}$，单位化，得

$$\boldsymbol{p}_2=\frac{1}{3}\begin{bmatrix}1\\2\\-2\end{bmatrix}.$$

当 $\lambda_3=0$ 时，求解方程 $(A-0E)\boldsymbol{x}=\boldsymbol{0}$，得 $\boldsymbol{\xi}_3=\begin{bmatrix}0\\1\\1\end{bmatrix}$，单位化，得

$$\boldsymbol{p}_3=\frac{1}{\sqrt{2}}\begin{bmatrix}0\\1\\1\end{bmatrix}.$$

作正交变换

$$\begin{bmatrix}x\\y\\z\end{bmatrix}=\begin{bmatrix}\frac{4}{3\sqrt{2}} & \frac{1}{3} & 0\\ -\frac{1}{3\sqrt{2}} & \frac{2}{3} & \frac{1}{\sqrt{2}}\\ \frac{1}{3\sqrt{2}} & -\frac{2}{3} & \frac{1}{\sqrt{2}}\end{bmatrix}\begin{bmatrix}u\\v\\w\end{bmatrix},$$

二次曲面方程化为 $2u^2+11v^2=1$，它表示椭圆柱面.

29. 已知二次型 $f=2x_1^2+3x_2^2+3x_3^2+2ax_2x_3\,(a>0)$ 经正交变换 $\boldsymbol{x}=P\boldsymbol{y}$ 化为标准形 $f=y_1^2+2y_2^2+5y_3^2$，求 a 的值及所用的正交矩阵 P.

解　二次型 f 的矩阵为

$$A=\begin{bmatrix}2&0&0\\0&3&a\\0&a&3\end{bmatrix}.$$

它的特征方程是

$$|A-\lambda E|=\begin{vmatrix}2-\lambda&0&0\\0&3-\lambda&a\\0&a&3-\lambda\end{vmatrix}=-(\lambda-2)(\lambda^2-6\lambda+9-a^2)=0.$$

二次型 f 的标准形中平方项的系数 1,2,5 就是 A 的特征值.

将 $\lambda=1$ 代入特征方程,得 $4-a^2=0,a=\pm 2$. 因 $a>0$,故 $a=2$,这时

$$A=\begin{bmatrix}2&0&0\\0&3&2\\0&2&3\end{bmatrix}.$$

当 $\lambda_1=1$ 时,求解 $(A-E)\boldsymbol{x}=\boldsymbol{0}$,得基础解系 $\boldsymbol{\xi}_1=\begin{bmatrix}0\\1\\-1\end{bmatrix}$.

当 $\lambda_2=2$ 时,求解 $(A-2E)\boldsymbol{x}=\boldsymbol{0}$,得基础解系 $\boldsymbol{\xi}_2=\begin{bmatrix}1\\0\\0\end{bmatrix}$.

当 $\lambda_3=5$ 时,求解 $(A-5E)\boldsymbol{x}=\boldsymbol{0}$,得基础解系 $\boldsymbol{\xi}_3=\begin{bmatrix}0\\1\\1\end{bmatrix}$.

将 $\boldsymbol{\xi}_1,\boldsymbol{\xi}_2,\boldsymbol{\xi}_3$ 单位化,得

$$\boldsymbol{p}_1=\frac{1}{\sqrt{2}}\begin{bmatrix}0\\1\\-1\end{bmatrix},\quad \boldsymbol{p}_2=\begin{bmatrix}1\\0\\0\end{bmatrix},\quad \boldsymbol{p}_3=\frac{1}{\sqrt{2}}\begin{bmatrix}0\\1\\1\end{bmatrix},$$

故所用正交矩阵为

$$P=(\boldsymbol{p}_1,\boldsymbol{p}_2,\boldsymbol{p}_3)=\begin{bmatrix}0&1&0\\\frac{1}{\sqrt{2}}&0&\frac{1}{\sqrt{2}}\\-\frac{1}{\sqrt{2}}&0&\frac{1}{\sqrt{2}}\end{bmatrix}.$$

注　也可利用二次型矩阵与标准形矩阵(在正交变换下)相似,即

$$\begin{bmatrix}2&0&0\\0&3&a\\0&a&3\end{bmatrix}\sim\begin{bmatrix}1&0&0\\0&2&0\\0&0&5\end{bmatrix},$$

从而 $\begin{vmatrix}2&0&0\\0&3&a\\0&a&3\end{vmatrix}=\begin{vmatrix}1&0&0\\0&2&0\\0&0&5\end{vmatrix}$,由此求 a 更方便.

30. 用配方法化下列二次型为标准形,并写出所用变换的矩阵.

(1) $f(x_1,x_2,x_3)=x_1^2+2x_3^2+2x_1x_3-2x_2x_3$;

(2) $f(x_1,x_2,x_3)=-4x_1x_2+2x_1x_3-2x_2x_3$.

解 (1) $$\begin{aligned} f &= x_1^2+2x_1x_3+x_3^2-2x_2x_3+x_3^2 \\ &= (x_1+x_3)^2-2x_2x_3+x_3^2 \\ &= (x_1+x_3)^2+x_2^2-2x_2x_3+x_3^2-x_2^2 \\ &= (x_1+x_3)^2+(x_2-x_3)^2-x_2^2. \end{aligned}$$

令$\begin{cases} y_1=x_1+x_3, \\ y_2=x_2-x_3, \\ y_3=x_2, \end{cases}$ 则$\begin{cases} x_1=y_1+y_2-y_3, \\ x_2=y_3, \\ x_3-y_2+y_3, \end{cases}$ 即

$$\begin{bmatrix} x_1 \\ x_2 \\ x_3 \end{bmatrix}=\begin{bmatrix} 1 & 1 & -1 \\ 0 & 0 & 1 \\ 0 & -1 & 1 \end{bmatrix}\begin{bmatrix} y_1 \\ y_2 \\ y_3 \end{bmatrix},$$

记为 $\boldsymbol{x}=C\boldsymbol{y}$,原二次型化为下列标准形:

$$f=y_1^2+y_2^2-y_3^2.$$

解 (2) 令$\begin{cases} x_1=y_1+y_2, \\ x_2=y_1-y_2, \\ x_3=y_3, \end{cases}$ 即

$$\begin{bmatrix} x_1 \\ x_2 \\ x_3 \end{bmatrix}=\begin{bmatrix} 1 & 1 & 0 \\ 1 & -1 & 0 \\ 0 & 0 & 1 \end{bmatrix}\begin{bmatrix} y_1 \\ y_2 \\ y_3 \end{bmatrix},$$

代入原二次型得

$$f=-4y_1^2+4y_2^2+4y_1y_3=-4\left(y_1-\frac{1}{2}y_3\right)^2+4y_2^2+y_3^2.$$

再令$\begin{cases} z_1=y_1-\dfrac{1}{2}y_3, \\ z_2=y_2, \\ z_3=y_3, \end{cases}$ 则 $\begin{cases} y_1=z_1+\dfrac{1}{2}z_3, \\ y_2=z_2, \\ y_3=z_3, \end{cases}$ 即

$$\begin{bmatrix} y_1 \\ y_2 \\ y_3 \end{bmatrix}=\begin{bmatrix} 1 & 0 & \frac{1}{2} \\ 0 & 1 & 0 \\ 0 & 0 & 1 \end{bmatrix}\begin{bmatrix} z_1 \\ z_2 \\ z_3 \end{bmatrix},$$

原二次型化为标准形：$f=-4z_1^2+4z_2^2+z_3^2$，所用线性变换矩阵为

$$C=\begin{bmatrix}1&1&0\\1&-1&0\\0&0&1\end{bmatrix}\begin{bmatrix}1&0&\frac{1}{2}\\0&1&0\\0&0&1\end{bmatrix}=\begin{bmatrix}1&1&\frac{1}{2}\\1&-1&\frac{1}{2}\\0&0&1\end{bmatrix}.$$

32. 已知二次型 $f(x_1,x_2,x_3)=4x_1^2+8x_1x_2+5x_2^2+4x_2x_3+3x_3^2$，求二次型 f 的正惯性指数和符号差.

解　因

$$\begin{aligned}f(x_1,x_2,x_3)&=4(x_1^2+2x_1x_2+x_2^2)+x_2^2+4x_2x_3^2+4x_3^2-x_3^2\\&=4(x_1+x_2)^2+(x_2+2x_3)^2-x_3^2.\end{aligned}$$

令 $\begin{cases}z_1=x_1+x_2,\\z_2=x_2+2x_3,\\z_3=x_3,\end{cases}$　即 $\begin{cases}x_1=z_1-z_2+2z_3,\\x_2=z_2-2z_3,\\x_3=z_3.\end{cases}$

二次型 $f(x_1,x_2,x_3)$ 的标准形为

$$f=4z_1^2+z_2^2-z_3^2.$$

由此得正惯性指数为 $p=2$，负惯性指数为 $q=1$，符号差 $s=p-q=1$.

34. t 取何值时，二次型

$$f=x_1^2+x_2^2+5x_3^2+2tx_1x_2-2x_1x_3+4x_2x_3$$

是正定的.

解　二次型的矩阵为

$$A=\begin{bmatrix}1&t&-1\\t&1&2\\-1&2&5\end{bmatrix}.$$

它的顺序主子式为

$$p_1=1,p_2=\begin{vmatrix}1&t\\t&1\end{vmatrix}=1-t^2=(1-t)(1+t),$$

$$p_3=\begin{vmatrix}1&t&-1\\t&1&2\\-1&2&5\end{vmatrix}=-5t^2-4t.$$

二次型正定$\Rightarrow p_2>0, p_3>0$，即$\begin{cases}(1-t)(1+t)>0,\\ -5t^2-4t>0.\end{cases}$解之得$-\dfrac{4}{5}<t<0$.

35. 判断下面结论是否正确，并说明理由.

(1) 设$\boldsymbol{\alpha}$是矩阵A的属于特征值λ的特征向量，则$k\boldsymbol{\alpha}$一定是A的特征向量($k\in\mathbf{R}$).

(2) 若A正定，则A^{-1}正定.

(3) 若A,B均为n阶正定矩阵，则A与B合同.

(4) 设A是下三角阵，当$a_{ii}\neq a_{jj}$ $(i\neq j, i,j=1,2,\cdots,n)$时，$A$一定相似于对角矩阵.

答 (1) 错，当$k=0$时，$k\boldsymbol{\alpha}=\mathbf{0}$，它不是特征向量，但当$k\neq 0$时，$k\boldsymbol{\alpha}$是$A$的特征向量.

(2) 对，因$(A^{-1})'=(A')^{-1}=A^{-1}$，所以$A^{-1}$是对称矩阵.

设A的特征值为$\lambda_1,\lambda_2,\cdots,\lambda_n$. 因$A$正定，所以$\lambda_i>0(i=1,3,\cdots,n)$. 因而$A^{-1}$的特征值$\lambda_1^{-1}>0,\lambda_2^{-1}>0,\cdots,\lambda_n^{-1}>0$. 故$A^{-1}$正定.

(3) 对. 因A为n阶正定矩阵，所以A与n阶单位矩阵E合同，又因B也为n阶正定矩阵，因而B也与n阶单位矩阵E合同，由传递性，A与B合同.

(4) 对. 设

$$A=\begin{bmatrix} a_{11} & & & 0 \\ & a_{22} & & \\ * & & \ddots & \\ & & & a_{nn} \end{bmatrix},$$

$$|A-\lambda E|=\begin{vmatrix} a_{11}-\lambda & & & 0 \\ & a_{22}-\lambda & & \\ * & & \ddots & \\ & & & a_{nn}-\lambda \end{vmatrix}=(a_{11}-\lambda)(a_{22}-\lambda)\cdots(a_{nn}-\lambda).$$

由此得A的特征值为$\lambda_1=a_{11},\lambda_2=a_{22},\cdots,\lambda_n=a_{nn}$.

因$a_{ii}\neq a_{jj}$，当$i\neq j$时，故A有n个互不相同的特征值. 因而A一定相似于对角矩阵.

37. 设$A=(a_{ij})$为n阶正定矩阵，则

(1) $a_{ij}>0(i=1,2\cdots,n)$；

(2) A^*正定；

(3) A^m正定(m为正整数)；

(4) 设$g(x)=x^m+x^{m-1}+\cdots+x+1$，则$g(A)$正定；

(5) $B=P'AP$正定，其中P为n阶可逆矩阵.

证　(1) 因 A 正定，所以对任意 n 维非零列向量 $\boldsymbol{x}$，均有 $\boldsymbol{x}'A\boldsymbol{x}>0$.

取 $\boldsymbol{\varepsilon}_i=\begin{bmatrix}0\\\vdots\\1\\\vdots\\0\end{bmatrix}$，$\boldsymbol{\varepsilon}_i$ 为第 i 个分量为 1，其余分量全为 0 的 n 维列向量，即得

$$\boldsymbol{\varepsilon}_i'A\boldsymbol{\varepsilon}_i=a_{ii}>0\quad(i=1,2,\cdots,n).$$

(2) 设 A 的特征值为 $\lambda_1,\lambda_2,\cdots,\lambda_n$. 且 $A\boldsymbol{\alpha}_i=\lambda_i\boldsymbol{\alpha}_i(\boldsymbol{\alpha}_i\neq\boldsymbol{0})$.

因 A 正定，所以 $\lambda_i>0(i=1,2,\cdots,n)$ 且 $|A|=\lambda_1\lambda_2\cdots\lambda_n>0$，由 $A^*A=|A|E$，得 $A^*=|A|A^{-1}$，则有

$$A^*\boldsymbol{\alpha}_i=|A|A^{-1}\boldsymbol{\alpha}_i=\frac{|A|}{\lambda_i}\boldsymbol{\alpha}_i\quad(i=1,2,\cdots,n).$$

因此 A^* 有特征值 $\dfrac{|A|}{\lambda_i}$，且 $\dfrac{|A|}{\lambda_i}>0(i=1,2,\cdots,n)$，又因

$$(A^*)'=[|A|A^{-1}]'=|A|(A^{-1})'=|A|(A')^{-1}=|A|A^{-1}=A^*,$$

故 A^* 为正定矩阵.

(3) 设 A 的特征值为 $\lambda_i(i=1,2,\cdots,n)$，则 A^m 有特征值 $\lambda_i^m(i=1,2,\cdots,n)$. 因 A 为正定矩阵，所以 $\lambda_i>0$. 因而 $\lambda_i^m>0(i=1,2,\cdots,n)$，故 A^m 为正定矩阵.

(4) 设 $g(x)=x^m+x^{m-1}+\cdots+x+1$，若 A 有特征值 $\lambda_i>0(i=1,2,\cdots,n)$，则 $g(A)$ 有特征值 $g(\lambda_i)=\lambda_i^m+\lambda_i^{m-1}+\cdots+\lambda_i+1>0$. 因此 $g(A)$ 的特征值全大于零，故 $g(A)=A^m+A^{m-1}+\cdots+A+E$ 正定.

(5) 令 $B=P'AP$，则 A 与 B 合同，且 A 与 B 的秩及正惯性指数相同，又 A 为正定矩阵，因而 A 的正惯性指数为 n，故 B 的正惯性指数也等于其阶数 n，从而 B 正定，即 $P'AP$ 为正定矩阵.

五、自测题

1. 填空题

(1) 若 $\lambda=0$ 是矩阵 A 的特征值，那么齐次线性方程组 $A\boldsymbol{x}=\boldsymbol{0}$ 必有________(零解或非零解选一).

(2) 若 $\boldsymbol{x}$ 是矩阵 A 的特征向量，那么________是矩阵 $P^{-1}AP$ 的特征向量.

(3) 若 n 阶可逆矩阵 A 的每行元素之和均为 $a(a\neq0)$，则数________一定是矩阵 $2A^{-1}+3E$ 的特征值.

(4) 若 4 阶矩阵 A 与 B 相似，矩阵 A 的特征值为 $\frac{1}{2},\frac{1}{3},\frac{1}{4},\frac{1}{5}$，则行列式 $|B^{-1}-E|=$________.

(5) 设矩阵 $A=\begin{bmatrix}1&0&1\\0&2&0\\1&0&x\end{bmatrix}$ 有一个特征值为 0，则 $x=$________，A 的其余特征值是________.

(6) 二次型 $f(x,y)=(x,y)\begin{bmatrix}3&2\\4&3\end{bmatrix}\begin{bmatrix}x\\y\end{bmatrix}$ 的矩阵为________.

(7) 二次型 $f(x_1,x_2,x_3)=x_1^2+x_2^2+x_3^2+2\alpha x_1x_2+2\beta x_2x_3+2x_1x_3$ 经正交变换 $\begin{bmatrix}x_1\\x_2\\x_3\end{bmatrix}=P\begin{bmatrix}y_1\\y_2\\y_3\end{bmatrix}$ 化成标准形 $f=y_2^2+2y_3^2$，其中 P 为正交矩阵，则 $\alpha=$________，$\beta=$________.

(8) 若二次型 $f(x_1,x_2,x_3)=x_1^2+4x_2^2+4x_3^2+2\lambda x_1x_2-2x_1x_3+4x_2x_3$ 为正定二次型，则 λ 的取值范围是________.

2. 选择题

(1) 设 $\lambda=2$ 是非奇异矩阵 A 的一个特征值，则矩阵 $\left(\frac{1}{3}A^2\right)^{-1}$ 有一个特征值等于________.

A. $\frac{4}{3}$　　B. $\frac{3}{4}$　　C. $\frac{1}{2}$　　D. $\frac{1}{4}$

(2) 设 A 为 n 阶可逆矩阵，λ 是 A 的一个特征值，则 A 的伴随矩阵 A^* 的一个特征值是________.

A. $\lambda^{-1}|A|^n$　　B. $\lambda^{-1}|A|$　　C. $\lambda|A|$　　D. $\lambda|A|^n$

(3) n 阶方阵 A 有 n 个不同特征值是 A 与对角矩阵相似的________.

A. 充分必要条件　　B. 充分而非必要条件

C. 必要而非充分条件　　D. 既非充分又非必要条件

(4) 设 A,B 为 n 阶方阵，则 A 与 B 相似的充分条件是________.

A. $\mathrm{R}(A)=\mathrm{R}(B)$

B. $|A|=|B|$

C. A 与 B 有相同的特征多项式

D. A 与 B 有相同的特征值 $\lambda_1,\lambda_2,\cdots,\lambda_n$ 且 $\lambda_i\neq\lambda_j(i\neq j)$

(5) 设矩阵

$$A=\begin{bmatrix}3&2&2\\2&3&2\\2&2&3\end{bmatrix},$$

若矩阵 B 与 A^* 相似,则 $|B-E|=$________.

A. 0　　B. 1　　C. 2　　D. 3

(6) 设矩阵

$$A=\begin{bmatrix}2&0&0\\0&0&1\\0&1&x\end{bmatrix},\quad B=\begin{bmatrix}2&0&0\\0&y&0\\0&0&-1\end{bmatrix},$$

若 A 与 B 相似,则 x,y 的值是________.

A. $x=1,y=1$　　B. $x=-1,y=0$

C. $x=0,y=0$　　D. $x=0,y=1$

(7) 二次型 $f(x_1,x_2,x_3)=2x_1^2+x_2^2-4x_3^2-4x_1x_2-2x_2x_3$ 的标准形是________.

A. $2y_1^2-y_2^2-3y_3^2$　　B. $-2y_1^2-y_2^2-3y_3^2$

C. $2y_1^2+y_2^2$　　D. $2y_1^2+y_2^2+3y_3^2$

(8) A 为 n 阶实对称矩阵,且正定,则________.

A. $A=E$　　B. A 与 E 相似　　C. $A^2=E$　　D. A 合同于 E

(9) 若 A,B 为正定矩阵,则________.

A. AB,$A+B$ 正定　　B. AB 正定,$A+B$ 非正定

C. AB 非正定,$A+B$ 正定　　D. AB 不一定正定,$A+B$ 正定

(10) 若 n 阶实对称矩阵 A 的特征值为 $\lambda_1,\lambda_2,\cdots,\lambda_n$ 那么当 t 满足条件________时,$A-tE$ 为正定矩阵.

A. $t<\min\{\lambda_1,\lambda_2,\cdots,\lambda_n\}$　　B. $t>\min\{\lambda_1,\lambda_2,\cdots,\lambda_n\}$

C. $t<\max\{\lambda_1,\lambda_2,\cdots,\lambda_n\}$　　D. $t>\max\{\lambda_1,\lambda_2,\cdots,\lambda_n\}$

3. 设 A,B 相似,A 可逆,证明 A^* 与 B^* 相似.

4. 三阶实对称矩阵 A 的特征值为 $\lambda_1=-1,\lambda_2=\lambda_3=1$,已知 A 的属于特征值 $\lambda_1=-1$ 的特征向量为 $\boldsymbol{\xi}_1=\begin{bmatrix}0\\1\\1\end{bmatrix}$,求矩阵 A.

5. 设矩阵

$$A=\begin{bmatrix}-2&0&0\\2&x&2\\3&1&1\end{bmatrix},\quad B=\begin{bmatrix}-1&0&0\\0&2&0\\0&0&y\end{bmatrix}$$

相似,求

(1) x,y;

(2) 相似变换矩阵 P,使 $P^{-1}AP=B$.

6. 应用正交变换法和配方法化二次型

$$f(x_1,x_2,x_3)=2x_1^2+3x_2^2+3x_3^2+4x_2x_3$$

为标准形,并写出变换矩阵.

7. 设矩阵 A 的列向量线性无关,证明 $A'A$ 为正定矩阵.

8. 设 A 为正定矩阵,B 为同阶实对称矩阵,证明存在可逆矩阵 P,使 $P'AP=E$,$P'BP$ 为对角矩阵.

第 6 章　线性空间与线性变换

一、基本要求

(1) 掌握线性空间的定义及性质.

(2) 掌握子空间的概念及判定方法.

(3) 掌握线性空间的基、维数与坐标的概念.

(4) 理解过渡矩阵的概念,并能熟练地求出不同基之间的过渡矩阵.

(5) 掌握基变换和坐标变换公式并能熟练地求出同一向量在不同基下的坐标.

(6) 了解线性变换概念、性质及基下矩阵概念,并能求基下的矩阵.

二、内容提要

1. 线性空间的定义与性质

1) 线性空间

定义 6.1　设 V 是一个非空集合,$\boldsymbol{\alpha},\boldsymbol{\beta},\boldsymbol{\gamma}$ 是 V 中的元素,$\mathbf{R}$ 为实数域,在 V 中规定两种运算:一个为加法运算,记作 $\boldsymbol{\alpha}+\boldsymbol{\beta}$;另一个为数乘运算,记作 $\lambda\boldsymbol{\alpha}$. 若集合 V 对这两种运算具有封闭性(即 $\forall\boldsymbol{\alpha},\boldsymbol{\beta}\in V,\lambda\in\mathbf{R}$,则 $\boldsymbol{\alpha}+\boldsymbol{\beta}\in V,\lambda\boldsymbol{\alpha}\in V$),且满足以下八条运算规律:

(1) $\boldsymbol{\alpha}+\boldsymbol{\beta}=\boldsymbol{\beta}+\boldsymbol{\alpha}$;

(2) $(\boldsymbol{\alpha}+\boldsymbol{\beta})+\boldsymbol{\gamma}=\boldsymbol{\alpha}+(\boldsymbol{\beta}+\boldsymbol{\gamma})$;

(3) 在 V 中存在零元素 $\mathbf{0}$,对任意 $\boldsymbol{\alpha}\in V$,都有 $\boldsymbol{\alpha}+0=\boldsymbol{\alpha}$;

(4) 对任意 $\boldsymbol{\alpha}\in V$,都有 $\boldsymbol{\alpha}$ 的负元素 $\boldsymbol{\beta}\in V$,使 $\boldsymbol{\alpha}+\boldsymbol{\beta}=\mathbf{0}$;

(5) $1\boldsymbol{\alpha}=\boldsymbol{\alpha}$;

(6) $\lambda(u\boldsymbol{\alpha})=(\lambda u)\boldsymbol{\alpha}$;

(7) $(\lambda+u)\boldsymbol{\alpha}=\lambda\boldsymbol{\alpha}+u\boldsymbol{\alpha}$;

(8) $\lambda(\boldsymbol{\alpha}+\boldsymbol{\beta})=\lambda\boldsymbol{\alpha}+\lambda\boldsymbol{\beta}$,

则称 V 为(实数域 $\mathbf{R}$ 上的)**线性空间或向量空间**,V 中的元素不论其本来的性质如何,统称为**向量**.

显然,n 维向量空间 $\mathbf{R}^n$ 对于向量的加法与数乘是一个线性空间.

2) 线性空间的性质

(1) 零元素是唯一的;

(2) 任一元素的负元素是唯一的；

(3) $0\boldsymbol{\alpha}=\mathbf{0},(-1)\boldsymbol{\alpha}=-\boldsymbol{\alpha},\lambda\mathbf{0}=\mathbf{0}$；

(4) 若 $k\boldsymbol{\alpha}=\mathbf{0}$，则 $k=0$ 或 $\boldsymbol{\alpha}=\mathbf{0}$.

3) 子空间的定义

定义 6.2　设 V 是一个线性空间，U 是 V 的一个非空子集合，如果 U 对于 V 中定义的加法和数乘运算也构成一个线性空间，则称 U 为 V 的**子空间**.

定理 6.1　线性空间 V 的非空子集 U 构成子空间的充分必要条件是

(1) 如果 $\boldsymbol{\alpha},\boldsymbol{\beta}\in U$，则 $\boldsymbol{\alpha}+\boldsymbol{\beta}\in U$；

(2) 如果 $\boldsymbol{\alpha}\in U,\lambda\in\mathbf{R}$，则 $\lambda\boldsymbol{\alpha}\in U$.

2. 线性空间的基、维数与向量的坐标

定义 6.3　在线性空间 V 中，如果有 n 个向量 $\boldsymbol{\alpha}_1,\boldsymbol{\alpha}_2,\cdots,\boldsymbol{\alpha}_n$ 满足：

(1) $\boldsymbol{\alpha}_1,\boldsymbol{\alpha}_2,\cdots,\boldsymbol{\alpha}_n$ 线性无关；

(2) V 中任意向量都可由 $\boldsymbol{\alpha}_1,\boldsymbol{\alpha}_2,\cdots,\boldsymbol{\alpha}_n$ 线性表示，

则称 $\boldsymbol{\alpha}_1,\boldsymbol{\alpha}_2,\cdots,\boldsymbol{\alpha}_n$ 为线性空间 V 的一个**基**，n 为线性空间 V 的**维数**.

维数为 n 的线性空间称为 n 维线性空间，记作 V_n. 维数为零的线性空间称为零维线性空间，显然，零维线性空间是由零向量构成的.

定义 6.4　设 $\boldsymbol{\alpha}_1,\boldsymbol{\alpha}_2,\cdots,\boldsymbol{\alpha}_n$ 是线性空间 V_n 的一个基，那么对任意向量 $\boldsymbol{\alpha}\in V_n$，使得

$$\boldsymbol{\alpha}=x_1\boldsymbol{\alpha}_1+x_2\boldsymbol{\alpha}_2+\cdots+x_n\boldsymbol{\alpha}_n$$

成立的有序数组 $x_1,x_2,\cdots,x_n$ 称为向量 $\boldsymbol{\alpha}$ 在基 $\boldsymbol{\alpha}_1,\boldsymbol{\alpha}_2,\cdots,\boldsymbol{\alpha}_n$ 下的**坐标**，并记为 $(x_1,x_2,\cdots,x_n)'$.

3. 基变换与坐标变换

1) 过渡矩阵

设 $\boldsymbol{\alpha}_1,\boldsymbol{\alpha}_2,\cdots,\boldsymbol{\alpha}_n$ 及 $\boldsymbol{\beta}_1,\boldsymbol{\beta}_2,\cdots,\boldsymbol{\beta}_n$ 是线性空间 V_n 的两个基，且

$$\begin{cases}\boldsymbol{\beta}_1=a_{11}\boldsymbol{\alpha}_1+a_{21}\boldsymbol{\alpha}_2+\cdots+a_{n1}\boldsymbol{\alpha}_n,\\ \boldsymbol{\beta}_2=a_{12}\boldsymbol{\alpha}_1+a_{22}\boldsymbol{\alpha}_2+\cdots+a_{n2}\boldsymbol{\alpha}_n,\\ \qquad\cdots\cdots\\ \boldsymbol{\beta}_n=a_{1n}\boldsymbol{\alpha}_1+a_{2n}\boldsymbol{\alpha}_2+\cdots+a_{nn}\boldsymbol{\alpha}_n.\end{cases}\tag{6.1}$$

将式(6.1)写成矩阵形式为

$$(\boldsymbol{\beta}_1,\boldsymbol{\beta}_2,\cdots,\boldsymbol{\beta}_n)=(\boldsymbol{\alpha}_1,\boldsymbol{\alpha}_2,\cdots,\boldsymbol{\alpha}_n)A,\tag{6.2}$$

其中矩阵

$$A=\begin{bmatrix} a_{11} & a_{12} & \cdots & a_{1n} \\ a_{21} & a_{22} & \cdots & a_{2n} \\ \vdots & \vdots & & \vdots \\ a_{n1} & a_{n2} & \cdots & a_{nn} \end{bmatrix}$$

称为由基 $\boldsymbol{\alpha}_1,\boldsymbol{\alpha}_2,\cdots,\boldsymbol{\alpha}_n$ 到基 $\boldsymbol{\beta}_1,\boldsymbol{\beta}_2,\cdots,\boldsymbol{\beta}_n$ 的**过渡矩阵**，而公式(6.1)或(6.2)称为基变换公式. 因 $\boldsymbol{\beta}_1,\boldsymbol{\beta}_2,\cdots,\boldsymbol{\beta}_n$ 线性无关，故过渡矩阵 A 是可逆矩阵.

2）坐标变换公式

设 $\boldsymbol{\alpha}\in V_n$，在两组基下有

$$\boldsymbol{\alpha}=x_1\boldsymbol{\alpha}_1+x_2\boldsymbol{\alpha}_2+\cdots+x_n\boldsymbol{\alpha}_n=(\boldsymbol{\alpha}_1,\boldsymbol{\alpha}_2,\cdots,\boldsymbol{\alpha}_n)\begin{bmatrix} x_1 \\ x_2 \\ \vdots \\ x_n \end{bmatrix},$$

$$\boldsymbol{\alpha}=y_1\boldsymbol{\beta}_1+y_2\boldsymbol{\beta}_2+\cdots+y_n\boldsymbol{\beta}_n=(\boldsymbol{\beta}_1,\boldsymbol{\beta}_2,\cdots,\boldsymbol{\beta}_n)\begin{bmatrix} y_1 \\ y_2 \\ \vdots \\ y_n \end{bmatrix}.$$

由于在两基之间有

$$(\boldsymbol{\beta}_1,\boldsymbol{\beta}_2,\cdots,\boldsymbol{\beta}_n)=(\boldsymbol{\alpha}_1,\boldsymbol{\alpha}_2,\cdots,\boldsymbol{\alpha}_n)A,$$

由以上可得

$$\boldsymbol{\alpha}=(\boldsymbol{\alpha}_1,\boldsymbol{\alpha}_2,\cdots,\boldsymbol{\alpha}_n)\begin{bmatrix} x_1 \\ x_2 \\ \vdots \\ x_n \end{bmatrix}=(\boldsymbol{\beta}_1,\boldsymbol{\beta}_2,\cdots,\boldsymbol{\beta}_n)\begin{bmatrix} y_1 \\ y_2 \\ \vdots \\ y_n \end{bmatrix},$$

即

$$(\boldsymbol{\alpha}_1,\boldsymbol{\alpha}_2,\cdots,\boldsymbol{\alpha}_n)\begin{bmatrix} x_1 \\ x_2 \\ \vdots \\ x_n \end{bmatrix}=(\boldsymbol{\alpha}_1,\boldsymbol{\alpha}_2,\cdots,\boldsymbol{\alpha}_n)A\begin{bmatrix} y_1 \\ y_2 \\ \vdots \\ y_n \end{bmatrix},$$

由于 $\boldsymbol{\alpha}_1,\boldsymbol{\alpha}_2,\cdots,\boldsymbol{\alpha}_n$ 线性无关，则有

$$\begin{bmatrix} x_1 \\ x_2 \\ \vdots \\ x_n \end{bmatrix} = A \begin{bmatrix} y_1 \\ y_2 \\ \vdots \\ y_n \end{bmatrix}$$

或

$$\begin{bmatrix} y_1 \\ y_2 \\ \vdots \\ y_n \end{bmatrix} = A^{-1} \begin{bmatrix} x_1 \\ x_2 \\ \vdots \\ x_n \end{bmatrix}. \tag{6.3}$$

称式(6.3)为线性空间 V_n 中同一向量在两个不同基下的**坐标变换公式**.

4. 线性变换

1) 线性变换的定义

定义 6.5　设 T 是线性空间 V 的一个变换,如果 T 满足:

(1) 对任意向量 $\boldsymbol{\alpha},\boldsymbol{\beta}\in V$,有 $T(\boldsymbol{\alpha}+\boldsymbol{\beta})=T(\boldsymbol{\alpha})+T(\boldsymbol{\beta})$;

(2) 对任意 $\boldsymbol{\alpha}\in V,k\in\mathbf{R}$,有 $T(k\boldsymbol{\alpha})=kT(\boldsymbol{\alpha})$,

则称 T 为 V 的一个**线性变换**.

2) 线性变换的性质

(1) $T(\mathbf{0})=0,T(-\boldsymbol{\alpha})=-T(\boldsymbol{\alpha})$;

(2) 若 $\boldsymbol{\beta}=k_1\boldsymbol{\alpha}_1+k_2\boldsymbol{\alpha}_2+\cdots+k_m\boldsymbol{\alpha}_m$,则 $T\boldsymbol{\beta}=k_1T\boldsymbol{\alpha}_1+k_2T\boldsymbol{\alpha}_2+\cdots+k_mT\boldsymbol{\alpha}_m$;

(3) 若 $\boldsymbol{\alpha}_1,\boldsymbol{\alpha}_2,\cdots,\boldsymbol{\alpha}_m$ 线性相关,则 $T\boldsymbol{\alpha}_1,T\boldsymbol{\alpha}_2,\cdots,T\boldsymbol{\alpha}_m$ 也线性相关(反之不真).

3) 线性变换的矩阵表示式

设 T 是线性空间 V_n 中的线性变换,$\boldsymbol{\alpha}_1,\boldsymbol{\alpha}_2,\cdots,\boldsymbol{\alpha}_n$ 是一个基,且

$$\begin{cases} T\boldsymbol{\alpha}_1 = a_{11}\boldsymbol{\alpha}_1 + a_{21}\boldsymbol{\alpha}_2 + \cdots + a_{n1}\boldsymbol{\alpha}_n, \\ T\boldsymbol{\alpha}_2 = a_{12}\boldsymbol{\alpha}_1 + a_{22}\boldsymbol{\alpha}_2 + \cdots + a_{n2}\boldsymbol{\alpha}_n, \\ \qquad\cdots\cdots \\ T\boldsymbol{\alpha}_n = a_{1n}\boldsymbol{\alpha}_1 + a_{2n}\boldsymbol{\alpha}_2 + \cdots + a_{nn}\boldsymbol{\alpha}_n, \end{cases}$$

则 $T(\boldsymbol{\alpha}_1,\boldsymbol{\alpha}_2,\cdots,\boldsymbol{\alpha}_n)=(T\boldsymbol{\alpha}_1,T\boldsymbol{\alpha}_2,\cdots,T\boldsymbol{\alpha}_n)=(\boldsymbol{\alpha}_1,\boldsymbol{\alpha}_2,\cdots,\boldsymbol{\alpha}_n)A$,其中 $A=\begin{bmatrix} a_{11} & a_{12} & \cdots & a_{1n} \\ a_{21} & a_{22} & \cdots & a_{2n} \\ \vdots & \vdots & & \vdots \\ a_{n1} & a_{n2} & \cdots & a_{nn} \end{bmatrix}$,$A$ 称为线性变换 T 在基 $\boldsymbol{\alpha}_1,\boldsymbol{\alpha}_2,\cdots,\boldsymbol{\alpha}_n$ 下的矩阵.

若 $\boldsymbol{\alpha}_1,\boldsymbol{\alpha}_2,\cdots,\boldsymbol{\alpha}_n$ 与 $\boldsymbol{\beta}_1,\boldsymbol{\beta}_2,\cdots,\boldsymbol{\beta}_n$ 是线性空间 V_n 的两个基,且

$$(\boldsymbol{\beta}_1,\boldsymbol{\beta}_2,\cdots,\boldsymbol{\beta}_n)=(\boldsymbol{\alpha}_1,\boldsymbol{\alpha}_2,\cdots,\boldsymbol{\alpha}_n)P,$$
$$T(\boldsymbol{\alpha}_1,\boldsymbol{\alpha}_2,\cdots,\boldsymbol{\alpha}_n)=(\boldsymbol{\alpha}_1,\boldsymbol{\alpha}_2,\cdots,\boldsymbol{\alpha}_n)A,$$
$$T(\boldsymbol{\beta}_1,\boldsymbol{\beta}_2,\cdots,\boldsymbol{\beta}_n)=(\boldsymbol{\beta}_1,\boldsymbol{\beta}_2,\cdots,\boldsymbol{\beta}_n)B,$$

则 $P^{-1}AP=B$,即线性变换在不同基下的矩阵是相似的.

三、典型例题解析

例 1　V 是实数域 $\mathbf{R}$ 上的线性空间,且 $V\neq\{\mathbf{0}\}$,则 V 中元素的个数为________.

解　无穷多个.

因对非零元素 $\boldsymbol{\alpha}\in V$,对任意 $k\in\mathbf{R}$,有 $k\boldsymbol{\alpha}\in V$,且当 $k_1\neq k_2$ 时,$k_1\boldsymbol{\alpha}\neq k_2\boldsymbol{\alpha}$,所以 V 含无穷多个元素.

例 2　已知线性空间 $\mathbf{R}^3$ 中的两组基 $\boldsymbol{\alpha}_1=\begin{bmatrix}1\\2\\1\end{bmatrix}$,$\boldsymbol{\alpha}_2=\begin{bmatrix}2\\3\\3\end{bmatrix}$,$\boldsymbol{\alpha}_3=\begin{bmatrix}3\\7\\1\end{bmatrix}$,及 $\boldsymbol{\beta}_1=\begin{bmatrix}3\\1\\4\end{bmatrix}$,$\boldsymbol{\beta}_2=\begin{bmatrix}5\\2\\1\end{bmatrix}$,$\boldsymbol{\beta}_3=\begin{bmatrix}1\\1\\-6\end{bmatrix}$.

(1) 求基 $\boldsymbol{\alpha}_1,\boldsymbol{\alpha}_2,\boldsymbol{\alpha}_3$ 到基 $\boldsymbol{\beta}_1,\boldsymbol{\beta}_2,\boldsymbol{\beta}_3$ 的过渡矩阵;

(2) 写出坐标变换公式;

(3) 求 $\boldsymbol{\alpha}=\begin{bmatrix}1\\1\\2\end{bmatrix}$ 在两组基下的坐标.

解　(1) 解法一　设 $(\boldsymbol{\beta}_1,\boldsymbol{\beta}_2,\boldsymbol{\beta}_3)=(\boldsymbol{\alpha}_1,\boldsymbol{\alpha}_2,\boldsymbol{\alpha}_3)C$,即 $B=AC$,其中 $B=(\boldsymbol{\beta}_1,\boldsymbol{\beta}_2,\boldsymbol{\beta}_3)=\begin{bmatrix}3&5&1\\1&2&1\\4&1&-6\end{bmatrix}$,$A=(\boldsymbol{\alpha}_1,\boldsymbol{\alpha}_2,\boldsymbol{\alpha}_3)=\begin{bmatrix}1&2&3\\2&3&7\\1&3&1\end{bmatrix}$,因 $\boldsymbol{\alpha}_1,\boldsymbol{\alpha}_2,\boldsymbol{\alpha}_3$ 线性无关,故 A 可逆. 因此,

$$C=A^{-1}B=\begin{bmatrix}1&2&3\\2&3&7\\1&3&1\end{bmatrix}^{-1}\begin{bmatrix}3&5&1\\1&2&1\\4&1&-6\end{bmatrix}=\begin{bmatrix}-18&7&5\\5&-2&-1\\3&-1&-1\end{bmatrix}\begin{bmatrix}3&5&1\\1&2&1\\4&1&6\end{bmatrix}$$
$$=\begin{bmatrix}-27&-71&-41\\9&20&9\\4&12&8\end{bmatrix},$$

C 即为所求过渡矩阵.

解法二　令 $\boldsymbol{\varepsilon}_1=\begin{bmatrix}1\\0\\0\end{bmatrix},\boldsymbol{\varepsilon}_2=\begin{bmatrix}0\\1\\0\end{bmatrix},\boldsymbol{\varepsilon}_3=\begin{bmatrix}0\\0\\1\end{bmatrix}$,则有

$$(\boldsymbol{\alpha}_1,\boldsymbol{\alpha}_2,\boldsymbol{\alpha}_3)=(\boldsymbol{\varepsilon}_1,\boldsymbol{\varepsilon}_2,\boldsymbol{\varepsilon}_3)\begin{bmatrix}1&2&3\\2&3&7\\1&3&1\end{bmatrix}=(\boldsymbol{\varepsilon}_1,\boldsymbol{\varepsilon}_2,\boldsymbol{\varepsilon}_3)A,$$

$$(\boldsymbol{\beta}_1,\boldsymbol{\beta}_2,\boldsymbol{\beta}_3)=(\boldsymbol{\varepsilon}_1,\boldsymbol{\varepsilon}_2,\boldsymbol{\varepsilon}_3)\begin{bmatrix}3&5&1\\1&2&1\\4&1&-6\end{bmatrix}=(\boldsymbol{\varepsilon}_1,\boldsymbol{\varepsilon}_2,\boldsymbol{\varepsilon}_3)B.$$

由$(\boldsymbol{\varepsilon}_1,\boldsymbol{\varepsilon}_2,\boldsymbol{\varepsilon}_3)=(\boldsymbol{\alpha}_1,\boldsymbol{\alpha}_2,\boldsymbol{\alpha}_3)A^{-1}$,故

$$(\boldsymbol{\beta}_1,\boldsymbol{\beta}_2,\boldsymbol{\beta}_3)=(\boldsymbol{\varepsilon}_1,\boldsymbol{\varepsilon}_2,\boldsymbol{\varepsilon}_3)B=(\boldsymbol{\alpha}_1,\boldsymbol{\alpha}_2,\boldsymbol{\alpha}_3)A^{-1}B,$$

则过渡矩阵 $A^{-1}B=\begin{bmatrix}-27&-71&-41\\9&20&9\\4&12&8\end{bmatrix}$.

(2) $\forall\boldsymbol{\alpha}\in\mathbf{R}^3$,且

$$\boldsymbol{\alpha}=x_1\boldsymbol{\alpha}_1+x_2\boldsymbol{\alpha}_2+x_3\boldsymbol{\alpha}_3=(\boldsymbol{\alpha}_1,\boldsymbol{\alpha}_2,\boldsymbol{\alpha}_3)\begin{bmatrix}x_1\\x_2\\x_3\end{bmatrix},$$

$$\boldsymbol{\alpha}=x_1'\boldsymbol{\beta}_1+x_2'\boldsymbol{\beta}_2+x_3'\boldsymbol{\beta}_3=(\boldsymbol{\beta}_1,\boldsymbol{\beta}_2,\boldsymbol{\beta}_3)\begin{bmatrix}x_1'\\x_2'\\x_3'\end{bmatrix},$$

又因$(\boldsymbol{\beta}_1,\boldsymbol{\beta}_2,\boldsymbol{\beta}_3)=(\boldsymbol{\alpha}_1,\boldsymbol{\alpha}_2,\boldsymbol{\alpha}_3)C$,所以

$$(\boldsymbol{\alpha}_1,\boldsymbol{\alpha}_2,\boldsymbol{\alpha}_3)\begin{bmatrix}x_1\\x_2\\x_3\end{bmatrix}=(\boldsymbol{\beta}_1,\boldsymbol{\beta}_2,\boldsymbol{\beta}_3)\begin{bmatrix}x_1'\\x_2'\\x_3'\end{bmatrix}=(\boldsymbol{\alpha}_1,\boldsymbol{\alpha}_2,\boldsymbol{\alpha}_3)C\begin{bmatrix}x_1'\\x_2'\\x_3'\end{bmatrix}.$$

由于 $\boldsymbol{\alpha}_1,\boldsymbol{\alpha}_2,\boldsymbol{\alpha}_3$ 线性无关,故

$$\begin{bmatrix}x_1\\x_2\\x_3\end{bmatrix}=C\begin{bmatrix}x_1'\\x_2'\\x_3'\end{bmatrix}=\begin{bmatrix}-27&-71&-41\\9&20&9\\4&12&8\end{bmatrix}\begin{bmatrix}x_1'\\x_2'\\x_3'\end{bmatrix}.$$

(3) 设 $\boldsymbol{\alpha}=x_1'\boldsymbol{\beta}_1+x_2'\boldsymbol{\beta}_2+x_3'\boldsymbol{\beta}_3=(\boldsymbol{\beta}_1,\boldsymbol{\beta}_2,\boldsymbol{\beta}_3)\begin{bmatrix}x_1'\\x_2'\\x_3'\end{bmatrix}$,则

$$\begin{bmatrix} x_1' \\ x_2' \\ x_3' \end{bmatrix} = (\boldsymbol{\beta}_1,\boldsymbol{\beta}_2,\boldsymbol{\beta}_3)^{-1}\boldsymbol{\alpha} = \begin{bmatrix} 3 & 5 & 1 \\ 1 & 2 & 1 \\ 4 & 1 & -6 \end{bmatrix}^{-1} \begin{bmatrix} 1 \\ 1 \\ 2 \end{bmatrix} = \begin{bmatrix} 6 \\ -4 \\ 3 \end{bmatrix}.$$

而 $\boldsymbol{\alpha}$ 在 $\boldsymbol{\alpha}_1,\boldsymbol{\alpha}_2,\boldsymbol{\alpha}_3$ 下的坐标为

$$\begin{bmatrix} x_1 \\ x_2 \\ x_3 \end{bmatrix} = C\begin{bmatrix} x_1' \\ x_2' \\ x_3' \end{bmatrix} = \begin{bmatrix} -27 & -71 & -41 \\ 9 & 20 & 9 \\ 4 & 12 & 8 \end{bmatrix} \begin{bmatrix} 6 \\ -4 \\ 3 \end{bmatrix} = \begin{bmatrix} -1 \\ 1 \\ 0 \end{bmatrix}.$$

例 3　在 V_3 中已知从基 $\boldsymbol{\alpha}_1,\boldsymbol{\alpha}_2,\boldsymbol{\alpha}_3$ 到基 $\boldsymbol{\beta}_1,\boldsymbol{\beta}_2,\boldsymbol{\beta}_3$ 的过渡矩阵为

$$P = \begin{bmatrix} 1 & 0 & 0 \\ 1 & 2 & 1 \\ 2 & 2 & 4 \end{bmatrix},\quad 又\quad \boldsymbol{\beta}_1 = \begin{bmatrix} 1 \\ 0 \\ 1 \end{bmatrix},\quad \boldsymbol{\beta}_2 = \begin{bmatrix} 1 \\ 1 \\ 0 \end{bmatrix},\quad \boldsymbol{\beta}_3 = \begin{bmatrix} 0 \\ 0 \\ 1 \end{bmatrix},$$

求 $\boldsymbol{\alpha}_1,\boldsymbol{\alpha}_2,\boldsymbol{\alpha}_3$.

解　因为 $(\boldsymbol{\beta}_1,\boldsymbol{\beta}_2,\boldsymbol{\beta}_3)=(\boldsymbol{\alpha}_1,\boldsymbol{\alpha}_2,\boldsymbol{\alpha}_3)P$，所以

$$(\boldsymbol{\alpha}_1,\boldsymbol{\alpha}_2,\boldsymbol{\alpha}_3) = (\boldsymbol{\beta}_1,\boldsymbol{\beta}_2,\boldsymbol{\beta}_3)P^{-1}$$

$$= \begin{bmatrix} 1 & 1 & 0 \\ 0 & 1 & 0 \\ 1 & 0 & 1 \end{bmatrix} \begin{bmatrix} 1 & 0 & 0 \\ 1 & 2 & 1 \\ 2 & 2 & 4 \end{bmatrix}^{-1} = \begin{bmatrix} \frac{2}{3} & \frac{2}{3} & -\frac{1}{6} \\ -\frac{1}{3} & \frac{2}{3} & -\frac{1}{6} \\ \frac{2}{3} & -\frac{1}{3} & \frac{1}{3} \end{bmatrix},$$

故 $\boldsymbol{\alpha}_1 = \begin{bmatrix} \frac{2}{3} \\ -\frac{1}{3} \\ \frac{2}{3} \end{bmatrix}, \boldsymbol{\alpha}_2 = \begin{bmatrix} \frac{2}{3} \\ \frac{2}{3} \\ -\frac{1}{3} \end{bmatrix}, \boldsymbol{\alpha}_3 = \begin{bmatrix} -\frac{1}{6} \\ -\frac{1}{6} \\ \frac{1}{3} \end{bmatrix}$.

例 4　设 B 是秩为 2 的 5×4 矩阵，$\boldsymbol{\alpha}_1 = \begin{bmatrix} 1 \\ 1 \\ 2 \\ 3 \end{bmatrix}, \boldsymbol{\alpha}_2 = \begin{bmatrix} -1 \\ 1 \\ 4 \\ -1 \end{bmatrix}, \boldsymbol{\alpha}_3 = \begin{bmatrix} 5 \\ -1 \\ -8 \\ 9 \end{bmatrix}$ 是齐次线性方程组 $B\boldsymbol{x}=\boldsymbol{0}$ 的解向量，求 $B\boldsymbol{x}=\boldsymbol{0}$ 的解空间的一个标准正交基.

解　因 $\mathrm{R}(B)=2$，故解空间的维数为 2，又 $\boldsymbol{\alpha}_1,\boldsymbol{\alpha}_2$ 线性无关，故 $\boldsymbol{\alpha}_1,\boldsymbol{\alpha}_2$ 是解空间的一个基. 取

$$\boldsymbol{\beta}_1 = \boldsymbol{\alpha}_1 = \begin{bmatrix} 1 \\ 1 \\ 2 \\ 3 \end{bmatrix},$$

$$\boldsymbol{\beta}_2=\boldsymbol{\alpha}_2-\frac{[\boldsymbol{\alpha}_2,\boldsymbol{\beta}_1]}{[\boldsymbol{\beta}_1,\boldsymbol{\beta}_1]}\boldsymbol{\beta}_1=\begin{bmatrix}-1\\1\\4\\-1\end{bmatrix}-\frac{1}{3}\begin{bmatrix}1\\1\\2\\3\end{bmatrix}=\begin{bmatrix}-\frac{4}{3}\\ \frac{2}{3}\\ \frac{10}{3}\\ -2\end{bmatrix}.$$

故 $\boldsymbol{\varepsilon}_1=\dfrac{\boldsymbol{\beta}_1}{\|\boldsymbol{\beta}_1\|}=\dfrac{1}{\sqrt{15}}\begin{bmatrix}1\\1\\2\\3\end{bmatrix}$，$\boldsymbol{\varepsilon}_2=\dfrac{\boldsymbol{\beta}_2}{\|\boldsymbol{\beta}_2\|}=\dfrac{1}{\sqrt{39}}\begin{bmatrix}-2\\1\\5\\-3\end{bmatrix}$ 为所求的一个标准正交基.

例 5 设 T 是 $\mathbf{R}^n$ 中的线性变换，$\boldsymbol{\varepsilon}_1,\boldsymbol{\varepsilon}_2,\cdots,\boldsymbol{\varepsilon}_n$ 是 $\mathbf{R}^n$ 的一组基，有

$$\begin{aligned}T\boldsymbol{\varepsilon}_1&=\boldsymbol{\varepsilon}_1+\boldsymbol{\varepsilon}_2,\\T\boldsymbol{\varepsilon}_2&=\boldsymbol{\varepsilon}_2+\boldsymbol{\varepsilon}_3,\\&\cdots\cdots\\T\boldsymbol{\varepsilon}_{n-1}&=\boldsymbol{\varepsilon}_{n-1}+\boldsymbol{\varepsilon}_n,\\T\boldsymbol{\varepsilon}_n&=\boldsymbol{\varepsilon}_n+\boldsymbol{\varepsilon}_1.\end{aligned}$$

又向量 $\boldsymbol{\alpha}$ 在 $\boldsymbol{\varepsilon}_1,\boldsymbol{\varepsilon}_2,\cdots,\boldsymbol{\varepsilon}_n$ 下的坐标为 $(1,2,3,\cdots,n)'$，求 $T\boldsymbol{\alpha}$ 在 $\boldsymbol{\varepsilon}_1,\boldsymbol{\varepsilon}_2,\cdots,\boldsymbol{\varepsilon}_n$ 下的坐标.

解 因 $T(\boldsymbol{\varepsilon}_1,\boldsymbol{\varepsilon}_2,\cdots,\boldsymbol{\varepsilon}_n)=(T\boldsymbol{\varepsilon}_1,T\boldsymbol{\varepsilon}_2,\cdots,T\boldsymbol{\varepsilon}_n)$

$$=(\boldsymbol{\varepsilon}_1,\boldsymbol{\varepsilon}_2,\cdots,\boldsymbol{\varepsilon}_n)\begin{bmatrix}1&0&0&\cdots&0&1\\1&1&0&\cdots&0&0\\0&1&1&\cdots&0&0\\\vdots&\vdots&\vdots&&\vdots&\vdots\\0&0&0&\cdots&1&1\end{bmatrix},$$

故得 T 在 $\boldsymbol{\varepsilon}_1,\boldsymbol{\varepsilon}_2,\cdots,\boldsymbol{\varepsilon}_n$ 下的矩阵为

$$A=\begin{bmatrix}1&0&0&\cdots&0&1\\1&1&0&\cdots&0&0\\0&1&1&\cdots&0&0\\\vdots&\vdots&\vdots&&\vdots&\vdots\\0&0&0&\cdots&1&1\end{bmatrix},$$

又因 $\boldsymbol{\alpha}=(\boldsymbol{\varepsilon}_1,\boldsymbol{\varepsilon}_2,\cdots,\boldsymbol{\varepsilon}_n)\begin{bmatrix}1\\2\\\vdots\\n\end{bmatrix}$，则有

$$T\boldsymbol{\alpha}=T(\boldsymbol{\varepsilon}_1,\boldsymbol{\varepsilon}_2,\cdots,\boldsymbol{\varepsilon}_n)\begin{bmatrix}1\\2\\\vdots\\n\end{bmatrix}=(\boldsymbol{\varepsilon}_1,\boldsymbol{\varepsilon}_2,\cdots,\boldsymbol{\varepsilon}_n)A\begin{bmatrix}1\\2\\\vdots\\n\end{bmatrix},$$

故 $T\boldsymbol{\alpha}$ 在基 $\boldsymbol{\varepsilon}_1,\boldsymbol{\varepsilon}_2,\cdots,\boldsymbol{\varepsilon}_n$ 下的坐标为

$$\begin{bmatrix}y_1\\y_2\\\vdots\\y_n\end{bmatrix}=A\begin{bmatrix}1\\2\\\vdots\\n\end{bmatrix}=\begin{bmatrix}n+1\\3\\5\\\vdots\\2n-1\end{bmatrix}.$$

例 6　设 T 是实数域 $\mathbf{R}$ 上的 n 维线性空间 V 上的线性变换，下列命题中正确的是________.

A. T 在不同基下的矩阵不同　　B. T 在不同基下的矩阵的秩不同

C. T 在任一基下的矩阵是可逆的　　D. T 在任两个基下的矩阵的秩相等

解　D 正确.

T 在不同基下的矩阵未必不同，如恒等变换在任一基下的矩阵都是单位矩阵，故 A 不正确；

由于 T 在不同基下的矩阵是相似的，而相似矩阵具有相同的秩，故 B 不正确，而 D 正确.

基下矩阵未必可逆，如零变换，所以 C 不正确.

例 7　给定 $\mathbf{R}^3$ 的两个基

$$\boldsymbol{\varepsilon}_1=\begin{bmatrix}1\\0\\1\end{bmatrix},\quad \boldsymbol{\varepsilon}_2=\begin{bmatrix}2\\1\\0\end{bmatrix},\quad \boldsymbol{\varepsilon}_3=\begin{bmatrix}1\\1\\1\end{bmatrix}$$

与

$$\boldsymbol{\eta}_1=\begin{bmatrix}1\\2\\-1\end{bmatrix},\quad \boldsymbol{\eta}_2=\begin{bmatrix}2\\2\\-1\end{bmatrix},\quad \boldsymbol{\eta}_3=\begin{bmatrix}2\\-1\\-1\end{bmatrix}.$$

定义 T：$T\boldsymbol{\varepsilon}_i=\boldsymbol{\eta}_i,i=1,2,3,\cdots$

(1) 写出由基 $\boldsymbol{\varepsilon}_1,\boldsymbol{\varepsilon}_2,\boldsymbol{\varepsilon}_3$ 到基 $\boldsymbol{\eta}_1,\boldsymbol{\eta}_2,\boldsymbol{\eta}_3$ 的过渡矩阵；

(2) 写出 T 在基 $\boldsymbol{\varepsilon}_1,\boldsymbol{\varepsilon}_2,\boldsymbol{\varepsilon}_3$ 下的矩阵；

(3) 写出 T 在基 $\boldsymbol{\eta}_1,\boldsymbol{\eta}_2,\boldsymbol{\eta}_3$ 下的矩阵.

解　设 $\boldsymbol{e}_1=\begin{bmatrix}1\\0\\0\end{bmatrix},\boldsymbol{e}_2=\begin{bmatrix}0\\1\\0\end{bmatrix},\boldsymbol{e}_3=\begin{bmatrix}0\\0\\1\end{bmatrix}$,则有

$$(\boldsymbol{\varepsilon}_1,\boldsymbol{\varepsilon}_2,\boldsymbol{\varepsilon}_3)=(\boldsymbol{e}_1,\boldsymbol{e}_2,\boldsymbol{e}_3)\begin{bmatrix}1&2&1\\0&1&1\\1&0&1\end{bmatrix}=(\boldsymbol{e}_1,\boldsymbol{e}_2,\boldsymbol{e}_3)P,$$

$$(\boldsymbol{\eta}_1,\boldsymbol{\eta}_2,\boldsymbol{\eta}_3)=(\boldsymbol{e}_1,\boldsymbol{e}_2,\boldsymbol{e}_3)\begin{bmatrix}1&2&2\\2&2&-1\\-1&-1&-1\end{bmatrix}=(\boldsymbol{e}_1,\boldsymbol{e}_2,\boldsymbol{e}_3)Q.$$

(1) $(\boldsymbol{\eta}_1,\boldsymbol{\eta}_2,\boldsymbol{\eta}_3)=(\boldsymbol{e}_1,\boldsymbol{e}_2,\boldsymbol{e}_3)Q=(\boldsymbol{\varepsilon}_1,\boldsymbol{\varepsilon}_2,\boldsymbol{\varepsilon}_3)P^{-1}Q$,所以,由 $\boldsymbol{\varepsilon}_1,\boldsymbol{\varepsilon}_2,\boldsymbol{\varepsilon}_3$ 到基 $\boldsymbol{\eta}_1,\boldsymbol{\eta}_2,\boldsymbol{\eta}_3$ 的过渡矩阵为

$$P^{-1}Q=\begin{bmatrix}-2&-\frac{3}{2}&\frac{3}{2}\\1&\frac{3}{2}&\frac{3}{2}\\1&\frac{1}{2}&-\frac{5}{2}\end{bmatrix}.$$

(2) $T(\boldsymbol{\varepsilon}_1,\boldsymbol{\varepsilon}_2,\boldsymbol{\varepsilon}_3)=(\boldsymbol{\eta}_1,\boldsymbol{\eta}_2,\boldsymbol{\eta}_3)=(\boldsymbol{\varepsilon}_1,\boldsymbol{\varepsilon}_2,\boldsymbol{\varepsilon}_3)P^{-1}Q$,则 T 在基 $\boldsymbol{\varepsilon}_1,\boldsymbol{\varepsilon}_2,\boldsymbol{\varepsilon}_3$ 下的矩阵为

$$P^{-1}Q=\begin{bmatrix}-2&-\frac{3}{2}&\frac{3}{2}\\1&\frac{3}{2}&\frac{3}{2}\\1&\frac{1}{2}&-\frac{5}{2}\end{bmatrix}.$$

(3) $T(\boldsymbol{\eta}_1,\boldsymbol{\eta}_2,\boldsymbol{\eta}_3)=T(\boldsymbol{\varepsilon}_1,\boldsymbol{\varepsilon}_2,\boldsymbol{\varepsilon}_3)P^{-1}Q=(\boldsymbol{\eta}_1,\boldsymbol{\eta}_2,\boldsymbol{\eta}_3)P^{-1}Q$,则 T 在基 $\boldsymbol{\eta}_1,\boldsymbol{\eta}_2,\boldsymbol{\eta}_3$ 下的矩阵为

$$P^{-1}Q=\begin{bmatrix}-2&-\frac{3}{2}&\frac{3}{2}\\1&\frac{3}{2}&\frac{3}{2}\\1&\frac{1}{2}&-\frac{5}{2}\end{bmatrix}.$$

例 8　线性空间的基变换公式

$$(\boldsymbol{\beta}_1,\boldsymbol{\beta}_2,\cdots,\boldsymbol{\beta}_n)=(\boldsymbol{\alpha}_1,\boldsymbol{\alpha}_2,\cdots,\boldsymbol{\alpha}_n)C$$

中的过渡矩阵 C 可否写为 $C=(\boldsymbol{\alpha}_1,\boldsymbol{\alpha}_2,\cdots,\boldsymbol{\alpha}_n)^{-1}(\boldsymbol{\beta}_1,\boldsymbol{\beta}_2,\cdots,\boldsymbol{\beta}_n)$？

解　不能，因为线性空间 V 中的元素可能是抽象向量，因而 $(\boldsymbol{\alpha}_1,\boldsymbol{\alpha}_2,\cdots,\boldsymbol{\alpha}_n)$ 及 $(\boldsymbol{\beta}_1,\boldsymbol{\beta}_2,\cdots,\boldsymbol{\beta}_n)$ 无矩阵意义.

例如，在线性空间 $\mathbf{R}^{2\times 2}$ 中，由基 $A_1=\begin{bmatrix}1&0\\0&0\end{bmatrix}$，$A_2=\begin{bmatrix}0&1\\0&0\end{bmatrix}$，$A_3=\begin{bmatrix}0&0\\1&0\end{bmatrix}$，$A_4=\begin{bmatrix}0&0\\0&1\end{bmatrix}$ 到基 $B_1=\begin{bmatrix}1&1\\1&1\end{bmatrix}$，$B_2=\begin{bmatrix}0&1\\1&1\end{bmatrix}$，$B_3=\begin{bmatrix}0&0\\1&1\end{bmatrix}$，$B_4=\begin{bmatrix}0&0\\0&1\end{bmatrix}$ 的过渡矩阵为

$$C=\begin{bmatrix}1&0&0&0\\1&1&0&0\\1&1&1&0\\1&1&1&1\end{bmatrix}.$$

但 $C\neq(A_1,A_2,A_3,A_4)^{-1}(B_1,B_2,B_3,B_4)$，此处 (A_1,A_2,A_3,A_4) 及 (B_1,B_2,B_3,B_4) 无矩阵意义.

四、习题选解

1. 验证下列集合对于所指的运算是否能构成线性空间.

二元实数集合 $\mathbf{R}^2=\{(a,b)\mid a,b\in\mathbf{R}\}$，对于运算：

$$(a_1,b_1)\oplus(a_2,b_2)=(a_1+a_2,b_1+b_2),\quad k\cdot(a,b)=(ka,b).$$

解　不构成线性空间，不满足运算规律的(7)：

设 $\lambda,\mu\in\mathbf{R}$，$(a,b)\in\mathbf{R}^2$，则

$$(\lambda+\mu)\cdot(a,b)=((\lambda+\mu)a,b),$$

而

$$\begin{aligned}\lambda\cdot(a,b)\oplus\mu\cdot(a,b)&=(\lambda a,b)\oplus(\mu a,b)\\&=(\lambda a+\mu a,2b)=((\lambda+\mu)a,2b),\end{aligned}$$

所以 $(\lambda+\mu)\cdot(a,b)\neq\lambda\cdot(a,b)\oplus\mu\cdot(a,b)$.

2. 下列集合是否为所给线性空间的子空间：

(1) 线性空间 $\mathbf{R}^n$ 中的子集合

$$V=\{(x_1,x_2,\cdots,x_n)\mid x_1\cdot x_2=0,x_i\in\mathbf{R}\};$$

(2) 线性空间 $\mathbf{R}^{2\times 2}$ 的子集合 $V=\left\{\begin{bmatrix}a&b\\0&0\end{bmatrix}\middle|\, a,b\in\mathbf{R}\right\}$.

解　(1) 不是.

$$设\ \boldsymbol{\alpha}=(a_1,a_2,\cdots,a_n),\quad \boldsymbol{\beta}=(b_1,b_2,\cdots,b_n)\in V,$$

即 $a_1a_2=0$，$b_1b_2=0$，而

$$\boldsymbol{\alpha}+\boldsymbol{\beta}=(a_1+b_1,a_2+b_2,\cdots,a_n+b_n),$$

故$(a_1+b_1)(a_2+b_2)$不一定为零,故V对加法不封闭.

(2) 是. 显然V是$\mathbf{R}^{2\times2}$的非空子集合.

设$A=\begin{bmatrix}a & b\\0 & 0\end{bmatrix}$,$B=\begin{bmatrix}c & d\\0 & 0\end{bmatrix}\in V$,$\lambda\in\mathbf{R}$,则

$$A+B=\begin{bmatrix}a+c & b+d\\0 & 0\end{bmatrix}\in V,\quad \lambda A=\begin{bmatrix}\lambda a & \lambda b\\0 & 0\end{bmatrix}\in V,$$

因此,V是$\mathbf{R}^{2\times2}$的子空间.

3. 证明:

$$\boldsymbol{\alpha}_1=\begin{bmatrix}1 & 1\\1 & 1\end{bmatrix},\quad \boldsymbol{\alpha}_2=\begin{bmatrix}0 & -1\\1 & 0\end{bmatrix},\quad \boldsymbol{\alpha}_3=\begin{bmatrix}1 & -1\\0 & 0\end{bmatrix},\quad \boldsymbol{\alpha}_4=\begin{bmatrix}1 & 0\\0 & 0\end{bmatrix}$$

是线性空间$\mathbf{R}^{2\times2}$的基. 并求$\boldsymbol{\beta}=\begin{bmatrix}2 & 3\\4 & 7\end{bmatrix}$在此基下的坐标.

证 (1) 先证$\boldsymbol{\alpha}_1,\boldsymbol{\alpha}_2,\boldsymbol{\alpha}_3,\boldsymbol{\alpha}_4$线性无关,设$x_1\boldsymbol{\alpha}_1+x_2\boldsymbol{\alpha}_2+x_3\boldsymbol{\alpha}_3+x_4\boldsymbol{\alpha}_4=\mathbf{0}$,得

$$\begin{cases}x_1+x_3+x_4=0,\\x_1-x_2-x_3=0,\\x_1+x_2=0,\\x_1=0,\end{cases}\quad \text{解之得}\quad \begin{cases}x_1=0,\\x_2=0,\\x_3=0,\\x_4=0.\end{cases}$$

则$\boldsymbol{\alpha}_1,\boldsymbol{\alpha}_2,\boldsymbol{\alpha}_3,\boldsymbol{\alpha}_4$线性无关.

又因$\mathbf{R}^{2\times2}$是4维的线性空间,故$\boldsymbol{\alpha}_1,\boldsymbol{\alpha}_2,\boldsymbol{\alpha}_3,\boldsymbol{\alpha}_4$是$\mathbf{R}^{2\times2}$的一组基.

(2) 设$\boldsymbol{\beta}=x_1\boldsymbol{\alpha}_1+x_2\boldsymbol{\alpha}_2+a_3\boldsymbol{\alpha}_3+x_4\boldsymbol{\alpha}_4$,则

$$\begin{cases}x_1+x_3+x_4=2,\\x_1-x_2-x_3=3,\\x_1+x_2=4,\\x_1=7,\end{cases}\quad \text{解之得}\quad \begin{cases}x_1=7,\\x_2=-3,\\x_3=7,\\x_4=-12.\end{cases}$$

故$\boldsymbol{\beta}$在基$\boldsymbol{\alpha}_1,\boldsymbol{\alpha}_2,\boldsymbol{\alpha}_3,\boldsymbol{\alpha}_4$下坐标为$\begin{bmatrix}7\\-3\\7\\-12\end{bmatrix}$.

5. 在$\mathbf{R}^3$中,已知向量$\boldsymbol{\alpha}$在基$\boldsymbol{\alpha}_1=(1,1,0)$,$\boldsymbol{\alpha}_2=(1,1,1)$,$\boldsymbol{\alpha}_3=(1,0,1)$下的坐标为$(2,1,0)'$,向量$\boldsymbol{\beta}$在基$\boldsymbol{\beta}_1=(1,0,0)$,$\boldsymbol{\beta}_2=(0,1,-1)$,$\boldsymbol{\beta}_3=(0,1,1)$下的坐标为$(0,-1,1)'$,求:

(1) 由基$\boldsymbol{\alpha}_1,\boldsymbol{\alpha}_2,\boldsymbol{\alpha}_3$到基$\boldsymbol{\beta}_1,\boldsymbol{\beta}_2,\boldsymbol{\beta}_3$的过渡矩阵;

（2）向量 $\boldsymbol{\alpha}+\boldsymbol{\beta}$ 在基 $\boldsymbol{\alpha}_1,\boldsymbol{\alpha}_2,\boldsymbol{\alpha}_3$ 下的坐标.

解　（1）设 $\boldsymbol{\varepsilon}_1=(1,0,0),\boldsymbol{\varepsilon}_2=(0,1,0),\boldsymbol{\varepsilon}_3=(0,0,1)$，则

$$(\boldsymbol{\alpha}_1,\boldsymbol{\alpha}_2,\boldsymbol{\alpha}_3)=(\boldsymbol{\varepsilon}_1,\boldsymbol{\varepsilon}_2,\boldsymbol{\varepsilon}_3)\begin{bmatrix}1&1&1\\1&1&0\\0&1&1\end{bmatrix}=(\boldsymbol{\varepsilon}_1,\boldsymbol{\varepsilon}_2,\boldsymbol{\varepsilon}_3)A,$$

$$(\boldsymbol{\beta}_1,\boldsymbol{\beta}_2,\boldsymbol{\beta}_3)=(\boldsymbol{\varepsilon}_1,\boldsymbol{\varepsilon}_2,\boldsymbol{\varepsilon}_3)\begin{bmatrix}1&0&0\\0&1&1\\0&-1&1\end{bmatrix}=(\boldsymbol{\varepsilon}_1,\boldsymbol{\varepsilon}_2,\boldsymbol{\varepsilon}_3)B,$$

由此得

$$(\boldsymbol{\beta}_1,\boldsymbol{\beta}_2,\boldsymbol{\beta}_3)=(\boldsymbol{\varepsilon}_1,\boldsymbol{\varepsilon}_2,\boldsymbol{\varepsilon}_3)B=(\boldsymbol{\alpha}_1,\boldsymbol{\alpha}_2,\boldsymbol{\alpha}_3)A^{-1}B,$$

即由 $\boldsymbol{\alpha}_1,\boldsymbol{\alpha}_2,\boldsymbol{\alpha}_3$ 到 $\boldsymbol{\beta}_1,\boldsymbol{\beta}_2,\boldsymbol{\beta}_3$ 的过渡矩阵为

$$A^{-1}B=\begin{bmatrix}1&1&-1\\-1&0&2\\1&-1&-1\end{bmatrix}.$$

（2）由条件知 $\boldsymbol{\alpha}=(\boldsymbol{\alpha}_1,\boldsymbol{\alpha}_2,\boldsymbol{\alpha}_3)\begin{bmatrix}2\\1\\0\end{bmatrix}$，$\boldsymbol{\beta}=(\boldsymbol{\beta}_1,\boldsymbol{\beta}_2,\boldsymbol{\beta}_3)\begin{bmatrix}0\\-1\\1\end{bmatrix}$，又因 $(\boldsymbol{\beta}_1,\boldsymbol{\beta}_2,\boldsymbol{\beta}_3)=(\boldsymbol{\alpha}_1,\boldsymbol{\alpha}_2,\boldsymbol{\alpha}_3)A^{-1}B$，则

$$\boldsymbol{\beta}=(\boldsymbol{\alpha}_1,\boldsymbol{\alpha}_2,\boldsymbol{\alpha}_3)A^{-1}B\begin{bmatrix}0\\-1\\1\end{bmatrix}=(\boldsymbol{\alpha}_1,\boldsymbol{\alpha}_2,\boldsymbol{\alpha}_3)\begin{bmatrix}-2\\2\\0\end{bmatrix},$$

因此

$$\begin{aligned}\boldsymbol{\alpha}+\boldsymbol{\beta}&=(\boldsymbol{\alpha}_1,\boldsymbol{\alpha}_2,\boldsymbol{\alpha}_3)\begin{bmatrix}2\\1\\0\end{bmatrix}+(\boldsymbol{\alpha}_1,\boldsymbol{\alpha}_2,\boldsymbol{\alpha}_3)\begin{bmatrix}-2\\2\\0\end{bmatrix}\\&=(\boldsymbol{\alpha}_1,\boldsymbol{\alpha}_2,\boldsymbol{\alpha}_3)\begin{bmatrix}0\\3\\0\end{bmatrix},\end{aligned}$$

即 $\boldsymbol{\alpha}+\boldsymbol{\beta}$ 在基 $\boldsymbol{\alpha}_1,\boldsymbol{\alpha}_2,\boldsymbol{\alpha}_3$ 下的坐标为 $\begin{bmatrix}0\\3\\0\end{bmatrix}$.

6. 在 $\mathbf{R}^4$ 中给定两个基：

$$\boldsymbol{\alpha}_1=(1,1,1,1),\quad \boldsymbol{\alpha}_2=(1,1,-1,-1),$$
$$\boldsymbol{\alpha}_3=(1,-1,1,-1),\quad \boldsymbol{\alpha}_4=(1,-1,-1,1)$$

与

$$\boldsymbol{\beta}_1=(1,1,0,1),\quad \boldsymbol{\beta}_2=(2,1,3,1),$$
$$\boldsymbol{\beta}_3=(1,1,0,0),\quad \boldsymbol{\beta}_4=(0,1,-1,-1).$$

求：

(1) 由基 $\boldsymbol{\alpha}_1,\boldsymbol{\alpha}_2,\boldsymbol{\alpha}_3,\boldsymbol{\alpha}_4$ 到基 $\boldsymbol{\beta}_1,\boldsymbol{\beta}_2,\boldsymbol{\beta}_3,\boldsymbol{\beta}_4$ 的过渡矩阵；

(2) 向量 $\boldsymbol{\alpha}=(1,0,0,-1)$在基 $\boldsymbol{\beta}_1,\boldsymbol{\beta}_2,\boldsymbol{\beta}_3,\boldsymbol{\beta}_4$ 下的坐标.

解 令 $\boldsymbol{\varepsilon}_1=(1,0,0,0)$,$\boldsymbol{\varepsilon}_2=(0,1,0,0)$,$\boldsymbol{\varepsilon}_3=(0,0,0,1)$,$\boldsymbol{\varepsilon}_4=(0,0,0,1)$.

(1) $$(\boldsymbol{\alpha}_1,\boldsymbol{\alpha}_2,\boldsymbol{\alpha}_3,\boldsymbol{\alpha}_4)=(\boldsymbol{\varepsilon}_1,\boldsymbol{\varepsilon}_2,\boldsymbol{\varepsilon}_3,\boldsymbol{\varepsilon}_4)\begin{bmatrix}1&1&1&1\\1&1&-1&-1\\1&-1&1&-1\\1&-1&-1&1\end{bmatrix}$$
$$=(\boldsymbol{\varepsilon}_1,\boldsymbol{\varepsilon}_2,\boldsymbol{\varepsilon}_3,\boldsymbol{\varepsilon}_4)A,$$
$$(\boldsymbol{\beta}_1,\boldsymbol{\beta}_2,\boldsymbol{\beta}_3,\boldsymbol{\beta}_4)=(\boldsymbol{\varepsilon}_1,\boldsymbol{\varepsilon}_2,\boldsymbol{\varepsilon}_3,\boldsymbol{\varepsilon}_4)\begin{bmatrix}1&2&1&0\\1&1&1&1\\0&3&0&-1\\1&1&0&-1\end{bmatrix}$$
$$=(\boldsymbol{\varepsilon}_1,\boldsymbol{\varepsilon}_2,\boldsymbol{\varepsilon}_3,\boldsymbol{\varepsilon}_4)B,$$

则

$$(\boldsymbol{\beta}_1,\boldsymbol{\beta}_2,\boldsymbol{\beta}_3,\boldsymbol{\beta}_4)=(\boldsymbol{\varepsilon}_1,\boldsymbol{\varepsilon}_2,\boldsymbol{\varepsilon}_3,\boldsymbol{\varepsilon}_4)B=(\boldsymbol{\alpha}_1,\boldsymbol{\alpha}_2,\boldsymbol{\alpha}_3,\boldsymbol{\alpha}_4)A^{-1}B,$$

即由 $\boldsymbol{\alpha}_1,\boldsymbol{\alpha}_2,\boldsymbol{\alpha}_3,\boldsymbol{\alpha}_4$ 到 $\boldsymbol{\beta}_1,\boldsymbol{\beta}_2,\boldsymbol{\beta}_3,\boldsymbol{\beta}_4$ 的过渡矩阵为

$$A^{-1}B=\frac{1}{4}\begin{bmatrix}3&7&2&-1\\1&-1&2&3\\-1&3&0&-1\\1&-1&0&-1\end{bmatrix}.$$

(2) 设 $\boldsymbol{\alpha}$ 在基 $\boldsymbol{\beta}_1,\boldsymbol{\beta}_2,\boldsymbol{\beta}_3,\boldsymbol{\beta}_4$ 下坐标为 $\begin{bmatrix}x_1\\x_2\\x_3\\x_4\end{bmatrix}$,即

$$\boldsymbol{\alpha}=(\boldsymbol{\beta}_1,\boldsymbol{\beta}_2,\boldsymbol{\beta}_3,\boldsymbol{\beta}_4)\begin{bmatrix}x_1\\x_2\\x_3\\x_4\end{bmatrix}.$$

又因$(\boldsymbol{\beta}_1,\boldsymbol{\beta}_2,\boldsymbol{\beta}_3,\boldsymbol{\beta}_4)=(\boldsymbol{\varepsilon}_1,\boldsymbol{\varepsilon}_2,\boldsymbol{\varepsilon}_3,\boldsymbol{\varepsilon}_4)B$,且

$$\boldsymbol{\alpha}=(\boldsymbol{\varepsilon}_1,\boldsymbol{\varepsilon}_2,\boldsymbol{\varepsilon}_3,\boldsymbol{\varepsilon}_4)\begin{bmatrix}1\\0\\0\\-1\end{bmatrix},$$

则

$$\boldsymbol{\alpha}=(\boldsymbol{\beta}_1,\boldsymbol{\beta}_2,\boldsymbol{\beta}_3,\boldsymbol{\beta}_4)B^{-1}\begin{bmatrix}1\\0\\0\\-1\end{bmatrix},$$

所以

$$\begin{bmatrix}x_1\\x_2\\x_3\\x_4\end{bmatrix}=B^{-1}\begin{bmatrix}1\\0\\0\\-1\end{bmatrix}=\begin{bmatrix}-2\\-\frac{1}{2}\\4\\-\frac{3}{2}\end{bmatrix}.$$

也可以令 $\boldsymbol{\alpha}=x_1\boldsymbol{\beta}_1+x_2\boldsymbol{\beta}_2+x_3\boldsymbol{\beta}_3+x_4\boldsymbol{\beta}_4$,得方程组

$$\begin{cases}x_1+2x_2+x_3=1,\\x_1+x_2+x_3+x_4=0,\\3x_2-x_4=0,\\x_1+x_2-x_4=-1.\end{cases}\quad\text{解之得}\quad\begin{cases}x_1=-2,\\x_2=-\dfrac{1}{2},\\x_3=4,\\x_4=-\dfrac{3}{2}.\end{cases}$$

7. 判定下列变换哪些是线性变换,哪些不是:

(1) 在 $\mathbf{R}^3$ 中,$T(x_1,x_2,x_3)=(x_1^2,x_2+x_3,x_3^2)$;

(2) 在 $P[x]$中,$T(f(x))=f(x+1)$.

解　(1) T 不是线性变换.

因对 $\boldsymbol{\alpha}=(1,0,0)$,有

$$T(2\boldsymbol{\alpha})=T(2,0,0)=(4,0,0),$$
$$2(T\boldsymbol{\alpha})=2T(1,0,0)=2(1,0,0)=(2,0,0),$$

所以 $T(2\boldsymbol{\alpha})\neq 2(T\boldsymbol{\alpha})$.

(2) T 是线性变换.

设 $f(x),g(x)\in P[x]$,并令 $h(x)=f(x)+g(x)$,则

$$T(f(x)+g(x))=T(h(x))=h(x+1)=f(x+1)+g(x+1)$$
$$=Tf(x)+T(g(x)),$$
$$T(kf(x))=kf(x+1)=k[Tf(x)].$$

故 T 是线性变换.

8. 求下列线性变换在指定基下的矩阵：

(1) 在 $\mathbf{R}^3$ 中，取基 $\boldsymbol{\varepsilon}_1=(1,0,0)$，$\boldsymbol{\varepsilon}_2=(0,1,0)$，$\boldsymbol{\varepsilon}_3=(0,0,1)$，且

$$T(x_1,x_2,x_3)=(2x_1-x_2,x_2+x_3,x_1),$$

求 T 在 $\boldsymbol{\varepsilon}_1,\boldsymbol{\varepsilon}_2,\boldsymbol{\varepsilon}_3$ 下的矩阵；

(2) 在 $\mathbf{R}^3$ 中，取基 $\boldsymbol{\alpha}_1=(-1,0,2)$，$\boldsymbol{\alpha}_2=(0,1,1)$，$\boldsymbol{\alpha}_3=(3,-1,0)$，且

$$T\boldsymbol{\alpha}_1=(-5,0,3),\quad T\boldsymbol{\alpha}_2=(0,-1,6),\quad T\boldsymbol{\alpha}_3=(-5,-1,9),$$

求 T 在基 $\boldsymbol{\alpha}_1,\boldsymbol{\alpha}_2,\boldsymbol{\alpha}_3$ 下的矩阵.

解 (1) 由定义可得

$$T\boldsymbol{\varepsilon}_1=T(1,0,0)=(2,0,1)=2\boldsymbol{\varepsilon}_1+0\boldsymbol{\varepsilon}_2+\boldsymbol{\varepsilon}_3,$$
$$T\boldsymbol{\varepsilon}_2=T(0,1,0)=(-1,1,0)=-\boldsymbol{\varepsilon}_1+\boldsymbol{\varepsilon}_2+0\boldsymbol{\varepsilon}_3,$$
$$T\boldsymbol{\varepsilon}_3=T(0,0,1)=(0,1,0)=0\boldsymbol{\varepsilon}_1+\boldsymbol{\varepsilon}_2+0\boldsymbol{\varepsilon}_3,$$

故 $T(\boldsymbol{\varepsilon}_1,\boldsymbol{\varepsilon}_2,\boldsymbol{\varepsilon}_3)=(T\boldsymbol{\varepsilon}_1,T\boldsymbol{\varepsilon}_2,T\boldsymbol{\varepsilon}_3)=(\boldsymbol{\varepsilon}_1,\boldsymbol{\varepsilon}_2,\boldsymbol{\varepsilon}_3)\begin{bmatrix}2&-1&0\\0&1&1\\1&0&0\end{bmatrix}$，$T$ 在基 $\boldsymbol{\varepsilon}_1,\boldsymbol{\varepsilon}_2,\boldsymbol{\varepsilon}_3$ 下矩阵为 $\begin{bmatrix}2&-1&0\\0&1&1\\1&0&0\end{bmatrix}$.

(2) 因 $T(\boldsymbol{\alpha}_1,\boldsymbol{\alpha}_2,\boldsymbol{\alpha}_3)=(T\boldsymbol{\alpha}_1,T\boldsymbol{\alpha}_2,T\boldsymbol{\alpha}_3)=(\boldsymbol{\varepsilon}_1,\boldsymbol{\varepsilon}_2,\boldsymbol{\varepsilon}_3)\begin{bmatrix}-5&0&-5\\0&-1&-1\\3&6&9\end{bmatrix}$，而

$(\boldsymbol{\alpha}_1,\boldsymbol{\alpha}_2,\boldsymbol{\alpha}_3)=(\boldsymbol{\varepsilon}_1,\boldsymbol{\varepsilon}_2,\boldsymbol{\varepsilon}_3)\begin{bmatrix}-1&0&3\\0&1&-1\\2&1&0\end{bmatrix}$，则有

$$T(\boldsymbol{\alpha}_1,\boldsymbol{\alpha}_2,\boldsymbol{\alpha}_3)=(\boldsymbol{\alpha}_1,\boldsymbol{\alpha}_2,\boldsymbol{\alpha}_3)\begin{bmatrix}-1&0&3\\0&1&-1\\2&1&0\end{bmatrix}^{-1}\begin{bmatrix}-5&0&-5\\0&-1&-1\\3&6&9\end{bmatrix}$$
$$=(\boldsymbol{\alpha}_1,\boldsymbol{\alpha}_2,\boldsymbol{\alpha}_3)\begin{bmatrix}2&3&5\\1&0&-1\\-1&1&0\end{bmatrix},$$

故 T 在 $\boldsymbol{\alpha}_1,\boldsymbol{\alpha}_2,\boldsymbol{\alpha}_3$ 下的矩阵为 $\begin{bmatrix} 2 & 3 & 5 \\ -1 & 0 & -1 \\ -1 & 1 & 0 \end{bmatrix}$.

9. 在 $\mathbf{R}^3$ 中,设 $T(x_1,x_2,x_3)=(2x_1+x_2,2x_2+x_3,x_3)$.

(1) 证明:T 是线性变换;

(2) 求 T 在基 $\boldsymbol{\alpha}_1=(1,0,0),\boldsymbol{\alpha}_2=(1,1,0),\boldsymbol{\alpha}_3=(1,1,1)$ 下的矩阵;

(3) 若向量 $\boldsymbol{\alpha}$ 在基 $\boldsymbol{\alpha}_1,\boldsymbol{\alpha}_2,\boldsymbol{\alpha}_3$ 下的坐标为(1,2,3),试求 $\boldsymbol{\alpha}$ 的像 $T(\boldsymbol{\alpha})$ 在该基下的坐标.

解　(1) 显然 T 是 $\mathbf{R}^3$ 的一个变换.

对任意 $\boldsymbol{\alpha}=(x_1,x_2,x_3),\boldsymbol{\beta}=(y_1,y_2,y_3)\in\mathbf{R}^3,\lambda\in\mathbf{R}$,有

$$\begin{aligned} T(\boldsymbol{\alpha}+\boldsymbol{\beta}) &= T(x_1+y_1,x_2+y_2,x_3+y_3) \\ &= (2(x_1+y_1)+x_2+y_2,2(x_2+y_2)+x_3+y_3,x_3+y_3) \\ &= (2x_1+x_2,2x_2+x_3,x_3)+(2y_1+y_2,2y_2+y_3,y_3) \\ &= T(\boldsymbol{\alpha})+T(\boldsymbol{\beta}), \\ T(\lambda\boldsymbol{\alpha}) &= T(\lambda x_1,\lambda x_2,\lambda x_3) \\ &= (2\lambda x_1+\lambda x_2,2\lambda x_2+\lambda x_3,\lambda x_3) \\ &= \lambda(2x_1+x_2,2x_2+x_3,x_3)=\lambda T(\boldsymbol{\alpha}), \end{aligned}$$

故 T 是 $\mathbf{R}^3$ 的一个线性变换.

(2) 令 $\boldsymbol{\varepsilon}_1=(1,0,0),\boldsymbol{\varepsilon}_2=(0,1,0),\boldsymbol{\varepsilon}_3=(0,0,1)$,则

$$\begin{aligned} T\boldsymbol{\alpha}_1 &= T(1,0,0)=(2,0,0)=2\boldsymbol{\varepsilon}_1+0\boldsymbol{\varepsilon}_2+0\boldsymbol{\varepsilon}_3, \\ T\boldsymbol{\alpha}_2 &= T(1,1,0)=(3,2,0)=3\boldsymbol{\varepsilon}_1+2\boldsymbol{\varepsilon}_2+0\boldsymbol{\varepsilon}_3, \\ T\boldsymbol{\alpha}_3 &= T(1,1,1)=(3,3,1)=3\boldsymbol{\varepsilon}_1+3\boldsymbol{\varepsilon}_2+\boldsymbol{\varepsilon}_3, \end{aligned}$$

所以

$$\begin{aligned} T(\boldsymbol{\alpha}_1,\boldsymbol{\alpha}_2,\boldsymbol{\alpha}_3) &= (T\boldsymbol{\alpha}_1,T\boldsymbol{\alpha}_2,T\boldsymbol{\alpha}_3)=(\boldsymbol{\varepsilon}_1,\boldsymbol{\varepsilon}_2,\boldsymbol{\varepsilon}_3)\begin{bmatrix} 2 & 3 & 3 \\ 0 & 2 & 3 \\ 0 & 0 & 1 \end{bmatrix} \\ &= (\boldsymbol{\varepsilon}_1,\boldsymbol{\varepsilon}_2,\boldsymbol{\varepsilon}_3)A. \end{aligned}$$

又因 $(\boldsymbol{\alpha}_1,\boldsymbol{\alpha}_2,\boldsymbol{\alpha}_3)=(\boldsymbol{\varepsilon}_1,\boldsymbol{\varepsilon}_2,\boldsymbol{\varepsilon}_3)\begin{bmatrix} 1 & 1 & 1 \\ 0 & 1 & 1 \\ 0 & 0 & 1 \end{bmatrix}=(\boldsymbol{\varepsilon}_1,\boldsymbol{\varepsilon}_2,\boldsymbol{\varepsilon}_3)B$,则

$$T(\boldsymbol{\alpha}_1,\boldsymbol{\alpha}_2,\boldsymbol{\alpha}_3)=(\boldsymbol{\alpha}_1,\boldsymbol{\alpha}_2,\boldsymbol{\alpha}_3)B^{-1}A=(\boldsymbol{\alpha}_1,\boldsymbol{\alpha}_2,\boldsymbol{\alpha}_3)\begin{bmatrix} 2 & 1 & 0 \\ 0 & 2 & 2 \\ 0 & 0 & 1 \end{bmatrix},$$

故 T 在基 $\boldsymbol{\alpha}_1,\boldsymbol{\alpha}_2,\boldsymbol{\alpha}_3$ 下的矩阵为 $\begin{bmatrix}2&1&0\\0&2&2\\0&0&1\end{bmatrix}$.

(3) 由条件知 $\boldsymbol{\alpha}=(\boldsymbol{\alpha}_1,\boldsymbol{\alpha}_2,\boldsymbol{\alpha}_3)\begin{bmatrix}1\\2\\3\end{bmatrix}$，则

$$T\boldsymbol{\alpha}=T(\boldsymbol{\alpha}_1,\boldsymbol{\alpha}_2,\boldsymbol{\alpha}_3)\begin{bmatrix}1\\2\\3\end{bmatrix}=(\boldsymbol{\alpha}_1,\boldsymbol{\alpha}_2,\boldsymbol{\alpha}_3)B^{-1}A\begin{bmatrix}1\\2\\3\end{bmatrix}$$

$$=(\boldsymbol{\alpha}_1,\boldsymbol{\alpha}_2,\boldsymbol{\alpha}_3)\begin{bmatrix}2&1&0\\0&2&2\\0&0&1\end{bmatrix}\begin{bmatrix}1\\2\\3\end{bmatrix}=(\boldsymbol{\alpha}_1,\boldsymbol{\alpha}_2,\boldsymbol{\alpha}_3)\begin{bmatrix}4\\10\\3\end{bmatrix},$$

故 $T\boldsymbol{\alpha}$ 在基 $\boldsymbol{\alpha}_1,\boldsymbol{\alpha}_2,\boldsymbol{\alpha}_3$ 下的坐标为 $\begin{bmatrix}4\\10\\3\end{bmatrix}$.

11. 设 $V_3=\left\{\begin{bmatrix}x_1&x_2\\x_2&x_3\end{bmatrix}\middle| x_1,x_2,x_3\in\mathbf{R}\right\}$，在 V_3 中取一个基：

$$A_1=\begin{bmatrix}1&0\\0&0\end{bmatrix},\quad A_2=\begin{bmatrix}0&1\\1&0\end{bmatrix},\quad A_3=\begin{bmatrix}0&0\\0&1\end{bmatrix},$$

在 V_3 中定义变换 T 为

$$T(A)=\begin{bmatrix}1&0\\1&1\end{bmatrix}A\begin{bmatrix}1&1\\1&1\end{bmatrix}.$$

求 T 在基 A_1,A_2,A_3 下的矩阵.

解　因为

$$T(A_1)=\begin{bmatrix}1&0\\1&1\end{bmatrix}\begin{bmatrix}1&0\\0&0\end{bmatrix}\begin{bmatrix}1&1\\1&1\end{bmatrix}=\begin{bmatrix}1&1\\1&1\end{bmatrix}=1\cdot A_1+1\cdot A_2+1\cdot A_3,$$

$$T(A_2)=\begin{bmatrix}1&0\\1&1\end{bmatrix}\begin{bmatrix}0&1\\1&0\end{bmatrix}\begin{bmatrix}1&1\\0&1\end{bmatrix}=\begin{bmatrix}0&1\\1&2\end{bmatrix}=0\cdot A_1+1\cdot A_2+2\cdot A_3,$$

$$T(A_3)=\begin{bmatrix}1&0\\1&1\end{bmatrix}\begin{bmatrix}0&0\\0&1\end{bmatrix}\begin{bmatrix}1&1\\0&1\end{bmatrix}=\begin{bmatrix}0&0\\0&1\end{bmatrix}=0\cdot A_1+0\cdot A_2+1\cdot A_3,$$

所以

$$T(A_1,A_2,A_3)=(A_1,A_2,A_3)\begin{bmatrix}1&0&0\\1&1&0\\1&2&1\end{bmatrix},$$

故 T 在基 A_1,A_2,A_3 下的矩阵为 $\begin{bmatrix}1&0&0\\1&1&0\\1&2&1\end{bmatrix}$.

五、自测题

1. 选择题

(1) 设 $w_1=\{(a_1,0,\cdots,0,a_n)\mid a_1,a_n\in\mathbf{R}\}$;

$$w_2=\left\{(a_1,a_2,\cdots,a_n)\,\middle|\,\sum_{i=1}^{n}a_i=0\right\}\subseteq\mathbf{R}^n;$$

$$w_3=\left\{(a_1,a_2,\cdots,a_n)\,\middle|\,\sum_{i=1}^{n}a_i=1\right\}\subseteq\mathbf{R}^n;$$

$$w_4=\{(a_1,a_2,\cdots,a_n)\mid a_i\in\mathbf{Z},i=1,2,\cdots,n\},$$

则 w_1,w_2,w_3,w_4 是 $\mathbf{R}^n$ 的子空间的只有________.

A. w_1　　B. w_1,w_2　　C. w_1,w_3　　D. w_1,w_4

(2) 设在同一线性空间中考虑下面 4 个命题:

① 不同向量在同一基下的坐标一定不同;

② 同一向量在不同基下的坐标一定不同;

③ 不同向量在不同基下的坐标一定不同;

④ 同一向量在同一基下的坐标一定相同,

则________.

A. 只有①②正确　　B. 只有①③④正确

C. 只有①④正确　　D. 只有①②④正确

(3) 设 P 上的三维线性空间 V 上的线性变换 φ 在基 $\boldsymbol{\alpha}_1,\boldsymbol{\alpha}_2,\boldsymbol{\alpha}_3$ 下的矩阵为

$$\begin{bmatrix}1&-1&2\\2&0&1\\1&2&-1\end{bmatrix},$$

则 φ 在基 $\boldsymbol{\alpha}_3,\boldsymbol{\alpha}_2,\boldsymbol{\alpha}_1$ 下的矩阵为________.

A. $\begin{bmatrix}1&-1&2\\2&0&1\\1&2&-1\end{bmatrix}$　　B. $\begin{bmatrix}1&2&1\\-1&0&2\\2&1&-1\end{bmatrix}$

C. $\begin{bmatrix}-1&2&1\\1&0&2\\2&-1&1\end{bmatrix}$　　D. $\begin{bmatrix}2&-1&1\\1&0&2\\-1&2&1\end{bmatrix}$

2. 验证所给矩阵集合对于矩阵的加法和数乘运算是否构成线性空间? 若构成空间,试写出它的一个基.

(1) 主对角线上的元素之和等于 0 的二阶矩阵的全体 S_1；

(2) 二阶对称矩阵的全体 S_2.

3. 设 U 是线性空间 V 的一个子空间，且 U 与 V 的维数相等，则 $U=V$.

4. 在线性空间 $\mathbf{R}^4$ 中，求由基 $\boldsymbol{\varepsilon}_1,\boldsymbol{\varepsilon}_2,\boldsymbol{\varepsilon}_3,\boldsymbol{\varepsilon}_4$ 到基 $\boldsymbol{\eta}_1,\boldsymbol{\eta}_2,\boldsymbol{\eta}_3,\boldsymbol{\eta}_4$ 的过渡矩阵，并求 $\boldsymbol{\alpha}$ 在基 $\boldsymbol{\varepsilon}_1,\boldsymbol{\varepsilon}_2,\boldsymbol{\varepsilon}_3,\boldsymbol{\varepsilon}_4$ 下的坐标.

$$\begin{cases}\boldsymbol{\varepsilon}_1=(1,2,-1,0),\\ \boldsymbol{\varepsilon}_2=(1,-1,1,1),\\ \boldsymbol{\varepsilon}_3=(-1,2,1,1),\\ \boldsymbol{\varepsilon}_4=(-1,-1,0,1),\end{cases}\quad \begin{cases}\boldsymbol{\eta}_1=(2,1,0,1),\\ \boldsymbol{\eta}_2=(0,1,2,2),\\ \boldsymbol{\eta}_3=(-2,1,1,2),\\ \boldsymbol{\eta}_4=(1,3,1,2),\end{cases}\quad \boldsymbol{\alpha}=(1,0,0,0).$$

5. 在三维空间 $\mathbf{R}^3$ 中，已知线性变换 T 在基

$$\boldsymbol{\eta}_1=(-1,1,1),\quad \boldsymbol{\eta}_2=(1,0,-1),\quad \boldsymbol{\eta}_3=(0,1,1)$$

下的矩阵为

$$\begin{bmatrix}1&0&1\\1&1&0\\-1&2&1\end{bmatrix},$$

求 T 在基 $\boldsymbol{\varepsilon}_1=(1,0,0),\boldsymbol{\varepsilon}_2=(0,1,0),\boldsymbol{\varepsilon}_3=(0,0,1)$ 下的矩阵.

全国硕士研究生入学考试线性代数试题解

(2010～2015 年)

一、选择题

1.（2010 数学一） 设 A 是 $m\times n$ 矩阵，B 是 $n\times m$ 矩阵，且 $AB=E$，其中 E 为 m 阶单位矩阵，则________.

A. $\mathrm{R}(A)=\mathrm{R}(B)=m$　　B. $\mathrm{R}(A)=m,\mathrm{R}(B)=n$

C. $\mathrm{R}(A)=n,\mathrm{R}(B)=m$　　D. $\mathrm{R}(A)=\mathrm{R}(B)=n$

答案　A

解析　$\mathrm{R}(AB)=\mathrm{R}(E)=m$，因为 $\mathrm{R}(AB)\leqslant\mathrm{R}(A)$ 且 $\mathrm{R}(AB)\leqslant\mathrm{R}(B)$，所以 $\mathrm{R}(A)\geqslant m,\mathrm{R}(B)\geqslant m$，又显然 $\mathrm{R}(A)\leqslant m,\mathrm{R}(B)\leqslant m$，故 $\mathrm{R}(A)=\mathrm{R}(B)=m$，所以此题选 A.

2.（2010 数学一、数学三） 设 A 是 4 阶实对称矩阵，且 $A^2+A=O$，若 $\mathrm{R}(A)=3$，则 A 相似于________.

A. $\begin{pmatrix}1&&&\\&1&&\\&&1&\\&&&0\end{pmatrix}$　　B. $\begin{pmatrix}1&&&\\&1&&\\&&-1&\\&&&0\end{pmatrix}$

C. $\begin{pmatrix}1&&&\\&-1&&\\&&-1&\\&&&0\end{pmatrix}$　　D. $\begin{pmatrix}-1&&&\\&-1&&\\&&-1&\\&&&0\end{pmatrix}$

答案　D

解析　令 $A\boldsymbol{x}=\lambda\boldsymbol{x}$，则 $A^2\boldsymbol{x}=\lambda^2\boldsymbol{x}$，因为 $A^2+A=O$，即 $A^2=-A$，所以 $A^2\boldsymbol{x}=-A\boldsymbol{x}=-\lambda\boldsymbol{x}$，从而 $(\lambda^2+\lambda)\boldsymbol{x}=\boldsymbol{0}$，注意到 $\boldsymbol{x}$ 是非零变量，所以 A 的特征值为 0 和 -1，又因为 A 为可对角化的矩阵，所以 A 的秩与 A 的非零特征值个数一致，所以 A 的特征值为 $-1,-1,-1,0$，于是 $A\sim\begin{pmatrix}-1&&&\\&-1&&\\&&-1&\\&&&0\end{pmatrix}$，所以此题选 D.

3.（2010 数学二） 设 y_1,y_2 是一阶线性非齐次微分方程 $y'+p(x)y=q(x)$ 的两个特解，若常数 λ,μ 使 $\lambda y_1+\mu y_2$ 是该方程的解，$\lambda y_1-\mu y_2$ 是该方程对应的齐次方程的解，则________.

A. $\lambda=\frac{1}{2},\mu=\frac{1}{2}$　　B. $\lambda=-\frac{1}{2},\mu=-\frac{1}{2}$

C. $\lambda=\frac{2}{3},\mu=\frac{1}{3}$　　D. $\lambda=\frac{2}{3},\mu=\frac{2}{3}$

答案 A.

解析 因 $\lambda y_1-\mu y_2$ 是 $y'+P(x)y=0$ 的解，故 $(\lambda y_1-\mu y_2)'+P(x)(\lambda y_1-\mu y_2)=0$，所以

$$\lambda[y_1'+P(x)y_1]-\mu[y_2'+p(x)y_2]=0,$$

而由已知 $y_1'+P(x)y_1=q(x)$，$y_2'+P(x)y_2=q(x)$，所以

$$(\lambda-\mu)q(x)=0, \quad ①$$

又由于一阶次微分方程 $y'+p(x)y=q(x)$ 是非齐的，由此可知 $q(x)\neq 0$，所以 $\lambda-\mu=0$.

由于 $\lambda y_1+\mu y_2$ 是非齐次微分方程 $y'+P(x)y=q(x)$ 的解，所以

$$(\lambda y_1+\mu y_2)'+P(x)(\lambda y_1+\mu y_2)=q(x),$$

整理得

$$\lambda[y_1'+P(x)y_1]+\mu[y_2'+P(x)y_2]=q(x), \quad ②$$

即 $(\lambda+\mu)q(x)=q(x)$，由 $q(x)\neq 0$ 可知 $\lambda+\mu=1$.

由①②求解得 $\lambda=\mu=\frac{1}{2}$，故应选 A.

4.（2010 数学二） 设向量组 Ⅰ：$\boldsymbol{\alpha}_1,\boldsymbol{\alpha}_2,\cdots,\boldsymbol{\alpha}_r$ 可由向量组 Ⅱ：$\boldsymbol{\beta}_1,\boldsymbol{\beta}_2\cdots,\boldsymbol{\beta}_s$ 线性表示，下列命题正确的是________.

A. 若向量组 I 线性无关，则 $r\leqslant s$　　B. 若向量组 I 线性相关，则 $r>s$

C. 若向量组 II 线性无关，则 $r\leqslant s$　　D. 若向量组 II 线性相关，则 $r>s$

答案 A.

解析 由于向量组 I 能由向量组 II 线性表示，所以 R(I)$\leqslant$R(II)，即

$$R(\boldsymbol{\alpha}_1,\cdots,\boldsymbol{\alpha}_r)\leqslant R(\boldsymbol{\beta}_1,\cdots,\boldsymbol{\beta}_s)\leqslant s.$$

若向量组 I 线性无关，则 $R(\boldsymbol{\alpha}_1,\cdots,\boldsymbol{\alpha}_r)=r$，所以 $r=R(\boldsymbol{\alpha}_1,\cdots,\boldsymbol{\alpha}_r)\leqslant R(\boldsymbol{\beta}_1,\cdots,\boldsymbol{\beta}_s)\leqslant s$，即 $r\leqslant s$，选 A.

5.（2011 数学一、数学二、数学三） 设 A 为三阶矩阵，将 A 的第二列加到第一列得到矩阵 B，再交换 B 的第二行与第三行得到单位矩阵，记 $P_1=\begin{bmatrix}1&0&0\\1&1&0\\0&0&1\end{bmatrix}$，

$P_2=\begin{bmatrix}1&0&0\\0&0&1\\0&1&0\end{bmatrix}$,则 $A=$________.

A. P_1P_2　　B. $P_1^{-1}P_2$　　C. P_2P_1　　D. $P_2P_1^{-1}$.

解析　答案为D.由初等变换及初等矩阵的性质易知 $P_2AP_1=E$,从而 $A=P_2^{-1}P_1^{-1}=P_2P_1^{-1}$.

6.(2011数学一、数学二)　设 $A=(\boldsymbol{\alpha}_1,\boldsymbol{\alpha}_2,\boldsymbol{\alpha}_3,\boldsymbol{\alpha}_4)$,若 $(1,0,1,0)'$ 是方程 $A\boldsymbol{x}=\boldsymbol{0}$ 的一个基础解系,则 $A^*\boldsymbol{x}=\boldsymbol{0}$ 的基础解系可为________.

A. $\boldsymbol{\alpha}_1,\boldsymbol{\alpha}_2$　　B. $\boldsymbol{\alpha}_1,\boldsymbol{\alpha}_3$　　C. $\boldsymbol{\alpha}_1,\boldsymbol{\alpha}_2,\boldsymbol{\alpha}_3$　　D. $\boldsymbol{\alpha}_2,\boldsymbol{\alpha}_3,\boldsymbol{\alpha}_4$

解析　答案为D.由 $(1,0,1,0)'$ 是方程 $A\boldsymbol{x}=\boldsymbol{0}$ 的一个基础解系,知 $\mathrm{R}(A)=3$,从而 $\mathrm{R}(A^*)=1$,$|A|=0$,于是有 $A^*A=|A|E=O$,即 $\boldsymbol{\alpha}_1,\boldsymbol{\alpha}_2,\boldsymbol{\alpha}_3,\boldsymbol{\alpha}_4$ 是 $A^*\boldsymbol{x}=\boldsymbol{0}$ 的解.由 $\boldsymbol{\alpha}_1+\boldsymbol{\alpha}_3=\boldsymbol{0}$ 知,$\boldsymbol{\alpha}_1,\boldsymbol{\alpha}_3$ 线性相关,由 $\mathrm{R}(A)=3$ 知,$\boldsymbol{\alpha}_2,\boldsymbol{\alpha}_3,\boldsymbol{\alpha}_4$ 线性无关,又 $\mathrm{R}(A^*)=1$,从而 $\boldsymbol{\alpha}_2,\boldsymbol{\alpha}_3,\boldsymbol{\alpha}_4$ 是 $A^*\boldsymbol{x}=\boldsymbol{0}$ 的基础解系.

7.(2011数学三)　设 A 为 4×3 矩阵,$\boldsymbol{\eta}_1,\boldsymbol{\eta}_2,\boldsymbol{\eta}_3$ 是非齐次线性方程组 $A\boldsymbol{x}=\boldsymbol{\beta}$ 的三个线性无关的解,k_1,k_2 为任意实数,则 $A\boldsymbol{x}=\boldsymbol{\beta}$ 的解为________.

A. $\dfrac{\boldsymbol{\eta}_2+\boldsymbol{\eta}_3}{2}+k_1(\boldsymbol{\eta}_2-\boldsymbol{\eta}_1)$

B. $\dfrac{\boldsymbol{\eta}_2-\boldsymbol{\eta}_3}{2}+k_2(\boldsymbol{\eta}_2-\boldsymbol{\eta}_1)$

C. $\dfrac{\boldsymbol{\eta}_2+\boldsymbol{\eta}_3}{2}+k_1(\boldsymbol{\eta}_3-\boldsymbol{\eta}_1)+k_2(\boldsymbol{\eta}_2-\boldsymbol{\eta}_1)$

D. $\dfrac{\boldsymbol{\eta}_2-\boldsymbol{\eta}_3}{2}+k_1(\boldsymbol{\eta}_3-\boldsymbol{\eta}_1)+k_2(\boldsymbol{\eta}_2-\boldsymbol{\eta}_1)$

解析　答案为C.由 $\boldsymbol{\eta}_1,\boldsymbol{\eta}_2,\boldsymbol{\eta}_3$ 是非齐次线性方程组 $A\boldsymbol{x}=\boldsymbol{\beta}$ 的三个线性无关的解,知 $\boldsymbol{\eta}_3-\boldsymbol{\eta}_1,\boldsymbol{\eta}_2-\boldsymbol{\eta}_1$ 为 $A\boldsymbol{x}=\boldsymbol{0}$ 的基础解系.非齐次线性方程组解的线性组合若系数和为1是非齐次线性方程组解,从而 $\dfrac{\boldsymbol{\eta}_2+\boldsymbol{\eta}_3}{2}$ 为 $A\boldsymbol{x}=\boldsymbol{\beta}$ 的解.由非齐次线性方程组解的结构,知 $\dfrac{\boldsymbol{\eta}_2+\boldsymbol{\eta}_3}{2}+k_1(\boldsymbol{\eta}_3-\boldsymbol{\eta}_1)+k_2(\boldsymbol{\eta}_2-\boldsymbol{\eta}_1)$ 为 $A\boldsymbol{x}=\boldsymbol{\beta}$ 的解.

8.(2012数学一、数学二、数学三)　设 $\boldsymbol{\alpha}_1=\begin{pmatrix}0\\0\\c_1\end{pmatrix}$,$\boldsymbol{\alpha}_2=\begin{pmatrix}0\\1\\c_2\end{pmatrix}$,$\boldsymbol{\alpha}_3=\begin{pmatrix}1\\-1\\c_3\end{pmatrix}$,$\boldsymbol{\alpha}_4=\begin{pmatrix}-1\\1\\c_4\end{pmatrix}$,其中 c_1,c_2,c_3,c_4 为任意常数,则下列向量组线性相关的是________.

A. $\boldsymbol{\alpha}_1,\boldsymbol{\alpha}_2,\boldsymbol{\alpha}_3$　　B. $\boldsymbol{\alpha}_1,\boldsymbol{\alpha}_2,\boldsymbol{\alpha}_4$

C. $\boldsymbol{\alpha}_1,\boldsymbol{\alpha}_3,\boldsymbol{\alpha}_4$　　D. $\boldsymbol{\alpha}_2,\boldsymbol{\alpha}_3,\boldsymbol{\alpha}_4$

答案　C.

解析　由于$|(\boldsymbol{\alpha}_1,\boldsymbol{\alpha}_3,\boldsymbol{\alpha}_4)|=\begin{vmatrix}0 & 1 & -1\\ 0 & -1 & 1\\ c_1 & c_3 & c_4\end{vmatrix}=c_1\begin{vmatrix}1 & -1\\ -1 & 1\end{vmatrix}=0$，可知$\boldsymbol{\alpha}_1,\boldsymbol{\alpha}_3,\boldsymbol{\alpha}_4$线性相关.

9.（2012 数学一、数学二、数学三）　设A为 3 阶矩阵，P为 3 阶可逆矩阵，且$P^{-1}AP=\begin{pmatrix}1 & & \\ & 1 & \\ & & 2\end{pmatrix}$，$P=(\boldsymbol{\alpha}_1,\boldsymbol{\alpha}_2,\boldsymbol{\alpha}_3)$，$Q=(\boldsymbol{\alpha}_1+\boldsymbol{\alpha}_2,\boldsymbol{\alpha}_2,\boldsymbol{\alpha}_3)$，则$Q^{-1}AQ$=______.

A. $\begin{pmatrix}1 & & \\ & 2 & \\ & & 1\end{pmatrix}$　B. $\begin{pmatrix}1 & & \\ & 1 & \\ & & 2\end{pmatrix}$　C. $\begin{pmatrix}2 & & \\ & 1 & \\ & & 2\end{pmatrix}$　D. $\begin{pmatrix}2 & & \\ & 2 & \\ & & 1\end{pmatrix}$

答案　B.

解析　$Q=P\begin{pmatrix}1 & 0 & 0\\ 1 & 1 & 0\\ 0 & 0 & 1\end{pmatrix}$，则$Q^{-1}=\begin{pmatrix}1 & 0 & 0\\ -1 & 1 & 0\\ 0 & 0 & 1\end{pmatrix}P^{-1}$，$Q^{-1}AQ=$

$$\begin{pmatrix}1 & 0 & 0\\ -1 & 1 & 0\\ 0 & 0 & 1\end{pmatrix}P^{-1}AP\begin{pmatrix}1 & 0 & 0\\ 1 & 1 & 0\\ 0 & 0 & 1\end{pmatrix}=\begin{pmatrix}1 & 0 & 0\\ -1 & 1 & 0\\ 0 & 0 & 1\end{pmatrix}\begin{pmatrix}1 & & \\ & 1 & \\ & & 2\end{pmatrix}\begin{pmatrix}1 & 0 & 0\\ 1 & 1 & 0\\ 0 & 0 & 1\end{pmatrix}=\begin{pmatrix}1 & & \\ & 1 & \\ & & 2\end{pmatrix}.$$

10.（2013 数学一、数学二、数学三）　设A,B,C均为n阶矩阵，若$AB=C$，且B可逆，则______.

A. 矩阵C的行向量组与A的行向量组等价

B. 矩阵C的列向量组与A的列向量组等价

C. 矩阵C的行向量组与B的行向量组等价

D. 矩阵C的列向量组与B的列向量组等价

答案　B.

解析　将A,C按列分块，$A=(\boldsymbol{\alpha}_1,\cdots,\boldsymbol{\alpha}_n)$，$C=(\boldsymbol{\gamma}_1,\cdots,\boldsymbol{\gamma}_n)$，由于$AB=C$，故

$$(\boldsymbol{\alpha}_1,\cdots,\boldsymbol{\alpha}_n)\begin{pmatrix}b_{11} & \cdots & b_{1n}\\ \vdots & & \vdots\\ b_{n1} & \cdots & b_{nn}\end{pmatrix}=(\boldsymbol{\gamma}_1,\cdots,\boldsymbol{\gamma}_n),$$

即$\boldsymbol{\gamma}_1=b_{11}\boldsymbol{\alpha}_1+\cdots+b_{n1}\boldsymbol{\alpha}_n,\cdots,\boldsymbol{\gamma}_n=b_{1n}\boldsymbol{\alpha}_1+\cdots+b_{nn}\boldsymbol{\alpha}_n$，即$C$的列向量组可由$A$的列向量线性表示. 由于$B$可逆，故$A=CB^{-1}$，$A$的列向量组可由$C$的列向量组线性表

示，选 B.

11.（2013 数学一、数学二、数学三） 矩阵 $\begin{pmatrix}1&a&1\\a&b&a\\1&a&1\end{pmatrix}$ 与 $\begin{pmatrix}2&0&0\\0&b&0\\0&0&0\end{pmatrix}$ 相似的充要条件为________.

A. $a=0,b=2$ B. $a=0$，b 为任意常数

C. $a=2,b=0$ D. $a=2$，b 为任意常数

答案 B.

解析 题中所给矩阵都是实对称的，它们相似的充要条件是有相同的特征值.

由于 2 是 $\begin{bmatrix}1&a&1\\a&b&a\\1&a&1\end{bmatrix}$ 的特征值，知

$$\begin{vmatrix}1&-a&-1\\-a&2-b&-a\\-1&-a&1\end{vmatrix}=0\Leftrightarrow\begin{vmatrix}1&-a&-1\\-a&b&a\\0&-2a&1\end{vmatrix}=0\Leftrightarrow-4a^2=0\Leftrightarrow a=0.$$

而 $a=0$ 时，$\begin{bmatrix}1&0&1\\0&b&0\\1&0&1\end{bmatrix}$ 的特征值即是 $2,b,0$，此时两矩阵相似（与 b 无关）.

12.（2014 数学一、数学二、数学三） 行列式 $\begin{vmatrix}0&a&b&0\\a&0&0&b\\0&c&d&0\\c&0&0&d\end{vmatrix}=$________.

A. $(ad-bc)^2$ B. $-(ad-bc)^2$ C. $a^2d^2-b^2c^2$ D. $b^2c^2-a^2d^2$

答案 B.

解析

$$\begin{aligned}&\begin{vmatrix}0&a&b&0\\a&0&0&b\\0&c&d&0\\c&0&0&d\end{vmatrix}\\&=a\times(-1)^{2+1}\begin{vmatrix}a&b&0\\c&d&0\\0&0&d\end{vmatrix}+c\times(-1)^{4+1}\begin{vmatrix}a&b&0\\0&0&b\\c&d&0\end{vmatrix}\\&=-a\times d\times(-1)^{3+3}\begin{vmatrix}a&b\\c&d\end{vmatrix}-c\times b\times(-1)^{2+3}\begin{vmatrix}a&b\\c&d\end{vmatrix}\\&=-ad\begin{vmatrix}a&b\\c&d\end{vmatrix}+bc\begin{vmatrix}a&b\\c&d\end{vmatrix}\end{aligned}$$

$$=(bc-ad)\begin{vmatrix} a & b \\ c & d \end{vmatrix}=-(ad-bc)^2.$$

13. (2014 数学一、数学二、数学三)　设 $\boldsymbol{\alpha}_1,\boldsymbol{\alpha}_2,\boldsymbol{\alpha}_3$ 是 3 维向量,则对任意常数 k,l,向量组 $\boldsymbol{\alpha}_1+k\boldsymbol{\alpha}_3,\boldsymbol{\alpha}_2+l\boldsymbol{\alpha}_3$ 线性无关是向量组 $\boldsymbol{\alpha}_1,\boldsymbol{\alpha}_2,\boldsymbol{\alpha}_3$ 线性无关的________.

A. 必要非充分条件　　B. 充分非必要条件

C. 充分必要条件　　D. 既非充分又非必要条件

答案　A.

解析　已知 $\boldsymbol{\alpha}_1,\boldsymbol{\alpha}_2,\boldsymbol{\alpha}_3$ 无关. 设 $\lambda_1(\boldsymbol{\alpha}_1+k\boldsymbol{\alpha}_3)+\lambda_2(\boldsymbol{\alpha}_2+l\boldsymbol{\alpha}_3)=\mathbf{0}$,即 $\lambda_1\boldsymbol{\alpha}_1+\lambda_2\boldsymbol{\alpha}_2+(k\lambda_1+l\lambda_2)\boldsymbol{\alpha}_3=\mathbf{0}\Rightarrow\lambda_1=\lambda_2=k\lambda_1+l\lambda_2=0$. 从而 $\boldsymbol{\alpha}_1+k\boldsymbol{\alpha}_3,\boldsymbol{\alpha}_2+l\boldsymbol{\alpha}_3$ 无关.

反之,若 $\boldsymbol{\alpha}_1+k\boldsymbol{\alpha}_3,\boldsymbol{\alpha}_2+l\boldsymbol{\alpha}_3$ 无关,不一定有 $\boldsymbol{\alpha}_1,\boldsymbol{\alpha}_2,\boldsymbol{\alpha}_3$ 无关.

例如,$\boldsymbol{\alpha}_1=\begin{pmatrix}1\\0\\0\end{pmatrix},\boldsymbol{\alpha}_2=\begin{pmatrix}0\\1\\0\end{pmatrix},\boldsymbol{\alpha}_3=\begin{pmatrix}0\\0\\0\end{pmatrix}$.

14. (2015 年数学一、数学二、数学三)　设矩阵 $A=\begin{pmatrix}1&1&1\\1&2&a\\1&4&a^2\end{pmatrix},b=\begin{pmatrix}1\\d\\d^2\end{pmatrix}$,若集合 $\Omega=\{1,2\}$,则线性方程组 $A\boldsymbol{x}=\boldsymbol{b}$ 有无穷多解的充分必要条件为________.

A. $a\notin\Omega,d\notin\Omega$　　B. $a\notin\Omega,d\in\Omega$

C. $a\in\Omega,d\notin\Omega$　　D. $a\in\Omega,d\in\Omega$

答案　D.

解析　$(A,b)=\begin{pmatrix}1&1&1&1\\1&2&a&d\\1&4&a^2&d^2\end{pmatrix}\rightarrow\begin{pmatrix}1&1&1&1\\0&1&a-1&d-1\\0&0&(a-1)(a-2)&(d-1)(d-2)\end{pmatrix}$,

由 $\mathrm{R}(A)=\mathrm{R}(A,b)<3$,故 $a=1$ 或 $a=2$,同时 $d=1$ 或 $d=2$.

15. (2015 年数学一、数学二、数学三)　设二次型 $f(x_1,x_2,x_3)$ 在正交变换 $\boldsymbol{x}=P\boldsymbol{y}$ 下的标准形为 $2y_1^2+y_2^2-y_3^2$,其中 $P=(\boldsymbol{e}_1,\boldsymbol{e}_2,\boldsymbol{e}_3)$. 若 $Q=(\boldsymbol{e}_1,-\boldsymbol{e}_3,\boldsymbol{e}_2)$,则 $f(x_1,x_2,x_3)$ 在正交变换下 $\boldsymbol{x}=Q\boldsymbol{y}$ 的标准形为________.

A. $2y_1^2-2y_2^2+y_3^2$　　B. $2y_1^2+y_2^2-y_3^2$

C. $2y_1^2-y_2^2-y_3^2$　　D. $2y_1^2+y_2^2+y_3^2$

答案　A.

解析　由 $\boldsymbol{x}=P\boldsymbol{y}$,故 $f=\boldsymbol{x}'A\boldsymbol{x}=\boldsymbol{y}'(P'AP)\boldsymbol{y}=2y_1^2+y_2^2-y_3^2$,且 $P'AP=\begin{pmatrix}2&0&0\\0&1&0\\0&0&-1\end{pmatrix},Q=P\begin{pmatrix}1&0&0\\0&0&1\\0&-1&0\end{pmatrix}=PC,Q'AQ=C'(P'AP)C=\begin{pmatrix}2&0&0\\0&-1&0\\0&0&1\end{pmatrix},f=$

$f=\boldsymbol{x}'Ax=\boldsymbol{y}'(Q'AQ)\boldsymbol{y}=2y_1^2-y_2^2+y_3^2$.

二、填空题

1.（2010 数学一） 设 $\boldsymbol{\alpha}_1=\begin{pmatrix}1\\2\\-1\\0\end{pmatrix}$，$\boldsymbol{\alpha}_2=\begin{pmatrix}1\\1\\0\\2\end{pmatrix}$，$\boldsymbol{\alpha}_3=\begin{pmatrix}2\\1\\1\\a\end{pmatrix}$，若由 $\boldsymbol{\alpha}_1,\boldsymbol{\alpha}_2,\boldsymbol{\alpha}_3$ 形成的向量组的秩为 2，则 $a=\underline{\quad 6 \quad}$.

解析 $(\boldsymbol{\alpha}_1,\boldsymbol{\alpha}_2,\boldsymbol{\alpha}_3)=\begin{pmatrix}1&1&2\\2&1&1\\-1&-0&1\\0&2&a\end{pmatrix}\to\begin{pmatrix}1&1&2\\0&-1&-3\\0&1&2\\0&2&a\end{pmatrix}\to\begin{pmatrix}1&1&2\\0&1&3\\0&0&0\\0&0&a-6\end{pmatrix}$.

因为由 $\boldsymbol{\alpha}_1,\boldsymbol{\alpha}_2,\boldsymbol{\alpha}_3$ 组成的向量组的秩为 2，所以 $a=\underline{6}$.

2.（2010 数学二） 3 阶常系数线性齐次微分方程 $y'''-2y''+y'-2y=0$ 的通解 $y=\underline{\quad C_1\mathrm{e}^{2x}+C_2\cos x+C_3\sin x \quad}$.

解析 该常系数线性齐次微分方程的特征方程为 $\lambda^3-2\lambda^2+\lambda-2=0$，因式分解得

$$\lambda^2(\lambda-2)+(\lambda-2)=(\lambda-2)(\lambda^2+1)=0,$$

解得特征根为 $\lambda=2,\lambda=\pm\mathrm{i}$，所以通解为 $y=C_1\mathrm{e}^{2x}+C_2\cos x+C_3\sin x$.

3.（2010 数学三） 设 A,B 为 3 阶矩阵，$|A|=3,|B|=2,|A^{-1}+B|=2$，则 $|A+B^{-1}|=\underline{\quad 3 \quad}$.

解析 由于 $A(A^{-1}+B)B^{-1}=(E+AB)B^{-1}=B^{-1}+A$，所以 $|A+B^{-1}|=|A(A^{-1}+B)B^{-1}|=|A||A^{-1}+B||B^{-1}|$.

因为 $|B|=2$，所以 $|B^{-1}|=|B|^{-1}=\dfrac{1}{2}$，因此 $|A+B^{-1}|=|A||A^{-1}+B||B^{-1}|=3\times2\times\dfrac{1}{2}=3$.

4.（2011 数学一） 若二次曲面的方程 $x^2+3y^2+z^2+2axy+2xz+2yz=4$，经过正交变换化为 $y_1^2+4z_1^2=4$，则 $a=\underline{\quad 1 \quad}$.

解析 答案为 1. 二次型对应的矩阵为 $A=\begin{bmatrix}1&a&1\\a&3&1\\1&1&1\end{bmatrix}$，由题设知矩阵 A 的秩为 2.

而 $A=\begin{bmatrix}1&a&1\\a&3&1\\1&1&1\end{bmatrix}\to\begin{bmatrix}0&a-1&0\\0&3-a&1-a\\1&1&1\end{bmatrix}$，易知 $a=1$.

5.（2011 数学二）　二次型 $f(x_1,x_2,x_3)=x_1^2+3x_2^2+x_3^2+2x_1x_2+2x_1x_3+2x_2x_3$，则 f 的正惯性指数为__2__.

解析　二次型 $f(x_1,x_2,x_3)=x_1^2+3x_2^2+x_3^2+2x_1x_2+2x_1x_3+2x_2x_3$，易经过配方法化为 $y_1^2+4y_2^2$，从而正惯性指数为 2.

6.（2011 数学三）　设二次型 $f(x_1,x_2,x_3)=\boldsymbol{x}'A\boldsymbol{x}$ 的秩为 1，A 中行元素之和为 3，则 f 在正交变换 $\boldsymbol{x}=Q\boldsymbol{y}$ 下的标准形为__$3y_1^2$__.

解析　答案为 $3y_1^2$. 由 A 中行元素之和为 3，得 $A\begin{pmatrix}1\\1\\1\end{pmatrix}=3\begin{pmatrix}1\\1\\1\end{pmatrix}$，从而 3 为其特征值. 因为 $\mathrm{R}(A)=1$，所以 f 在正交变换 $\boldsymbol{x}=Q\boldsymbol{y}$ 下的标准型为 $3y_1^2$.

7.（2012 数学一、数学二）　设 $\boldsymbol{x}$ 为三维单位向量，E 为三阶单位矩阵，则矩阵 $E-\boldsymbol{x}\boldsymbol{x}'$的秩为__2__.

解析　矩阵 $\boldsymbol{x}\boldsymbol{x}'$的特征值为 0,0,1，故 $E-\boldsymbol{x}\boldsymbol{x}'$的特征值为 1,1,0. 又由于为实对称矩阵，是可以相似对角化的，故它的秩等于它非零特征值的个数，也即 $\mathrm{R}(E-\boldsymbol{x}\boldsymbol{x}')=2$.

8.（2012 数学二、数学三）　设 A 为 3 阶矩阵，$|A|=3$，A^* 为 A 的伴随矩阵，若交换 A 的第一行与第二行得到矩阵 B，则 $|BA^*|=$__-27__.

解析　由于 $B=E_{12}A$，故 $BA^*=E_{12}A\cdot A^*=|A|E_{12}=3E_{12}$，所以，$|BA^*|=|3E_{12}|=3^3|E_{12}|=27\times(-1)=-27$.

9.（2013 数学一、数学二、数学三）　设 $A=(a_{ij})$是 3 阶非零矩阵，$|A|$为 A 的行列式，A_{ij} 为 a_{ij} 的代数余子式，若 $a_{ij}+A_{ij}=0(i,j=1,2,3)$，则 $|A|=$__-1__.

解析　由于 $a_{ij}+A_{ij}=0$，故 $A_{ij}=-a_{ij}\,(i,j=1,2,3)$.

$$|A|=a_{11}A_{11}+a_{12}A_{12}+a_{13}A_{13}=-(a_{11}^2+a_{12}^2+a_{13}^2) \quad ①$$

$$|A|=a_{21}A_{21}+a_{22}A_{22}+a_{23}A_{23}=-(a_{21}^2+a_{22}^2+a_{23}^2) \quad ②$$

$$|A|=a_{31}A_{31}+a_{32}A_{32}+a_{33}A_{33}=-(a_{31}^2+a_{32}^2+a_{33}^2) \quad ③$$

$$A^*=\begin{pmatrix}A_{11}&A_{21}&A_{31}\\A_{12}&A_{22}&A_{32}\\A_{13}&A_{23}&A_{33}\end{pmatrix}|A|=\begin{vmatrix}-a_{11}&-a_{21}&-a_{31}\\-a_{12}&-a_{22}&-a_{32}\\-a_{13}&-a_{23}&-a_{33}\end{vmatrix},|A^*|=-|A'|=-|A|.$$

而 $|A^*|=|A|^2$，$|A|^2=-|A|\Rightarrow|A|=-1$.

10.（2014 数学一、数学二、数学三）　设二次型 $f(x_1,x_2,x_3)=x_1^2-x_2+2ax_1x_3+4x_2x_3$ 的负惯性指数是 1，则 a 的取值范围__$[-2,2]$__.

$$\begin{aligned}f(x_1,x_2,x_3)&=x_1^2-x_2^2+2ax_1x_3+4x_2x_3\\&=x_1^2+2ax_1x_3+a^2x_3^2-x_2^2+4x_2x_3-a^2x_3^2\end{aligned}$$

$$=(x_1+ax_3)^2-(x_2-2x_3)^2+(4-a^2)x_3^2$$
$$=y_1^2-y_2^2+(4-a^2)y_3^2,$$

若负惯性指数为 1,则 $4-a^2\geqslant 0, a\in[-2,2]$.

11.(2015 年数学一) n 阶行列式 $\begin{vmatrix} 2 & 0 & \cdots & 0 & 2 \\ -1 & 2 & \cdots & 0 & 2 \\ \vdots & \vdots & & \vdots & \vdots \\ 0 & 0 & \cdots & 2 & 2 \\ 0 & 0 & \cdots & -1 & 2 \end{vmatrix}=$ $\underline{\ 2^{n+1}-2\ }$.

解析 按第一行展开的

$$D_n=\begin{vmatrix} 2 & 0 & \cdots & 0 & 2 \\ -1 & 2 & \cdots & 0 & 2 \\ \vdots & \vdots & & \vdots & \vdots \\ 0 & 0 & \cdots & 2 & 2 \\ 0 & 0 & \cdots & -1 & 2 \end{vmatrix}=2D_{n-1}+(-1)^{n+1}2\,(-1)^{n-1}=2D_{n-1}+2$$

$$=2(2D_{n-2}+2)+2=2^2D_{n-2}+2^2+2=2^n+2^{n-1}+\cdots+2=2^{n+1}-2.$$

12.(2015 年数学二、数学三) 设 3 阶矩阵 A 的特征值为 $2,-2,1$, $B=A^2-A+E$,其中 E 为 3 阶单位矩阵,则行列式 $|B|=$ $\underline{\ 21\ }$.

解析 A 的所有特征值为 $2,-2,1$. B 的所有特征值为 $3,7,1$,所以 $|B|=3\times 7\times 1=21$.

三、计算与证明题

1.(2010 数学一) 设 $A=\begin{pmatrix} \lambda & 1 & 1 \\ 0 & \lambda-1 & 0 \\ 1 & 1 & \lambda \end{pmatrix}$, $\boldsymbol{b}=\begin{pmatrix} a \\ 1 \\ 1 \end{pmatrix}$,已知线性方程组 $A\boldsymbol{x}=\boldsymbol{b}$ 存在两个不同解.

(1) 求 λ, a;

(2) 求 $A\boldsymbol{x}=\boldsymbol{b}$ 的通解.

解 (1) 已知 $A\boldsymbol{x}=\boldsymbol{b}$ 有两个不同的解, $\mathrm{R}(A)=\mathrm{R}(A,\boldsymbol{b})<3$,又 $|A|=0$,即

$$|A|=\begin{vmatrix} \lambda & 1 & 1 \\ 0 & \lambda-1 & 0 \\ 1 & 1 & \lambda \end{vmatrix}=(\lambda-1)^2(\lambda+1)=0,$$ 知 $\lambda=1$ 或 $\lambda=-1$.

当 $\lambda=1$ 时, $\mathrm{R}(A)=1\neq\mathrm{R}(A,\boldsymbol{b})=2$,此时, $A\boldsymbol{x}=\boldsymbol{b}$ 无解.

当 $\lambda=-1$ 时,代入有 $\mathrm{R}(A)=\mathrm{R}(A,\boldsymbol{b})$,得 $a=-2$.

(2)

$$(A,b)=\left(\begin{array}{ccc|c}-1&1&1&-2\\0&-2&0&1\\1&1&-1&1\end{array}\right)\rightarrow\left(\begin{array}{ccc|c}1&-1&-1&2\\0&2&0&-1\\0&0&0&0\end{array}\right)\rightarrow\left(\begin{array}{ccc|c}1&0&-1&\frac{3}{2}\\0&1&0&-\frac{1}{2}\\0&0&0&0\end{array}\right),$$

则原方程组等价为$\begin{cases}x_1-x_3=\dfrac{3}{2},\\x_2=-\dfrac{1}{2},\end{cases}$即$\begin{cases}x_1=x_3+\dfrac{3}{2},\\x_2=-\dfrac{1}{2},\\x_3=x_3,\end{cases}$　所以$\begin{pmatrix}x_1\\x_2\\x_3\end{pmatrix}=x_3\begin{pmatrix}1\\0\\1\end{pmatrix}+\begin{pmatrix}\frac{3}{2}\\-\frac{1}{2}\\0\end{pmatrix}$,所以 $Ax=b$ 的通解为 $x=k\begin{pmatrix}1\\0\\1\end{pmatrix}+\begin{pmatrix}\frac{3}{2}\\-\frac{1}{2}\\0\end{pmatrix}$,$k$ 为任意常数.

2. (2010 数学一)　已知二次型 $f(x_1,x_2,x_3)=x'Ax$ 在正交变换 $x=Qy$ 下的标准型为 $y_1^2+y_2^2$,且 Q 的第三列为 $\left(\frac{\sqrt{2}}{2},0,\frac{\sqrt{2}}{2}\right)'$.

(1) 求矩阵 A;

(2) 证明 $A+E$ 为正定矩阵,其中 E 为 3 阶单位矩阵.

解　(1) 由于二次型在正交变换 $x=Qy$ 下的标准型为 $y_1^2+y_2^2$,所以 A 的特征值为 $\lambda_1=\lambda_2=1,\lambda_3=0$. 由于 Q 的第三列为 $\left(\frac{\sqrt{2}}{2},0,\frac{\sqrt{2}}{2}\right)'$,所以 A 对应于 $\lambda_3=0$ 的特征向量为 $\xi_3=\begin{pmatrix}1\\0\\1\end{pmatrix}$.

因为 A 为实对称矩阵,所以 A 的不同特征值对应的特征向量正交,令 $\lambda_1=\lambda_2=1$对应的特征向量为 $\xi=\begin{pmatrix}x_1\\x_2\\x_3\end{pmatrix}$,由 $x_1+x_3=0$ 的 $\lambda_1=\lambda_2=1$ 对应的线性无关的特征向量为 $\xi_1=\begin{pmatrix}0\\1\\0\end{pmatrix}$,$\xi_2=\begin{pmatrix}-1\\0\\1\end{pmatrix}$.

令 $y_1=\begin{pmatrix}0\\1\\0\end{pmatrix}$，$y_2=\frac{1}{\sqrt{2}}\begin{pmatrix}-1\\0\\1\end{pmatrix}$，$y_3=\frac{1}{\sqrt{2}}\begin{pmatrix}1\\0\\1\end{pmatrix}$，则 $Q=(y_1,y_2,y_3)$，由 $Q'AQ=\begin{pmatrix}1&&\\&1&\\&&0\end{pmatrix}$，得 $A=\begin{pmatrix}\frac{1}{2}&0&-\frac{1}{2}\\0&1&0\\-\frac{1}{2}&0&\frac{1}{2}\end{pmatrix}$.

(2) 因为 $A+E=\begin{pmatrix}\frac{3}{2}&0&-\frac{1}{2}\\0&1&0\\-\frac{1}{2}&0&\frac{3}{2}\end{pmatrix}$是实对称矩阵，且 A 的特征值为 $\lambda_1=\lambda_2=1$，$\lambda_3=0$，所以 $A+E$ 的特征值为 $\lambda_1=\lambda_2=2$，$\lambda_3=1$，因为其特征值都大于零，所以 $A+E$为正定矩阵.

3.（2010 数学二） 设 $A=\begin{pmatrix}\lambda&1&1\\0&\lambda-1&0\\1&1&\lambda\end{pmatrix}$，$b=\begin{pmatrix}a\\1\\1\end{pmatrix}$. 已知线性方程组 $A\boldsymbol{x}=\boldsymbol{b}$ 存在 2 个不同的解.

(1) 求 λ，a；

(2) 求方程组 $A\boldsymbol{x}=\boldsymbol{b}$ 的通解.

解 (1) 设 $\boldsymbol{\eta}_1$，$\boldsymbol{\eta}_2$ 为 $A\boldsymbol{x}=\boldsymbol{b}$ 的 2 个不同的解，则 $\boldsymbol{\eta}_1-\boldsymbol{\eta}_2$ 是 $A\boldsymbol{x}=\boldsymbol{0}$ 的一个非零解，故 $|A|=(\lambda-1)^2(\lambda+1)=0$，于是 $\lambda=1$ 或 $\lambda=-1$.

当 $\lambda=1$ 时，因为 $R(A)\neq R(A,\boldsymbol{b})$，所以 $A\boldsymbol{x}=\boldsymbol{b}$ 无解，舍去.

当 $\lambda=-1$ 时，对 $A\boldsymbol{x}=\boldsymbol{b}$ 的增广矩阵施以初等行变换

$$(A,b)=\left(\begin{array}{ccc|c}-1&1&1&a\\0&-2&0&1\\1&1&-1&1\end{array}\right)\rightarrow\left(\begin{array}{ccc|c}1&0&-1&\frac{3}{2}\\0&1&0&-\frac{1}{2}\\0&0&0&a+2\end{array}\right)=B,$$

因为 $A\boldsymbol{x}=\boldsymbol{b}$ 有解，所以 $a=-2$.

(2) 当 $\lambda=-1, a=-2$ 时，$B=\left(\begin{array}{ccc|c} 1 & 0 & -1 & \frac{3}{2} \\ 0 & 1 & 0 & -\frac{1}{2} \\ 0 & 0 & 0 & 0 \end{array}\right)$，所以 $A\boldsymbol{x}=\boldsymbol{b}$ 的通解为 $\boldsymbol{x}=\frac{1}{2}\begin{pmatrix} 3 \\ -1 \\ 0 \end{pmatrix}+k\begin{pmatrix} 1 \\ 0 \\ 1 \end{pmatrix}$，其中 k 为任意常数.

4.（2010 数学三） 设 $A=\begin{pmatrix} 0 & -1 & 4 \\ -1 & 3 & a \\ 4 & a & 0 \end{pmatrix}$，正交矩阵 Q 使得 $Q'AQ$ 为对角矩阵，若 Q 的第一列为 $\frac{1}{\sqrt{6}}(1,2,1)'$，求 a, Q.

解 由题设，$(1,2,1)'$ 为 A 的一个特征向量，于是

$$A\begin{pmatrix} 1 \\ 2 \\ 1 \end{pmatrix}=\begin{pmatrix} 0 & -1 & 4 \\ -1 & 3 & a \\ 4 & a & 0 \end{pmatrix}\begin{pmatrix} 1 \\ 2 \\ 1 \end{pmatrix}=\lambda_1\begin{pmatrix} 1 \\ 2 \\ 1 \end{pmatrix},$$

解得，$a=-1, \lambda_1=2$. 由 A 的特征多项式 $|\lambda E-A|=(\lambda-2)(\lambda-5)(\lambda+4)$，所以 A 的特征值为 $2,5,-4$.

属于特征值 5 的一个单位特征向量为 $\frac{1}{\sqrt{3}}(1,-1,1)'$；属于特征值 -4 的一个单位特征向量为 $\frac{1}{\sqrt{2}}(-1,0,1)'$.

令 $Q=\begin{pmatrix} \frac{1}{\sqrt{6}} & \frac{1}{\sqrt{3}} & -\frac{1}{\sqrt{2}} \\ \frac{2}{\sqrt{6}} & -\frac{1}{\sqrt{3}} & 0 \\ \frac{1}{\sqrt{6}} & \frac{1}{\sqrt{3}} & \frac{1}{\sqrt{2}} \end{pmatrix}$，则有 $Q'AQ=\begin{pmatrix} 2 & & \\ & 5 & \\ & & -4 \end{pmatrix}$，故 Q 为所求矩阵.

5.（2011 数学一、数学二、数学三） 设向量组 $\boldsymbol{\alpha}_1=(1,0,1)', \boldsymbol{\alpha}_2=(0,1,1)', \boldsymbol{\alpha}_3=(1,3,5)'$，不能由向量组 $\boldsymbol{\beta}_1=(1,1,1)', \boldsymbol{\beta}_2=(1,2,3)', \boldsymbol{\beta}_3=(3,4,a)'$ 线性表出.

(1) 求 a 的值；

(2) 将 $\boldsymbol{\beta}_1, \boldsymbol{\beta}_2, \boldsymbol{\beta}_3$ 由 $\boldsymbol{\alpha}_1, \boldsymbol{\alpha}_2, \boldsymbol{\alpha}_3$ 线性表出.

解 (1) 易知 $\boldsymbol{\alpha}_1,\boldsymbol{\alpha}_2,\boldsymbol{\alpha}_3$ 线性无关,由其不能被 $\boldsymbol{\beta}_1,\boldsymbol{\beta}_2,\boldsymbol{\beta}_3$ 线性表出,得到 $\boldsymbol{\beta}_1,\boldsymbol{\beta}_2,\boldsymbol{\beta}_3$ 线性相关,从而 $R(\boldsymbol{\beta}_1,\boldsymbol{\beta}_2,\boldsymbol{\beta}_3)<3$. 由

$$\begin{bmatrix}1&1&3\\1&2&4\\1&3&a\end{bmatrix}\to\begin{bmatrix}1&1&3\\0&1&1\\0&2&a-3\end{bmatrix}\to\begin{bmatrix}1&1&1\\0&1&1\\0&0&a-5\end{bmatrix}$$

得 $a=5$.

(2) 由

$$\begin{bmatrix}1&0&1&1&1&3\\0&1&3&1&2&4\\1&1&5&1&3&5\end{bmatrix}\to\begin{bmatrix}1&0&1&1&1&3\\0&1&3&1&2&4\\0&1&4&0&2&2\end{bmatrix}\to\begin{bmatrix}1&0&1&1&1&3\\0&1&3&1&2&4\\0&0&1&-1&0&-2\end{bmatrix}$$

$$\to\begin{bmatrix}1&0&0&2&1&5\\0&1&0&4&2&1\\0&0&1&-1&0&-2\end{bmatrix}$$

得 $(\boldsymbol{\beta}_1,\boldsymbol{\beta}_2,\boldsymbol{\beta}_3)=(\boldsymbol{\alpha}_1,\boldsymbol{\alpha}_2,\boldsymbol{\alpha}_3)\begin{bmatrix}2&1&5\\4&2&10\\-1&0&-2\end{bmatrix}$.

6. (2011 数学一、数学二、数学三) A 为三阶实对称矩阵,$R(A)=2$ 且

$$A\begin{bmatrix}1&1\\0&0\\-1&1\end{bmatrix}=\begin{bmatrix}-1&1\\0&0\\1&1\end{bmatrix}.$$

(1) 求 A 的特征值与特征向量;

(2) 求矩阵 A.

解 (1) 易知特征值 -1 对应的特征向量为 $\begin{bmatrix}1\\0\\-1\end{bmatrix}$,特征值 1 对应的特征向量为 $\begin{bmatrix}1\\0\\1\end{bmatrix}$. 由 $R(A)=2$ 知 A 的另一个特征值为 0. 因为实对称矩阵不同特征值的特征向量正交,从而特征值 0 对应的特征向量为 $\begin{bmatrix}0\\1\\0\end{bmatrix}$.

(2) 由 $A=\begin{bmatrix}1&1&0\\0&0&1\\-1&1&0\end{bmatrix}\begin{bmatrix}-1&0&0\\0&1&0\\0&0&0\end{bmatrix}\begin{bmatrix}1&1&0\\0&0&1\\-1&1&0\end{bmatrix}^{-1}$ 得 $A=\begin{bmatrix}0&0&1\\0&0&0\\1&0&0\end{bmatrix}$.

7.（2012 数学一、数学二、数学三） 设 $A=\begin{pmatrix}1&a&0&0\\0&1&a&0\\0&0&1&a\\a&0&0&1\end{pmatrix}$，$\boldsymbol{b}=\begin{pmatrix}1\\-1\\0\\0\end{pmatrix}$.

(1) 求$|A|$；

(2) 已知线性方程组 $A\boldsymbol{x}=\boldsymbol{b}$ 有无穷多解，求 a，并求 $A\boldsymbol{x}=\boldsymbol{b}$ 的通解.

解 (1) $\begin{vmatrix}1&a&0&0\\0&1&a&0\\0&0&1&a\\a&0&0&1\end{vmatrix}=1\times\begin{vmatrix}1&a&0\\0&1&a\\0&0&1\end{vmatrix}+a\times(-1)^{4+1}\begin{vmatrix}a&0&0\\1&a&0\\0&1&a\end{vmatrix}=1-a^4$.

(2) $\begin{pmatrix}1&a&0&0&1\\0&1&a&0&-1\\0&0&1&a&0\\a&0&0&1&0\end{pmatrix}\to\begin{pmatrix}1&a&0&0&1\\0&1&a&0&-1\\0&0&1&a&0\\0&-a^2&0&1&-a\end{pmatrix}\to\begin{pmatrix}1&a&0&0&1\\0&1&a&0&-1\\0&0&1&a&0\\0&0&a^3&1&-a-a^2\end{pmatrix}$

$\to\begin{pmatrix}1&a&0&0&1\\0&1&a&0&-1\\0&0&1&a&0\\0&0&0&1-a^4&-a-a^2\end{pmatrix}$.

可知当要使得原线性方程组有无穷多解，则有 $1-a^4=0$ 及 $-a-a^2=0$，可知 $a=-1$. 此时，原线性方程组增广矩阵为 $\begin{pmatrix}1&-1&0&0&1\\0&1&-1&0&-1\\0&0&1&-1&0\\0&0&0&0&0\end{pmatrix}$，进一步化为行最简形得 $\begin{pmatrix}1&0&0&-1&0\\0&1&0&-1&-1\\0&0&1&-1&0\\0&0&0&0&0\end{pmatrix}$. 可知导出组的基础解系为 $\begin{pmatrix}1\\1\\1\\1\end{pmatrix}$，非齐次方程的特解为 $\begin{pmatrix}0\\-1\\0\\0\end{pmatrix}$，故其通解为 $k\begin{pmatrix}1\\1\\1\\1\end{pmatrix}+\begin{pmatrix}0\\-1\\0\\0\end{pmatrix}$.

8.（2012 数学一、数学三） 三阶矩阵 $A=\begin{pmatrix}1&0&1\\0&1&1\\-1&0&a\end{pmatrix}$，$A'$ 为矩阵 A 的转置，已知 $\mathrm{R}(A'A)=2$，且二次型 $f=\boldsymbol{x}'A'A\boldsymbol{x}$.

(1) 求 a；

(2) 求二次型对应的二次型矩阵，并将二次型化为标准形，写出正交变换过程.

解 (1)由 $R(A'A)=R(A)=2$ 可得 $\begin{vmatrix} 1 & 0 & 1 \\ 0 & 1 & 1 \\ -1 & 0 & a \end{vmatrix}=a+1=0\Rightarrow a=-1$.

(2)
$$f=\boldsymbol{x}'A'A\boldsymbol{x}=(x_1,x_2,x_3)\begin{pmatrix} 2 & 0 & 2 \\ 0 & 2 & 2 \\ 2 & 2 & 4 \end{pmatrix}\begin{pmatrix} x_1 \\ x_2 \\ x_3 \end{pmatrix}$$
$$=2x_1^2+2x_2^2+4x_3^2+4x_1x_2+4x_2x_3,$$

设矩阵 $B=\begin{pmatrix} 2 & 0 & 2 \\ 0 & 2 & 2 \\ 2 & 2 & 4 \end{pmatrix}$，则 $|\lambda E-B|=\begin{vmatrix} \lambda-2 & 0 & -2 \\ 0 & \lambda-2 & -2 \\ -2 & -2 & \lambda-4 \end{vmatrix}=\lambda(\lambda-2)(\lambda-6)=0$，解得矩阵 B 的特征值为 $\lambda_1=0,\lambda_2=2,\lambda_3=6$.

对于 $\lambda_1=0$，解 $(\lambda_1E-B)\boldsymbol{x}=\boldsymbol{0}$ 得对应的特征向量为 $\boldsymbol{\eta}_1=\begin{pmatrix} 1 \\ 1 \\ -1 \end{pmatrix}$.

对于 $\lambda_2=2$，解 $(\lambda_2E-B)\boldsymbol{x}=\boldsymbol{0}$ 得对应的特征向量为 $\boldsymbol{\eta}_2=\begin{pmatrix} 1 \\ -1 \\ 0 \end{pmatrix}$.

对于 $\lambda_3=6$，解 $(\lambda_3E-B)\boldsymbol{x}=\boldsymbol{0}$ 得对应的特征向量为 $\boldsymbol{\eta}_3=\begin{pmatrix} 1 \\ 1 \\ 2 \end{pmatrix}$.

将 $\boldsymbol{\eta}_1,\boldsymbol{\eta}_2,\boldsymbol{\eta}_3$ 单位化可得 $\boldsymbol{\alpha}_1=\frac{1}{\sqrt{3}}\begin{pmatrix} 1 \\ 1 \\ -1 \end{pmatrix},\boldsymbol{\alpha}_2=\frac{1}{\sqrt{2}}\begin{pmatrix} 1 \\ -1 \\ 0 \end{pmatrix},\boldsymbol{\alpha}_3=\frac{1}{\sqrt{6}}\begin{pmatrix} 1 \\ 1 \\ 2 \end{pmatrix}$，$Q=(\boldsymbol{\alpha}_1,\boldsymbol{\alpha}_2,\boldsymbol{\alpha}_3)$.

9. (2012 数学二) 设 $A=\begin{pmatrix} 1 & 0 & 1 \\ 0 & 1 & 1 \\ -1 & 0 & a \\ 0 & a & -1 \end{pmatrix}$，二次型 $f(x_1,x_2,x_3)=\boldsymbol{x}'(A'A)\boldsymbol{x}$ 的秩为 2.

(1) 求实数 a 的值；

(2) 求正交变换 $\boldsymbol{x}=Q\boldsymbol{y}$ 将 f 化为标准形.

解 (1)二次型 $\boldsymbol{x}'(A'A)\boldsymbol{x}$ 的秩为 2,即 $R(A'A)=R(A)=2$. 对 A 做初等变换有 $A=\begin{pmatrix}1&0&1\\0&1&1\\-1&0&a\\0&a&-1\end{pmatrix}\to\begin{pmatrix}1&0&1\\0&1&1\\0&0&a+1\\0&0&0\end{pmatrix}$,所以 $a=-1$.

(2) 当 $a=-1$ 时,$A'A=\begin{pmatrix}2&0&2\\0&2&2\\2&2&4\end{pmatrix}$. 由 $|\lambda E-A'A|=\begin{vmatrix}\lambda-2&0&-2\\0&\lambda-2&-2\\-2&-2&\lambda-4\end{vmatrix}=\lambda(\lambda-2)(\lambda-6)$,可知矩阵 $A'A$ 的特征值为 0,2,6.

对于 $\lambda_1=0$,解 $(\lambda_1E-A'A)\boldsymbol{x}=\boldsymbol{0}$ 得对应的特征向量为 $\boldsymbol{\eta}_1=\begin{pmatrix}-1\\-1\\1\end{pmatrix}$.

对于 $\lambda_2=2$,解 $(\lambda_2E-A'A)\boldsymbol{x}=\boldsymbol{0}$ 得对应的特征向量为 $\boldsymbol{\eta}_2=\begin{pmatrix}-1\\1\\0\end{pmatrix}$.

对于 $\lambda_3=6$,解 $(\lambda_3E-A'A)\boldsymbol{x}=\boldsymbol{0}$ 得对应的特征向量为 $\boldsymbol{\eta}_3=\begin{pmatrix}1\\1\\2\end{pmatrix}$.

将 $\boldsymbol{\eta}_1,\boldsymbol{\eta}_2,\boldsymbol{\eta}_3$ 单位化可得,$\boldsymbol{\alpha}_1=\frac{1}{\sqrt{3}}\begin{pmatrix}-1\\-1\\1\end{pmatrix}$,$\boldsymbol{\alpha}_2=\frac{1}{\sqrt{2}}\begin{pmatrix}-1\\1\\0\end{pmatrix}$,$\boldsymbol{\alpha}_3=\frac{1}{\sqrt{6}}\begin{pmatrix}1\\1\\2\end{pmatrix}$,那么令

$$\begin{pmatrix}x_1\\x_2\\x_3\end{pmatrix}=\begin{pmatrix}-\frac{1}{\sqrt{3}}&\frac{1}{\sqrt{2}}&\frac{1}{\sqrt{6}}\\-\frac{1}{\sqrt{3}}&\frac{1}{\sqrt{2}}&\frac{1}{\sqrt{6}}\\\frac{1}{\sqrt{3}}&0&-\frac{2}{\sqrt{6}}\end{pmatrix}\begin{pmatrix}y_1\\y_2\\y_3\end{pmatrix},$$就有 $\boldsymbol{x}'(A'A)\boldsymbol{x}=\boldsymbol{y}'\Lambda\boldsymbol{y}=2y_2^2+6y_3^2$.

10. (2013 数学一、数学二、数学三) 设 $A=\begin{pmatrix}1&a\\1&0\end{pmatrix}$,$B=\begin{pmatrix}0&1\\1&b\end{pmatrix}$,当 a,b 为何值时,存在矩阵 C 使得 $AC-CA=B$. 并求所有矩阵 C.

解 设 $C=\begin{pmatrix}x_1&x_2\\x_3&x_4\end{pmatrix}$,由于 $AC-CA=B$,故 $\begin{pmatrix}1&a\\1&0\end{pmatrix}\begin{pmatrix}x_1&x_2\\x_3&x_4\end{pmatrix}-\begin{pmatrix}x_1&x_2\\x_3&x_4\end{pmatrix}\begin{pmatrix}1&a\\1&0\end{pmatrix}=\begin{pmatrix}0&1\\1&b\end{pmatrix}$,即 $\begin{pmatrix}x_1+ax_3&x_2+ax_4\\x_1&x_2\end{pmatrix}-\begin{pmatrix}x_1+x_2&ax_1\\x_3+x_4&ax_3\end{pmatrix}=\begin{pmatrix}0&1\\1&b\end{pmatrix}$.

$$\begin{cases} -x_2+ax_3=0, \\ -ax_1+x_2+ax_4=1, \\ x_1-x_3-x_4=1, \\ x_2-ax_3=b. \end{cases} \qquad (\text{I})$$

由于矩阵 C 存在，故方程组(I)有解. 对(I)的增广矩阵进行初等行变换

$$\left(\begin{array}{cccc|c} 0 & -1 & a & 0 & 0 \\ -a & 1 & 0 & a & 1 \\ 1 & 0 & -1 & -1 & 1 \\ 0 & 1 & -a & 0 & b \end{array}\right) \to \left(\begin{array}{cccc|c} 1 & 0 & -1 & -1 & 1 \\ 0 & 1 & -a & 0 & 0 \\ 0 & 1 & -a & 0 & a+1 \\ 0 & 0 & 0 & 0 & b \end{array}\right)$$

$$\to \left(\begin{array}{cccc|c} 1 & 0 & -1 & -1 & 1 \\ 0 & 1 & -a & 0 & 0 \\ 0 & 0 & 0 & 0 & a+1 \\ 0 & 0 & 0 & 0 & b \end{array}\right),$$

方程组有解，故 $a+1=0, b=0$. 当 $a=-1, b=0$ 时，增广矩阵变为

$$\left(\begin{array}{cccc|c} 1 & 0 & -1 & -1 & 1 \\ 0 & 1 & 1 & 0 & 0 \\ 0 & 0 & 0 & 0 & 0 \\ 0 & 0 & 0 & 0 & 0 \end{array}\right).$$

x_3, x_4 为自由变量，令 $x_3=1, x_4=0$，代入相应齐次方程组，得 $x_2=-1, x_1=1$. 令 $x_3=0, x_4=1$，代入相应齐次方程组，得 $x_2=0, x_1=1$. 故 $\boldsymbol{\xi}_1=(1,-1,1,0)', \boldsymbol{\xi}_2=(1,0,0,1)'$，令 $x_3=0, x_4=0$，得特解 $\boldsymbol{\eta}=(1,0,0,0)'$，方程组的通解为 $\boldsymbol{x}=k_1\boldsymbol{\xi}_1+k_2\boldsymbol{\xi}_2+\boldsymbol{\eta}=(k_1+k_2+1,-k_1,k_1,k_2)'$，所以$C=\begin{pmatrix} k_1+k_2+1 & -k_1 \\ k_1 & k_2 \end{pmatrix}$.

11. (2013 数学一、数学二、数学三) 设二次型 $f(x_1,x_2,x_3)=2(a_1x_1+a_2x_2+a_3x_3)^2+(b_1x_1+b_2x_2+b_3x_3)^2$. 记 $\boldsymbol{\alpha}=\begin{pmatrix} a_1 \\ a_2 \\ a_3 \end{pmatrix}, \boldsymbol{\beta}=\begin{pmatrix} b_1 \\ b_2 \\ b_3 \end{pmatrix}$.

(1) 证明二次型 f 对应的矩阵为 $2\boldsymbol{\alpha\alpha}'+\boldsymbol{\beta\beta}'$；

(2) 若 $\boldsymbol{\alpha},\boldsymbol{\beta}$ 正交且为单位向量，证明 f 在正交交换下的标准型为 $2y_1^2+y_2^2$.

证 (1) $f(x_1,x_2,x_3)=2(a_1x_1+a_2x_2+a_3x_3)^2+(b_1x_1+b_2x_2+b_3x_3)^2$

$$=2(x_1,x_2,x_3)\begin{pmatrix} a_1 \\ a_2 \\ a_3 \end{pmatrix}(a_1,a_2,a_3)\begin{pmatrix} x_1 \\ x_2 \\ x_3 \end{pmatrix}$$

$$+(x_1,x_2,x_3)\begin{pmatrix}b_1\\b_2\\b_3\end{pmatrix}(b_1,b_2,b_3)\begin{pmatrix}x_1\\x_2\\x_3\end{pmatrix}$$

$$=(x_1,x_2,x_3)(2\boldsymbol{\alpha}\boldsymbol{\alpha}'+\boldsymbol{\beta}\boldsymbol{\beta}')\begin{pmatrix}x_1\\x_2\\x_3\end{pmatrix}=\boldsymbol{x}'A\boldsymbol{x},$$

其中$A=2\boldsymbol{\alpha}\boldsymbol{\alpha}'+\boldsymbol{\beta}\boldsymbol{\beta}'$,所以二次型$f$对应的矩阵为$2\boldsymbol{\alpha}\boldsymbol{\alpha}'+\boldsymbol{\beta}\boldsymbol{\beta}'$.

(2) 由于$A=2\boldsymbol{\alpha}\boldsymbol{\alpha}'+\boldsymbol{\beta}\boldsymbol{\beta}'$,$\boldsymbol{\alpha}$与$\boldsymbol{\beta}$正交,故$\boldsymbol{\alpha}'\boldsymbol{\beta}=0$,$\boldsymbol{\alpha},\boldsymbol{\beta}$为单位向量,故$\|\boldsymbol{\alpha}\|=\sqrt{\boldsymbol{\alpha}'\boldsymbol{\alpha}}=1$,故$\boldsymbol{\alpha}'\boldsymbol{\alpha}=1$,同样$\boldsymbol{\beta}'\boldsymbol{\beta}=1$. $A\boldsymbol{\alpha}=(2\boldsymbol{\alpha}\boldsymbol{\alpha}'+\boldsymbol{\beta}\boldsymbol{\beta}')\boldsymbol{\alpha}=2\boldsymbol{\alpha}\boldsymbol{\alpha}'\boldsymbol{\alpha}+\boldsymbol{\beta}\boldsymbol{\beta}'\boldsymbol{\alpha}=2\boldsymbol{\alpha}$,由于$\boldsymbol{\alpha}\neq\boldsymbol{0}$,故$A$有特征值$\lambda_1=2$. $A\boldsymbol{\beta}=(2\boldsymbol{\alpha}\boldsymbol{\alpha}'+\boldsymbol{\beta}\boldsymbol{\beta}')\boldsymbol{\beta}=\boldsymbol{\beta}$,由于$\boldsymbol{\beta}\neq\boldsymbol{0}$,故$A$有特征值$\lambda_2=1$.

$R(A)=R(2\boldsymbol{\alpha}\boldsymbol{\alpha}'+\boldsymbol{\beta}\boldsymbol{\beta}')\leqslant R(2\boldsymbol{\alpha}\boldsymbol{\alpha}')+R(\boldsymbol{\beta}\boldsymbol{\beta}')=R(\boldsymbol{\alpha}\boldsymbol{\alpha}')+R(\boldsymbol{\beta}\boldsymbol{\beta}')1+1=2<3$.
所以$|A|=0$,故$\lambda_3=0$.

因此,f在正交变换下的标准型为$2y_1^2+y_2^2$.

12.(2014 数学一、数学二、数学三) 设$A=\begin{pmatrix}1&-2&3&-4\\0&1&-1&1\\1&2&0&-3\end{pmatrix}$,$E$为3阶单位矩阵.

(1) 求方程组$A\boldsymbol{x}=\boldsymbol{0}$的一个基础解系;

(2) 求满足$AB=E$的所有矩阵B.

解

$$(A)=\begin{pmatrix}1&-2&3&-4\\0&1&-1&1\\1&2&0&-3\end{pmatrix}\xrightarrow{-r_1+r_3}\begin{pmatrix}1&-2&3&-4\\0&1&-1&1\\0&4&-3&1\end{pmatrix}\xrightarrow{-4r_2+r_3}\begin{pmatrix}1&-2&3&-4\\0&1&-1&1\\0&0&1&-3\end{pmatrix}$$

$$\xrightarrow[-3r_3+r_1]{r_3+r_2}\begin{pmatrix}1&-2&0&5\\0&1&0&-2\\0&0&1&-3\end{pmatrix}\xrightarrow{2r_2+r_1}\begin{pmatrix}1&0&0&1\\0&1&0&-2\\0&0&1&-3\end{pmatrix},$$

所以有

$$\begin{cases}x_1=-x_4,\\x_2=2x_4,\\x_3=3x_4,\\x_4=x_4,\end{cases}\quad 即\quad\begin{pmatrix}x_1\\x_2\\x_3\\x_4\end{pmatrix}=c\begin{pmatrix}-1\\2\\3\\1\end{pmatrix},\quad c为任意常数$$

设$B=\begin{pmatrix} x_1 & y_1 & z_1 \\ x_2 & y_2 & z_2 \\ x_3 & y_3 & z_3 \end{pmatrix}$.

$$A\begin{pmatrix} x_1 \\ x_2 \\ x_3 \end{pmatrix}=\begin{pmatrix} 1 \\ 0 \\ 0 \end{pmatrix}\Rightarrow\left(\begin{array}{cccc|c} 1 & -2 & 3 & -4 & 1 \\ 0 & 1 & -1 & 1 & 0 \\ 1 & 2 & 0 & -3 & 0 \end{array}\right),$$

$$A\begin{pmatrix} y_1 \\ y_2 \\ y_3 \end{pmatrix}=\begin{pmatrix} 0 \\ 1 \\ 0 \end{pmatrix}\Rightarrow\left(\begin{array}{cccc|c} 1 & -2 & 3 & -4 & 0 \\ 0 & 1 & -1 & 1 & 1 \\ 1 & 2 & 0 & -3 & 0 \end{array}\right),$$

$$A\begin{pmatrix} z_1 \\ z_2 \\ z_3 \end{pmatrix}=\begin{pmatrix} 0 \\ 0 \\ 1 \end{pmatrix}\Rightarrow\left(\begin{array}{cccc|c} 1 & -2 & 3 & -4 & 0 \\ 0 & 1 & -1 & 1 & 0 \\ 1 & 2 & 0 & -3 & 1 \end{array}\right),$$

即

$$\left(\begin{array}{cccc|ccc} 1 & -2 & 3 & -4 & 1 & 0 & 0 \\ 0 & 1 & -1 & 1 & 0 & 1 & 0 \\ 1 & 2 & 0 & -3 & 0 & 0 & 1 \end{array}\right)\to\left(\begin{array}{cccc|ccc} 1 & -2 & 3 & -4 & 1 & 0 & 0 \\ 0 & 1 & -1 & 1 & 0 & 1 & 0 \\ 0 & 4 & -3 & 1 & -1 & 0 & 1 \end{array}\right)$$

$$\to\left(\begin{array}{cccc|ccc} 1 & -2 & 3 & -4 & 1 & 0 & 0 \\ 0 & 1 & -1 & 1 & 0 & 1 & 0 \\ 0 & 0 & 1 & -3 & -1 & -4 & 1 \end{array}\right)\to\left(\begin{array}{cccc|ccc} 1 & -2 & 0 & 5 & 4 & 12 & -3 \\ 0 & 1 & 0 & -2 & -1 & -3 & 1 \\ 0 & 0 & 1 & 3 & -1 & -4 & 1 \end{array}\right)$$

$$\to\left(\begin{array}{cccc|ccc} 1 & 0 & 0 & 1 & 2 & 6 & -1 \\ 0 & 1 & 0 & -2 & -1 & -3 & 1 \\ 0 & 0 & 1 & -3 & -1 & -4 & 1 \end{array}\right),$$

所以有

$$\begin{pmatrix} x_1 \\ x_2 \\ x_3 \\ x_4 \end{pmatrix}=c_1\begin{pmatrix} -1 \\ 2 \\ 3 \\ 1 \end{pmatrix}+\begin{pmatrix} 2 \\ -1 \\ -1 \\ 0 \end{pmatrix},\qquad \begin{pmatrix} y_1 \\ y_2 \\ y_3 \\ y_4 \end{pmatrix}=c_2\begin{pmatrix} -1 \\ 2 \\ 3 \\ 1 \end{pmatrix}+\begin{pmatrix} 6 \\ -3 \\ -4 \\ 0 \end{pmatrix},$$

$$\begin{pmatrix} z_1 \\ z_2 \\ z_3 \\ z_4 \end{pmatrix}=c_3\begin{pmatrix} -1 \\ 2 \\ 3 \\ 1 \end{pmatrix}+\begin{pmatrix} -1 \\ 1 \\ 1 \\ 0 \end{pmatrix},$$

所以 $B=\begin{pmatrix} -c_1+2 & -c_2+6 & -c_3-1 \\ 2c_1-1 & 2c_2-3 & 2c_3+1 \\ 3c_1-1 & 3c_2-4 & 3c_3+1 \\ c_1 & c_2 & c_3 \end{pmatrix}$，$c_1,c_2,c_3$ 为任意常数.

13.（2014 数学一、数学二、数学三） 证明 n 阶矩阵 $\begin{pmatrix} 1 & 1 & \cdots & 1 \\ 1 & 1 & \cdots & 1 \\ \vdots & \vdots & & \vdots \\ 1 & 1 & \cdots & 1 \end{pmatrix}$ 与 $\begin{pmatrix} 0 & \cdots & 0 & 1 \\ 0 & \cdots & 0 & 2 \\ \vdots & & \vdots & \vdots \\ 0 & \cdots & 0 & n \end{pmatrix}$ 相似.

证明 设 $A=\begin{bmatrix} 1 & 1 & \cdots & 1 \\ 1 & 1 & \cdots & 1 \\ \vdots & \vdots & & \vdots \\ 1 & 1 & \cdots & 1 \end{bmatrix}$，$B=\begin{bmatrix} 0 & 0 & \cdots & 0 & 1 \\ 0 & 0 & \cdots & 0 & 2 \\ \vdots & \vdots & & \vdots & \vdots \\ 0 & 0 & \cdots & 0 & n \end{bmatrix}$，

$$|\lambda E-A|=\begin{vmatrix} \lambda-1 & -1 & \cdots & -1 \\ -1 & \lambda-1 & \cdots & -1 \\ \vdots & \vdots & & \vdots \\ -1 & -1 & \cdots & \lambda-1 \end{vmatrix}=(\lambda-n)\lambda^{n-1},$$

所以 A 的 n 个特征值为 $\lambda_1=n,\lambda_2=\cdots=\lambda_n=0$.

又因为 A 是一个实对称矩阵，所以 A 可以相似对角化，且

$$A\sim\begin{bmatrix} n & & \\ & 0 & \\ & & \ddots & \\ & & & 0 \end{bmatrix},\ |\lambda E-B|=\begin{vmatrix} \lambda & 0 & \cdots & 0 & -1 \\ 0 & \lambda & \cdots & 0 & -2 \\ \vdots & \vdots & & \vdots & \vdots \\ 0 & 0 & \cdots & 0 & \lambda-N \end{vmatrix}=(\lambda-n)\lambda^{n-1},$$

所以 B 的 n 个特征值为 $\lambda_1'=n,\lambda_2'=\cdots=\lambda_n'=0$.

又 $|0E-B|=\begin{vmatrix} 0 & 0 & \cdots & 0 & -1 \\ 0 & 0 & \cdots & 0 & -2 \\ \vdots & \vdots & & \vdots & \vdots \\ 0 & 0 & \cdots & 0 & -n \end{vmatrix}$，所以 $\mathrm{R}(0E-B)=1$，故 B 的 $n-1$ 重特征值 0 有 $n-1$ 个线性无关的特征向量，所以 B 也可以相似对角化，且 $B\sim$

$\begin{bmatrix} n & & & \\ & 0 & & \\ & & \ddots & \\ & & & 0 \end{bmatrix}$，所以 A 与 B 相似.

14.（2015 年数学一） 设向量组 $\boldsymbol{\alpha}_1,\boldsymbol{\alpha}_2,\boldsymbol{\alpha}_3$ 为 $\mathbf{R}^3$ 的一个基，$\boldsymbol{\beta}_1=2\boldsymbol{\alpha}_1+2k\boldsymbol{\alpha}_3$，$\boldsymbol{\beta}_2=2\boldsymbol{\alpha}_2$，$\boldsymbol{\beta}_3=\boldsymbol{\alpha}_1+(k+1)\boldsymbol{\alpha}_3$.

（1）证明向量组 $\boldsymbol{\beta}_1,\boldsymbol{\beta}_2,\boldsymbol{\beta}_3$ 为 $\mathbf{R}^3$ 的一个基；

（2）当 k 为何值时，存在非零向量 $\boldsymbol{\xi}$ 在基 $\boldsymbol{\alpha}_1,\boldsymbol{\alpha}_2,\boldsymbol{\alpha}_3$ 与基 $\boldsymbol{\beta}_1,\boldsymbol{\beta}_2,\boldsymbol{\beta}_3$ 下的坐标相同，并求所有的 $\boldsymbol{\xi}$.

解 （1）

$$(\boldsymbol{\beta}_1,\boldsymbol{\beta}_2,\boldsymbol{\beta}_3)=(2\boldsymbol{\alpha}_1+2k\boldsymbol{\alpha}_3,2\boldsymbol{\alpha}_2,\boldsymbol{\alpha}_1+(k+1)\boldsymbol{\alpha}_3)=(\boldsymbol{\alpha}_1,\boldsymbol{\alpha}_2,\boldsymbol{\alpha}_3)\begin{pmatrix} 2 & 0 & 1 \\ 0 & 2 & 0 \\ 2k & 0 & k+1 \end{pmatrix},$$

$\begin{vmatrix} 2 & 0 & 1 \\ 0 & 2 & 0 \\ 2k & 0 & k+1 \end{vmatrix}=2\begin{vmatrix} 2 & 1 \\ 2k & k+1 \end{vmatrix}=4\neq 0$，故 $\boldsymbol{\beta}_1,\boldsymbol{\beta}_2,\boldsymbol{\beta}_3$ 为 $\mathbf{R}^3$ 的一个基.

（2）由题意知，$\boldsymbol{\xi}=k_1\boldsymbol{\beta}_1+k_2\boldsymbol{\beta}_2+k_3\boldsymbol{\beta}_3=k_1\boldsymbol{\alpha}_1+k_2\boldsymbol{\alpha}_2+k_3\boldsymbol{\alpha}_3$，$\boldsymbol{\xi}\neq\mathbf{0}$，即

$$k_1(\boldsymbol{\beta}_1-\boldsymbol{\alpha}_1)+k_2(\boldsymbol{\beta}_2-\boldsymbol{\alpha}_2)+k_3(\boldsymbol{\beta}_3-\boldsymbol{\alpha}_3)=\mathbf{0},k_i\neq 0,i=1,2,3.$$

$$k_1(2\boldsymbol{\alpha}_1+2k\boldsymbol{\alpha}_3-\boldsymbol{\alpha}_1)+k_2(2\boldsymbol{\alpha}_2-\boldsymbol{\alpha}_2)+k_3(\boldsymbol{\alpha}_1+(k+1)\boldsymbol{\alpha}_3-\boldsymbol{\alpha}_3)=\mathbf{0}.$$

$$k_1(\boldsymbol{\alpha}_1+2k\boldsymbol{\alpha}_3)+k_2(\boldsymbol{\alpha}_2)+k_3(\boldsymbol{\alpha}_1+k\boldsymbol{\alpha}_3)=\mathbf{0}.$$

有非零解，即 $|\boldsymbol{\alpha}_1+2k\boldsymbol{\alpha}_3,\boldsymbol{\alpha}_2,\boldsymbol{\alpha}_1+k\boldsymbol{\alpha}_3|=0$，即 $\begin{vmatrix} 1 & 0 & 1 \\ 0 & 1 & 0 \\ 2k & 0 & k \end{vmatrix}=0$，得 $k=0$.

$k_1\boldsymbol{\alpha}_1+k_2\boldsymbol{\alpha}_2+k_3\boldsymbol{\alpha}_1=\mathbf{0}$，所以 $k_2=0,k_1+k_3=0$，$\boldsymbol{\xi}=k_1\boldsymbol{\alpha}_1-k_1\boldsymbol{\alpha}_3$，$k_1\neq 0$.

15.（2015 年数学二、数学三） 设矩阵 $A=\begin{pmatrix} a & 1 & 0 \\ 1 & a & -1 \\ 0 & 1 & a \end{pmatrix}$，且 $A^3=O$.

（1）求 a 的值；

（2）若矩阵 X 满足 $X-XA^2-AX+AXA^2=E$，其中 E 为 3 阶单位矩阵，求 X.

解 （1） $A^3=O\Rightarrow|A|=0\Rightarrow\begin{vmatrix}a&1&0\\1&a&-1\\0&1&a\end{vmatrix}=\begin{vmatrix}0&1&0\\1-a^2&a&-1\\-a&1&a\end{vmatrix}=a^3$

$=0\Rightarrow a=0.$

（2）由题意知

$$X-XA^2-AX+AXA^2=E\Rightarrow X(E-A^2)-AX(E-A^2)=E$$
$$\Rightarrow(E-A)X(E-A^2)=E\Rightarrow X$$
$$=(E-A)^{-1}(E-A^2)^{-1}=[(E-A^2)(E-A)]^{-1}$$
$$\Rightarrow X=(E-A^2-A)^{-1},$$

$$E-A^2-A=\begin{pmatrix}0&-1&1\\-1&1&1\\-1&-1&2\end{pmatrix},$$

$$\left(\begin{array}{ccc:ccc}0&-1&1&1&0&0\\-1&1&1&0&1&0\\-1&-1&2&0&0&1\end{array}\right)\to\left(\begin{array}{ccc:ccc}1&-1&-1&0&-1&0\\0&-1&1&1&0&0\\-1&-1&2&0&0&1\end{array}\right)$$

$$\to\left(\begin{array}{ccc:ccc}1&-1&-1&0&-1&0\\0&1&-1&-1&0&0\\0&-2&1&0&-1&1\end{array}\right)\left(\begin{array}{ccc:ccc}1&-1&-1&0&-1&0\\0&1&-1&-1&0&0\\0&0&-1&-2&-1&1\end{array}\right)$$

$$\to\left(\begin{array}{ccc:ccc}1&-1&0&2&0&-1\\0&1&0&1&1&-1\\0&0&1&2&1&-1\end{array}\right)\to\left(\begin{array}{ccc:ccc}1&0&0&3&1&-2\\0&1&0&1&1&-1\\0&0&1&2&1&-1\end{array}\right),$$

所以

$$X=\begin{pmatrix}3&1&-2\\1&1&-1\\2&1&-1\end{pmatrix}.$$

16.（2015 年数学一、数学二、数学三） 设矩阵 $A=\begin{pmatrix}0&2&-3\\-1&3&-3\\1&-2&a\end{pmatrix}$ 相似于矩阵 $B=\begin{pmatrix}1&-2&0\\0&b&0\\0&3&1\end{pmatrix}$.

（1）求 a,b 的值；

（2）求可逆矩阵 P，使 $P^{-1}AP$ 为对角矩阵.

解 (1)$A \sim B \Rightarrow \mathrm{tr}(A)=\mathrm{tr}(B) \Rightarrow 3+a=b+1+1$,

$$|A|=|B| \Rightarrow \begin{vmatrix} 0 & 2 & -3 \\ -1 & 3 & -3 \\ 1 & -2 & a \end{vmatrix} = \begin{vmatrix} 1 & -2 & 0 \\ 0 & b & 0 \\ 0 & 3 & 1 \end{vmatrix},$$

所以

$$\begin{cases} a-b=-1, \\ 2a-b=3 \end{cases} \Rightarrow \begin{cases} a=4, \\ b=5. \end{cases}$$

(2) $A=\begin{pmatrix} 0 & 2 & -3 \\ -1 & 3 & -3 \\ 1 & -2 & 4 \end{pmatrix} = \begin{pmatrix} 1 & 0 & 0 \\ 0 & 1 & 0 \\ 0 & 0 & 1 \end{pmatrix} + \begin{pmatrix} -1 & 2 & -3 \\ -1 & 2 & -3 \\ 1 & -2 & 3 \end{pmatrix} = E+C$,

$C=\begin{pmatrix} -1 & 2 & -3 \\ -1 & 2 & -3 \\ 1 & -2 & 3 \end{pmatrix} = \begin{pmatrix} -1 \\ -1 \\ 1 \end{pmatrix} (1 \quad -2 \quad 3)$,

C 的特征值 $\lambda_1=\lambda_2=0, \lambda_3=4$.

$\lambda=0$ 时,$(0E-C)\boldsymbol{x}=\boldsymbol{0}$ 的基础解系为 $\boldsymbol{\xi}_1=(2,1,0)'$;$\boldsymbol{\xi}_2=(-3,0,1)'$.

$\lambda=4$ 时,$(4E-C)\boldsymbol{x}=\boldsymbol{0}$ 的基础解系为 $\boldsymbol{\xi}_3=(-1,-1,1)'$.

A 的特征值 $\lambda_A=1+\lambda_C$,所以 λ_A 的特征值 1,1,5.

令 $P=(\boldsymbol{\xi}_1,\boldsymbol{\xi}_2,\boldsymbol{\xi}_3)=\begin{pmatrix} 2 & -3 & -1 \\ 1 & 0 & -1 \\ 0 & 1 & 1 \end{pmatrix}$,所以

$$P^{-1}AP=\begin{pmatrix} 1 & & \\ & 1 & \\ & & 5 \end{pmatrix}.$$

部分自测题参考答案

第1章

1. (1) 10; (2) 2; (3) 0; (4) $a_1,a_2,\cdots,a_{n-1}$; (5) 0,0,0.

因为 $2A_{31}+2A_{32}+2A_{33}+A_{34}+A_{35}=0$,则

$$A_{31}+A_{32}+A_{33}=\frac{1}{2}(A_{34}+A_{35})=\frac{1}{2}\left(-\begin{vmatrix}1&2&3&5\\5&5&5&3\\2&2&2&1\\4&6&5&3\end{vmatrix}+\begin{vmatrix}1&2&3&4\\5&5&5&3\\2&2&2&1\\4&6&5&2\end{vmatrix}\right)$$

$$=\frac{1}{2}\begin{vmatrix}1&2&3&-1\\5&5&5&0\\2&2&2&0\\4&6&5&1\end{vmatrix}=0.$$

2. (1) D; (2) A; (3) C; (4) C.

3. (1) $\begin{vmatrix}103&100&204\\199&200&395\\301&300&600\end{vmatrix}=\begin{vmatrix}3&100&4\\-1&200&-5\\1&300&0\end{vmatrix}=100\begin{vmatrix}3&-8&4\\-1&5&-5\\1&0&0\end{vmatrix}=200$;

(2) 90; (3) x^4; (4) $1-a+a^2-a^3+a^4-a^5$; (5) $a_1a_2\cdots a_n\left(1+\sum\limits_{i=1}^{n}\frac{1}{a_i}\right)$.

5. (1) 解:$D=-39\neq0$,故必有唯一解

$$D_1=-39,\quad D_2=-117,\quad D_3=-78,\quad D_4=39,$$

故 $x_1=1,x_2=3,x_3=2,x_4=-1$.

(2) 由克拉默法则得 $x=\dfrac{D_1}{D}=\dfrac{\begin{vmatrix}a&1&1\\b&1&-1\\c&-1&1\end{vmatrix}}{\begin{vmatrix}1&1&1\\1&1&-1\\1&-1&1\end{vmatrix}}=1$,

$$\begin{vmatrix}a&b&c\\3&1&1\\1&1&-1\end{vmatrix}\xlongequal{r_1-2r_3}\begin{vmatrix}a&b&c\\1&-1&1\\1&1&-1\end{vmatrix}=\begin{vmatrix}a&1&1\\b&-1&1\\c&1&-1\end{vmatrix}$$

$$\xlongequal{c_1\leftrightarrow c_2}-\begin{vmatrix}a&1&1\\b&1&-1\\c&-1&1\end{vmatrix}=-\begin{vmatrix}1&1&1\\1&1&-1\\1&-1&1\end{vmatrix}=4.$$

6. $D=\begin{vmatrix}\lambda & 1 & 1\\ 1 & \mu & 1\\ 1 & 2\mu & 1\end{vmatrix}=(1-\lambda)\mu=0$,则 $\lambda=1$ 或 $\mu=0$ 时,方程组有非零解.

第2章

1. (1) $t=5\,[R(\boldsymbol{\alpha}_1,\boldsymbol{\alpha}_2,\boldsymbol{\alpha}_3,\boldsymbol{\beta})=R(\boldsymbol{\alpha}_1,\boldsymbol{\alpha}_2,\boldsymbol{\alpha}_3)]$; (2) $a=0$ 或 $a=\pm4$; (3) 3; (4) $(2,5,-1)$; (5) $t_i\neq0(i=1,2,\cdots,n)$且 $t_i\neq t_j(i,j=1,2,\cdots,n,i\neq j)$

$$\left[\,|\boldsymbol{\alpha}_1\quad\boldsymbol{\alpha}_2\quad\cdots\quad\boldsymbol{\alpha}_n|=\begin{vmatrix}t_1 & t_2 & \cdots & t_n\\ t_1^2 & t_2^2 & \cdots & t_n^2\\ \vdots & \vdots & & \vdots\\ t_1^n & t_2^n & \cdots & t_n^n\end{vmatrix}=(t_1t_2\cdots t_n)\sum_{1\leqslant j<i\leqslant n}(t_i-t_j)\right];$$

(6) 2 $\left([\boldsymbol{\alpha}_1\quad\boldsymbol{\alpha}_2\quad\boldsymbol{\alpha}_3]\sim\begin{bmatrix}1 & 1 & a\\ 0 & a-1 & 1-a\\ 0 & 0 & (a+2)(a-1)\end{bmatrix}\right)$;

(7) 3 ($\boldsymbol{\alpha}_1,\boldsymbol{\alpha}_2,\boldsymbol{\alpha}_3$ 线性相关,$|\boldsymbol{\alpha}_1\quad\boldsymbol{\alpha}_2\quad\boldsymbol{\alpha}_3|=9-3a=0$);

(8) $\begin{cases}\boldsymbol{\beta}_1=\boldsymbol{\alpha}_1+6\boldsymbol{\alpha}_2-2\boldsymbol{\alpha}_3,\\ \boldsymbol{\beta}_2=\boldsymbol{\alpha}_1+9\boldsymbol{\alpha}_2-3\boldsymbol{\alpha}_3,\\ \boldsymbol{\beta}_1=-10\boldsymbol{\alpha}_2+4\boldsymbol{\alpha}_3.\end{cases}$

2. (1) C 正确. 因为 A 中含有零向量;B 中向量个数大于每个向量维数;D 中向量构成的行列式 $\begin{vmatrix}a & 1 & 2 & 3\\ b & 1 & 2 & 3\\ c & 4 & 2 & 3\\ d & 0 & 0 & 0\end{vmatrix}=d\times(-1)^5\begin{vmatrix}1 & 2 & 3\\ 1 & 2 & 3\\ 4 & 2 & 3\end{vmatrix}=0.$

(2) B 正确. A 错误. 例如,向量 $\boldsymbol{\alpha}_2=(1,0)$不能由 $\boldsymbol{\alpha}_1=(0,0)$线性表示,但向量组 $\boldsymbol{\alpha}_1,\boldsymbol{\alpha}_2$ 线性相关;B 正确. 线性无关向量组的任意一个部分组必定线性无关;C 错误. 例如,向量组$(1,0)$,$(0,1)$,$(1,1)$中任意两个向量都线性无关,向量组$(1,0)$,$(0,1)$,$(1,1)$线性相关;D 错误. 因为零向量可由任意一组向量线性表示.

(3) D 正确. 因为秩相等的向量组未必等价,故 A 错误;向量组 $\boldsymbol{\alpha}_1,\boldsymbol{\alpha}_2,\boldsymbol{\alpha}_3$ 能由向量组 $\boldsymbol{\beta}_1,\boldsymbol{\beta}_2,\boldsymbol{\beta}_3$ 线性表示$\Leftrightarrow R(\boldsymbol{\alpha}_1,\boldsymbol{\alpha}_2,\boldsymbol{\alpha}_3)\leqslant R(\boldsymbol{\beta}_1,\boldsymbol{\beta}_2,\boldsymbol{\beta}_3)=R(\boldsymbol{\alpha}_1,\boldsymbol{\alpha}_2,\boldsymbol{\alpha}_3,\boldsymbol{\beta}_1,\boldsymbol{\beta}_2,\boldsymbol{\beta}_3)$,故(B)错误;向量组 $\boldsymbol{\beta}_1,\boldsymbol{\beta}_2,\boldsymbol{\beta}_3$ 能由向量组 $\boldsymbol{\alpha}_1,\boldsymbol{\alpha}_2,\boldsymbol{\alpha}_3$ 线性表示$\Leftrightarrow R(\boldsymbol{\beta}_1,\boldsymbol{\beta}_2,\boldsymbol{\beta}_3)\leqslant R(\boldsymbol{\alpha}_1,\boldsymbol{\alpha}_2,\boldsymbol{\alpha}_3)=R(\boldsymbol{\alpha}_1,\boldsymbol{\alpha}_2,\boldsymbol{\alpha}_3,\boldsymbol{\beta}_1,\boldsymbol{\beta}_2,\boldsymbol{\beta}_3)$,故 C 错误;由向量组 $\boldsymbol{\alpha}_1,\boldsymbol{\alpha}_2,\boldsymbol{\alpha}_3$ 与 $\boldsymbol{\beta}_1,\boldsymbol{\beta}_2,\boldsymbol{\beta}_3$ 等价$\Leftrightarrow R(\boldsymbol{\beta}_1,\boldsymbol{\beta}_2,\boldsymbol{\beta}_3)=R(\boldsymbol{\alpha}_1,\boldsymbol{\alpha}_2,\boldsymbol{\alpha}_3)=R(\boldsymbol{\alpha}_1,\boldsymbol{\alpha}_2,\boldsymbol{\alpha}_3,\boldsymbol{\beta}_1,\boldsymbol{\beta}_2,\boldsymbol{\beta}_3)$可知,D 正确.

(4) B 正确. 只需检验哪组向量线性无关.

3. (1) 由向量组 $\boldsymbol{\alpha}_1,\boldsymbol{\alpha}_2,\boldsymbol{\beta}_1,\boldsymbol{\beta}_2$ 线性相关可知,存在不全为零的数 x_1,x_2,x_3,x_4 使得

$$x_1\boldsymbol{\alpha}_1+x_2\boldsymbol{\alpha}_2+x_3\boldsymbol{\beta}_1+x_4\boldsymbol{\beta}_2=\mathbf{0},\quad \text{即 } x_1\boldsymbol{\alpha}_1+x_2\boldsymbol{\alpha}_2=-x_3\boldsymbol{\beta}_1-x_4\boldsymbol{\beta}_2$$

成立. 设

$$\boldsymbol{\eta}=x_1\boldsymbol{\alpha}_1+x_2\boldsymbol{\alpha}_2=-x_3\boldsymbol{\beta}_1-x_4\boldsymbol{\beta}_2.$$

若 $\boldsymbol{\eta}=\mathbf{0}$，由 x_1,x_2,x_3,x_4 不全为零可知，两向量组 $\boldsymbol{\alpha}_1,\boldsymbol{\alpha}_2;\boldsymbol{\beta}_1,\boldsymbol{\beta}_2$ 中至少有一线性相关，此与已知矛盾. 故 $\boldsymbol{\eta}\neq\mathbf{0}$，且 $\boldsymbol{\eta}$ 既可由 $\boldsymbol{\alpha}_1,\boldsymbol{\alpha}_2$ 线性表示又可由 $\boldsymbol{\beta}_1,\boldsymbol{\beta}_2$ 线性表示.

(2) 求出方程 $x_1\alpha_1+x_2\alpha_2+x_3\beta_1+x_4\beta_2=0$ 的通解：

$$\begin{cases} x_1=2k_1+3k_2, \\ x_2=5k_1+4k_2, \\ x_3=7k_1, \\ x_4=7k_2 \end{cases} \quad (k_1,k_2\in\mathbf{R}).$$

于是

$$\boldsymbol{\eta}=(2k_1+3k_2)\boldsymbol{\alpha}_1+(5k_1+4k_2)\boldsymbol{\alpha}_2=\lambda_1\boldsymbol{\beta}_1+\lambda_2\boldsymbol{\beta}_2,$$

其中 $\lambda_1=7k_1,\lambda_2=7k_2,k_1,k_2$ 为不全为零的常数.

4. (1) $k\neq-6$ 或 $k\neq3$；

(2) $k=-6$ ($|\boldsymbol{\alpha}_1\ \boldsymbol{\alpha}_2\ \boldsymbol{\alpha}_3|=(k+6)(k-3)^2$).

5. (1) $k\neq-1$ 且 $k\neq2$；

(2) $k=2,\boldsymbol{\alpha}_3=-\boldsymbol{\alpha}_1+\boldsymbol{\alpha}_2,\boldsymbol{\alpha}_4=2\boldsymbol{\alpha}_1+\boldsymbol{\alpha}_2$.

(矩阵$[\boldsymbol{\alpha}_1\ \boldsymbol{\alpha}_2\ \boldsymbol{\alpha}_3\ \boldsymbol{\alpha}_4]\sim\begin{bmatrix}1&-1&-k&1\\0&k+1&k+1&3\\0&0&(k-2)(k+1)&2-k\end{bmatrix}$. $\boldsymbol{\alpha}_1,\boldsymbol{\alpha}_2,\boldsymbol{\alpha}_3$ 是向量组 $\boldsymbol{\alpha}_1,\boldsymbol{\alpha}_2,\boldsymbol{\alpha}_3,\boldsymbol{\alpha}_4$ 的最大无组$\Leftrightarrow\mathrm{R}(\boldsymbol{\alpha}_1,\boldsymbol{\alpha}_2,\boldsymbol{\alpha}_3)=\mathrm{R}(\boldsymbol{\alpha}_1,\boldsymbol{\alpha}_2,\boldsymbol{\alpha}_3,\boldsymbol{\alpha}_4)=3$，故 $k\neq-1$ 且 $k\neq2$；$\boldsymbol{\alpha}_1,\boldsymbol{\alpha}_2$ 是向量组 $\boldsymbol{\alpha}_1,\boldsymbol{\alpha}_2,\boldsymbol{\alpha}_3,\boldsymbol{\alpha}_4$ 的最大无关组$\Leftrightarrow\mathrm{R}(\boldsymbol{\alpha}_1,\boldsymbol{\alpha}_2)=\mathrm{R}(\boldsymbol{\alpha}_1,\boldsymbol{\alpha}_2,\boldsymbol{\alpha}_3,\boldsymbol{\alpha}_4)=2$，故 $k=2$. 向量 $\boldsymbol{\alpha}_3,\boldsymbol{\alpha}_4$ 分别由最大无关组 $\boldsymbol{\alpha}_1,\boldsymbol{\alpha}_2$ 线性表示的表达式可由矩阵$[\boldsymbol{\alpha}_1\quad\boldsymbol{\alpha}_2\quad\boldsymbol{\alpha}_3\quad\boldsymbol{\alpha}_4]\sim\begin{bmatrix}1&-1&-2&1\\0&3&3&3\\0&0&0&0\end{bmatrix}\sim\begin{bmatrix}1&0&-1&2\\0&1&1&1\\0&0&0&0\end{bmatrix}$求出.)

6. $a=3$ 时，向量组(Ⅰ)与(Ⅱ)等价[R(Ⅰ)=R(Ⅱ)=R(ⅠⅡ)=2，且 $\boldsymbol{\beta}_1=2\boldsymbol{\alpha}_1-3\boldsymbol{\alpha}_2,\boldsymbol{\beta}_2=-\boldsymbol{\alpha}_1+2\boldsymbol{\alpha}_2;\boldsymbol{\alpha}_1=2\boldsymbol{\beta}_1+3\boldsymbol{\beta}_2,\boldsymbol{\alpha}_2=\boldsymbol{\beta}_1+2\boldsymbol{\beta}_2$]. $a\neq3$ 时，向量组(Ⅰ)与(Ⅱ)不等价[R(Ⅰ)=2 ≠R(ⅠⅡ)=4].

7. (1) $a=-1,b=0$ 时，$\mathrm{R}(A)=2$；$a=-1,b\neq0$ 时，$\mathrm{R}(A)=3$；$a\neq-1$ 时，$\mathrm{R}(A)=4$.

(2) $a=-1,b=0$ 时，$\begin{bmatrix}1\\0\\2\\3\end{bmatrix},\begin{bmatrix}1\\1\\3\\5\end{bmatrix}$；(1,1,1,1,1)，(0,1，−1,2,1)分别是 A 的列、行向量的最大无关组；$a=-1,b\neq0$ 时，$\begin{bmatrix}1\\0\\2\\3\end{bmatrix},\begin{bmatrix}1\\1\\3\\5\end{bmatrix},\begin{bmatrix}1\\1\\b+3\\5\end{bmatrix}$；(1,1,1,1,1)，(0,1，−1,2,1)，(2,3,1,4，b+3)分别是 A 的列、行向量的最大无关组；$a\neq-1$ 时，$\begin{bmatrix}1\\0\\2\\3\end{bmatrix},\begin{bmatrix}1\\1\\3\\5\end{bmatrix},\begin{bmatrix}1\\-1\\a+2\\1\end{bmatrix},\begin{bmatrix}1\\2\\4\\a+8\end{bmatrix}$；(1,1,1,1,1)，

(0,1,−1,2,1),(2,3,a+2,4,b+3)分别是 A 的列、行向量的最大无关组.

$$\left(\text{初等行变换将矩阵 } A=\begin{bmatrix}1&1&1&1&1\\0&1&-1&2&1\\2&3&a+2&4&b+3\\3&5&1&a+8&5\end{bmatrix}\text{ 化为阶梯形矩阵}\begin{bmatrix}1&1&1&1&1\\0&1&-1&2&1\\0&0&a+1&0&b\\0&0&0&a+1&0\end{bmatrix}.\right)$$

8. 存在性. 由题设可知,向量 $\boldsymbol{\beta}$ 可唯一的由向量组 $\boldsymbol{\alpha}_1,\boldsymbol{\alpha}_2,\cdots,\boldsymbol{\alpha}_m$ 线性表示:

$$\boldsymbol{\beta}=k_1\boldsymbol{\alpha}_1+k_2\boldsymbol{\alpha}_2+\cdots+k_m\boldsymbol{\alpha}_m.$$

因为 $\boldsymbol{\beta}\neq\mathbf{0}$,且向量组 $\boldsymbol{\alpha}_1,\boldsymbol{\alpha}_2,\cdots,\boldsymbol{\alpha}_m$ 线性无关,故上式中 $k_1,k_2,\cdots,k_m$ 不全为零. 取

$$i=\max\{j\mid k_j\neq 0,j=1,2,\cdots,m\},$$

则

$$\boldsymbol{\beta}=k_1\boldsymbol{\alpha}_1+k_2\boldsymbol{\alpha}_2+\cdots+k_i\boldsymbol{\alpha}_i,\quad k_i\neq 0,$$

于是

$$\boldsymbol{\alpha}_i=\frac{1}{k_i}\boldsymbol{\beta}-\frac{k_1}{k_i}\boldsymbol{\alpha}_1-\frac{k_2}{k_i}\boldsymbol{\alpha}_2-\cdots-\frac{k_{i-1}}{k_i}\boldsymbol{\alpha}_{i-1}\triangleq\lambda\boldsymbol{\beta}+\lambda_1\boldsymbol{\alpha}_1+\lambda_2\boldsymbol{\alpha}_2+\cdots+\lambda_{i-1}\boldsymbol{\alpha}_{i-1}.\tag{1}$$

唯一性. 若向量组(Ⅱ):$\boldsymbol{\beta},\boldsymbol{\alpha}_1,\boldsymbol{\alpha}_2,\cdots,\boldsymbol{\alpha}_m$ 中还存在向量 $\boldsymbol{\alpha}_s$ $(s\neq i)$可由 $\boldsymbol{\beta},\boldsymbol{\alpha}_1,\boldsymbol{\alpha}_2,\cdots,\boldsymbol{\alpha}_{s-1}$ 线性表示:

$$\boldsymbol{\alpha}_s=\mu\boldsymbol{\beta}+\mu_1\boldsymbol{\alpha}_1+\mu_2\boldsymbol{\alpha}_2+\cdots+\mu_{s-1}\boldsymbol{\alpha}_{s-1}.\tag{2}$$

由向量组 $\boldsymbol{\alpha}_1,\boldsymbol{\alpha}_2,\cdots,\boldsymbol{\alpha}_m$ 线性无关可知,(1)式中的 $\lambda\neq 0$,(2)式中的 $\mu\neq 0$. 且不妨设 $s>i$,即 $s-1\geqslant i$.

由(1)解得

$$\boldsymbol{\beta}=-\frac{\lambda_1}{\lambda}\boldsymbol{\alpha}_1-\frac{\lambda_2}{\lambda}\boldsymbol{\alpha}_2-\cdots-\frac{\lambda_{i-1}}{\lambda}\boldsymbol{\alpha}_{i-1}-\frac{1}{\lambda}\boldsymbol{\alpha}_i.$$

代入(2)并整理得

$$\boldsymbol{\alpha}_s=\left(\mu_1-\frac{\mu\lambda_1}{\lambda}\right)\boldsymbol{\alpha}_1+\cdots+\left(\mu_{i-1}-\frac{\mu\lambda_{i-1}}{\lambda}\right)\boldsymbol{\alpha}_{i-1}+\left(\mu_i+\frac{1}{\lambda}\right)\boldsymbol{\alpha}_i+\mu_{i+1}\boldsymbol{\alpha}_{i+1}+\cdots+\mu_{s-1}\boldsymbol{\alpha}_{s-1},$$

即向量 $\boldsymbol{\alpha}_s$ 可由向量组 $\boldsymbol{\alpha}_1,\boldsymbol{\alpha}_2,\cdots,\boldsymbol{\alpha}_{s-1}$ 线性表示. 此与向量组(Ⅰ):$\boldsymbol{\alpha}_1,\boldsymbol{\alpha}_2,\cdots,\boldsymbol{\alpha}_m$ 线性无关矛盾,故向量组(Ⅱ):$\boldsymbol{\beta},\boldsymbol{\alpha}_1,\boldsymbol{\alpha}_2,\cdots,\boldsymbol{\alpha}_m$ 中只有一个向量 $\boldsymbol{\alpha}_1$ $(1\leqslant i\leqslant m)$可由它前面的向量线性表示.

第 3 章

1. (1) $A^{-1}=\begin{bmatrix}0&-10&6\\0&4&-2\\1&0&0\end{bmatrix}$; (2) $A^{-1}=\begin{bmatrix}1&-2&0&0\\-2&5&0&0\\0&0&\frac{1}{3}&\frac{2}{3}\\0&0&-\frac{1}{3}&\frac{1}{3}\end{bmatrix}$

(提示:应用分块对角阵求逆);

(3) $A^{-1}=\mathrm{diag}(a_1^{-1},a_2^{-1},\cdots,a_n^{-1})$； (4) $B^{-1}=\begin{bmatrix}0&0&0&b_4^{-1}\\0&0&b_3^{-1}&0\\0&b_2^{-1}&0&0\\b_1^{-1}&0&0&0\end{bmatrix}$；

(5) $X=\begin{bmatrix}1&0&1\\-1&0&0\\0&2&-1\end{bmatrix}$， $Y=\begin{bmatrix}-1&1&1\\-2&4&0\\-1&1&-1\end{bmatrix}$； (6) $X=\begin{bmatrix}1&0&1\\0&2&0\\1&0&3\end{bmatrix}$；

(7) 2^n； (8) $|3A^{-1}-2A^*|=-\frac{1}{2}$，$|3A-(A^*)^*|=2$（提示：$A^*=|A|A^{-1}$）；

(9) $|kE-A^n|=k(k^2-2^n)$（提示：由于 $\boldsymbol{\alpha}'\boldsymbol{\alpha}=2$，则

$$\begin{aligned}A^n&=(\boldsymbol{\alpha}\boldsymbol{\alpha}')(\boldsymbol{\alpha}\boldsymbol{\alpha}')\cdots(\boldsymbol{\alpha}\boldsymbol{\alpha}')=\boldsymbol{\alpha}(\boldsymbol{\alpha}'\boldsymbol{\alpha})(\boldsymbol{\alpha}'\boldsymbol{\alpha})\cdots(\boldsymbol{\alpha}'\boldsymbol{\alpha})\boldsymbol{\alpha}'\\&=\boldsymbol{\alpha}\cdot 2^{n-1}\boldsymbol{\alpha}'=2^{n-1}\boldsymbol{\alpha}\boldsymbol{\alpha}'\\&=2^{n-1}\begin{bmatrix}1&0&-1\\0&0&0\\-1&0&1\end{bmatrix}=\begin{bmatrix}2^{n-1}&0&-2^{n-1}\\0&0&0\\-2^{n-1}&0&2^{n-1}\end{bmatrix},\end{aligned}$$

由此求出 $|kE-A^n|=k(k^2-2^n)$）；

(10) $R(A^*)=0$（提示：A^* 的元素为 A 的元素的代数余子式，即为 A 的三阶子式带有一个符号）.

2. (1) C；(2) B；(3) D；(4) B；(5) C；(6) A；(7) B；(8) D；(9) C；(10) C.

3. $(B-2E)^{-1}=\begin{bmatrix}1&0&0\\-\frac{1}{2}&\frac{1}{2}&-\frac{3}{2}\\0&0&1\end{bmatrix}$.

4. $A^{-1}=\begin{bmatrix}1&0&0&\cdots&0&0\\-1&1&0&\cdots&0&0\\0&-1&1&\cdots&0&0\\\vdots&\vdots&\vdots&&\vdots&\vdots\\0&0&0&\cdots&1&0\\0&0&0&\cdots&-1&1\end{bmatrix}$

（提示：对 $[A,E]$ 施行初等行变换 $r_i-r_1\ (i=2,\cdots,n)$，再施行初等行变换 $r_i-r_2\ (i=3,\cdots,n)$，直至最后施行初等行变换 r_n-r_{n-1}，得 $[E,A^{-1}]$）.

5. 由 $A^2B-A-B=E$ 得 $(A^2-E)B=A+E$，进而有 $(A+E)(A-E)B=A+E$，求得 $A+E=\begin{bmatrix}2&0&1\\0&3&0\\-2&0&2\end{bmatrix}$. 由于 $A+E$ 可逆，从而 $(A-E)B=E$，两边取行列式 $|A-E|\cdot|B|=|E|$，由于 $|A-E|=\begin{vmatrix}0&0&1\\0&1&0\\-2&0&0\end{vmatrix}=2$，所以 $|B|=\frac{1}{2}$.

6. $B=\text{diag}(2,-4,2)$.

7. “⇒”已知 $A^2=A$,则$\frac{1}{4}(B+E)^2=\frac{1}{2}(B+E)$,解得 $B^2=E$.

“⇐”若 $B^2=E$,则 $A^2=\frac{1}{4}(B+E)^2=\frac{1}{4}(B^2+2B+E)=\frac{1}{4}(2E+2B)=\frac{1}{2}(B+E)=A$.

8. $|E-A|=|AA'-A|=|A||A-E|=|A-E|$,即

$$|E-A|=(-1)^n|E-A|,$$

又 n 是奇数,所以$|E-A|=0$.

9. 提示:$\text{R}(AB)\leqslant\min\{\text{R}(A),\text{R}(B)\}\leqslant n$,而 AB 为 m 阶方阵,$m>n$,故 AB 为奇异矩阵.

10. 提示:$(A+E_n)(A-E_n)=A^2-E_n=O$,有

$$\text{R}(A+E_n)+\text{R}(A-E_n)\leqslant n.$$

又 $\text{R}(A+E_n)+\text{R}(A-E_n)=\text{R}(A+E_n)+\text{R}(E_n-A)\geqslant\text{R}(A+E_n+E_n-A)=\text{R}(2E_n)=n$.
所以,$\text{R}(A+E_n)+\text{R}(A-E_n)=n$.

第4章

1. (1) $\text{R}(A)<n$;(2) 4;(3) $t=-3$;(4) 4;(5) $\boldsymbol{x}=(1,2,3,4)'+k(1,1,1,1)'$.

2. (1) C;(2) D;(3) B;(4) B;(5) A.

3. (1) 对系数矩阵作初等行变换

$$A=\begin{bmatrix}1&3&3&2&-1\\2&6&9&5&4\\-1&-3&3&0&13\\0&0&-3&1&-6\end{bmatrix}\xrightarrow[r_3+r_1]{r_2-2r_1}\begin{bmatrix}1&3&3&2&-1\\0&0&3&1&6\\0&0&6&2&12\\0&0&-3&1&-6\end{bmatrix}$$

$$\xrightarrow[r_4+r_2]{r_3-2r_2}\begin{bmatrix}1&3&3&2&-1\\0&0&3&1&6\\0&0&0&0&0\\0&0&0&2&0\end{bmatrix}\xrightarrow[r_3\leftrightarrow r_4]{r_4\times\frac{1}{2}}\begin{bmatrix}1&3&3&2&-1\\0&0&3&1&6\\0&0&0&1&0\\0&0&0&0&0\end{bmatrix}$$

$$\longrightarrow\begin{bmatrix}1&3&3&0&-1\\0&0&3&0&6\\0&0&0&1&0\\0&0&0&0&0\end{bmatrix}\xrightarrow[r_2\times\frac{1}{3}]{r_1-r_2}\begin{bmatrix}1&3&0&0&-7\\0&0&1&0&2\\0&0&0&1&0\\0&0&0&0&0\end{bmatrix},$$

得同解方程组

$$\begin{cases}x_1+3x_2-7x_5=0,\\x_3+2x_5=0,\\x_4=0.\end{cases}$$

取 x_2,x_5 为自由未知量得基础解系为

$$\boldsymbol{\xi}_1=\begin{bmatrix}-3\\1\\0\\0\\0\end{bmatrix},\quad\boldsymbol{\xi}_2=\begin{bmatrix}7\\0\\-2\\0\\1\end{bmatrix}.$$

原方程的通解为

$$x = k_1\xi_1 + k_2\xi_2.$$

(2) 对增广矩阵作初等行变换：

$$\overline{A}=\left[\begin{array}{ccccc:c} 2 & -1 & 1 & -2 & -1 & 1 \\ -1 & 1 & 2 & 1 & 2 & 0 \\ 1 & -1 & -2 & 2 & 0 & -\frac{1}{2} \end{array}\right] \xrightarrow{r_1\leftrightarrow r_3} \left[\begin{array}{ccccc:c} 1 & -1 & -2 & 2 & 0 & -\frac{1}{2} \\ -1 & 1 & 2 & 1 & 2 & 0 \\ 2 & -1 & 1 & -2 & -1 & 1 \end{array}\right]$$

$$\xrightarrow[r_3-2r_1]{r_2+r_1} \left[\begin{array}{ccccc:c} 1 & -1 & -2 & 2 & 0 & -\frac{1}{2} \\ 0 & 0 & 0 & 3 & 2 & -\frac{1}{2} \\ 0 & 1 & 5 & -6 & -1 & 2 \end{array}\right] \xrightarrow{r_2\leftrightarrow r_3} \left[\begin{array}{ccccc:c} 1 & -1 & -2 & 2 & 0 & -\frac{1}{2} \\ 0 & 1 & 5 & -6 & -1 & 2 \\ 0 & 0 & 0 & 3 & 2 & -\frac{1}{2} \end{array}\right]$$

$$\xrightarrow[\frac{1}{3}r_3]{r_1-\frac{2}{3}r_3,\ r_2+2r_3} \left[\begin{array}{ccccc:c} 1 & -1 & -2 & 0 & -\frac{4}{3} & -\frac{1}{6} \\ 0 & 1 & 5 & 0 & 3 & 1 \\ 0 & 0 & 0 & 1 & \frac{2}{3} & -\frac{1}{6} \end{array}\right] \xrightarrow{r_1+r_2} \left[\begin{array}{ccccc:c} 1 & 0 & 3 & 0 & \frac{5}{3} & \frac{5}{6} \\ 0 & 1 & 5 & 0 & 3 & 1 \\ 0 & 0 & 0 & 1 & \frac{2}{3} & -\frac{1}{6} \end{array}\right],$$

$R(A)=R(\overline{A})=3<5$. 故方程组有无穷多解，对应的同解方程组为

$$\begin{cases} x_1 + 3x_3 + \frac{5}{3}x_5 = \frac{5}{6}, \\ x_2 + 5x_3 + 3x_5 = 1, \\ x_4 + \frac{2}{3}x_5 = -\frac{1}{6}, \end{cases}$$

x_3, x_5 取为自由未知量.

若取 $x_3=x_5=0$，得非齐线性方程组的一个特解

$$\boldsymbol{\eta}^* = \left(\frac{5}{6}, 1, 0, -\frac{1}{6}, 0\right)'.$$

若分别取 $x_3=1, x_5=0$，及 $x_3=0, x_5=1$ 得对应齐次线性方程组的基础解系

$$\boldsymbol{\xi}_1 = \begin{bmatrix} -3 \\ -5 \\ 1 \\ 0 \\ 0 \end{bmatrix}, \quad \boldsymbol{\xi}_2 = \begin{bmatrix} -\frac{5}{3} \\ -3 \\ 0 \\ -\frac{2}{3} \\ 1 \end{bmatrix},$$

故原方程组的通解为

$$x=\begin{bmatrix}\frac{5}{6}\\1\\0\\-\frac{1}{6}\\0\end{bmatrix}+k_1\begin{bmatrix}-3\\-5\\1\\0\\0\end{bmatrix}+k_2\begin{bmatrix}-\frac{5}{3}\\-3\\0\\-\frac{2}{3}\\1\end{bmatrix}\quad(k_1,k_2\text{ 为任意实数}).$$

4. 方程组的系数行列式为

$$D=\begin{vmatrix}\lambda+3&1&2\\\lambda&\lambda-1&1\\3(\lambda+1)&\lambda&\lambda+3\end{vmatrix}=\lambda^2(\lambda-1).$$

当 $\lambda\neq0$ 且 $\lambda\neq1$ 时，$D\neq0$，此时系数矩阵 A 与增广矩阵 $\overline{A}$ 的秩相同，都等于未知数的个数，方程组有唯一解.

当 $\lambda=0$ 时，

$$\overline{A}=\begin{bmatrix}3&1&2&0\\0&-1&1&0\\3&0&3&3\end{bmatrix}\overset{r_3-r_1}{\sim}\begin{bmatrix}3&1&2&0\\0&-1&1&0\\0&-1&1&3\end{bmatrix}\overset{r_3-r_2}{\sim}\begin{bmatrix}3&1&2&0\\0&-1&1&0\\0&0&0&3\end{bmatrix},$$

故 $R(A)=2,R(\overline{A})=3$，方程组无解.

当 $\lambda=1$ 时，原方程组的增广矩阵为

$$\overline{A}=\begin{bmatrix}4&1&2&1\\1&0&1&1\\6&1&4&3\end{bmatrix}\overset{r_3-r_1}{\sim}\begin{bmatrix}4&1&2&1\\1&0&1&1\\2&0&2&2\end{bmatrix}\overset{r_3-2r_2}{\sim}\begin{bmatrix}4&1&2&1\\1&0&1&1\\0&0&0&0\end{bmatrix},$$

于是 $R(A)=R(\overline{A})=2<3$，从而方程组有无穷多解.

5. 设所求非齐次线性方程组方程为

$$a_1x_1+a_2x_2+a_3x_3+a_4x_4=d,$$

代入解得

$$\begin{cases}-a_1+a_2+a_3+a_4=0,\\2a_1+2a_4=0,\end{cases}$$

系数矩阵

$$\begin{bmatrix}-1&1&1&1\\2&0&0&2\end{bmatrix}\sim\begin{bmatrix}1&-1&-1&-1\\0&2&2&4\end{bmatrix}\sim\begin{bmatrix}1&0&0&1\\0&1&1&2\end{bmatrix}$$

得同解方程为

$$\begin{cases}a_1+a_4=0,\\a_2+a_3+2a_4=0,\end{cases}$$

分别取 $a_3=1,a_4=0$ 和 $a_3=0,a_4=1$ 得齐次方程组

$$\begin{cases} x_2 - x_3 = 0, \\ x_1 + 2x_2 - x_4 = 0. \end{cases}$$

代入(1,9,9,8)′,得非齐次方程组

$$\begin{cases} x_2 - x_3 = 0, \\ x_1 + 2x_2 - x_4 = 11. \end{cases}$$

6.(1) $A=\begin{bmatrix} 1 & 1 & 0 & 0 \\ 0 & 1 & 0 & -1 \end{bmatrix} \sim \begin{bmatrix} 1 & 0 & 0 & 1 \\ 0 & 1 & 0 & -1 \end{bmatrix}$.

故(Ⅰ)的基础解系为

$$\boldsymbol{\xi}_1 = \begin{bmatrix} 0 \\ 0 \\ 1 \\ 0 \end{bmatrix}, \quad \boldsymbol{\xi}_2 = \begin{bmatrix} 1 \\ 1 \\ 0 \\ 1 \end{bmatrix}.$$

(2) 令(Ⅱ)中的方程为

$$ax_1 + bx_2 + cx_3 + dx_4 = 0,$$

代入基础解系得

$$\begin{cases} b + c = 0, \\ -a + 2b + 2c + d = 0. \end{cases}$$

故(Ⅱ)可以写成

$$\begin{cases} x_2 - x_3 = 0, \\ x_1 + x_4 = 0. \end{cases}$$

联立(Ⅰ)、(Ⅱ),其非零解就为(Ⅰ)与(Ⅱ)的非零公共解.

$$\begin{cases} x_1 + x_2 = 0, \\ x_2 - x_4 = 0, \\ x_2 - x_3 = 0, \\ x_1 + x_4 = 0. \end{cases}$$

系数矩阵为

$$\begin{bmatrix} 1 & 1 & 0 & 0 \\ 0 & 1 & 0 & -1 \\ 0 & 1 & -1 & 0 \\ 1 & 0 & 0 & 1 \end{bmatrix} \sim \begin{bmatrix} 1 & 0 & 0 & 1 \\ 0 & 1 & 0 & -1 \\ 0 & 0 & 1 & -1 \\ 0 & 0 & 0 & 0 \end{bmatrix},$$

故非零公共解为 $k(-1,1,1,1)'$,k 为实数.

7. 只需证 $A\boldsymbol{x}=\boldsymbol{0}$ 与 $A'A\boldsymbol{x}=\boldsymbol{0}$同解即可.

设 $\boldsymbol{\xi}$ 是 $A\boldsymbol{x}=\boldsymbol{0}$ 的解,则 $A\boldsymbol{\xi}=\boldsymbol{0}$,于是 $A'A\boldsymbol{x}=A'\boldsymbol{0}=\boldsymbol{0}$,故 ξ 也是 $A'A\boldsymbol{x}=\boldsymbol{0}$的解.

另设 $\boldsymbol{\eta}$ 是 $A'A\boldsymbol{x}=\boldsymbol{0}$ 的解,即 $A'A\boldsymbol{\eta}=\boldsymbol{0}$两边同乘以 $\boldsymbol{\eta}'$,$\boldsymbol{\eta}'A'A\boldsymbol{\eta}=\boldsymbol{\eta}'\boldsymbol{0}=0$,即$(A\boldsymbol{\eta})'(A\boldsymbol{\eta})=0$,于是 $A\boldsymbol{\eta}=\boldsymbol{0}$,故 $\boldsymbol{\eta}$ 是 $A\boldsymbol{x}=\boldsymbol{0}$的解.

从而 $Ax=\mathbf{0}$ 与 $A'Ax=\mathbf{0}$同解. 故有 $R(A)=R(A'A)$成立.

第5章

1.（1）非零解. 因 $\lambda=0$ 是 A 的一个特征值，所以必有非零列向量 $\boldsymbol{x}$，使得 $A\boldsymbol{x}=0\cdot\boldsymbol{x}=\mathbf{0}$，即 $A\boldsymbol{x}=\mathbf{0}$有非零解.

（2）$P^{-1}\boldsymbol{x}$. 设 $A\boldsymbol{x}=\lambda\boldsymbol{x}$，由于

$$(P^{-1}AP)(P^{-1}\boldsymbol{x})=P^{-1}A\boldsymbol{x}=P^{-1}(\lambda\boldsymbol{x})=\lambda(P^{-1}\boldsymbol{x}),\quad 且\ P^{-1}\boldsymbol{x}\neq\mathbf{0},$$

故 $P^{-1}\boldsymbol{x}$ 是 $P^{-1}AP$ 的属于特征值 λ 的一个特征向量.

（3）$\dfrac{2}{a}+3$. 由条件知 $A\begin{bmatrix}1\\1\\\vdots\\1\end{bmatrix}=\begin{bmatrix}a\\a\\\vdots\\a\end{bmatrix}=a\begin{bmatrix}1\\1\\\vdots\\1\end{bmatrix}$，即 a 是 A 的一个特征值，因此 $2A^{-1}+3E$ 有一个特征值为 $\dfrac{2}{a}+3$.

（4）24. 因 A 与 B 相似，所以 B 有特征值 $\dfrac{1}{2},\dfrac{1}{3},\dfrac{1}{4},\dfrac{1}{5}$. B^{-1}有特征值 2,3,4,5，$B^{-1}-E$ 有特征值 1,2,3,4. 因此 $|B^{-1}-E|=1\cdot2\cdot3\cdot4=24$.

（5）$x=1,\lambda_2=\lambda_3=2$. 因 A 有一个特征值为 0，所以 $|A-0E|=|A|=0$，即 $\begin{vmatrix}1&0&1\\0&2&0\\1&0&x\end{vmatrix}=0$，解之得 $x=1$，

$$|A-\lambda E|=\begin{vmatrix}1-\lambda&0&1\\0&2-\lambda&0\\1&0&1-\lambda\end{vmatrix}=-\lambda(2-\lambda)^2.$$

故 A 的其余特征值为 $\lambda_2=\lambda_3=2$.

（6）$\begin{bmatrix}3&3\\3&3\end{bmatrix}$.

（7）$\alpha=\beta=0$. 因为 f 的秩即矩阵 $A=\begin{bmatrix}1&\alpha&1\\\alpha&1&\beta\\1&\beta&1\end{bmatrix}$ 的秩为 2，由此 $|A|=0$，算出 $\alpha=\beta$，由标准形知 $\lambda=0,1,2$. 所以 $0=|A-E|=2\alpha^2$，则 $\alpha=0$，从而 $\beta=0$.

（8）$-2<\lambda<1$. 因为 f 为正定二次型，矩阵

$$A=\begin{bmatrix}1&\lambda&-1\\\lambda&4&2\\-1&2&4\end{bmatrix}$$

为正定矩阵，其各阶顺序主子式应大于 0，所以

$$P_1=1>0,\quad P_2=\begin{vmatrix}1&\lambda\\\lambda&4\end{vmatrix}=4-\lambda^2>0,\quad P_3=|A|=-4(\lambda+2)(\lambda-1)>0,$$

由此得$-2<\lambda<1$.

2.(1) B. A的特征值为2,则$\frac{1}{3}A^2$的特征值为$\frac{1}{3}\cdot 2^2=\frac{4}{3}$,所以$\left(\frac{1}{3}A^2\right)^{-1}$的特征值为$\left(\frac{4}{3}\right)^{-1}=\frac{3}{4}$,故选B.

(2) B. 由于A可逆,则其特征值$\lambda\neq 0$,而$A^{-1}\boldsymbol{x}=\frac{1}{\lambda}\boldsymbol{x}$,$A^*A=|A|\cdot E$,进而$A^*=|A|A^{-1}$,所以$A^*\boldsymbol{x}=|A|A^{-1}\boldsymbol{x}=\frac{|A|}{\lambda}\boldsymbol{x}$,故$A^*$有特征值$\lambda^{-1}|A|$.

(3) B. n阶方阵A有n个不同的特征值,它一定可对角化,但反之不真,即A与对角阵相似时,它可以有相同的特征值.

(4) D.

(5) A. 因为$A^*=\begin{bmatrix}5&-2&-2\\-2&5&-2\\-2&-2&5\end{bmatrix}$,$B=P^{-1}A^*P$,所以

$$B-E=P^{-1}A^*P-P^{-1}\cdot P=P^{-1}(A^*-E)P,$$

由此得

$$|B-E|=|P^{-1}|\cdot|A^*-E|\cdot|P|=|A^*-E|=\begin{vmatrix}4&-2&-2\\-2&4&-2\\-2&-2&4\end{vmatrix}=0,$$

故选A.

(6) D. 因A与B相似,故$|A-\lambda E|=|B-\lambda E|$,即

$$\begin{vmatrix}2-\lambda&0&0\\0&-\lambda&1\\0&1&x-\lambda\end{vmatrix}=\begin{vmatrix}2-\lambda&0&0\\0&y-\lambda&0\\0&0&-1-\lambda\end{vmatrix},$$

由此得$(2-\lambda)(\lambda^2-x\lambda-1)=(2-\lambda)(y-\lambda)(-1-\lambda)$.

比较上式两端关于λ的同次幂的系数,得$x=0,y=1$. 故选D.

另法:因A与B相似,所以$\mathrm{tr}A=\mathrm{tr}B$且$|A|=|B|$,即$\begin{cases}2+x=1+y,\\-2=-2y\end{cases}$,则$\begin{cases}x=0,\\y=1.\end{cases}$

(7) A.

(8) D.

(9) D. AB未必是对称矩阵,当然也未必是正定矩阵.

(10) A. 当A的特征值为$\lambda_i(i=1,2,\cdots,n)$时,$A-tE$的特征值为$\lambda_i-t$,$A-tE$正定的充要条件为$\lambda_i-t>0$即$t<\lambda_i(i=1,2,\cdots,n)$,故$t\leqslant\min\{\lambda_1,\lambda_2,\cdots,\lambda_n\}$.

3. 因A与B相似,所以存在可逆阵P,使得$P^{-1}AP=B$,则$|A|=|B|$,$P^{-1}A^{-1}P=B^{-1}$(A可逆,则B可逆),

$$P^{-1}A^*P=P^{-1}|A|A^{-1}P=|A|P^{-1}A^{-1}P=|B|\cdot B^{-1}=B^*,$$

即 A^* 与 B^* 相似.

4. 设 A 的属于 $\lambda_2=\lambda_3=1$ 的特征向量为 $\boldsymbol{x}=\begin{bmatrix}x_1\\x_2\\x_3\end{bmatrix}$. 因 A 为实对称矩阵,则有 $[\boldsymbol{\xi}_1,\boldsymbol{x}]=0$,即 $x_2+x_3=0$,解之得 $\boldsymbol{\xi}_2=\begin{bmatrix}1\\0\\0\end{bmatrix}$, $\boldsymbol{\xi}_3=\begin{bmatrix}0\\-1\\1\end{bmatrix}$.

将 $\boldsymbol{\xi}_1,\boldsymbol{\xi}_2,\boldsymbol{\xi}_3$ 单位化,得 $\boldsymbol{\varepsilon}_1=\frac{1}{\sqrt{2}}\begin{bmatrix}0\\1\\1\end{bmatrix}$, $\boldsymbol{\varepsilon}_2=\begin{bmatrix}1\\0\\0\end{bmatrix}$, $\boldsymbol{\varepsilon}_3=\frac{1}{\sqrt{2}}\begin{bmatrix}0\\-1\\1\end{bmatrix}$. 令 $P=(\boldsymbol{\varepsilon}_1,\boldsymbol{\varepsilon}_2,\boldsymbol{\varepsilon}_3)=\begin{bmatrix}0&1&0\\\frac{1}{\sqrt{2}}&0&-\frac{1}{\sqrt{2}}\\\frac{1}{\sqrt{2}}&0&\frac{1}{\sqrt{2}}\end{bmatrix}$,则 P 为正交矩阵,且 $P^{-1}AP=\begin{bmatrix}-1&0&0\\0&1&0\\0&0&1\end{bmatrix}$,由此得

$$A=P\begin{bmatrix}-1&0&0\\0&1&0\\0&0&1\end{bmatrix}P^{-1}=P\begin{bmatrix}-1&0&0\\0&1&0\\0&0&1\end{bmatrix}P'=\begin{bmatrix}1&0&1\\0&0&-1\\0&-1&0\end{bmatrix}.$$

5. (1) 因 A 与 B 相似,所以 $|A-\lambda E|=|B-\lambda E|$,比较两边 λ 同次幂的项,得 $x=0,y=-2$.

(2) B 是对角矩阵,所以 $\lambda_1=-1,\lambda_2=2,\lambda_3=-2$,分别求出它们对应的特征向量为

$$\boldsymbol{p}_1=\begin{bmatrix}0\\-2\\1\end{bmatrix},\quad \boldsymbol{p}_2=\begin{bmatrix}0\\1\\1\end{bmatrix},\quad \boldsymbol{p}_3=\begin{bmatrix}1\\0\\-1\end{bmatrix}.$$

相似变换矩阵为

$$P=\begin{bmatrix}0&0&1\\-2&1&0\\1&1&-1\end{bmatrix}.$$

6. 正交变换法:

二次型 f 的矩阵为

$$A=\begin{bmatrix}2&0&0\\0&3&2\\0&2&3\end{bmatrix},$$

由 $|A-\lambda E|=0$,得特征值 $\lambda_1=1,\lambda_2=2,\lambda_3=5$,求解齐次线性方程组 $(A-\lambda_i E)\boldsymbol{x}=\boldsymbol{0}$,得对应的特征向量为

$$\boldsymbol{p}_1=\begin{bmatrix}0\\-\frac{1}{\sqrt{2}}\\\frac{1}{\sqrt{2}}\end{bmatrix},\quad \boldsymbol{p}_2=\begin{bmatrix}1\\0\\0\end{bmatrix},\quad \boldsymbol{p}_3=\begin{bmatrix}0\\\frac{1}{\sqrt{2}}\\\frac{1}{\sqrt{2}}\end{bmatrix}.$$

正交变换矩阵为

$$P=\begin{bmatrix}0 & 1 & 0\\ -\frac{1}{\sqrt{2}} & 0 & \frac{1}{\sqrt{2}}\\ \frac{1}{\sqrt{2}} & 0 & \frac{1}{\sqrt{2}}\end{bmatrix}.$$

f 的标准形为 $f=y_1^2+2y_2^2+5y_3^2$.

配方法：

$$f=2x_1^2+3\left(x_2+\frac{2}{3}x_3\right)^2+\frac{5}{3}x_3^2.$$

令 $\begin{cases}y_1=x_1,\\ y_2=x_2+\frac{2}{3}x_3,\\ y_3=x_3\end{cases}$ 或 $\begin{cases}x_1=y_1,\\ x_2=y_2-\frac{2}{3}y_3,\\ x_3=y_3.\end{cases}$ 可逆线性变换矩阵为

$$C=\begin{bmatrix}1 & 0 & 0\\ 0 & 1 & -\frac{2}{3}\\ 0 & 0 & 1\end{bmatrix}.$$

f 经可逆线性替换 $\boldsymbol{x}=C\boldsymbol{y}$ 化为标准形

$$f=2y_1^2+3y_2^2+\frac{5}{3}y_3^2.$$

7. 易证 $A'A$ 为对称矩阵.

由 A 的列向量线性无关知齐次方程组 $A\boldsymbol{x}=\boldsymbol{0}$ 只有零解，即 $\boldsymbol{x}\neq\boldsymbol{0}$时，必有$A\boldsymbol{x}\neq\boldsymbol{0}$，于是对任何 $\boldsymbol{x}\neq\boldsymbol{0}$，

$$\boldsymbol{x}'(A'A)\boldsymbol{x}=(A\boldsymbol{x})'(A\boldsymbol{x})=[A\boldsymbol{x},A\boldsymbol{x}]>0,$$

因而 $A'A$ 为正定矩阵.

8. 因 A 是正定矩阵，所以存在可逆矩阵 Q，使

$$Q'AQ=E, \tag{$*$}$$

又因$(Q'BQ)'=Q'B'Q=Q'BQ$，则 $Q'BQ$ 为实对称矩阵，于是存在正交矩阵 R，使 $Q'BQ$ 可对角化，即

$$R'(Q'BQ)R=(QR)'B(QR)=\Lambda.$$

设 $P=QR$，则 P 可逆，$P'BP=\Lambda$，且应用式（$*$），有

$$P'AP=(QR)'A(QR)=R'Q'AQR=R'ER=E.$$

第6章

1. (1) B. w_3, w_4 对数乘运算不封闭,所以 w_3、w_4 均不是子空间,同时可验证,w_1, w_2 非空且关于加法与数乘运算封闭,所以,w_1, w_2 构成子空间,故选 B.

(2) C. 在固定基下,向量与其坐标是一一对应的,故①、④正确. ③是错的,不同的向量在不同的基下坐标可以是相同的,如 $\mathbf{R}^3$ 中,

$$(1,1,1)=\boldsymbol{e}_1+\boldsymbol{e}_2+\boldsymbol{e}_3,$$
$$(3,2,1)=\boldsymbol{e}_1+(\boldsymbol{e}_1+\boldsymbol{e}_2)+(\boldsymbol{e}_1+\boldsymbol{e}_2+\boldsymbol{e}_3),$$

故向量(1,1,1)在基 $\boldsymbol{e}_1,\boldsymbol{e}_2,\boldsymbol{e}_3$ 下的坐标为 $\begin{bmatrix}1\\1\\1\end{bmatrix}$,而向量(3,2,1)在基 $\boldsymbol{e}_1,\boldsymbol{e}_1+\boldsymbol{e}_2,\boldsymbol{e}_1+\boldsymbol{e}_2+\boldsymbol{e}_3$ 下的坐标也是 $\begin{bmatrix}1\\1\\1\end{bmatrix}$. ②也是错的. 如向量(0,0,3),在基 $\boldsymbol{e}_1,\boldsymbol{e}_2,\boldsymbol{e}_3$ 与基 $\left(\frac{1}{\sqrt{2}},\frac{1}{\sqrt{2}},0\right)$, $\left(\frac{1}{\sqrt{2}},-\frac{1}{\sqrt{2}},0\right)$,(0,0,1)之下的坐标不变.

(3) C.

$$\varphi(\boldsymbol{\alpha}_1,\boldsymbol{\alpha}_2,\boldsymbol{\alpha}_3)=(\boldsymbol{\alpha}_1,\boldsymbol{\alpha}_2,\boldsymbol{\alpha}_3)\begin{bmatrix}1&-1&2\\2&0&1\\1&2&-1\end{bmatrix}=(\boldsymbol{\alpha}_1,\boldsymbol{\alpha}_2,\boldsymbol{\alpha}_3)A,$$

而 $(\boldsymbol{\alpha}_3,\boldsymbol{\alpha}_2,\boldsymbol{\alpha}_1)=(\boldsymbol{\alpha}_1,\boldsymbol{\alpha}_2,\boldsymbol{\alpha}_3)\begin{bmatrix}0&0&1\\0&1&0\\1&0&0\end{bmatrix}=(\boldsymbol{\alpha}_1,\boldsymbol{\alpha}_2,\boldsymbol{\alpha}_3)P$. 故 φ 在基 $\boldsymbol{\alpha}_3,\boldsymbol{\alpha}_2,\boldsymbol{\alpha}_1$ 下的矩阵为

$$P^{-1}AP=\begin{bmatrix}-1&2&1\\1&0&2\\2&-1&1\end{bmatrix}.$$

2. (1) S_1 构成线性空间.

设 $A=\begin{bmatrix}-a&b\\c&a\end{bmatrix}$, $B=\begin{bmatrix}-d&e\\f&d\end{bmatrix}$, $A,B\in S_1$. 因为

$$A+B=\begin{bmatrix}-(a+d)&b+e\\c+f&a+d\end{bmatrix}\in S_1,$$
$$k\cdot A=\begin{bmatrix}-ka&kb\\kc&ka\end{bmatrix}\in S_1,$$

所以 S 构成线性空间. 它的一个基为

$$\boldsymbol{\varepsilon}_1=\begin{bmatrix}1&0\\0&-1\end{bmatrix},\quad \boldsymbol{\varepsilon}_2=\begin{bmatrix}0&1\\0&0\end{bmatrix},\quad \boldsymbol{\varepsilon}_3=\begin{bmatrix}0&0\\1&0\end{bmatrix}.$$

(2) S_2 构成线性空间.设 $A,B\in S_2$,则 $A'=A,B'=B$,因为

$$(A+B)'=A'+B'=A+B,\quad A+B\in S_2,$$
$$(kA)'=kA'=kA,\quad kA\in S_2,$$

所以 S_2 构成线性空间,它的一个基为

$$\boldsymbol{\varepsilon}_1=\begin{bmatrix}1&0\\0&0\end{bmatrix},\quad \boldsymbol{\varepsilon}_2=\begin{bmatrix}0&1\\1&0\end{bmatrix},\quad \boldsymbol{\varepsilon}_3=\begin{bmatrix}0&0\\0&1\end{bmatrix}.$$

3. 设 $\boldsymbol{\varepsilon}_1,\boldsymbol{\varepsilon}_2,\cdots,\boldsymbol{\varepsilon}_n$ 是 U 的一组基,由于 $\dim U=\dim V$,且 $U\subseteq V$,所以 $\boldsymbol{\varepsilon}_1,\boldsymbol{\varepsilon}_2,\cdots,\boldsymbol{\varepsilon}_n$ 也是 V 的一组基,则对 $\forall\,\boldsymbol{\alpha}\in V$,均有 $\alpha=k_1\boldsymbol{\varepsilon}_1+k_2\boldsymbol{\varepsilon}_2+\cdots+k_n\boldsymbol{\varepsilon}_n$,显然 $\boldsymbol{\alpha}\in U$,故 $V\subseteq U$,从而 $U=V$.

4. 令 $\boldsymbol{e}_1=(1,0,0,0),\boldsymbol{e}_2=(0,1,0,0),\boldsymbol{e}_3=(0,1,0,0),\boldsymbol{e}_4=(0,0,0,1)$,则

$$(\boldsymbol{\eta}_1,\boldsymbol{\eta}_2,\boldsymbol{\eta}_3,\boldsymbol{\eta}_4)=(\boldsymbol{e}_1,\boldsymbol{e}_2,\boldsymbol{e}_3,\boldsymbol{e}_4)\begin{bmatrix}2&0&-2&1\\1&1&1&3\\0&2&1&1\\1&2&2&2\end{bmatrix},$$

$$(\boldsymbol{\varepsilon}_1,\boldsymbol{\varepsilon}_2,\boldsymbol{\varepsilon}_3,\boldsymbol{\varepsilon}_4)=(\boldsymbol{e}_1,\boldsymbol{e}_2,\boldsymbol{e}_3,\boldsymbol{e}_4)\begin{bmatrix}1&1&-1&-1\\2&-1&2&-1\\-1&1&1&0\\0&1&1&1\end{bmatrix},$$

于是

$$(\boldsymbol{\eta}_1,\boldsymbol{\eta}_2,\boldsymbol{\eta}_3,\boldsymbol{\eta}_4)=(\boldsymbol{\varepsilon}_1,\boldsymbol{\varepsilon}_2,\boldsymbol{\varepsilon}_3,\boldsymbol{\varepsilon}_4)\begin{bmatrix}1&1&-1&-1\\2&-1&2&-1\\-1&1&1&0\\0&1&1&1\end{bmatrix}^{-1}\begin{bmatrix}2&0&-2&1\\1&1&1&3\\0&2&1&1\\1&2&2&2\end{bmatrix}$$
$$=(\boldsymbol{\varepsilon}_1,\boldsymbol{\varepsilon}_2,\boldsymbol{\varepsilon}_3,\boldsymbol{\varepsilon}_4)\begin{bmatrix}1&0&0&1\\1&1&0&1\\0&1&1&1\\0&0&1&0\end{bmatrix},$$

即由基 $\boldsymbol{\varepsilon}_1,\boldsymbol{\varepsilon}_2,\boldsymbol{\varepsilon}_3,\boldsymbol{\varepsilon}_4$ 到基 $\boldsymbol{\eta}_1,\boldsymbol{\eta}_2,\boldsymbol{\eta}_3,\boldsymbol{\eta}_4$ 的过渡矩阵为

$$\begin{bmatrix}1&0&0&1\\1&1&0&1\\0&1&1&1\\0&0&1&0\end{bmatrix}.$$

又由于 $\boldsymbol{\alpha}=(1,0,0,0)$ 在 $\boldsymbol{e}_1,\boldsymbol{e}_2,\boldsymbol{e}_3,\boldsymbol{e}_4$ 下坐标为 $\begin{bmatrix}1\\0\\0\\0\end{bmatrix}$,而且 $(\boldsymbol{\varepsilon}_1,\boldsymbol{\varepsilon}_2,\boldsymbol{\varepsilon}_3,\boldsymbol{\varepsilon}_4)=(\boldsymbol{e}_1,\boldsymbol{e}_2,\boldsymbol{e}_3,\boldsymbol{e}_4)\cdot$

$\begin{bmatrix}1&1&-1&-1\\2&-1&2&-1\\-1&1&1&0\\0&1&1&1\end{bmatrix}$，故 $\boldsymbol{\alpha}$ 在 $\boldsymbol{\varepsilon}_1,\boldsymbol{\varepsilon}_2,\boldsymbol{\varepsilon}_3,\boldsymbol{\varepsilon}_4$ 下的坐标为

$$\begin{bmatrix}1&1&-1&-1\\2&-1&2&-1\\-1&1&1&0\\0&1&1&1\end{bmatrix}^{-1}\begin{bmatrix}1\\0\\0\\0\end{bmatrix}=\frac{1}{13}\begin{bmatrix}3\\5\\-2\\-3\end{bmatrix}.$$

5. 由条件得 $T(\boldsymbol{\eta}_1,\boldsymbol{\eta}_2,\boldsymbol{\eta}_3)=(\boldsymbol{\eta}_1,\boldsymbol{\eta}_2,\boldsymbol{\eta}_3)\begin{bmatrix}1&0&1\\1&1&0\\-1&2&1\end{bmatrix}$，但是

$$(\boldsymbol{\eta}_1,\boldsymbol{\eta}_2,\boldsymbol{\eta}_3)=(\boldsymbol{\varepsilon}_1,\boldsymbol{\varepsilon}_2,\boldsymbol{\varepsilon}_3)\begin{bmatrix}-1&1&0\\1&0&1\\1&-1&1\end{bmatrix},$$

故

$$(\boldsymbol{\varepsilon}_1,\boldsymbol{\varepsilon}_2,\boldsymbol{\varepsilon}_3)=(\boldsymbol{\eta}_1,\boldsymbol{\eta}_2,\boldsymbol{\eta}_3)\begin{bmatrix}-1&1&0\\1&0&1\\1&-1&1\end{bmatrix}^{-1}=(\boldsymbol{\eta}_1,\boldsymbol{\eta}_2,\boldsymbol{\eta}_3)\begin{bmatrix}-1&1&-1\\0&1&-1\\1&0&1\end{bmatrix},$$

由此可得

$$\begin{aligned}T(\boldsymbol{\varepsilon}_1,\boldsymbol{\varepsilon}_2,\boldsymbol{\varepsilon}_3)&=T(\boldsymbol{\eta}_1,\boldsymbol{\eta}_2,\boldsymbol{\eta}_3)\begin{bmatrix}-1&1&-1\\0&1&-1\\1&0&1\end{bmatrix}\\&=(\boldsymbol{\eta}_1,\boldsymbol{\eta}_2,\boldsymbol{\eta}_3)\begin{bmatrix}1&0&1\\1&1&0\\-1&2&1\end{bmatrix}\begin{bmatrix}-1&1&-1\\0&1&-1\\1&0&1\end{bmatrix}\\&=(\boldsymbol{\varepsilon}_1,\boldsymbol{\varepsilon}_2,\boldsymbol{\varepsilon}_3)\begin{bmatrix}-1&1&0\\1&0&1\\1&-1&1\end{bmatrix}\begin{bmatrix}1&0&1\\1&1&0\\-1&2&1\end{bmatrix}\begin{bmatrix}-1&1&-1\\0&1&-1\\1&0&1\end{bmatrix}\\&=(\boldsymbol{\varepsilon}_1,\boldsymbol{\varepsilon}_2,\boldsymbol{\varepsilon}_3)\begin{bmatrix}-1&1&-2\\2&2&0\\3&0&2\end{bmatrix},\end{aligned}$$

即 T 在基 $\boldsymbol{\varepsilon}_1,\boldsymbol{\varepsilon}_2,\boldsymbol{\varepsilon}_3$ 下的矩阵为 $\begin{bmatrix}-1&1&-2\\2&2&0\\3&0&2\end{bmatrix}$.